浙江省高等职业院校"十四五"职业教育重点教材

高等职业教育畜牧兽医类专业系列教材

# 草食家畜生产

## （第二版）

主　编　何英俊

副主编　程菊芬　赵宇飞　陈学智

科学出版社

北　京

# 内 容 简 介

本书紧贴生产实际、图文并茂、重点突出，是一本具有较强交互性、职业性及实用性的新形态教材。本书内容包括草食家畜的认识、产前筹划（生态牧场的筹划与建设、TMR 的筹划与调配、良种的识别与引种）、产中实施（草食家畜的繁殖、牛生产技术、羊生产技术、兔生产技术）及产后提升（生态养殖与产业化经营）。

本书可作为高职高专院校畜牧兽医及动物医学等专业学生的学习用书，也可作为草食家畜从业人员的参考书。

**图书在版编目（CIP）数据**

草食家畜生产/何英俊主编. —2 版. —北京：科学出版社，2023.1
（浙江省高等职业院校"十四五"职业教育重点教材·高等职业教育畜牧兽医类专业系列教材）
ISBN 978-7-03-073807-3

Ⅰ.①草… Ⅱ.①何… Ⅲ.①家畜-饲养管理-高等职业教育-教材
Ⅳ.①S82

中国版本图书馆 CIP 数据核字（2022）第 221162 号

责任编辑：辛 桐 / 责任校对：王万红
责任印制：吕春珉 / 封面设计：东方人华平面设计部

科 学 出 版 社 出版
北京东黄城根北街 16 号
邮政编码：100717
http://www.sciencep.com

北京中科印刷有限公司 印刷
科学出版社发行 各地新华书店经销
*
2012 年 7 月第 一 版 开本：787×1092 1/16
2023 年 1 月第 二 版 印张：23 1/2
2023 年 1 月第七次印刷 字数：553 000

定价：**69.00 元**
（如有印装质量问题，我社负责调换〈中科〉）
销售部电话 010-62136230 编辑部电话 010-62135120

根据教育部等九部门关于印发《职业教育提质培优行动计划（2020—2023 年）》的通知和《国务院关于印发国家职业教育改革实施方案的通知》（国发〔2019〕4 号）关于实施职业教育"三教"改革精神，根据职业学校学生的特点创新教材形态，推行科学严谨、深入浅出、图文并茂、形式多样的活页式、工作手册式、融媒体教材的要求，经教材编写组成员讨论，决定将《草食家畜生产》修订成新形态教材，以适应新时代高职教育教学改革的需要。

《草食家畜生产》（第一版）经过几年的使用，基本能满足各高职高专院校师生学习的需要，但也存在内容死板、缺乏交互性等不足，不利于学生自主学习；同时，近年来草食家畜生产领域也有了新技术、新发展。因此，编者在保留原教材项目化课程结构体系的基础上，根据草食家畜的生产特点及地域性差异，以"1+X"证书制度为导向、以学生创业过程为主线对本书进行修订。

本书主要有三大特色：一是在内容上体现"精"与"新"的原则，本书以畜牧场生产岗位需求设置任务点，精选当前先进适用的技术，体现实用、够用及可迭代性；二是在编排体系上体现以"导"为主的原则，导目标（项目开始前设置三大学习目标）、导重点（通过导学视频引导学生了解该项目的学习重点）、导案例（在每个任务中导入案例，学生通过案例分析掌握相关知识点），以导促学；三是在写法上体现新形态教材的特点，全书配备课件、视频等数字资源，并设置学前测试、即问即答、想一想、算一算、同步测试、单元测验等模块，具有较强的交互性，有利于学生自主学习。

本书在修订过程中厚植"深入实施科教兴国战略、人才强国战略、创新驱动发展战略，开辟发展新领域新赛道，不断塑造发展新动能新优势"的理念，紧密对接国家发展重大战略需求，不断更新升级，旨在为人才培养提供重要支撑，为引领创新发展奠定重要基础，更好地服务于高水平科技自立自强、拔尖创新人才培养。

本书由金华职业技术学院何英俊担任主编，浙江省农业科学院畜牧兽医研究所程菊芬、内蒙古农业大学职业技术学院赵宇飞、浙江省农业科学院畜牧兽医研究所陈学智担任副主编，嘉兴职业技术学院赵海云、锡林郭勒职业学院何雯娟、黑龙江农业职业技术学院陈腾山、金华职业技术学院傅春泉、阿克苏职业技术学院严杜建等参与本书的修订工作。其中，导学、项目一、项目二、项目三、项目八由何英俊编写，项目四由陈腾山编写，项目五由赵海云、傅春泉、严杜建编写，项目六由赵宇飞、何雯娟编写，项目七由程菊芬、陈学智编写。全书由何英俊、严杜建、陈学智统稿，金华市农业科学研究院项云审稿。

本书的修订得到了科学出版社及各有关单位领导、教师的大力支持与帮助，编者在修订本书的过程中引用了同行专家的文献资料，在此一并表示感谢！

由于编者水平有限，书中难免有不当之处，敬请读者批评指正。

编　者

2021 年 9 月

# 第一版前言

课程建设与改革是提高教学质量的核心，也是教学改革的重点和难点。根据《国家中长期教育改革和发展规划纲要（2010—2020年）》和《教育部关于全面提高高等职业教育教学质量的若干意见》（教高〔2006〕16号）中"加大课程建设与改革的力度，增强学生的职业能力"精神，全面贯彻落实"工学结合，产学一体"的人才培养模式，经多次研讨论证，结合畜牧兽医行业技术领域和职业岗位的任职要求及相关职业资格标准，总结各高职院校近几年课程建设与改革的成功经验，与行业企业共同开发编写了《草食家畜生产》，以满足高职院校畜牧兽医相关专业培养高技能人才的需要。

草食家畜生产是现代畜牧业的重要组成部分，是发展节粮型畜牧业和缓解我国"人畜争粮"矛盾的关键，因此，草食家畜生产往往作为各农业高职院校畜牧兽医及相关专业的主干课程。本书是在传统的"牛生产""羊生产""兔生产"等课程的基础上，把牛、羊、兔等草食家畜生产的共性进行充分整合，突出"草食性"的特点，打破了按学科体系设计教材的习惯，以草食家畜生产条件为切入点，紧紧围绕牛、羊、兔等草食家畜"草食性"的特点，以"养什么？做好哪些准备？怎么养？如何养好？"为主线，采用项目式课程编排模式，按草食家畜生产企业的实际岗位技能与生产流程来提炼相关内容，包括导学（草食家畜的认识）、产前筹划（含生态牧场的筹划与建设、草食家畜饲草料的筹划与调配）、产中实施（含牛生产技术、羊生产技术、家兔生产技术）及产后经营（草食家畜的生态养殖与产业化经营）共七大项目，从共性到个性再回到共性，环环相扣。

为了明确学习目标，本书直接以草食家畜的认识为切入点，以导学代替绪论，并在每个项目前设置项目目标和技能目标，在每个任务前导入实际案例，从案例分析中导入相关技能知识；在每个项目后安排有技能训练、项目小结及复习思考题，有利于学生自主学习。书中共插入了100余幅图片和60余个表格，图文并茂，形象直观，通俗易懂。同时，聘请了科研单位及企业技术人员参与本书的编写，具有较强的实用性和可操作性；内容上兼顾了南北地区的差异，理论上少而精，突出操作技能，编排上符合常规工作程序，对自主创业人员具有较大的指导作用。

本书由金华职业技术学院何英俊、锡林郭勒职业学院李润元担任主编，编写分工如下：草食家畜的认识由何英俊编写，项目一由李润元、何雯娟编写，项目二由罗守东、赵燕编写，项目三由李桂平、衡江鸿编写，项目四由赵宇飞编写，项目五由陈学智编写，项目六由何英俊、王一民编写。全书由何英俊、李润元负责初步审校，最后由何英俊统稿完成。

　　本书的编写得到了科学出版社及参编各有关单位领导、教师的大力支持与帮助，在编写过程中引用了同行专家的文献资料，在此一并表示感谢！

　　由于编者水平有限，书中难免有不当之处，敬请读者批评指正。

# 目 录

# 草食家畜的认识

## 导入语

众所周知，草食畜产品如毛皮、肉、奶等，一直是人类赖以生存的重要物质基础。当今社会，国际形势复杂多变，饲料粮价格不断提高，造成畜产品价格上涨，影响人们的日常生活。草食家畜生产是降低畜牧业对饲料粮依存度、调整畜牧业产业结构的重要课程。

视频 0-0　导学

**教学目标**

【知识目标】

- 了解草食家畜的概念及分类。
- 了解草食家畜的生物学特点。
- 掌握复胃、单胃草食家畜消化道的结构与功能。
- 掌握反刍和嗳气的概念及特点。
- 了解瘤胃微生物对碳水化合物、蛋白质饲料的发酵作用。

【技能目标】

- 会正确区分反刍与体外反刍。
- 能阐述瘤胃微生物的发酵过程、发酵产物。

【素养目标】

- 培养收集资料、获取信息的能力。
- 提高分析问题、解决问题的能力。

1. 你知道草食家畜吗？请列出 5 种以上你曾见过的草食家畜。
2. 像养猪一样全用精饲料饲喂草食家畜行吗？

## 一、草食家畜的概念及分类

### （一）草食家畜的概念

视频 0-1　草食家畜认识导学

视频 0-2　草食家畜分类与特点

根据食物体系，在生产上将以粮食为主要日粮的动物称为耗粮型畜禽，如猪、鸡、鸭、鸽子等，而将以草为主食的节粮型动物称为草食家畜，如牛、羊、兔、马、骆驼等。草食家畜具有特殊结构的消化系统和生理机能，能借助体内微生物的作用，从人类不能食用、其他动物也难以利用的粗纤维和非蛋白质含氮化合物（如农作物秸秆、藤蔓类和各种杂草、牧草及其他农副产品等）中获取能量和蛋白质，为人类生产奶、肉、毛、皮等畜产品。

### （二）草食家畜的分类

根据草食家畜胃肠的解剖学结构及对食物发酵能力的不同，草食家畜可以分为前胃发酵类草食家畜和后肠发酵类草食家畜，两者都有微生物的发酵，都能大量利用粗饲料。

前胃发酵类草食家畜可以分为反刍家畜和非反刍家畜。反刍家畜具有复杂的复胃结构，其中有一个是瘤胃。常见的反刍家畜有牛、羊、骆驼等，这些动物有高度发达的消化道，高度依赖微生物发酵来对食物进行消化。非反刍家畜虽然有复杂的前胃结构，但没有瘤胃，不进行反刍。

后肠发酵类草食家畜根据微生物消化主要部位是盲肠还是结肠，可以分为盲肠发酵类草食家畜和结肠发酵类草食家畜两种类型。其中，盲肠发酵类草食家畜主要有兔子等；结肠发酵类草食家畜主要有马等。这些动物没有反刍，发酵的主要产物有挥发性脂肪酸（volatile fatty acid，VFA）、氨和二氧化碳等。

## 二、草食家畜的生物学特点

### （一）利用粗饲料能力强，采食性能较广

牛、羊的消化道很长，有瘤胃，可大量贮存、加工和发酵饲料，产生大量 B 族维生素、维生素 K 等，故在配制饲料时，这些成分可不考虑。草食家畜利用植物的种类广泛，特别是羊，如天然牧草、灌木、农副产品等都可以作为它们的饲料，故在生产上可合理安排放牧，充分利用自然资源，以降低饲养成本。

**即问即答 0-1**：瘤胃发酵可产生大量 B 族维生素、维生素 K 等，那么，在什么情况下牛、羊等反刍家畜容易缺乏这些维生素呢？

### （二）采食快，反刍，吃下的食物转移慢

采食快，反刍，吃下的食物转移慢是反刍动物的主要特点，故每天饲喂牛、羊时应让它们一次性吃饱，中间不停顿，以便它们有充足的时间反刍。牛、羊每天反刍时间约 8h，每次 40～70min。一旦反刍停止，反刍动物很可能会生病。另外，牛、羊等草食家畜采食匆忙不细致，不加咀嚼即强行咽下，常会吞吃铁钉、铁针、玻璃片等尖锐的东西，不仅给胃和心包膜造成创伤，还容易误食有毒的东西。因此，草料要干净，不含有毒植物；精饲料应碾碎或压扁。

### （三）怕热，易发生热应激

草食家畜缺乏汗腺，特别是羊具有一层较厚的皮毛，因此常发生散热困难、呼吸紧迫、不爱吃草等情况，从而影响其生长发育及生产性能的发挥，严重者会因中暑而死亡。所以高温季节畜舍要有遮阴设备，如栽树或搭遮阴棚，并做好防暑降温工作，以防家畜中暑及影响其生产性能。

### （四）喜干燥、清洁的环境

圈舍等活动场所应选择干燥、通风、向阳的地方。如果圈舍潮湿、闷热，牧地低洼潮湿，特别是连续阴雨天，草食家畜就容易生病，尤其是易患寄生虫病和腐蹄病等。草食家畜爱清洁，喜吃干净饲料，饮清凉卫生的水。有时宁可受饿、受渴，它们也不吃不喝有异味、被污染的饲料和水，甚至连它们自己践踏过的饲草也不吃。

**想一想 0-1**：草食家畜具有爱清洁的特点，在生产上需要注意什么？

### （五）合群性强

牛、羊合群性强，适合群养，怕孤单，易训练，在生产上通过训练头羊（牛），在放牧、归牧、过河、过桥时便于管理。家兔的合群性差，适合笼养。这一习性与野兔的长期穴居有关。在生产实践中发现，兔子从小养在一起，一般不发生咬斗。若分居后再合并或新组成兔群，则常发生咬斗。特别是成年同性别兔被关在一起时，相互撕咬现象严重，尤以公兔为甚。因此，在饲养管理上尽量采用笼养，在种兔运输时也要加以注意。

### （六）昼伏夜行

健康的家兔白天闭目静伏，除采食外大多处于半睡状态，夜间频繁活动，采食、饮水大多在夜间完成（占 70% 左右）。因此，为了养好兔子，白天要保持兔舍环境安静，尽可能不要惊扰它；晚上喂足其夜草、饮水。

（七）胆小、怕惊

家兔是家畜中最弱小的动物，外界的突然响声可使它高度紧张，停止采食饮水，前肢离地，头高仰，耳朵转动，并不时地用后脚拍打地面，以警示同伙，严重时会造成全群骚乱，乱跑乱摔，从而影响其生长发育和健康，甚至出现吃仔、流产、死亡等现象。因此，在饲养管理上要尽量减少人为干扰，保持兔舍环境安静。

**即问即答 0-2：**很多饲养者喜欢在兔场养几只狗、猫等用来看门、作伴，你对此怎么看？

（八）啃齿行为

兔子的牙齿是不断生长的，为了不影响采食，需要磨损牙齿，啃咬硬物，致使兔笼及用具被破坏严重。为了防止这一现象（如咬兔笼等），在建造兔笼和选用用具时，应注意其坚固性和耐用性，并尽可能地提供可被兔子啃咬的物质条件。例如，采用颗粒饲料，并在饲料中放树枝等，这样既能照顾兔子的习性，又能减少对兔笼的破坏。

（九）食粪性

在正常情况下，家兔每天排出两种粪便：一种是白天排出的大颗粒性硬粪；另一种是夜间或清晨排出的小颗粒软团状并带有包膜的粪便，即软粪。软粪一般在晚上 11 时至凌晨 3 时排出，表层呈透明状，含有丰富的蛋白质、维生素等营养物质，一旦排出就直接在肛门处被兔吞食，并伴有咀嚼动作，一般不留痕迹，不易被察觉。家兔的食粪性相当于反刍作用，即体外反刍，这是一种正常的生理现象，有利于它们吸收粗饲料中的各种营养物质。哺乳仔兔无此特性，大约到 6 周龄时有少量食粪性，持续时间为 3～4h。如果白天发现软粪存在，家兔突然停止食粪行为，则应视为其患病。

### 三、草食家畜的消化特点

（一）复胃草食家畜的消化特点

1. 唾液分泌

复胃草食家畜在采食及反刍过程中会分泌大量富含缓冲盐类的唾液，并不断流入瘤胃以帮助发酵。它们的唾液中不含淀粉酶，而含有氮、钠、钾、钙、镁、无机磷和氯等多种成分，并以碳酸盐和磷酸盐的形式存在，可以中和瘤胃微生物发酵产生的有机酸，维持瘤胃正常的 pH 值，从而保证瘤胃微生物正常的生长繁殖与发酵。

复胃草食家畜唾液的分泌与采食及日粮种类有关，一般粗饲料的采食及反刍时间长，唾液分泌量大；而精饲料的采食及反刍时间短，唾液分泌量少。若不采食任何饲料，则几乎不分泌唾液。据测定，羊每天的唾液分泌量为 3～10L。成年母牛在正常饲养情况下，每天咀嚼 6～8h，可产生 100～180L 唾液；而在日粮含有过多精饲料的情况下，反刍减弱，每天只能产生 30～50L 唾液。

## 2. 食道沟反射

食道沟是连在食管与瓣胃之间可以启闭的沟状管道。虽然牛、羊有 4 个胃，但在早期犊牛、羔羊阶段，其瘤胃功能还没有发育，所以不具备消化饲料的能力，而只有皱胃才具备这种功能。当犊牛、羔羊吮吸乳汁等液体时，能反射性地引起食道沟收缩呈管状通道，从而使乳汁或液体直接从食道沟到达网瓣孔，再经瓣胃进入皱胃。食道沟的闭合是反射性的，它的闭合是由吮吸的刺激或液体中的固体悬浮物刺激引起的，即犊牛、羔羊受到吮乳的条件反射后，分布于唇、舌、口腔和咽部黏膜内的感受器通过神经传入延髓的反射中枢，由迷走神经传出，作用于食道沟，使其收缩呈管状，让乳汁或流体自食道输往皱胃。

**想一想 0-2：** 在什么情况下容易发生食道沟反射异常？如果食道沟反射异常，则容易出现什么问题？

## 3. 复胃的结构与功能

（1）复胃的结构

复胃草食家畜具有复杂的复胃结构，一般分为瘤胃、网胃、瓣胃和皱胃 4 个胃。前 3 个胃（统称为前胃）无腺体组织，不分泌胃液，主要具有贮存、加工、发酵、分解粗纤维的作用，以瘤胃的作用最大。

1）瘤胃俗称"草包"，体积最大，由肌肉囊组成，通过蠕动使食团按规律流动。它是一个可以容纳大量饲料的"发酵罐"，是微生物发酵的主要场所。一般成年家畜的瘤胃占胃总容积的 80% 左右，其中，牛平均为 94.6L，羊平均为 23.4L。

2）网胃又称蜂巢胃，位于瘤胃背囊的前下方，靠近瘤胃，两者共用一个高密度的微生物菌群，常被称为瘤-网胃。网胃是筛选食糜进出瘤胃的闸口，一般只有那些颗粒小、密度大的食糜才能流出瘤胃；同时，网胃能帮助食团逆呕和排出胃内的发酵气体。网胃的体积最小，占成年牛胃总容积的 5%。由于网胃位置较低，随食物吞入胃内的金属异物易留存在网胃，引起创伤性网胃炎，在生产上应加以注意。

3）瓣胃又称百叶肚，呈球形，体积占胃总容积的 7%，其主要功能是阻留食物中的粗糙部分继续加以磨细，并输送较稀部分入皱胃进行消化吸收，同时可以吸收水、矿物质（如钠、磷等），再经唾液返回瘤胃。

4）皱胃又称真胃，相当于非反刍动物的胃，能分泌强酸和许多消化酶。

**想一想 0-3：** 复胃草食动物一定有瘤胃、网胃、瓣胃和皱胃 4 个胃吗？

（2）复胃的功能

1）反刍。复胃草食家畜采食匆忙不细致，往往不经充分咀嚼便吞入瘤胃。通常在休息时未完全消化的食物从瘤胃返回到口腔并进行咀嚼，再吞食入胃的反复过程即为反刍，可以帮助消化食物。反刍是牛、羊等复胃草食家畜的主要特征，包括逆呕、再咀嚼、再混合唾液和再吞咽4个过程。牛饲喂后一般经 0.5～1h 开始出现反刍，每次反刍持续时间为 40～50min，每个食团平均再咀嚼 40～70 次，过一段时间再进行第二次反刍，一昼夜共进行 6～8 次反刍，犊牛反刍次数更多。羊反刍时咀嚼 70～80 次，然后吞入瘤胃，反复进行。羊每天反刍次数约为 8 次，逆呕食团约 500 个，每次反刍一般持续 40～70min。

**即问即答 0-3**：粗饲料与精饲料哪种更有利于反刍？

2）嗳气。嗳气是由于瘤胃上背囊的收缩，促使瘤胃微生物发酵产生的部分气体（主要是二氧化碳、甲烷等）由食管进入口腔并排出体外的过程。正常的嗳气是复胃草食家畜消化功能正常的表现，若不能正常嗳气或产气量太大，就可能出现瘤胃臌气等消化道疾病，严重时可引起草食家畜死亡。

#### 4. 瘤胃微生物的发酵特点

瘤胃具有贮存、加工、发酵三大功能，其中最主要的功能是发酵作用。瘤胃发酵需要适宜的瘤胃 pH 值（6～8）、适宜的瘤胃温度（38～41℃）、适宜的日粮组成及瘤胃微生物菌群等。瘤胃微生物菌群主要包括：两类厌氧细菌（1mL 瘤胃液含 $10^{11}$ 个），一类可利用纤维素、淀粉、葡萄糖等，另一类可发酵第一类细菌的代谢产物；纤毛虫等原生动物（1mL 瘤胃液含 $10^6$ 个）；还有一部分真菌。只有在这些微生物菌群的共同作用下，各种粗饲料才能在瘤胃中进行发酵分解，产生可利用的营养物质。

（1）碳水化合物的发酵特点

视频 0-3　瘤胃碳水化合物消化

瘤胃微生物能分解淀粉、糖类、纤维素及半纤维素等物质，特别是对粗纤维的有效分解意义重大。首先由微生物本身产生粗纤维水解酶，把粗饲料中的粗纤维分解成容易消化的碳水化合物，如葡萄糖，同时产生几种低级脂肪酸，主要产物为乙酸、丙酸、丁酸、二氧化碳、甲烷和少量的氢等。其中，甲烷、氢等不能被利用，以嗳气排出体外。另外几种挥发性脂肪酸（包括乙酸、丙酸、丁酸等）非常重要，它们可以合成葡萄糖，还可以与尿素分解后产生的氨在微生物的作用下合成氨基酸，也可以维持瘤胃正常的酸碱度，用来中和由尿素分解产生大量的氨，以避免牛、羊氨中毒。

发酵产物的形成会受瘤胃 pH 值的影响。例如，乙酸随瘤胃 pH 值的降低而减少，丙酸随瘤胃 pH 值的降低而提高，丁酸受 pH 值变化的影响较小。一般认为，瘤胃 pH 值在 6.2～6.8，3 种挥发性脂肪酸成一定的比例（70∶20∶10）时产奶量较高。

纤维性碳水化合物通过刺激反刍可以促进纤维的降解和发酵，主要原因是纤维性碳水化合物可以刺激瘤胃收缩，增加唾液流入瘤胃的量，而唾液中所含的碳酸氢钠和磷酸盐有助于维持瘤胃 pH 值正常，从而有利于瘤胃微生物的发酵。因此，日粮中粗纤维的缺乏易引起乳脂含量下降和消化紊乱（如真胃错位及瘤胃酸中毒等）。非纤维性碳水化合物不能刺激反刍和唾液的产生，但可以为瘤胃微生物提供能量并决定瘤胃中细菌蛋白的产量。

（2）蛋白质饲料的发酵特点

视频 0-4　瘤胃
蛋白质消化

蛋白质饲料在瘤胃微生物的作用下，部分被降解为氨基酸，部分未降解而成为过瘤胃蛋白。氨基酸还可被进一步降解为非蛋白氮，可与饲料中的非蛋白氮和唾液中的非蛋白氮最终转化成氨，在瘤胃微生物的作用下，可合成微生物蛋白（microbial protein，MCP）。未降解的蛋白质（过瘤胃蛋白）与微生物蛋白进入皱胃和小肠，被消化液分解为氨基酸后吸收利用。因此，在生产上应注意：一方面，选用降解率低的蛋白质饲料或将降解率高的蛋白质饲料进行加工处理（甲醛或热处理），提高过瘤胃蛋白值；另一方面，力求饲料保持氮平衡，要创造微生物蛋白合成的良好条件，最大限度地发挥瘤胃微生物利用尿素等非蛋白氮合成微生物蛋白的能力。

（3）维生素的发酵特点

复胃草食家畜依赖微生物的发酵作用，可以合成维生素 $B_1$、维生素 $B_2$、维生素 $B_{12}$ 和维生素 K，因此，瘤胃发酵正常时日粮中可不必另外供应。日粮中须补充的维生素主要包括维生素 A、维生素 D 和维生素 E。在不缺乏青绿多汁饲料时，草食家畜一般不会缺乏维生素 A、维生素 E。只要牛经常晒太阳或日粮中有充足的干草，一般不会缺乏维生素 D。

**同步测试 0-1**

1. 复胃草食家畜具有复杂的复胃结构，一般分为_____、_____、_____和_____ 4 个胃，前 3 个胃统称为_____，真正分泌消化酶的胃是_____。

2. 瘤胃的主要功能是_____、_____和_____。

3. 草食家畜的瘤胃内主要的微生物菌群有_____、_____和_____等。

（二）单胃草食家畜的消化特点

视频 0-5　盲肠
消化

单胃草食家畜的消化器官发达，消化力强，虽然没有复杂的前胃结构，不反刍，但是有发达的肠道系统，特别是盲肠和结肠，内含大量的微生物，能对粗饲料进行发酵分解，产生大量的维生素、挥发性脂肪酸、氨气、二氧化碳等。马和兔主要靠上唇和门齿采食饲料，靠臼齿磨碎饲料，要求饲料在喂前适当切短，有助于其采食和磨碎。

马胃的容积较小，盲肠和结肠却十分发达。盲肠容积可达 32～37L，约占消化道容积的 16%，其中的微生物种类与反刍家畜的瘤胃类似。食糜在马盲肠和结肠中的滞留时间长达 72h，饲草中 40%～50% 的粗纤维被微生物发酵分解为挥发性脂肪酸、氨和二氧化碳。

　　家兔的胃没有自行收缩能力，主要靠自身重力将糊状食糜送入小肠（送不完全），因此须注意一次不能对家兔喂入过多的颗粒饲料，尤其是粗纤维少、能量蛋白高的饲料，否则易导致其结食与消化不良。家兔盲肠和结肠有明显的蠕动与逆蠕动，从而可以保证盲肠和结肠内微生物对食物残渣中的粗纤维进行充分消化。

　　由于盲肠纤维分解酶的活性比瘤胃纤维分解酶的活性低得多，盲肠对粗纤维虽有一定的消化能力，但比反刍动物低。因此，当饲料中缺乏粗纤维（低于5%）时，胃内容物通过消化道的时间为正常的2倍，营养物质消化率降低，引起家畜消化紊乱，采食量下降，腹泻，死亡率升高。

　　家兔的盲肠内淀粉酶的活性较高，因而家兔的盲肠利用日粮中的淀粉、糖产生能量的能力较强（消化率在80%以上），易引起肠炎。主要原因是喂给家兔富含淀粉的日粮，其小肠难以完全消化，未经消化的淀粉即达到其盲肠、结肠，并在此分解发酵，产生大量挥发性脂肪酸，被细菌利用，使细菌繁殖加快并产生毒素，毒素被吸收，损害家兔的神经系统，引起急性肠原性毒血症，最终导致家兔腹泻、脱水、中毒而死。

　　家兔盲肠蛋白酶的活性也远远高于牛瘤胃蛋白酶，因此，家兔能有效地利用饲草中的蛋白质，甚至对低质饲草中的蛋白质也有较强的利用能力。

## 四、草食家畜生产的主要内容

　　草食家畜生产的主要内容由草食家畜产前筹划、产中实施及产后提升三大部分组成。产前筹划部分包括生态牧场的筹划与建设、全混合日粮（total mixed ration，TMR）的筹划与调配及良种的识别与引种，这是发展草食家畜生产的基本条件；产中实施包括草食家畜的繁殖、牛生产技术、羊生产技术及兔生产技术，这是草食家畜生产的核心及高产、稳产的关键；产后提升主要是草食家畜生态养殖与产业化经营，这是草食家畜持续、健康、高效发展的保证。

=== 单元测验 ===

### 一、单项选择题

1. 下列家畜中不属于反刍家畜的是（　　）。
  　A. 奶牛　　　　B. 肉牛　　　　C. 绵羊　　　　D. 马
2. 下列家畜中具有食粪性的是（　　）。
  　A. 牛　　　　　B. 家兔　　　　C. 马　　　　　D. 羊
3. 发酵产物的形成会受瘤胃 pH 值的影响，在下列产物中随瘤胃 pH 值下降而增加的是（　　）。
  　A. 乙酸　　　　B. 丙酸　　　　C. 丁酸　　　　D. 甲酸
4. 瘤胃最主要的功能是（　　）。
  　A. 贮存　　　　B. 加工　　　　C. 发酵　　　　D. 吸收

## 二、判断题

1. 反刍是草食家畜的共同特征。　　　　　　　　（　　）
2. 反刍家畜在哺乳期没有反刍，乳汁经过食道沟反射直接进入皱胃。
　　　　　　　　　　　　　　　　　　　　　　（　　）
3. 嗳气是瘤胃微生物发酵产生的气体（包括乙酸、丙酸、丁酸、甲烷、二氧化碳、氢气等）排出体外的过程。　　　　　（　　）
4. 非纤维性碳水化合物不能刺激反刍和唾液的产生，不利于瘤胃发酵，因此，在反刍家畜日粮中尽量不要添加非纤维性碳水化合物。（　　）
5. 当牛日粮中的蛋白质含量较高时，添加尿素的效果较好；而当日粮中的蛋白质水平降到一定程度时，尿素的转化率下降。　（　　）
6. 草食家畜利用粗饲料的能力很强，通过瘤胃发酵可产生大量的维生素 B、维生素 K 等，故在配制饲料时不用考虑这些成分。　（　　）
7. 瘤胃最重要的功能是作为临时"贮藏库"，以承纳采食进来的许多青、粗饲料。　　　　　　　　　　　　　　　　　（　　）
8. 家兔是单胃动物，没有瘤胃，但有发达的肠道系统特别是盲肠，可进行体外反刍。　　　　　　　　　　　　　　　（　　）

## 三、问答题

通过学习本项目，你如何理解"吃的是草，挤出来的是牛奶"这句话？

## ━ 项目小结 ━

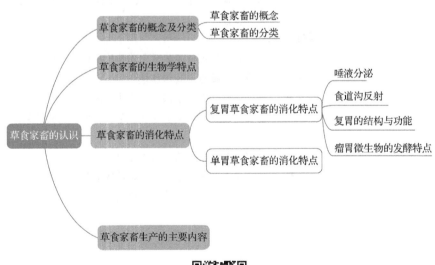

导学答案

项目 一

# 生态牧场的筹划与建设

## 导入语

草食家畜生产往往受放牧条件、自然资源、畜舍环境等因素的影响，其中，生态畜牧场的筹划与建设是草食家畜生产的基础，其规划与设计的合理性直接关系到草食家畜生产持续、健康发展及养殖经济效益，也关系到饲养管理的可操作性与工作效率。

本项目主要介绍草食家畜适宜养殖规模与方式确定、畜牧场规划与布局、畜舍设计与环境控制。

视频 1-0　导学

**教学目标** 　【知识目标】

- 了解适宜养殖方式的依据及种类，确定适宜养殖规模。
- 了解生态畜牧场场址选择原则与要点。
- 了解生态畜牧场各功能区规划、布局原则及要点。
- 掌握不同类型牛舍、羊舍、兔舍的特点、设计原则及设计要点。

【技能目标】

- 会确定特定条件下的适宜养殖的规模与方式。
- 能合理选择生态牧场场址。
- 会初步规划布局生态牧场各功能区。
- 会初步设计不同类型牛舍、羊舍、兔舍及其设施。

【素养目标】

- 培养创新思维、团队协作能力。
- 培养调查研究、收集资料、获取信息及处理能力。
- 提升综合分析、解决问题的能力。

**学前测试**

1. 你见过畜牧场吗? 它给你的第一感觉是不是脏、乱、臭呢?
2. 你心目中理想的畜牧场是怎样的?

# 任务一 草食家畜适宜养殖规模与方式确定

**案例导入**

当前,肉羊养殖效益较好,平均每只羊可获毛利 500 元以上。为此,张某承租了 20hm² 荒山准备放养肉羊。根据以往经商的经验,张某按年利润 100 万元计算,饲养了 1000 只基础母羊。然而,在经营过程中张某发现诸多问题,甚至到了无法坚持的局面。你认为张某遇到的主要问题有哪些?在创业中如何避免这种现象发生?本任务将介绍如何确定适宜的养殖规模与方式。

视频 1-1 养殖规模
与方式确定

课件 1-1 养殖规模
与方式确定

## 一、适宜养殖规模确定

经营畜牧场首先要有明确的经营目的,是以经营商品畜为主,还是以繁殖良种为主,抑或是多种经营。不论以哪种经营为主,经营目的都要符合市场需求,同时还应有较好的经济效益。如果是新建畜牧场,则首先要调查当地资源条件,分析有无实现经营目的的可能性,了解有哪些有利资源、哪些资源还不具备,分析实现经营目的的最大障碍、有无克服的可能等。

规模大小是场区规划与牧场建设的重要依据,应在调查研究的基础上,确定畜牧场适宜的经营规模。规模大小,取决于畜牧场的资金来源、产品销路、饲料资源、畜源情况、土地面积、技术力量等。适宜的养殖规模实际上是指在一定条件下实现利润最大化的养殖规模。从经济学角度看,可以采用盈亏平衡分析法来确定适宜规模,但从草食家畜养殖的特殊性来看,该方法具有一定的局限性。

(一)圈养规模

草食家畜生产需要大量青、粗饲料资源,对于缺乏青、粗饲料的地区来说,这是制约其饲养规模的主要因素,在生产上可以通过采用饲草料控制法来确定适宜的养殖规模。最大养殖规模的计算公式为

最大养殖规模(头/只)=饲草料资源(kg)/每(头/只)年需饲草料(kg)

**算一算 1-1**:叶某等承包低坡荒山 66.7hm²,1hm² 产草量 7500kg;闲置耕地 13.5hm² 可用于种植牧草,1hm² 产草量 150 000kg。按每只羊年需青饲料 1500kg 计算,在资金、市场销售、技术、价格、劳动力等条件均

正常的情况下，叶某最多可养多少只羊？

在最大养殖规模的基础上，资金、技术、市场价格、销售渠道等是适宜圈养规模的其他限制因素。在资金充足、市场价格高、有利可图的情况下，最大养殖规模即为适宜规模；在资金有限、销售市场不理想的情况下，适宜圈养规模须在最大生产规模的基础上进行适当缩减。

养殖场按规模可分为大型养殖场、中型养殖场、小型养殖场 3 种。大型养殖场规模较大，一般牛 400 头以上、羊 2000 只以上、兔 3000 只以上。设备投资较多，拥有一定量的土地，动物品种质量好，经营管理水平高。经营方向以繁殖良种、提高单产为主，同时为中小型养殖场提供畜源，起示范作用。中型养殖场一般资金较缺乏，牲畜质量、技术管理水平、经济效益等均不如大型养殖场，一般以牛 200 头、羊 1000 只、兔 1500 只为宜。小型养殖场均为个体养殖户，棚舍、资金和畜源较缺乏，牛 20～30 头、羊 100～300 只、兔 150～500 只较好，而且以商品畜为主。

（二）放养规模

我国有可利用天然草地面积约为 $3.31×10^8 hm^2$，各类草山草坡面积为 $4.67×10^7 hm^2$，全国累计种草保留面积约为 $1.547×10^7 hm^2$，包括人工种草、改良天然草地、飞机补播牧草等，为各类草食家畜提供了放牧场地。放牧场地在自然因素、生物因素、土壤因素、社会因素等不利影响下容易发生退化，如开垦草原、过度放牧、砍挖灌木、搂草、挖药材等人为因素，特别是过度放牧是造成草地退化的主要因素，其主要原因是草地载畜量过高及不合理的放牧制度。

因此，在特定放牧草地上，合理规划及控制放养规模，是减少草地退化的重要手段。在生产上，放养规模可通过规定适宜载畜量来控制。适宜载畜量（头日/$hm^2$）是指在放牧适当的情况下，每单位面积的草地上所能饲养的家畜头数和放牧时间，其计算公式为

$$载畜量 = \frac{牧草产量（kg/hm^2）×利用率（\%）}{家畜日食量（kg/d）×放牧天数（d）}$$

**算一算 1-2**：若牧草产量为 75 000kg/$hm^2$，规定利用率为 70%，羊的日采食量为 6kg/d，放牧天数为 210d，那么 1$hm^2$ 的载畜量（放养规模）为多少头？

**二、适宜养殖方式确定**

（一）牛、羊养殖方式确定

1. 舍饲饲养

舍饲饲养又称圈养，就是把牛、羊圈饲在舍内，人工定期投料或自由采食的方式。此法主要适用于农区，养殖成本较高，需要有大量的饲草料资源及一定的劳力，但牛、羊生长快，产量高，管理方便，并可进行规模

养殖。舍饲饲养在生产上主要有拴系式、散栏式、散放式3种模式。

（1）拴系式

拴系式主要适合肉牛、奶牛采用，是一种传统养殖方式。每头牛都有固定的牛床及拴系设施，用颈枷拴住牛只，除运动外，以牛舍为中心，集奶牛饲喂、休息、挤奶于同一牛床上进行，各牛舍管理相互平行，生产管理实行人员包干，其饲养、挤奶、清粪等工作全由一人负责。这种方式的优点是固定牛群，饲养员对每头牛的情况比较熟悉，饲养管理精细化，牛群有较好的休息环境和采食位置，相互干扰小，能获得较高的产量；缺点是操作烦琐费力，难以实现机械化，劳动生产率较低。

（2）散栏式

散栏式主要适合奶牛采用。按照奶牛的自然和生理需要，不拴系，无固定床位，自由采食，自由饮水，自由运动。牛舍内设置隔栏，隔栏内为自由牛床，在牛床上自由休息，在挤奶厅集中挤奶，利用TMR的现代饲养工艺。只有牛舍、挤奶设备、搅拌车、铲车等设备设施配套才能发挥作用。成年母牛群的散栏饲养一般将牛群分成5种，即头胎牛群、泌乳盛期群、泌乳中期群、泌乳后期群和干奶牛群。后备牛的散栏饲养可根据牛群规模分群，对各牛群分别提供相应日粮。现代化散栏饲养主要以牛为中心，将奶牛的饲喂、休息、挤奶分设于专门区域进行。奶牛的管理工序垂直或交叉，管理承包方式实行工种包干，即饲喂人员专门负责奶牛的饲喂，挤奶人员专门负责奶牛的挤奶，清粪人员专门负责牛舍的清洁。这种方式的优点是省工、省时，便于实行机械化，劳动生产率高；缺点是饲养管理群体化，难以做到个别照顾。

**即问即答 1-1**：请指出图1.1、图1.2分别采用的饲养方式。

图 1.1　饲养方式 A　　　　　图 1.2　饲养方式 B

（3）散放式

散放式一般适合肉牛、羊采用。这种方式使动物完全自由活动、采食、饮水。这种方式的优点是省劳力、易管理，畜舍造价低；缺点是管理粗放、卫生差、蹄病多。这种方式宜在干燥温暖地区采用。

## 2. 放牧饲养

放牧饲养是利用天然草场、各类草山草坡等进行养殖的方式，少部分地区有时几天甚至更长时间让牛、羊留宿牧地不回圈、不补料，有什么吃什么。这种方式的主要优点是省力、肉质好、养殖成本低；缺点是不利于积肥和管理、生产效率低。这种方式适合广大牧区及放牧条件较好的山区肉牛、羊采用。

奶牛放牧饲养一般适用于断奶后 0.5 个月至产犊前 2 个月的后备牛。在草原地区，产奶牛也可放牧。后备牛放牧时的群体大小由每头牛每天的采食草量、牧草的质量、牧草地数量而定。

## 3. 半舍饲半放牧

半舍饲半放牧即采用放牧与圈养相结合的方式，一般白天放牧晚间归牧后补饲精饲料、青贮、干草等。半舍饲半放牧又称半生态养殖，适用于牛、羊，其兼具放牧与圈养的特点。这种方式饲养成本低，劳动强度小，适合半农半牧区采用。

采用何种养殖方式应根据本地区的特点、牧场生产规模、条件等情况决定，因地制宜，不可盲目模仿与跟从。

### （二）兔养殖方式确定

家兔饲养方式很多，根据家兔的品种、年龄、性别，以及各地的饲养条件和气候，可实行放养、窖养、笼养等。

## 1. 放养

放养就是把兔群长期在野外放牧饲养，让其自由采食，自由活动，自由交配繁殖，这是一种粗放的饲养方式。放养的场所要求有充足的饲草、饲料供其采食，并采取防护措施防止野兽的袭击。家兔会打洞，须防止其打洞逃逸。这种方式仅适用于肉兔。

## 2. 窖养

北方地区冬季漫长，气候寒冷，农村广泛采用地窖饲养。这种方式的优点是节省建造兔舍的费用，节省土地；符合家兔打洞习性；环境安静，冬暖夏凉。这种方式的缺点是梅雨季节较为潮湿，不便于清扫与消毒，还会影响毛皮品质。窖养适合高寒干燥地区采用。

## 3. 笼养

笼养就是将兔单个或小群关在笼子里饲养。笼养是较为理想的饲养方式，尤其适合饲养小兔、种兔和皮毛用兔。这种方式的优点是便于控制家兔的生活环境、饲养管理、配种繁殖及疾病防治，有利于家兔的生长发育、品种改良和提高毛皮品质。这种方式的缺点是造价较高，管理费工，室内须每天清扫。现代化兔场均采用这种方式。

**即问即答 1-2：**你认为规模兔场适宜采用什么饲养方式？

# 任务二　畜牧场规划与布局

案例导入

　　李某从事奶牛养殖 20 年，存栏成年奶牛 200 头，经济效益良好。但近几年，由于城镇扩建，原来远离城镇的牛场与城镇、村庄越来越近，有些地方已不足 50m。因此，李某经常被村民投诉举报，被相关部门处罚、约谈，并要求限期拆除牛场。这个案例说明了什么问题？你从中得到什么启发？本任务将介绍畜牧场规划与布局相关知识。

视频 1-2　牛场场址选择

视频 1-3　牛场规划与布局

课件 1-2　畜牧场的规划与布局

## 一、场址选择

　　场址选择的合理性关系到畜牧场的卫生防疫、家畜生长及饲养人员的工作效率，也关系到畜产品的数量和质量，从而影响养殖业的经济效益，同时也会影响畜牧场本身和周围环境。如果场址选择不当，则会给草食家畜生产管理带来许多不利，对家畜健康、生产性能、生产效率及周围环境产生不利影响。畜牧场场址选择应结合畜牧场的生产特点、生产规模、饲养管理方式及生产集约化程度等实际情况，从地形地势、水源、土壤质地、气候因素及社会条件等方面进行综合考虑，既要考虑充分利用自然资源，又要有利于畜牧场的生产与发展、环境保护等。

　　（一）地形地势

　　地形地势是指场地大小、形状、地物状况（房屋、树木、村庄、河流等）及地面的高低起伏状况。地势低洼、地下水位高的场地，易潮湿、通风不良，夏季闷热，蚊蝇和微生物容易孳生，饲草料易发霉、腐烂，冬季潮湿阴冷，对家畜健康不利，畜牧机械设备也容易锈蚀，不宜选作畜牧场场址。

　　平原地区一般场地比较平坦、开阔，场址应注意选择比周围地段稍高的地方，以利于排水。地下水位要低，以低于建筑物地基深度 0.5m 为宜。

　　山区最好选择向阳坡地，并迎向夏季的主导风向，背向冬季的主导风向，这样既可以保证场地排水良好、阳光充足，又可以避免夏季酷暑和冬季寒风侵袭。但畜牧场坡度不宜过大，否则对饲养管理不利，一般不应超过 25%。山区建场还要注意地质构造情况，避开断层、滑坡、塌方地段，也要避开坡底、谷地及风口，以免受到山洪和暴风雪的袭击。

另外，畜牧场地形要开阔整齐，并且要有足够的面积。地形最好是正方形，不要过于狭长和边角太多。地形太长，畜牧场建筑物布局就会显得松散，管理人员来往距离增大，不利于生产联系，同时也会增加场区防护和建设的投资。边角太多，易造成畜舍建筑布局不合理，增加管线和道路长度，不利于生产作业和场内运输，更不利于机械化设备作业和卫生防疫。地势高低不平，势必增加施工填挖土方量，并给基础设计施工造成困难，从而增加土建投资。

畜牧场所需场地面积推荐值如表1.1所示。

**表 1.1　畜牧场所需场地面积推荐值**

| 牧场性质 | 规模 | 每头所需面积/m² |
|---|---|---|
| 奶牛场 | 100～400 头成年奶牛 | 160～180 |
| 羊场 | 1000～2000 只肉羊 | 15～20 |
| 兔场 | 年出栏 5000 只（笼养） | 0.5～0.7 |

因此，畜牧场要求修建在地势高燥、平坦、地下水位低（一般要求在2m以下）、背风向阳、排水良好的地方，使畜牧场的环境保持干燥、温暖，有利于草食家畜体温调节和生长发育，有利于减少疾病的发生。

（二）水源

水源质量直接关系到畜牧场管理人员的健康状况和家畜的生产。因此要求水量充足，水质良好，便于取用和进行卫生防护。

水量必须满足畜牧场内人、畜饮用和其他生产、生活用水，并应考虑消防、灌溉和未来发展的需要。人员用水可按每人每天24～40L计算；家畜饮用水和饲养管理用水可按表1.2中的数据估算；消防用水按我国防火规范规定，场区设地下消火栓，每处保护半径应不大于50m，消防水量按每秒10L计算，消防延迟时间按2h考虑；灌溉用水可以根据场区绿化、饲料种植情况确定。

**表 1.2　草食家畜用水量**

| 草食家畜 | 种类 | 每头第天需水量/L |
|---|---|---|
| 乳牛 | 成年乳牛 | 80 |
| | 公牛及处女牛 | 50 |
| | 2 岁以内的青年牛 | 30 |
| | 6 月龄以内的犊牛 | 20 |
| 羊 | 成年羊 | 10 |
| | 1 岁以内的羊 | 3 |
| 兔 | 各类兔 | 3 |

注：表中用水量标准包括草食家畜饮水，冲洗畜舍、畜栏、挤奶桶，冷却牛奶、调制饲料等用水。

目前，畜牧场水源一般来自地面水和地下水。地面水由于水面暴露，污染机会多，特别是工业废水和生活污水排入水体，易造成疫病传播和药物、重金属中毒，在选用地面水作为畜牧场水源时，一定要注意水源附近的污染状况，做好水质状况调查。此外，地面水的水量还受降水和地下水的影响，所以建场前还须对其水量变化进行调查。一般水质良好的地面水须经净化消毒后再使用。地下水指井水和泉水，一般水质清洁、水量充足，特别是深层地下水是畜牧场的理想水源。无论采用哪种水源，水质标准都必须符合我国饮用水标准。

如果所建畜牧场距离城市自来水管网较近，则可优先考虑采用自来水作为水源。自来水水源充足，经过严格的净化消毒，水质清洁稳定、安全可靠，是最好的水源，但价格较高，而且要考虑好停水时的应急措施。对畜牧场而言，建立自己的水源，确保供水是十分必要的。

（三）土壤质地

土壤质地可分为沙土、黏土和砂壤土三大类。沙土颗粒大，透气、透水性好，毛细管作用弱，有利于排水，不易潮湿泥泞，但沙土的热容量小，温度变化大，保温性差。黏土颗粒细小，虽然其热容量大，温度状况良好，但透气、透水性差，毛细作用强，易造成场地积水、潮湿泥泞，使微生物和寄生虫孳生，家畜体表卫生差，腐蹄病发生率高等。砂壤土介于沙土和黏土之间，透气、透水性好，地温稳定，抗压性好，持水性较差，雨后不泥泞，易保持适当的干燥，是建畜牧场最适合的土壤。但在一定地区，由于客观条件的限制，选择最理想的土壤是不易实现的。这就要求在畜牧场设计、施工、使用和日常管理上，设法弥补当地土壤的缺陷。同时，由于土壤污染后不易彻底清除与消毒，病原微生物可长期生存，选址时应避免在旧场址和被污染物污染过的地方建场。

此外，土壤的化学成分可通过水和植物进入畜体。有些地方土壤中的某些微量元素过多或缺乏，可导致家畜发生某些矿物元素的地方性缺乏症或中毒症，选址时应加以注意。

（四）气候因素

气温、风力、风向及日照情况等气候因素，不但影响畜牧场小气候环境，而且对畜牧场防暑、防寒日程安排及畜舍朝向、防寒与遮阴设施设置等具有参考价值。风向、风力、日照情况还与畜舍的建筑方位、朝向、间距、排列次序有关。拟建地区常年气象变化包括平均气温、绝对最高与最低气温、土壤冻结深度、降雨量与积雪深度、最大风力、常年主导风向、风向频率、日照情况等。

（五）社会条件

选择畜牧场场址时，还要注意与周围社会环境的关系，以减少周围环境对畜牧场的影响，降低畜牧场对周围环境的影响和污染。社会条件是指畜牧场与周围社会环境的关系，主要包括地理位置与交通运输、水电供应、国家政策和当地农牧业发展规划。

1. 地理位置与交通运输

畜牧场场址应尽可能接近饲料产地和加工地，靠近产品销售地，确保其有合理的运输半径。畜牧场要求交通便利，特别是大型集约化商品场，其物资需求和产品供销量极大，对外联系密切，故应保证交通方便。畜牧场场外应通有公路，以保证畜牧场饲料和产品的出入，但交通干线往往是疫病传播的途径，因此，在选择场址时，既要考虑交通方便，又要使畜牧场与交通干线保持适当的卫生间距。

畜牧场场址选择必须遵循社会公共卫生准则，使畜牧场不致成为周围社会环境的污染源，同时也要注意不受周围环境的污染。因此，畜牧场应选在文化区、商业区及居民点的下风向且地势较低处，但要避开污水排放口。不能将场址选在化工厂、屠宰场、制革厂等容易产生环境污染企业的下风向或附近。

按照畜牧场建设标准，要求距离主要交通要道 1000m 以上；距离化工厂、畜产品加工厂等 1500m 以上；距离居民区 500m 以上。大型牧场之间的距离应不少于 1000m，距离一般牧场应不少于 500m。在城镇郊区建场，距离大城市 20km，距离小城镇 10km。禁止在旅游区、畜病区建场。

2. 水电供应

选择场址时要统一考虑供水及排水。拟建场区附近如果有地方自来水公司供水系统，则可以尽量引用，但需要了解水量能否保证。也可以在本场打井修建水塔，采用深层水作为主要供水来源或作为地面水量不足时的补充水源。

选择场址时还应考虑供电条件，特别是集约化程度较高的大型畜牧场，必须具备可靠的电力供应。为了保证生产的正常进行，减少供电投资，应尽量靠近原有输电线路，缩短新线架设距离。

畜牧场生产、生活用电要求有可靠的供电条件，如饲料加工、抽水、机械通风等畜牧生产环节必须绝对保证电力供应。因此，必须了解供电位置与畜牧场的距离、最大供电允许量、是否经常停电、有无可能双路供电等。通常建设畜牧场要求有 II 级供电电源，若供电电源在 III 级以下，则须自备发电机，以保证场内供电的稳定可靠。

3. 国家政策和当地农牧业发展规划

畜牧场场址选择必须符合本地区农牧业生产发展总体规划、土地利用发展规划和城乡建设发展规划的用地要求，并征得当地畜牧兽医和环境保护行政主管部门批准，同时也要满足生产发展的要求，符合企业和业主的意愿。必须遵守十分珍惜和合理利用土地的原则，不得占用基本农田，尽量利用荒地和劣地建场。大型畜牧企业分期建设时，场址选择应一次完成，分期征地。近期工程应集中布置，征用土地满足本期工程所需面积。远期工程可预留用地，随建随征。征用土地可按场区总平面设计图计算实际占地面积。以下地区或地段的土地不宜征用：一是国家规定的自然保护区、生活饮用水水源保护区、风景旅游区；二是受洪水或山洪威胁及有泥石流、滑坡等自然灾害多发地带；三是自然环境污染严重的地区。

**同步测试 1-1**

畜牧场场址要求距离主要交通要道_____以上；距离化工厂、畜产品加工厂等_____以上；距离居民区_____以上。

## 二、场地规划与布局

场地选定后，应在选定的场地上进行合理的分区规划和建筑物布局，在考虑当地气候、风向、场地的地形地势、牧场各种建筑物和设施尺寸及功能关系的基础上，规划全场的道路、排水系统、场区绿化等，安排各功能区的位置及每种建筑物和设施的朝向、位置及间距。这是建立生态畜牧场环境和组织高效率畜牧生产的先决条件。

（一）畜牧场规划

1. 场地规划总体原则

（1）节约用地

在满足生产要求的前提下，建（构）筑物布局应紧凑，节约用地，不占用耕地。

（2）有利于生产和防疫

各区规划应符合不同畜牧场生产工艺设计要求，要从人畜卫生防疫和工作方便的角度考虑，根据场地地势和当地全年主风向，合理组织场内、场外的人流和物流，为畜牧生产创造最有利的卫生防疫条件和生产联系，实现高效生产。

（3）有利于改善场区的小气候

畜牧场规划要有利于改善畜牧场的环境条件，合理布置各种建（构）筑物，保证建筑物具有良好的朝向，满足采光和自然通风条件，并有足够的防火间距。在满足其使用功能要求的条件下，创造经济合理的生产环境和良好的工作环境。

（4）有利于施工

因地制宜，合理利用地形地势，建筑物长轴尽可能按场区的等高线布置，尽量减少土石方工程量和基础设施工程费用，最大限度地减少基本建设费用。有效利用原有道路，供水、供电线路及原有建筑物，以减少投资和降低生产成本。

（5）有利于环保

畜牧场建设必须考虑家畜粪尿、污水及其他废弃物的处理和利用，确保其符合清洁生产的要求。

（6）有利于今后发展

畜牧场规划时应充分考虑今后的发展，留有余地。特别是对生产区的规划，必须兼顾将来技术进步和改造的可能性，可按照分阶段、分期、分单元建场的方式进行规划，以确保达到最终规模后总体的协调一致。

2. 畜牧场功能分区

在进行畜牧场分区规划时，首先应从人畜保健的角度出发，考虑地势和主风向以进行合理分区，建立最佳生产联系和卫生防疫条件，从而合理安排各区位置。畜牧场通常分为生活管理区、辅助生产区、生产区和隔离区。

（1）生活管理区

生活管理区也称场前区，是牧场从事经营管理活动的功能区，与社会环境具有极为密切的联系。该区主要包括办公室、接待室、会议室、技术资料室、化验室、食堂餐厅、职工值班宿舍、厕所、传达室、警卫值班室及围墙和大门、外来人员第一次更衣消毒室、车辆消毒设施、办公管理用房和生活用房。该区位置的确定，除考虑风向、地势外，还应考虑将其设在与外界联系方便的位置。为了防疫安全，又便于外面车辆将饲料运入和将饲料成品送往生产区，应将饲料加工车间和料库设在该区与生产区隔墙处。但对于兼营饲料加工销售的综合型大场，则应在保证防疫安全和与生产区保持方便联系的前提下，独立组成饲料生产小区。此外，由于负责场外运输的车辆严禁进入生产区，其车棚、车库应设在管理区。同理，待出售的畜产品仓库及其他杂品库也应设在管理区。

（2）辅助生产区

辅助生产区主要包括供水、供电、供热、维修、仓库等设施，与生活管理区没有严格的界限要求。对于饲料仓库，则要求仓库的卸料口开在辅助生产区内，仓库的取料口开在生产区内，杜绝外来车辆进入生产区，保证生产区内外运料车互不交叉使用。

（3）生产区

生产区是畜牧场的核心区，是从事动物养殖的主要场所，包括畜舍、饲料调制和贮存建筑物（其中包括青贮塔、青贮壕、干草棚）。对生产区的规划、布局应根据畜牧场的性质、规模、饲养草食家畜的种类及其生活习性等给予全面、细致的研究。该区一般应设在畜牧场的中心地带。

（4）隔离区

隔离区包括兽医诊疗室、病畜隔离舍、尸坑或焚尸炉、粪便污水处理设施等。该区应尽可能与外界隔绝，四周应有隔离屏障，如防疫沟、围墙、栅栏或浓密的乔灌木混合林带，并设单独的通道和出入口。处理病死家畜的尸坑或焚尸炉更应严密隔离。此外，在规划时还应考虑严格控制该区的污水和废弃物，防止疫病蔓延和污染环境。

**3. 各功能区之间的关系**

进行畜牧场场区布局时，首先应考虑人员的工作条件和生活环境，其次应保证畜群不受污染源的影响。因此，在进行场区布局时，各功能区布局应满足以下要求。

1）生活管理区和辅助生产区应位于场区常年主导风向的上风处和地势较高处，隔离区位于场区常年主导风向的下风处和地势较低处。按地势、风向的分区规划如图1.3所示。

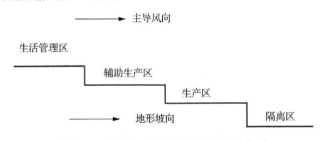

图 1.3　按地势、风向的分区规划示意图

**想一想 1-1**：当地势与主导风向不一致，按防疫要求不好处理时怎么办？

2）生产区与生活管理区、辅助生产区之间可设置围墙或树篱加以分隔。生产区入口处设置第二次更衣消毒室和车辆消毒设施。这些设施一端的出入口开在生活管理区内，另一端开在生产区内。生产区内与场外运输、物品交流较为频繁的有关设施，如挤奶厅、乳品处理间、羊的剪毛间、家畜采精室、人工授精室、家畜装车台、销售展示厅等，必须设置在靠近场外道路的地方。此外，由于各种家畜具有不同的习性与特点，饲养管理要求也不同，在进行生产区的规划时必须有所侧重。

3）辅助生产区设施可紧靠生产区布置。例如，饲料仓库的卸料口开在辅助生产区内，取料口开在生产区内。这样可杜绝外来车辆进入生产区，保证生产区内外运料车不交叉使用。青贮、干草、块根等多汁饲料及垫草等大宗物料的贮存场地，应按照贮用合一的原则，布置在靠近家畜舍的边缘地带，并且要求贮存场地排水良好，便于机械化装卸、粉碎加工和运输。干草堆或干草贮藏设施应处于下风向处，与周围建筑物的距离符合国家现行的防火规范要求，一般应保持 25～30m 的距离。若因场地限制无法满足，则可通过设立防火墙等加以解决。贮存设施建设的容积，可按青贮饲料容重 600～700kg/m³、打捆干草 70～75kg/m³ 计算。对于散草，因容重较小，堆放地或设施容积可适当增加。

4）生活管理区应在靠近场区大门内侧集中布置。

5）隔离区与生产区之间应设置适当的卫生间距和绿化隔离带。区内的粪污处理设施应与其他设施保持适当的卫生间距，与生产区有专用道路相连，与场区外有专用大门和道路相通。

6）围墙与一般建筑物的间距应不小于 3.5m，围墙与畜舍的间距应不小于 6m。

在确定畜牧场功能分区后，可依据功能分区和生产工艺流程，以及朝向、日照、通风、防火、防疫等技术要求，进行各种建（构）筑与工程设施的布置；按照生产流程与防疫要求，组织场区交通运输，解决人、畜、货分流和净、污道分置的问题；根据地形、地势条件进行场区竖向设计，确定建筑设施的高度和污水、雨水的排放方向，使场区各区和区内各建筑之间建立最佳的生产联系。畜牧场建设和设计的功能关系如图 1.4 所示。

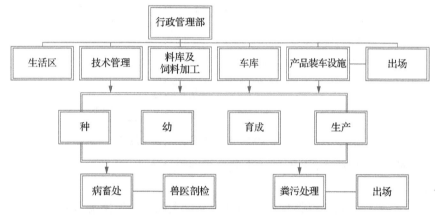

图 1.4　畜牧场建设和设计的功能关系

## （二）畜牧场建筑物的合理布局

畜牧场建筑物合理布局是指合理设计各种畜舍建筑物及设施的排列方式和次序，确定每栋建筑物和每种设施的位置、朝向和相互之间的距离。畜牧场建筑物布局必须考虑各建筑物之间的功能关系、小气候改善、卫生防疫、防火和节约占地等。在进行畜牧场建筑物布局时，应根据现场具体条件，综合考虑各建筑物之间的功能关系、场区小气候状况，以及畜舍通风、采光、防疫、防火要求，同时兼顾节约用地、布局美观整齐等要求，因地制宜地进行规划布局，切忌生搬硬套现成模式。

### 1. 建筑物排列

进行畜牧场建筑物设计时，通常应遵循东西成排、南北成列的设计原则，尽量达到合理、整齐、紧凑、美观。畜牧场建筑物排列合理与否，关系到场区小气候、畜舍的光照、通风、建筑物之间的联系、道路和管线铺设长短、场地利用率等。生产区内畜舍的布置，应根据场地形状、畜舍的数量和长度布置为单列、双列或多列。如果场地条件允许，则应尽量避免将建筑物布置成横向狭长或竖向狭长，因为狭长形布置会造成饲料、粪污运输距离加大，管理和工作联系不便，道路、管线加长，建场投资增加。

因此，要根据场区的形状、畜舍的数量和每栋畜舍的长度等进行建筑物排列布置。畜牧场建筑物排列布置模式如图 1.5 所示。

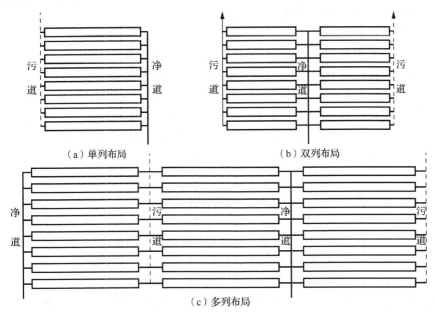

（a）单列布局　　　　　　（b）双列布局

（c）多列布局

图 1.5　畜牧场建筑物排列布置模式

2. 建筑物位置

确定每栋建筑物和每种设施的位置时，要根据现场具体条件和遵循分区规划要求，主要考虑它们之间的功能关系和卫生防疫要求。在安排其位置时，应将相互有关、联系密切的建筑物和设施就近设置，以便于生产联系。畜牧场建筑物布局必须按彼此间的功能关系统筹安排，否则将影响生产的顺利进行，甚至造成无法挽回的后果。

即问即答 1-3：下列两种奶牛场工艺流程相比，你认为哪种更合理？

A. 青年牛、挤奶厅、产房、配种室、产奶牛、犊牛

B. 青年牛、配种室、产奶牛、产房、犊牛、挤奶厅

考虑卫生防疫要求时，应根据场地地势和当地全年主导风向，尽量将办公和生活用房、种畜、幼畜安置在上风向和地势较高处，生产群则可置于下风向和地势较低处，病畜和粪污处理等应置于最下风向和地势最低处。场地地势与当地主导风向恰好一致时较易安排，但这种情况并不多见，往往出现地势高处正是下风向的情况，此时可利用与主导风向垂直的对角线上两"安全角"来安置防疫要求较高的建筑物。例如，主导风向为西北风而地势南高北低时，场地的西南角和东北角均为安全角。

3. 建筑物朝向

畜舍朝向选择与当地的地理纬度、地段环境、局部气候特征及建筑用地条件等因素有关。适宜的朝向，一方面，可以合理地利用太阳辐射能，

避免夏季过多的热量进入舍内，冬季则最大限度地允许太阳辐射能进入舍内以提高舍温；另一方面，可以合理利用主导风向，改善通风条件，从而可以获得良好的畜舍环境。

（1）朝向与光照

自然光照的合理利用，不仅可以改善舍内光照条件，还可以起到很好的杀菌作用，利于舍内小气候环境的净化。根据日照确定畜舍朝向时，可向当地气象部门了解本地日辐射总量变化图，结合当地防寒防暑要求，确定日照所需适宜朝向。我国地处北纬20°～50°，太阳高度角冬季小、夏季大，为确保冬季舍内获得较多的太阳辐射热，防止夏季太阳过分照射，畜舍宜设置在南向或南偏东、偏西45°以内。

（2）朝向与通风

畜舍布置与场区所处地区的主导风向关系密切，主导风向直接影响冬季畜舍的热量损耗和夏季畜舍的舍内、场区的通风，特别是在采用自然通风系统时。从室内通风效果看，当风向入射角（畜舍正面纵墙法线与主导风向的夹角）为0°时，舍内与窗间墙正对这段空气流速较低，有害气体不易排出；当风向入射角改为30°～60°时，舍内低速区气流减少，改善舍内气流分布的均匀性，可提高通风效果。从整个场区的通风效果看，当风向入射角为0°时，畜舍背风面的涡流区较大，有害气体不易排出；风向入射角改为30°～45°时，有害气体能顺利排出（图1.6）。从冬季防寒要求看，若冬季主导风向与畜舍纵墙垂直，则会使家畜舍的热损耗最大（图1.7）。根据畜舍通风的要求确定朝向时，可向当地气象部门了解本地风向频率图，结合防寒防暑要求，确定通风所需的适宜朝向。

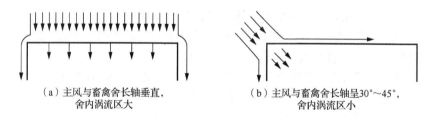

（a）主风与畜禽舍长轴垂直，舍内涡流区大　　（b）主风与畜禽舍长轴呈30°～45°，舍内涡流区小

图1.6　畜禽舍朝向与夏季舍内通风效果的关系

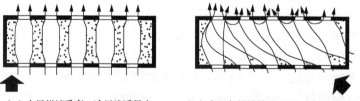

（a）主风纵墙垂直，冷风渗透量大　　（b）主风与纵墙呈0°～45°，冷风渗透量小

图1.7　畜禽舍朝向与冬季冷风渗透量的关系

因此，畜舍朝向要综合考虑当地气象、地形等特点，抓住主要矛盾，兼顾次要矛盾和其他因素来合理确定。一般情况下，畜舍朝向可根据当地的地形条件和气候特点，采取南偏东或偏西15°以内的配置。

#### 4. 建筑物间距

相邻两栋建筑物纵墙之间的距离被称为间距。确定畜舍间距主要从日照间距、通风间距、防火间距等方面综合考虑。间距大，前排畜舍不致影响后排光照，虽有利于通风排污、防疫和防火，但势必会增加牧场的占地面积。因此，必须根据当地气候、纬度、场区地形、地势等情况，酌情确定畜舍适宜的间距。

（1）日照间距

应使南排畜舍在冬季不遮挡北排畜舍日照，一般可按一年内太阳高度角最小的冬至日计算，而且应保证冬至日 9 时至 15 时这 6h 内使畜舍北墙满日照，这就要求间距不小于南排畜舍的阴影长度，而阴影长度与畜舍高度和太阳高度角有关。经计算，南向畜舍的南排舍高（一般以檐高计）为 $H$ 时，要满足北排畜舍的上述日照要求，在北纬 40° 的地区（如北京），畜舍间距约需 2.5$H$，在北纬 47° 的地区（如齐齐哈尔）则需 3.7$H$。可见，在我国绝大部分地区，间距保持檐高的 3～4 倍时，可满足冬至日 9～15 时南向畜舍的北墙满日照。纬度更高的地区可酌情加大间距。

（2）通风间距

应使下风向的畜舍不处于相邻上风向畜舍的涡流区内，这样既不影响下风向畜舍的通风，又可使其免遭上风向畜舍排出的污浊空气的污染，有利于卫生防疫。据试验，当风向垂直于畜舍纵墙时，涡流区最大，约为其檐高的 5 倍（图 1.8）；当风向不垂直于纵墙时，涡流区缩小。可见，畜舍的间距取檐高的 3～5 倍时，可满足畜舍通风排污和卫生防疫的要求。

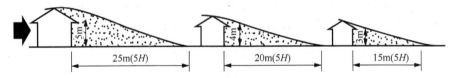

图 1.8 风向垂直于纵墙时畜禽舍高度与涡流区的关系

（3）防火间距

防火间距取决于建筑物的材料、结构和使用特点，可参照我国建筑防火规范。畜舍建筑一般为砖墙、混凝土屋顶或木质屋顶并做吊顶，耐火等级为二级或三级，防火间距为 6～8m。

综上所述，畜舍间距达到畜舍檐高的 3～5 倍时，可基本满足日照、通风、排污、防疫、防火等要求。

# 任务三  畜舍设计与环境控制

近年来，各奶牛养殖场陆续投入巨资对原有传统牛舍及设施进行改建，一是把传统的拴系舍改为散栏舍，二是把管道挤奶改为固定奶厅挤奶，三是对环境控制设施进行升级改造。这种现象说明了什么问题？你认为牛舍改建后有什么优势？本任务将介绍畜舍设计与环境控制相关知识。

课件 1-3  畜舍设计

## 一、畜舍设计的原则

修建畜舍的目的是给家畜创造适宜的生活环境，保障家畜健康和生产的正常运行；花较少的资金、饲料、能源和劳力，获得更多的畜产品和实现较高的经济效益。设计畜舍时应掌握以下原则。

（一）为家畜创造适宜环境

适宜环境可以充分发挥家畜生产潜力，提高饲料利用率。修建畜舍时，必须符合家畜对各种环境条件的要求，包括温度、湿度、通风、光照，以及空气中的二氧化碳、氨、硫化氢，为家畜创造适宜环境。为此必须保证畜舍有良好的小气候环境，冬季保暖，夏季凉爽，并保持干燥；保证畜舍具有正常的采光和良好的通风；有完善的舍内卫生设施。

（二）符合生产工艺要求，有利于操作管理

家畜生产工艺包括畜群的组成和周转方式、运送草料、饲喂、饮水、清粪等，也包括测量、称重、人工授精、疫病防治、生产护理等技术措施，并有充足的饮水、生产管理用水及排出污水设施。修建畜舍必须与本场生产工艺相结合，便于操作及提高劳动生产效率。否则，可能会给生产造成不便，甚至使生产无法进行。畜舍设计要考虑适应工厂化生产需求，有利于进行集约化经营管理，便于实行机械化、自动化操作并留有余地。

（三）严格卫生防疫，防止疫病传播

流行性疫病会对养殖场构成威胁，造成经济损失。通过畜舍设计，为家畜创造适宜环境，将会减少或防止疫病发生。此外，修建畜舍时还应特别注意卫生要求，以利于兽医防疫制度的执行。要根据防疫要求合理进行场地规划和建筑物布局，确定畜舍的朝向和间距，设置消毒设施，合理安置污物处理设施等。

（四）做到经济合理，技术可行

在满足以上3项原则的前提下，畜舍修建还应尽量降低工程造价和设备投资，以降低生产成本，加快资金周转。因此，畜舍修建要尽量利用自然界的有利条件（如自然通风、自然光照等），必须贯彻因地制宜的原则，尽量就地取材，采用当地建筑施工习惯，适当减少附属用房面积，以降低建筑造价。畜舍设计方案只有通过施工才能实现，否则，方案再好而在施工技术上不可行，也只能是空想的设计。

即问即答1-4：从畜舍设计原则看，你认为图1.9中的羊舍设计有什么不足？

图1.9 羊舍

## 二、牛舍设计与牛场设施

（一）牛场建筑物配置要求

牛场建筑物配置要因地制宜，便于管理，有利于生产，便于防疫、使用安全等。要统一规划，合理布局，整齐、紧凑，土地利用率高和节约投资，经济实用。

视频1-4 牛舍设计

1. 牛舍

我国地域辽阔，南北、东西气候相差悬殊。东北三省、内蒙古、青海等地牛舍设计以防寒为主，长江以南地区则以防暑为主。牛舍形式依据饲养规模和饲养方式而定。牛舍建造应便于饲养管理，便于采光，便于夏季防暑、冬季防寒，便于防疫。修建多栋牛舍时，应采取长轴平行配置。当牛舍超过4栋时，可以采取2行并列配置，前后对齐，相距10m以上。

2. 饲料库

饲料库应选在离每栋牛舍位置都较适中，而且位置稍高，既干燥通风，又利于成品料向各牛舍运输的地方。

### 3. 干草棚及草库

干草棚及草库尽可能设在下风向地段，与周围房舍保持50m以上的距离，单独建造，既要防止散草影响牛舍环境美观，又要达到防火、安全的要求。

### 4. 青贮窖或青贮池

青贮窖或青贮池要求位置适中，地势较高，防止粪尿等污水污染，同时要考虑出料时运输方便，减少劳动量。

### 5. 兽医室、病牛舍

兽医室、病牛舍应设在牛场下风向，而且相对偏僻的一角，便于隔离，减少空气和水的污染传播。

### 6. 办公室和职工宿舍

办公室和职工宿舍应设在牛场之外地势较高的上风向，以防空气和水污染及疫病传染。养牛场门口应设门卫、消毒室和消毒池。

### （二）牛舍建筑

#### 1. 基本结构

（1）地基与墙体

基深8～100cm，砖墙厚24cm，双坡式牛舍脊高4～5m，前后檐高3～3.5m。牛舍内墙的下部设墙围，防止水汽渗入墙体，提高墙的坚固性、保温性。

（2）门窗

门高2.1～2.2m、宽2～2.5m。门一般设成双开门、向外开，也可设成上下翻卷门。封闭式窗应大一些，高1.5m，宽1.5m，窗台高以距地面1.2m为宜。

（3）屋顶

屋顶有双坡式、钟楼式、半钟楼式及弧形等多种，其中最常见的双坡式屋顶可适用于较大跨度的牛舍，可用于各种规模的牛群。这种屋顶既经济，保温性又好，而且容易施工修建。近年来，南方大规模牛场大多修建成钟楼式屋顶，通风效果好，但构造复杂、造价高。

（4）牛床和饲槽

牛场多为群饲通槽喂养。牛床一般要求长1.6～1.8m、宽1～1.2m，坡度为1.5%，牛头端位置高。饲槽设在牛床前面，以固定式水泥槽最适用，其上宽0.6～0.8m，底宽0.35～0.4m，呈弧形，槽内缘高0.35m（靠牛床一侧），外缘高0.6～0.8m（靠走道一侧）。为操作简便、节约劳力，应建高通道、低槽位的道槽合一式牛舍,即槽外缘和通道在一个水平面上,如图 1.10 所示。

图 1.10　道槽合一式牛舍

（5）通道和粪尿沟

对头式饲养的双列牛舍,若采用人工喂料,中间通道宽 1.4~1.8m,以送料车能通过为原则;若采用机械喂料,则道槽合一式道宽以 3~3.5m 为宜（含料槽宽）,以方便撒料车操作为宜。粪尿沟宽应以常规铁锨正常作业的宽度为宜,宽 0.25~0.3m,深 0.15~0.3m,倾斜度（1∶100）~（1∶50）。

（6）运动场、饮水槽和围栏

运动场的长度应以与牛舍长度一致并对齐为宜,这样整齐美观,能充分利用土地。运动场的宽度应参照每头牛 10m$^2$ 设计。牛随时都要饮水,因此,除舍内饮水外,还必须在运动场边设饮水槽。槽长 3~4m,上宽 70cm,槽底宽 40cm,槽高 40~70cm。每 25~40 头牛应有一个饮水槽,要保证供水充足、新鲜、卫生。运动场周围要建造围栏,可以用钢管建造,也可以用水泥桩柱建造,要求结实耐用。

**即问即答 1-5:**你认为南方大规模牛场牛舍屋顶修建成什么类型较好?

2.　牛舍建造

（1）封闭式牛舍

封闭式牛舍多采用拴系饲养,有单列式牛舍和双列式牛舍两种。

1）单列式牛舍。只有一排牛床,跨度小,一般只有 5~6m。这类牛舍易于建造,通风良好,一般适用于小型牛场。

2）双列式牛舍（图 1.11~图 1.13）。有两排牛床。一般以 100 头左右建一幢牛舍,分成左、右 2 个单元,跨度 12m 左右,能满足自然通风的要求。对尾式牛舍中间为清粪道,两边各有一条饲料通道。对头式牛舍中间为送料道,两边各有一条清粪通道。

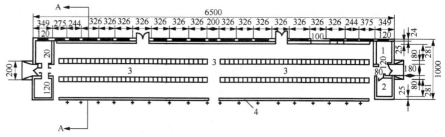

1—饲料调制间；2—值班室；3—走道；4—尿沟。

图 1.11　牛舍平面图（单位：cm）

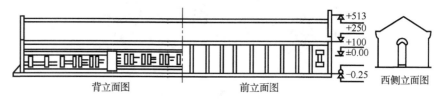

背立面图　　　　前立面图　　　　西侧立面图

图 1.12　牛舍立面图（单位：cm）

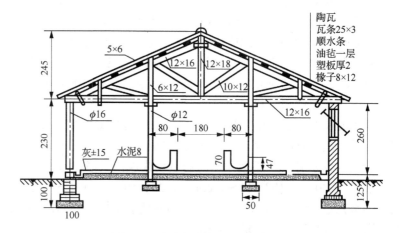

图 1.13　牛舍剖面图（单位：cm）

**即问即答 1-6**：对头式、对尾式两种牛舍布局方式相比，你认为哪种更适合机械饲喂？

（2）半开放式牛舍

半开放式牛舍三面有墙，向阳一面敞开，有顶棚，在敞开一侧设有围栏。这类牛舍的开敞部分在冬季可以遮拦，形成封闭状态，从而达到夏季利于通风、冬季能够保暖的效果，使舍内小气候得到改善。这类牛舍相对封闭式牛舍来讲，造价低，节省劳动力。

塑料暖棚牛舍属于半开放式牛舍的一种，是近年来北方寒冷地区推出的一种较保温的半开放式牛舍。这类牛舍在冬季将半开放式牛舍或开放式牛舍用塑料薄膜封闭敞开部分，利用太阳能和牛体散发的热量使舍温升高，同时塑料薄膜也避免了热量散失。

修筑塑料暖棚牛舍时要注意以下几个问题：一是选择合适的朝向，塑料暖棚牛舍须坐北朝南；二是选择合适的塑料薄膜，应选择对太阳光透过率较高而对地面长波辐射透过率较低的聚乙烯等塑料薄膜，其厚度以80～100μm为宜；三是要合理设置通风换气口，棚舍的进气口设在棚舍顶部的背风面，上设防风帽，排气口的面积以20cm×20cm为宜，进气口的面积是排气口面积的1/2，每隔3m设置一个排气口。

（3）装配式牛舍

装配式牛舍以钢材为原料，工厂制作，现场安装，属于敞开式牛舍。屋顶为镀锌板或太阳板，屋梁为角铁焊接；U字形食槽和水槽为不锈钢制作，可随牛只的体高随意调节；隔栏和围栏为钢管。

装配式牛舍的适用性、科学性主要体现在屋架、屋顶和墙体及可调节饲喂设备上。屋架梁是由角钢预制的，待柱墩建好后装上即可。屋架梁上边是由角钢与圆钢焊制的檩条。屋顶自下往上是由3mm厚的镀锌铁皮、4cm厚的聚苯乙烯泡沫板和5mm厚的镀锌铁皮瓦构成的。屋顶材料由螺钉贯串固定在檩条上，屋脊上设有可调节的风帽。墙体四周60cm以下为砖混结构（围栏散养牛舍可不建墙体）。每根梁柱下面有一钢筋混凝土柱墩，其他部分为水泥砂浆面。墙体60cm以上部分分为3种结构：两屋山墙及饲养员住室、草料间两边墙体为"泰克墙"，它的基本骨架是由角钢焊制的，角钢中间用4cm厚的泡沫板填充，骨架外面扣有金属彩板，骨架里面固定一层钢网，网上水泥砂浆抹面；饲养员住室，草料间与牛舍隔墙为普通砖墙外粉水泥砂浆；牛舍前后两面60cm以上墙体部分安装活动卷帘，卷帘分内外两层，外层为双帘子布中间夹腈纶棉制作的棉帘，内层为单层帘子布制作的单帘，两层卷帘中间安装有钢网，双层卷帘外有防风绳固定。

装配式牛舍室内设置依饲养方式不同而不同，拴系饲养与普通牛舍差别不大，一般采用双列式或多列式布局。散栏式牛舍（图1.14）则分为饲喂区、活动区、自由牛床3部分，一般在牛舍中央设饲槽，让牛自由采食；在饲槽旁边有水槽，牛可从槽的两边采食或饮水。牛舍内自由牛床间用铁管栏杆隔开，其下面横栏离地高度以不整住牛腿为宜（约40cm），上面横栏离地高度以勿让牛跳入另一牛床为宜（约1.1m）。栏杆长度不宜过长，无须与牛床边对齐，可留出30～40cm；牛床边缘高10cm，以保证不丢垫草，牛床边缘与走道间的高度为20～25cm，走道宽约3m，是牛行走的场所。粪尿采用自动刮板清理，挤奶在挤奶厅进行。

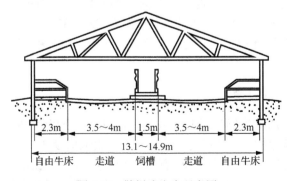

图1.14　散栏式牛舍示意图

装配式牛舍系先进技术设计，采用国产优质材料制作，其适用性、耐用性及美观度均居国内一流，并且制作简单、省时、造价低。

（三）牛舍内设备

1. 颈枷、卧床

牛场设计也要考虑我国现有奶牛和肉牛品种本身在不同阶段的生长发育指标（身高、体重），采用适宜的颈枷、卧床。颈枷的主要作用是固定奶牛和肉牛的采食位置，方便抓牛以注射防疫药物或隔离，同时也方便观察奶牛发情情况。颈枷的夹杠要充分利用自重来增加灵敏度。颈枷两侧采食位地面与饲喂通道要有一定的高差，大小要适中。高差过大，牛在采食时，牛的唾液分泌不足，不利于奶牛对草料混合、咀嚼；高差过小，则会增加奶牛前肢承重负担，易引发关节炎。颈枷下部挡粪墙的高度为400～500mm。卧床包括牛的躺卧部分和卧栏、颈轨、胸轨、立柱等部分。卧床的高度越高越清洁，可以有效防止清粪时牛粪溢到卧床上，一般高度为100～200mm。卧床垫料以干砂为宜，材料易取，造价低廉，还可以有效抑制细菌滋生，降低乳房炎发病率。卧床前端一定要留有足够空间，方便牛站起和躺卧，避免因前端狭小而撞伤牛的头部。卧床长度以牛躺卧时与牛的臀部等长为宜。颈轨和胸轨是为了阻止牛躺卧和站立时太靠前，而使牛的粪尿排泄在卧床上。颈轨一定要做成可调节活动式，以方便牛只站立。

2. 通风降温设备

乳牛泌乳适宜温度为5～20℃，上限为27℃，相对湿度不超过80%，风速大于1m/s；下限为-13℃，相对湿度不超过80%，风速小于1m/s。若超出适温范围，则对乳牛有不利影响；若超出生产环境界限，则奶牛极易产生热应激，产奶量下降，甚至危害奶牛的健康。发生热应激时，奶牛的饮水次数、饮水时间、饮水量都会增加。奶牛饮水量主要发生在挤奶后的1h内，此时饮水量约占全天饮水量的1/2。奶牛不舒服的早期症状是寻找阴凉，不愿意离开水槽及呼吸频率增加。发生热应激时，通常会伴随张嘴喘气、较少采食或完全停止采食，以及过分萎靡不振、过多流涎。我国夏季除青藏高原和大小兴安岭等地气温低于20℃外，绝大部分地区气温都超过24℃，东南部大部分地区气温都在28℃以上，重庆、武汉、南京素有"长江三大火炉"之称，极端最高气温为42～43℃。为了减缓夏季对泌乳牛的不良影响，使乳牛生产水平全年相对平衡，必须采取风扇、喷淋等防暑降温措施。

3. 饮水槽、料槽

奶牛场平均每头奶牛每天饮水在100L左右，所以每15～40头奶牛必须提供一个饮水槽。运动场也要设饮水槽。饮水槽设计一定要易清洁，能翻转。在寒冷地区，饮水槽必须带有加热保温装置，防止饮水槽内的水结冰。料槽的宽度约为600mm，在其表面贴上防滑瓷砖，能减少草料的浪费。

（四）挤奶厅

传统提桶式或管道式挤奶已逐渐被现代挤奶厅挤奶所取代。目前较常见的主要有并列式挤奶厅（图 1.15）及转盘式挤奶厅（图 1.16）。并列式挤奶厅的挤奶台为两旁排列，挤奶员站在厅内两列挤奶台中间地槽内挤奶，不必弯腰，操作方便，挤奶设备经济实用，一般适于中等规模奶牛场采用；转盘式挤奶厅利用可转动的环形挤奶台进行挤奶，目前主要有鱼骨式转盘挤奶台和串联式转盘挤奶台。这种挤奶厅的优点是奶牛依次进入挤奶厅，挤奶员在入口处冲洗乳房，套奶杯，不必来回走动，操作方便，每转一圈需 7～10min，转到出口处已挤完奶，劳动效率高，适用于较大规模奶牛场采用；缺点是设备造价高，目前还难以大面积推广。

图 1.15　并列式挤奶厅　　　　　图 1.16　转盘式挤奶厅

### 三、羊舍设计与羊场设施

（一）羊舍设计参数与建筑要求

**1. 建筑地点**

视频 1-5　羊舍设计

羊舍要建在办公区域、宿舍区域的下风头，而兽医室、贮粪场要建在羊舍的下风头。羊舍的南面要有足够的运动场。

**2. 羊舍面积**

拥挤、潮湿、不通风的羊舍，有碍羊只健康生长，同时在管理上也不方便。特别是在南方潮湿季节,建筑时尤其要注意每只羊的最低占有面积，一般种公羊的最低占有面积为 1.5～2m²，怀孕前期羊的最低占有面积为 0.8～1m²，怀孕后期羊的最低占有面积为 1.1～1.8m²，哺乳母羊的最低占有面积为 2.3～2.5m²，羔羊的最低占有面积为 0.4～0.6m²，青年羊的最低占有面积为 0.5～0.6m²，育成羊的最低占有面积为 0.6～0.8m²，育肥羊的最低占有面积为 0.6～0.8m²。

**3. 羊舍高度与跨度**

羊舍高度根据羊舍类型和容纳羊群数量而定。羊需要较高的羊舍高度，使舍内空气新鲜，但不宜过高。南方潮湿地区一般要求屋檐至地板以高 2.5m 左右为宜，北方干燥环境可略低。

羊舍跨度取决于走道宽度、羊床宽度、列数。其中，走道宽度取决于采用人工喂料还是机械喂料。若采用人工喂料，则以 1.2～1.5m 为宜；若采用机械喂料，则取决于撒料车宽度（一般为 2～2.5m）。羊床宽度与饲养方式、清粪方式、羊床高度有关，以方便清粪管理为宜。

### 4. 门窗设计

羊进出舍门容易拥挤，舍门如果太窄，则孕羊可能会因受外力挤压而流产，所以门应适当宽一些，一般以宽 3m、高 2m 为宜。要求门朝外开。如果饲养羊只少，羊的体积也相应小，则舍门建成 1.5～2m 比较合适。寒冷地区舍门外可加建套门。羊舍窗户面积占地面面积的 1/15，窗要向阳，距地面高 1.5m 以上，防止大风直接袭击羊体。

### 5. 羊舍地面

羊舍地面应高出舍外地面 20～30cm，铺成缓坡形，以利排水。羊舍地面以土、砖或石块铺垫，饲料间地面须用水泥铺设。南方潮湿地区要建成楼式羊舍，采用离地饲养。羊床用木条、竹条、塑钢等制成漏缝地板，木竹条间距 1～2cm，宽 3～4cm，可以漏羊粪尿。漏缝地板距地面的高度取决于地形地势、清粪方式，以利清粪，一般离地高度为 80～100cm。

### 6. 运动场

运动场面积为羊舍面积的 1～1.2 倍，运动场地面宜比羊舍低 20～30cm，而比运动场外高 30cm 左右。墙或围栏高度，公羊为 1.5m，母羊为 1.2～1.3m，门宽 1～1.5m，高 1.5m。

**同步测试 1-2：**南方潮湿地区的羊舍要求屋檐至地板高度以多少为宜？

（二）羊舍类型

### 1. 地面平养型羊舍

地面平养型羊舍（图 1.17）是我国北方普遍采用的羊舍形式，但其内部布局、结构及运动场设置因饲养地区、饲养方式不同而有所区别。以放牧为主的地方，羊只多在露天过夜，仅在冬春妊娠期、产羔期在羊舍内休息，饮水、补饲多在运动场内进行，羊舍内设备非常简单。这类羊舍应设有固定的草架、饲槽、水槽等。以舍饲为主的地面平养型羊舍以双列式较多，如果为双列对头式羊舍，则中间为走道，在走道两侧修建带有颈枷的栅栏。走道宜用水泥、砖石铺成。为保证羊只的运动量，舍外应设有相当于舍内面积 2～5 倍并有遮阴设施的运动场。

图 1.17　地面平养型羊舍

### 2. 楼式羊舍

楼式羊舍（图 1.18）在我国南北方均有，特别适合气候炎热、多雨潮湿的南方采用。楼板多用木条或竹片铺设，间隙 1~2cm。这种羊舍具有通风、凉爽、防热、防潮等特点。楼式羊舍可独自修建，增设阶梯，训练羊只上楼梯；也可靠山修建，舍门设在山坡上侧，羊只依山入舍，更为方便。

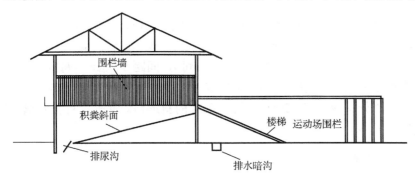

图 1.18　楼式羊舍

（三）羊舍主要配套设施

### 1. 干草房

干草房用于贮藏干草作为越冬饲料，其空间大小可根据每只羊 200kg 青干草来推算。

### 2. 青贮容器

根据饲养规模及草料资源修建青贮容器，如青贮池（图 1.19）、青贮壕（图 1.20）等，每立方米青贮饲料的重量一般为 500~700kg。要求用水泥钢筋浇筑牢固，不透空气、不透水、能防冻，墙壁要平直、有一定的深度。

图 1.19　青贮池　　　　　　　　图 1.20　青贮壕

**算一算 1-3：** 某牛场有 100 头奶牛，每天须喂青贮饲料 15kg，每天取料深度 10cm。假设每立方米青贮饲料重量为 500kg，那么青贮容器的设计半径以多少为宜？

**3. 药浴池**

规模羊场应修建固定的药浴池，砖混结构，用于防虫、治虫和便于肉羊正常生长发育。一般深 1～1.2m，长 10～12m，上口宽 0.5～0.8m，池底宽 0.4～0.6m，以 1 只羊能通过而不能转身为原则。

**4. 食槽**

食槽要求沿羊床外沿走道而建，高出羊床 30cm，宽 40cm，深 20～25cm，用砖砌水泥砂浆抹面，适合推车或平板车运料。食槽靠羊床的一边建高 1～1.2m 的木栅栏（竹或钢筋亦可），间距 5～6cm，每隔 30cm 留一空档 15cm，让羊头可伸到食槽内采食。为防止有角羊卡住羊头，可将羊舍空档处改成上宽 15cm、下宽 10cm 的斜形口。此外，可将食槽用铁皮制作成移动式。

**5. 水槽**

视频 1-6　水泥框架兔舍

在每个羊栏内设一个自动饮水槽，建在靠东墙或西墙的一边，距地面高 30cm，口径 30～40cm 见方；底部有一管道与各水槽相连；室外建一水池高 50cm，30～40cm 见方，上有控水龙头，控制水位与室内水槽水位等高。当水位降低时，可以自动补水，随时保持有充足的水供羊群饮用。规模羊场也可采用自动饮水装置，最好用碗形饮水器，以防漏水。

**四、兔舍设计与兔场设施**

视频 1-7　不锈钢冲水式兔舍

**（一）兔舍设计与建筑要求**

1）兔舍设计应符合家兔生活习性，有利于其生长发育及生产能力的提高；便于饲养管理和提高工作效率；有利于清洁卫生，防止疫病传播。

2）兔舍形式、结构、内部布置必须符合不同类型和不同用途家兔的饲养管理和卫生防疫要求，也必须与不同的地理条件相适应。

3）兔舍建筑材料，特别是兔笼材料要坚固耐用，防止被兔啃咬损坏；在建筑上应有防止家兔打洞逃跑的措施。

4）家兔胆小怕惊，抗兽害能力差，怕热，怕潮湿。因此，在建筑上要有相应的防兽害、防暑降温、防潮、防雨及防严寒等措施。

5）兔舍地面要求平整、坚实，能防潮，舍内地面要高于舍外地面 20～25cm，舍内走道两侧要有坡面，以免水及尿液滞留在走道上；室内墙壁、水泥预制板兔笼的内壁、承粪板的承粪面要求平整光滑，易于消除污垢和清洗消毒。

6）兔舍窗户的采光面积为地面面积的 15%，阳光的入射角度不低于25°。兔舍门要求结实、保温、防兽害，门大小以方便饲料车和清粪车出入为宜。

7）兔舍内要设置排水系统。排粪沟要有一定坡度，以便在打扫和用水冲刷时能将粪尿顺利排出舍外，通往蓄粪池，也便于尿液随时排出舍外，从而降低舍内湿度和有害气体浓度。

8）为了防疫和消毒，在兔场和兔舍入口处应设置消毒池或消毒盘，并且要方便更换消毒液。

9）保证舍内通风。我国南方炎热地区多采用自然通风，北方寒冷地区在冬季采用机械强制通风。自然通风适用于小规模养兔场，机械强制通风适用于集约化程度较高的大型养兔场。

（二）兔舍建筑形式

我国地域辽阔，各地气候条件不同，经济基础各异，兔舍建筑形式也各不相同。采用何种兔舍建筑形式和结构，取决于饲养目的、饲养方式、饲养规模及经济承受能力等。小规模兔场宜采用简单的兔舍建筑形式，可利用旧棚舍或闲置房屋进行散养或圈养；规模兔场宜建造比较规范的兔舍，实行笼养，以便于日常管理。我国北方地区冬季漫长，气候寒冷，农村可采用地窖饲养，不但冬暖夏凉，而且经济实用。笼养有利于控制家兔生活环境、饲养管理、配种繁殖及疾病防治，有利于家兔的生长发育和提高毛皮品质，因而是值得推广的较理想的饲养方式。下面介绍几种常见的笼养的兔舍建筑形式。

1. 室外单列式兔舍

室外单列式兔舍（图 1.21）实际上既是兔舍又是兔笼，是兔舍与兔笼的结合。因此，这种兔舍既要达到兔舍建筑的一般要求，又要符合兔笼的设计需要。兔笼正面朝南，兔舍采用砖混结构，为单坡式屋顶，前高后低，屋檐前长后短，屋顶采用水泥预制板或波形石棉瓦，兔笼后壁用砖砌成，并留有出粪口，承粪板为水泥预制板。为了适应露天条件，兔舍地基宜高些，兔舍前后要有树木遮阳。这种兔舍的优点是造价低，通风条件好，光照充足；缺点是不易遮风挡雨，冬季繁殖幼兔有困难。

## 2. 室内单列式兔舍

室内单列式兔舍（图1.22）四周有墙，南北墙有采光通风窗，屋顶形式不限（单坡、双坡、平顶、拱形、钟楼、半钟楼均可），兔笼列于兔舍内的北面，笼门朝南，兔笼与南墙之间为工作走道，兔笼与北墙之间为清粪道，南北墙距地面20cm处留有对应的通风孔。这种兔舍的优点是冬暖夏凉，通风良好，光线充足；缺点是兔舍利用率低。

图1.21　室外单列式兔舍　　　　图1.22　室内单列式兔舍

## 3. 室外双列式兔舍

室外双列式兔舍（图1.23）为两排兔笼面对面而列，两列兔笼的后壁就是兔舍的两面墙体，两列兔笼之间为工作走道，粪沟在兔舍的两面外侧，屋顶为双坡式（"人"字顶）或钟楼式。兔笼结构与室外单列式兔舍基本相同。与室外单列式兔舍相比，这种兔舍的保暖性能较好，饲养人员可在室内操作，但缺少光照。

## 4. 室内双列式兔舍

室内双列式兔舍（图1.24）分为两种形式：一种是两列兔笼背靠背排列在兔舍中间，两列兔笼之间为清粪沟，靠近南北墙各一条工作走道。另一种是两列兔笼面对面排列在兔舍两侧，两列兔笼之间为工作走道，靠近南北墙各有一条清粪沟。屋顶为双坡式、钟楼式或半钟楼式。同室内单列式兔舍一样，南北墙有采光通风窗，接近地面处留有通风孔。这种兔舍的室内温度易于控制，通风和透光良好，但朝北的一列兔笼光照、保暖条件较差。由于空间利用率高，饲养密度大，在冬季门窗紧闭时这种兔舍的有害气体浓度较大。

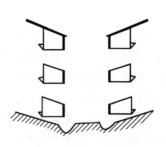 

图1.23　室外双列式兔舍　　　　图1.24　室内双列式兔舍

5. 室内多列式兔舍

室内多列式兔舍（图 1.25）有多种形式，如四列三层式、四列阶梯式、四列单层式、六列单层式、八列单层式等。屋顶为双坡式，其他结构与室内双列式兔舍大致相同，只是兔舍的跨度加大，一般为 8～12m。这种兔舍的优点是空间利用率高；缺点是通风条件差，室内有害气体浓度高，湿度比较大，需要采用机械通风换气；中间兔笼光照不足，不利于疫病防治。

图 1.25 室内多列式兔舍

**即问即答 1-7：你认为哪类兔舍的室内空间利用率较高？**

（三）兔舍常用设备

1. 兔笼

（1）兔笼设计要求

视频 1-8 兔场设施

兔笼设计一般应符合家兔的生物学特性，造价低廉，经久耐用，便于操作管理。兔笼规格根据家兔的品系类型和年龄等确定，以兔子在笼内能自由活动和便于操作管理为原则。一般标准笼宽为体长的 1.3～1.5 倍，笼长为体长的 1.5～2 倍，笼高为体长的 0.8～1.2 倍。大型品种兔笼和种公兔笼一般宽 65～70cm、长 55cm、高 45cm；长毛兔、獭兔等商品兔，建议其笼宽 60cm、长 65cm、高 35cm；仔兔补饲笼宽 45cm、长 60cm、高 30cm。育肥兔笼可用种兔笼代替，也可用单层床式笼实行群养。

（2）兔笼结构

1）笼门。笼门应安装于笼前，高度与笼相平，要求启闭方便，能防兽害、防啃咬，可用竹片、打眼铁皮、镀锌冷拔钢丝等制成。一般以右侧安转轴、向右侧开门为宜。为提高工效，草架、食槽、饮水器等均可挂在笼门上，以增加笼内实用面积，减少开门次数。

2）笼壁。笼壁一般用水泥板或砖、石等砌成，也可用竹片或金属网钉成，要求笼壁保持平滑、坚固防啃，以免损伤兔体和钩脱兔毛。若用砖砌或水泥预制件，则须预留承粪板和笼底板的搁肩（3～5cm）；若用金属网条，则以条间距 1.5～2cm 为宜。

3）承粪板。承粪板宜用水泥预制件或玻纤板，厚度为2～2.5cm，要求防漏防腐，便于清理消毒。在多层兔笼中，上层承粪板即为下层的笼顶。为避免上层兔笼的粪尿、冲刷污水溅污下层兔笼，承粪板应向笼体前伸3～5cm，后延5～10cm，前后倾斜角度为2%～15%，以便粪尿经板面自动落入粪沟，利于清扫。

4）笼底板。笼底板一般用竹片或镀锌冷拔钢丝制成，要求平而不滑，坚固而有一定弹性，宜设计成活动式，以利清洗、消毒或维修。若用竹片钉成，则要求竹条宽2～2.5cm，间距1～1.2cm。竹片钉制方向应与笼门垂直，以防兔脚打滑形成向两侧的划水姿势。

（3）笼层高度

目前国内常用的多层兔笼一般由3层组装排列而成。为便于操作管理和维修，兔笼以3层为宜，总高度应控制在1.9m以下。最底层兔笼的离地高度应在25cm以上，以利通风、防潮，使底层兔亦有较好的生活环境。

（4）构件材料

各地因生态条件、经济水平、养兔习惯及生产规模的不同，建造兔笼的构件材料也不同。

1）水泥预制件兔笼。我国南方各地多采用水泥预制件兔笼，这类兔笼的侧壁、后墙和承粪板都采用水泥预制件组装而成，配以竹片笼底板和金属笼门或木制笼门。它的主要优点是耐腐蚀和啃咬，适于采用多种方法消毒，坚固耐用，造价低廉；缺点是通风、隔热性能较差，移动困难。

2）砖、石制兔笼。这种兔笼采用砖、石、水泥或石灰砌成，我国南方各地室外养兔时普遍采用，一般建造2～3层。它的主要优点是取材方便，造价低廉，耐腐蚀和啃咬，防兽害，保温、隔热性较好；缺点是通风性能差，不易彻底消毒。

3）竹（木）制兔笼。这种兔笼常用于山区竹木用材较为方便的地区。它的主要优点是价格低廉，使用方便，移动性强，且有利于通风、防潮、维修，隔热性能较好；缺点是容易损坏，不耐啃咬，难以彻底消毒，不宜长久使用。

4）金属网兔笼。这种兔笼一般采用镀锌冷拔钢丝焊接而成，适用于工厂化养兔和种兔商品獭兔生产。它的主要优点是通风透光，耐啃咬，易消毒，使用方便；缺点是容易锈蚀，造价较高，只适宜室内养兔或比较温暖的地区使用。

5）全塑型兔笼。这种兔笼由塑料零件组装而成，也可一次压模成型。它的主要优点是结构合理，拆装方便，便于清洗和消毒，耐腐蚀性能较好，脚皮炎发生率较低；缺点是造价较高，不耐啃咬，塑料容易老化，因而使用不普遍。

（5）兔笼形式

按状态、层数及排列方式等可分为平列式、层叠式、阶梯式、品字形等多种兔笼形式。

1）平列式兔笼（图1.26）。兔笼均为单层，一般为竹木或镀锌冷拔钢丝制成，又可分为单列活动式和双列活动式两种。它的主要优点是有利于饲养管理和通风换气，环境舒适，有害气体浓度较低；缺点是饲养密度较低，仅适用于饲养繁殖母兔。

2）层叠式兔笼（图1.27）。这类兔笼在家兔生产中使用广泛，多采用水泥预制件或砖木结构组建而成，一般上下叠放2～4层笼体，它的层间设承粪板。它的主要优点是通风采光良好，占地面积小；缺点是清扫粪便困难，有害气体浓度较高。

图 1.26　平列式兔笼

图 1.27　层叠式兔笼

3）阶梯式兔笼（图1.28）。这类兔笼一般由镀锌冷拔钢丝焊接而成，在组装排列时，上下层笼体完全错开，不设承粪板，粪尿直接落在粪沟内。它的主要优点是饲养密度较大，通风、透光良好；缺点是占地面积较大，手工清扫粪便困难，适合机械清粪兔场应用。

4）品字形兔笼（图1.29）。这类兔笼就是在组装排列时，把笼体挂靠在具有"品"字形状支架上的排列方式，一般适用于繁殖母兔。它的主要优点是便于仔兔管理、减少踩踏、提高仔兔成活率等；缺点是兔舍空间利用率低。

图 1.28　阶梯式兔笼

图 1.29　品字形兔笼

5）活动式兔笼（图1.30）。这种兔笼一般由竹木或镀锌冷拔钢丝等轻体材料制作而成，根据构造特点可分为单层活动式、双联单层活动式、单层重叠式、双联重叠式和室外单间移动式等多种。它的主要优点是移动方便，构造简单，易保持兔笼清洁和控制疾病等；缺点是饲养规模较小，仅适用于家庭小规模饲养。

图 1.30　活动式兔笼

2. 食槽

兔用食槽有多种类型。配置何种食槽，主要根据兔笼形式而定。简易食槽的制作简单、成本低，适合盛放各种调制类型的饲料，但喂料时的工作量大，饲料容易被污染，也容易造成兔扒料浪费。自动食槽的容量较大，安置在兔笼前壁上，适合盛放颗粒饲料，从笼外添加饲料，喂料省时省力，饲料不容易被污染，浪费也少，但食槽制作较复杂，成本也比较高。

1）竹制简易食槽。这种食槽用粗竹筒劈成两半，除去节，两端分别钉在两块梯形木块上，使之不易翻倒。梯形木块上端宽 10cm 左右，底边宽 16cm 左右，高 6cm 左右，食槽的长度任意。

2）陶制食槽。这种食槽为圆形，食盆口径 14cm 左右，底部直径 17cm 左右，高 5cm 左右，食槽剖面呈梯形，这样可防止食槽被兔掀翻。这种食槽的最大优点是清洗方便，造价低，同时也可作水槽使用。

3）翻转式食槽。这种食槽用镀锌钢板制作而成，形状有多种。食槽底部焊接一根钢丝，伸出两端各 2cm 左右（用作转轴），卡在笼门食槽口的两侧卡口内，用于翻转食槽。食槽外口的宽度大于笼门的食槽口，防止食槽全部翻转到兔笼里边。喂料后，将安装在食槽口上方的活动卡子卡住食槽即可。这种食槽拆卸比较方便，喂料时无须打开笼门。

4）抽屉式食槽。这种食槽用镀锌钢板制作而成，形状如半个圆盆，圆形面朝里、平面向外安装在笼门的食槽口内。在食槽一侧外缘焊接一根钢丝（与食槽垂直），上、下两端各伸出 1.5cm 左右（用作转轴），卡在笼门食槽口的一侧，用于转动食槽。食槽的另一侧安装一个活动搭扣，喂料后将食槽扣在笼门上做固定。这种食槽喂料时无须打开笼门，拆卸比较方便。

5）自动食槽。这种食槽用镀锌钢板制作或用工程塑料模压成型，兼有喂料及贮料的功能，加料一次，够兔只几天采食，多用于大型兔场及工厂化养兔场。食槽由加料口、采食口两部分组成，多悬挂于笼门外侧，笼外加料，笼内采食。食槽底部均匀地分布着小圆孔，以防颗粒饲料中的粉尘被吸入兔只的呼吸道而引起咳嗽和鼻炎。这种食槽使用时省时省工，但制作复杂，造价较高，对兔饲料的调制类型有限制。

6）草架。为防止饲草被兔踩踏污染，节省饲草，一般采用草架喂草。草架的制作比较简单，用木条、竹片钉成 V 形，木条或竹片的间隙为 3～

4cm，草架两端底部分别钉上一块横向木块，用以固定草架，以便平稳放置在地面上，供散养兔或圈养兔食草用。笼养兔的草架一般固定在兔笼前门上，亦呈V形，草架内侧间隙为4cm，外侧间隙为2cm，可用金属丝、木条和竹片制成。

### 3. 饮水设备

一般家庭养兔可以用陶制食槽、水泥食槽作为盛水器。这种饮水器价格低，易于清洗，但容易被兔脚或粪尿污染，每天均要加水清洗，比较费时费工。规模化养兔场大多采用专用饮水器。

贮水瓶式饮水器有两种形式。一种是将塑料瓶倒挂在兔笼外，瓶盖或瓶塞上接一根通向笼内的弯铜管，管口比管身略小，管口内放一个玻璃圆珠作为活塞，用以堵塞管口。兔饮水时只要用舌舔动活塞，活塞缩进，水即从管口流出。另一种是用胶木制成饮水器底盘，固定在笼门上，一端伸在笼内供兔饮水，另一端在笼外，将盛满水的玻璃瓶或塑料瓶倒置在其上，饮水器底盘内的水被饮完后，瓶内的水利用压力自动流出。这种饮水器最大的优点是独立使用，比较卫生，尤其适合水中给药防治兔病。

乳头式自动饮水器（图1.31）采用不锈钢或铜制作而成，其工作原理和构造与鸡用乳头式自动饮水器大致相同。饮水器之间用乳胶管及三通相串联，进水管一端接在水箱，另一端则予以封闭。这种饮水器使用时比较卫生，可

图1.31 乳头式自动饮水器

节省喂水的工时，但也需要定期清洁饮水器乳头，以防结垢而漏水。乳胶管宜选用无毒有色管，以减少管内长苔藓堵塞和污染水流。

### 4. 产仔箱

产仔箱供母兔产仔，也是3周龄前仔兔的主要生活场所，通常在母兔接近分娩时放入笼内或挂在笼外。产仔箱的制作材料有木板、纤维板、塑料等。自制产仔箱如图1.32所示。

图1.32 自制产仔箱

1）悬挂式产仔箱。这种产仔箱采用保温性能好的发泡塑料、轻质金属等材料制作。产仔箱悬挂于金属兔笼的前壁笼门上，在与兔笼接触的一侧留一个大小适中的方形缺口，缺口的底部刚好与笼底板一样平，以便母仔出入。产仔箱上方加盖一个活动盖板。这种产仔箱模拟洞穴环境，适应母兔的习性。同时，产仔箱悬挂在笼外，不占笼内面积，管理非常方便。

2）平口产仔箱。这种产仔箱用 1cm 厚的木板钉制，上口水平，箱底可钻一些小孔，以利排尿、透气。产仔箱不宜做得太高，以便母兔跳进跳出，其规格为长 45～50cm，宽 25～30cm，高 15～18cm。产仔箱上口四周必须制作光滑，不能有毛刺，以免损伤母兔乳房，导致乳房炎。这种产仔箱制作简单，适合家庭养兔场采用。

**5. 喂料车**

喂料车主要用于大型兔场，用它装料喂兔省工省时。喂料车一般用角铁制成框架，用镀锌铁皮制成箱体，在框架底部前后安装 4 个车轮，其中前面 2 个为万向轮。

**6. 运输笼（箱）**

运输笼仅作为种兔或商品兔运输途中使用，一般不配置草架、食槽、饮水器等，要求制作材料轻，装卸方便，结构紧凑，笼内可分若干小格，以分开放兔，要坚固耐用，透气性好，大小规格一致，可重叠放置，有承粪装置（防止途中尿液外溢），适于采用各种方法消毒。在生产上，主要有金属运输笼、塑料运输箱等。金属运输笼底部有金属承粪托盘；塑料运输箱系用模具一次压制而成，四周留有透气孔，笼内可放置笼底板，笼底板下面铺垫锯末屑，以吸尿液。

## ▌知识拓展

### 隧道通风牛舍

随着规模养殖的发展，在挤奶厅集中挤奶得到有效推广，养殖模式由拴系饲养调整为散放饲养。为解决南方奶牛夏季热应激问题，在防暑降温方法上由风扇通风、湿帘风机通风、大风扇结合喷雾降温向隧道通风模式发展。

早期的隧道通风是将牛舍建成封闭式的，在一侧纵墙安装湿帘（图 1.33），对侧纵墙安装负压风机（图 1.34），室外新鲜空气通过湿帘降温后进入牛舍，通过负压风机排出空气，牛舍中间根据设计安装一定的导流风机加强通风，达到牛舍降温的目的。但全封闭负压通风牛舍存在湿度大、舍内空气相对稀薄等问题，目前改为由一侧横墙开放进风，对侧横墙安装负压风机排出牛舍空气，中间及侧墙根据设计适当安装一定的导流风机加强通风，从而在降低舍内湿度、避免空气稀薄的同时达到防暑降温的效果。

图 1.33  湿帘

图 1.34  负压风机

为了提高土地利用率，一般隧道通风可建 60m 宽的牛舍，内部可建 2 个喂料道，分 4 个单元（图 1.35）。同时，为了降低奶牛挤奶时从牛舍到挤奶厅间的热应激，常将挤奶厅建在牛舍一端（图 1.36），共用隧道通风系统，在非挤奶时间中间由隔离卷门隔开。

图 1.35  隧道通风牛舍单元及导流风机

图 1.36  隧道通风牛舍外观（右侧为挤奶厅）

## ▌实践操作

### 技能训练  养殖场设计图认知与绘制

1. 技能训练目标

通过本次技能训练，学生应了解养殖场建筑图绘制的基本知识，掌握建筑图的审查内容和方法，初步学会绘制养殖场的规划布局图。

2. 技能训练材料

1）牛、羊和兔总平面规划布局参考图。

2）计算器、圆规、直尺、绘图板、纸、铅笔、橡皮、刀等。

3. 技能训练方法与步骤

（1）认知图纸

1）确认图纸的名称。图纸的名称通常列于右下角的图标框中；根据注明可知该图属于何种类型的图和在整套图中的位置。

2）查看图的比例尺、方位、方向及风向频率。

3）按下列顺序和方法看图。

① 由大到小：首先看地形图，其次看总平面图、平面图、立面图、剖面图及大样等。

② 由表及里：审查建筑物时，先看建筑物的周围环境，再审查建筑物的内部。

③ 由上而下：审查多层畜舍时，应从上面第一层开始，依次逐层审查。

④ 方法：辨认图纸上所有的符号及标记；确认剖面图所剖视的部位；确定建筑物各部分尺寸，如长、宽、高，可分别在平面图、立面图及剖面图上查知或测得。对所审查的图纸，由粗而细，再由细而粗，反复研究，加以综合分析，并进行卫生评价。

（2）绘图知识

建筑工程图是用投影的方法来表达工程物体的形状和大小，按照国家工程建设标准有关规定绘制的图样。它能准确地表达出房屋的建筑、结构和设备等设计的内容和技术要求。图中一定的形象表示一定的物体，并注有尺寸，按国家公认的规则、符号、图形绘制。

1）线条的使用。可见轮廓用实线（——）表示，拟建的建筑物和不可见轮廓部分用虚线（------）表示，对称的物体则用对称轴线（·—·—·）表示。

2）比例。由于养殖场的实际尺寸很大，不可能按实际尺寸画在纸上，制图时常将实物缩小，一般牧场总平面图形多用 $1:500$、$1:1000$、$1:2000$ 的比例尺。

3）图例（图 1.37）。图纸由特定的符号图例构成。在施工图上使用各种符号（图例），可以减少注释的文字，使图纸更容易阅读。因此，看图必须懂得图例，明白每条线、每个符号的意义，只有这样才能清楚地了解建筑物的结构、配置等情况。

4）等高线。等高线用来表示地形的高低起伏。它是连接地面上高度相等的各点所组成的线，是不规则的曲线，其形状随地形而变。为了在看图时能从等高线上看出地形的高低，应对等高线的特点有所了解。

（3）基本内容

总平面图表明一个工程的总体布局，主要表示原有畜舍和新建畜舍的位置、标高、道路布置、构筑物、地形、地貌等，可作为新建畜舍定位、施工放线、土方施工及施工总平面布置的依据。例如，牧场所有建筑物的布局图即称总平面图。总平面图的基本内容主要包括以下几项。

1）表明新建筑区的总体布局，如批准地号范围，各建筑物及构筑的位置、道路、管网的布置等。

2）确定建筑物的平面位置。

3）表明建筑物首层地面的标高、室外地坪、道路的标高，说明土方填挖情况、地面坡度及排水方向。

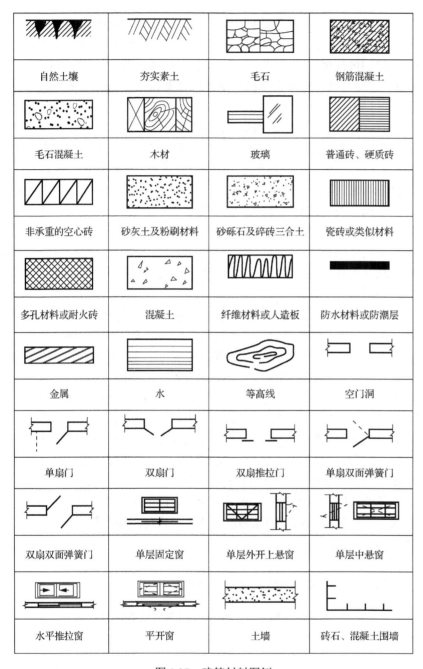

图 1.37　建筑材料图例

4）用指北针表示房屋的朝向，用风向玫瑰图表示常年风向频率和风速。

5）根据工程的需要，有时还有水、暖、电等管线总平面图，各种管线综合布置图，竖向设计图，道路纵剖面图及绿化布置图等。

（4）绘制图纸的方法

1）确定数量。确定绘制图纸的数量时，应对各栋房舍统筹考虑，防止重复和遗漏。在满足需要的前提下，图纸数量尽量少。

2）绘制草图。根据工艺设计要求和实际条件，把酝酿成熟的设计思路绘成草图。草图虽不按比例，不使用绘图工具，但其内容和尺寸应力求详尽，细到可画至局部（如一间、一栏）。根据草图再绘制正式图纸。

3）适当比例。考虑图纸的复杂程度及其作用，以能清晰表达其主要内容为原则来确定所用比例。

4）图纸布局。每张图纸都要根据需要绘制的内容、实际尺寸和所选用的比例，并考虑图名、尺寸线、文字说明、图标等，有计划地安排这些内容所占图纸的大小及在图纸上的位置。要做到每张图纸上的内容主次分明，排列均匀、紧凑、整齐；同时，在图幅大小许可的情况下，应尽量保持各图之间的投影关系，并尽量把同类型、内容关系密切的图，集中在一张图纸上或顺序相连的几张图纸上，以便对照查阅。一般应把比例相同的一栋房舍的平面图、立面图、剖面图绘在同一张图纸上，房舍尺寸较大时，也可在顺序相连的几张图纸上分别绘制。按上述内容计划布局之后，即可确定所需图幅大小。

5）绘制图纸。绘制图纸的顺序：首先，绘制平面图；其次，绘出剖面图；再次，根据投影关系，由平面图引线确定正、背立面图；最后，由正、背立面图引线确定侧立面图各部的高度，并按平面图、剖面图上的跨度方向和尺寸绘出侧立面图。

6）说明书。说明书用于说明场内各种建筑物的性质、施工方法、建筑材料使用等，补充图中文字的说明不足，可分为一般说明书及特殊说明书两种。但有些建筑设计图纸，以图纸上的扼要文字说明代替文字说明书。

7）比例尺使用。为了避免视觉上的误差，在测量图纸上的尺寸时常使用比例尺。测量时，比例尺与眼睛视线应保持水平位置；测量两点或两线之间的距离时，应沿水平线测量，两点之间的距离应取其最短的直线；比例尺上的比例与图纸上的比例应一致，这样可减少推算麻烦。

4. 技能考核标准

养殖场设计图认知与绘制技能考核标准如表 1.3 所示。

表 1.3　养殖场设计图认知与绘制技能考核标准

| 考核内容 | 评分标准 | | 考核方法 | 掌握程度 | 时限 |
|---|---|---|---|---|---|
| | 分值 | 扣分依据 | | | |
| 养殖场设计图认知 | 40 | 根据图纸名称的识别，图的比例尺、方位、方向及风向频率的查看，以及对图纸上所有符号及标记的辨认、对剖面图所剖视的部位的确认、确定建筑物各部尺寸的正确性酌情扣分 | 单人操作考核 | 熟练掌握 | 6h |
| 养殖场设计图绘制 | 60 | 根据绘出的设计图纸的布局、比例尺、图名、尺寸线、文字说明、图标及设计图纸的合理性酌情扣分 | | | |

**单元测验**

## 一、单项选择题

1. 南方羊舍地面宜采用的类型是（　　）。
   A. 水泥地面　　　　　　　B. 泥地
   C. 漏缝地板　　　　　　　D. 垫料
2. 放牧饲养的优点是（　　）。
   A. 养殖成本低　　　　　　B. 有利于管理
   C. 有利于规模养殖　　　　D. 生产效率高
3. 下列区域应设在牧场中心地带的是（　　）。
   A. 生活区　　　B. 管理区　　　C. 生产区　　　D. 污水处理区

## 二、判断题

1. 同为草食动物，其饲养方式应该相同。　　　　　　　　　　　（　　）
2. 考虑卫生防疫要求时，应根据场地地势和当地全年主导风向，尽量将办公和生活用房、种畜、幼畜安置在上风向和地势较高处，生产群则可置于下风向和地势较低处，病畜和粪污处理等应置于最上风向和地势最低处。　　　　　　　　　　　　　　　　　　　　　　　　　　　（　　）
3. 场址选择是否合理，不会影响畜牧场的卫生防疫、家畜的生长及饲养人员的工作效率、家畜产品的数量和质量，但会影响畜牧场本身和周围的环境。　　　　　　　　　　　　　　　　　　　　　　　　　　（　　）
4. 对头式牛舍中间为送料通道，两边各有一条清粪通道，喂料方便，易于观察牛只进食情况，有利于实行 TMR 饲喂，但清粪麻烦，容易污染墙面。　　　　　　　　　　　　　　　　　　　　　　　　　　　（　　）
5. 当地势与主导风向不一致时，应以主导风向为主进行规划布局。　　　　　　　　　　　　　　　　　　　　　　　　　　　　　　（　　）
6. 牛场场址要选择地势高燥、平坦、背风向阳、通风良好、地下水位高、排水良好的地方。　　　　　　　　　　　　　　　　　　　（　　）
7. 现代化散栏饲养主要以牛为中心，将奶牛的饲喂、休息、挤奶分设于专门区域进行，便于实行机械化生产。　　　　　　　　　　　（　　）

## 三、问答题

1. 简述你心目中的生态牧场。
2. 怎样合理选择牧场场址？

**═══项目小结═══**

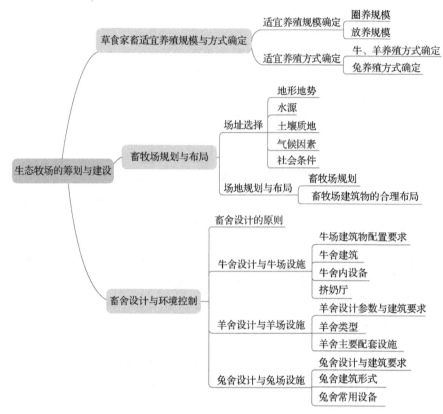

项目一　答案

# 项目 二

## TMR 的筹划与调配

### 导入语

随着草食家畜集约化、机械化、规模化的发展，饲草料资源的筹划已成为限制草食家畜规模生产的瓶颈。在生产上应根据各地的实际情况，合理开发利用各类廉价的饲草料资源，有效调制粗、青饲料，科学配制营养均衡的TMR，为草食家畜的持续、健康、高效生产提供保障。

本项目主要介绍草食家畜常用饲草料种类、来源及特点，精、粗、青饲料的加工调制原理及方法，TMR 配制与评价，以期为草食家畜生产提供充足、营养均衡的日粮。

视频 2-0  导学

**教学目标**☞

**【知识目标】**

- 了解草食家畜日粮种类。
- 了解精、粗、青饲料的来源及特点。
- 了解 TMR。
- 了解青贮、微贮发酵原理。
- 掌握粗、青饲料调制要点及关键问题。

**【技能目标】**

- 会筹备常用的粗、青饲料资源。
- 会微贮饲料调制及品质评定。
- 会氨化秸秆调制及品质评定。
- 会青贮饲料加工调制及品质评定。
- 会 TMR 配制。

**【素养目标】**

- 培养调查研究与信息收集的能力。
- 培养团队协作能力。
- 培养严谨的科学态度及吃苦耐劳的精神。

学前测试

1. 草食家畜日粮主要由哪几部分组成？
2. 你的家乡有哪些饲料资源可用于发展草食家畜？

# 任务一　草食家畜饲草料筹划

课件 2-1　饲草
料筹划

> **案例导入**
>
> 　　某奶牛户养了 5 头乳牛，一直采用稻草加精饲料饲喂奶牛，日产奶量只有 80kg 左右，养殖成本高、产量低，经济效益低下。自从参加了奶牛养殖培训班，该奶牛户知道奶牛生产需要精、粗、青饲料的搭配，于是上一年 4 月在自家地里种了大量的玉米。随着青玉米秸的供应，奶牛产奶量明显增加。但收取的青玉米秸 5 头奶牛根本吃不完，很多变黄腐烂。于是该奶牛户后面 2 个月不再喂奶牛青饲料。11 月下旬，该奶牛户在地里种了黑麦草，但直到今年 2 月才可利用，整个冬天仅靠稻草与精饲料饲喂奶牛，奶牛的产奶量再次下滑。这个案例说明了什么问题？本任务将介绍如何筹划草食家畜常用饲草料资源。

## 一、精饲料筹划

　　精饲料主要有禾本科籽实与豆科籽实两大类。两者中可消化营养物质含量较高，体积较小，粗纤维含量较少，是为草食家畜提供主要能量和蛋白质来源的饲料。

### （一）禾本科籽实

　　禾本科籽实能量价值高，无氮浸出物含量很高，粗纤维含量低，有机物质消化率高，去壳皮的籽实消化率达 75%～90%；蛋白质含量不足，且品质差；脂肪含量少，脂肪酸易酸败；钙磷比例不平衡，钙少磷多；胡萝卜素缺乏；无氮浸出物含量为 30%～50%，纤维素易消化。常见的禾本科籽实饲料有玉米、高粱、大麦等。

### 1. 玉米

　　玉米是禾本科籽实中淀粉含量较高的饲料，粗纤维含量少，易消化。但玉米中的蛋白质、无机盐、维生素含量较低，蛋白质品质较差。因此，饲喂玉米时应补充优质蛋白质、无机盐和维生素饲料。玉米是牛、羊、兔等草食家畜良好的能量补充饲料，也是牛、羊奶油色素的重要来源。玉米用作牛、羊饲料时不应粉碎过细，宜磨碎或破碎。

## 2. 高粱

高粱是一种重要的能量饲料,去壳高粱与玉米一样,主要成分为淀粉,粗纤维少,易消化,营养高,但胡萝卜素及维生素 D 含量较少,B 族维生素含量与玉米相当,烟酸含量少。高粱中含有鞣酸,有苦味,反刍动物不喜采食。鞣酸主要存在于壳部,色深者含量高。所以在配合饲料中,色深者配制时宜加到 10%,色浅者可加到 20%。对于乳牛来说,高粱有近似玉米的饲用价值。高粱一般以粉碎后饲喂为好,否则可能有 1/2 左右不能被畜体吸收利用。高粱用于饲喂肉牛效果良好,其饲用价值相当于玉米的 90%~95%,可带穗粉碎。

## 3. 大麦

大麦粗蛋白质含量较高(约为 12%),且品质高于玉米;无氮浸出物含量多,粗脂肪含量少于 2%,不及玉米含量的 1/2;钙、磷含量比玉米高;胡萝卜素和维生素 D 不足,核黄素少,硫胺素和烟酸含量丰富。乳牛、肉牛可大量饲喂大麦,饲喂时稍加粉碎即可,粉碎过细影响适口性,整粒饲喂不利于消化,还会造成浪费。

### (二)豆科籽实

豆科籽实主要指大豆(黄豆)、黑豆、豌豆和蚕豆等,其营养特点是:蛋白质含量高,为 20%~40%;氨基酸组成较好,其中赖氨酸丰富,而蛋氨酸等含硫氨基酸相对不足;无氮浸出物明显低于能量饲料。大豆和花生的粗脂肪含量较高(超过 15%),因此,日粮中的大豆籽实可提高其有效能值。豆类矿物质和维生素类与谷实类饲料相仿。豆科籽实的钙含量稍高,但仍低于磷。大豆是草食家畜生长发育和泌乳最好的蛋白质饲料,尽量与禾本科籽实混合喂。

未经加工的豆科籽实中含有多种抗营养因子,如胰蛋白酶抑制因子、凝集素等。因此,生喂豆科籽实不利于动物对营养物质的吸收。蒸煮和适度加热,可以钝化或破坏这些抗营养因子,而不再危害动物消化。大豆经膨化后,所含的抗胰蛋白酶等抗营养因子大部分被灭活,可消除大豆对幼龄动物的抗原性、适口性及蛋白质消化率的影响,在肉用畜禽和幼龄畜禽日粮中,使用效果颇佳。

**同步测试 2-1**

1. 大麦适口性较好,乳牛、肉牛可大量饲喂大麦,但不宜粉碎过细,否则影响适口性。                                          (       )

2. 豆科籽实蛋白质含量高,是草食家畜生产最好的蛋白质饲料,最好粉碎后直接添加利用。                                        (       )

## 二、粗饲料筹划

粗饲料是草食家畜生产日粮的重要组成部分，是一类粗纤维含量高、体积大、营养价值较低的饲料，其粗蛋白质含量差异大，含钙量高，含磷量低，维生素含量丰富。粗饲料包括秸秆秕壳和青干草两大类。

### （一）秸秆秕壳

秸秆粗纤维含量较高，为25%～30%，蛋白质含量低，含钙量高，含磷量低。干甘薯蔓含钙量为2%以上，豆科秸秆秕壳含钙量为1.5%左右，禾本科秸秆含钙量为0.2%～0.4%。各种秸秆含磷量多为0.1%以下。豆秕壳消化率为36%，稻草消化率为48%，花生壳消化率为12%。

秸秆秕壳饲料营养价值较低，主要适用于反刍类草食家畜，因为反刍类草食家畜的消化道容积大且具有特殊的消化道结构，可采用秸秆等粗饲料来填充，以保证消化器官的正常蠕动，使家畜有饱腹感。对于奶牛来说，在饲粮中加入一定比例的秸秆饲料，可提高乳脂率。对于冬季耕牛来说，秸秆饲料是唯一的饲料来源。同类作物的秸秆与秕壳相比，通常后者略好于前者。大麦秕壳夹杂芒刺，易损伤口腔黏膜引起口腔炎，故须加工处理后使用。

**想一想 2-1：**我国秸秆资源丰富，但利用率不高，有些地方采取焚烧处理造成环境污染。另外，很多牛、羊等养殖场缺乏粗饲料。你认为造成这种局面的主要原因是什么？

### （二）青干草

青干草是指经收割、干燥和贮存，含干物质为85%～90%的禾本科、豆科牧草及谷类作物，如苜蓿干草、燕麦草等。优质干草呈绿色，多叶、柔韧、适口性好，所以含粗蛋白质、胡萝卜素、维生素D、维生素E及矿物质较丰富。豆科青干草粗蛋白质含量为14%～21%，禾本科青干草粗蛋白质含量为8%～11%。

青干草是草食家畜最基本、最主要的饲料，生产实践中应注意饲喂方法，以充分发挥其营养作用。一是把干草适当切短，高、低质量干草合理搭配，避免在采食过程中浪费；二是将干草与多汁饲料配合，可增加干物质和粗纤维采食量，从而保证产奶量和乳脂率；三是在有条件的情况下，将干草制成颗粒饲用，可明显提高干草利用率。

**即问即答 2-1：**草食家畜生产离不开粗饲料，这种说法对吗？

## 三、青饲料筹划

青饲料也是草食家畜日粮的主要成分，与粗饲料相比，它具有五大特点：一是水分含量高，一般陆生植物水分含量为60%～90%，而水生植物水分含量为90%～95%。二是蛋白质含量较高，品质较优，一般禾本科牧草和叶菜类饲料粗蛋白质含量为 1.5%~3%，豆科牧草粗蛋白质含量为 3.2%~4.4%，尤其赖氨酸、色氨酸含量较高。幼嫩的青饲料含粗纤维较少，木质素低，无氮浸出物较高，陆生植物每千克鲜重消化能在 1.2~2.5MJ。三是钙磷比例较适宜，钙含量为 0.25%~0.5%，磷含量为 0.2%~0.35%，特别是豆科牧草钙含量较高，因此以青饲料为主食的动物不易缺钙。四是青饲料含有丰富的铁、锰、锌、铜等微量矿物元素，但钠、氯含量一般不足，因此放牧家畜需要补给食盐。五是青饲料维生素含量丰富，特别是胡萝卜素含量较高。另外，青饲料幼嫩、柔软和多汁，适口性好，还含有各种酶、激素和有机酸，易于消化。除自然资源外，青饲料主要有紫花苜蓿、黑麦草、饲用玉米、皇竹草等人工牧草。

（一）紫花苜蓿

紫花苜蓿（图 2.1）原产于伊朗，是当今世界分布最广的栽培牧草，被称为"牧草之王"。紫花苜蓿在我国已有 2000 多年的栽培历史，主要产区在西北、华北、东北、江淮流域。紫花苜蓿适宜生长在偏碱性土壤上，播期以 9 月秋播为宜；宜单播，每亩地播种量为 1~1.5kg，条播行距 30cm，播深 2cm，也可撒播。

图 2.1 紫花苜蓿

紫花苜蓿鲜草和干草是草食家畜优良的豆科饲草。在灌溉条件下，一般每亩产鲜草 3000~5000kg，合干草 1000~1500kg。紫花苜蓿营养丰富，粗蛋白质含量占干物质的 18%~26%，富含钙、磷和各种维生素。但紫花苜蓿的营养价值与生长期关系极大，营养生长期蛋白质含量高，随着生长期延长，蛋白质含量下降，粗纤维含量增加。因此，适期刈割可提高紫花苜蓿的营养价值和利用率。

（二）黑麦草

黑麦草（图 2.2）是一种广泛种植的优质牧草，尤其是在我国南方。多年生黑麦草喜光、喜凉爽湿润的海洋性气候，耐热性、耐旱性差，喜肥水，不耐贫瘠，喜在肥沃湿润、排水良好的壤土中生长。一年生黑麦草生长快，再生力稍差，植株粗大，产草量稍高，种子有长芒。黑麦草春秋播种均可，以 9～10 月秋播为佳，条播行距 15～20cm，播深 1.5～2cm，也可撒播，宜与豆科牧草混播。播种量为每亩 1～1.5kg。

图 2.2　黑麦草

黑麦草干物质粗蛋白质含量为 13%～17%，粗脂肪含量为 2%～3%，粗纤维含量为 28.7%～33.5%，无氮浸出物含量为 45%～50%，粗灰分含量为 8%～10%，还含有多种维生素。黑麦草营养丰富，适口性好，牛、羊、兔、鹅、猪、鸡、鸭、鱼都爱吃，饲养效果显著。

（三）饲用玉米

饲用玉米（图 2.3）喜高温、高湿、高肥环境，最适发芽温度为 15℃，生长最适温度为 25～35℃，抗炎热，能耐受 40℃ 高温，不耐霜冻，不耐水淹；对土壤要求不严，pH 值为 5.5～8 的地区均可生长。种植墨西哥玉米时要深耕土地，施足基肥，筑好排水沟。南方地区可在 3 月下旬播种，播种量为每亩 0.3～0.5kg，也可育苗移栽，直播行距 50～60cm。播种后 30～50d 内，幼苗生长慢，要注意除草，苗高为 40～60cm 时，要进行中耕培土，追施氮肥，干旱时则浇水，抽穗开花后要进行人工授粉。种子变褐色可收获，每亩收种子 30～50kg，作为青贮饲料，可在开花后刈割，每亩可收鲜茎叶 10 000～15 000kg。

图 2.3　饲用玉米

（四）皇竹草

皇竹草（图 2.4）系多年生禾本科直立丛生型植物，它由象草和美洲狼尾草杂交育成，是一种高产优质牧草，其叶片宽阔、柔软，茎脆嫩，适口性好，是饲养牛、羊的好饲料，被誉为"草中之王"。

图 2.4　皇竹草

皇竹草具有生长速度快、产量高、耐寒耐旱、适口性好、利用率高的特点。皇竹草适宜种植的地域广阔，在海拔 1500m 以下、年气温 15℃以上的天数多于 100d、日照时数 700h 以上、无霜期 120d 左右的地方都可种植。同时，它对土壤要求不严，在各种土壤上都能生长。因皇竹草具有喜肥的特性，其在土层深厚肥沃和保水良好的土壤上生长最好。皇竹草分蘖多，生长迅速，再生能力强，产量高，一次种植多年收益。皇竹草种植宜选择在土层深厚、疏松肥沃、水分充足、排水良好的土壤上种植，最好施放有机肥作基肥。全年均可种植，但在 2～6 月种植最佳。皇竹草长至 45～50d 后（高度 1m 左右）可以进行第一次刈割，刈割后施有机肥，用 15kg 尿素追肥，每年可割 6～8 次，年亩产鲜草 25t 左右。成熟后的皇竹草草种，株高 4m 左右，如需留作种茎用，不宜刈割，待茎枝拔节老化坚实后即可作种茎用。

同步测试 2-2

在青饲料中，含量最高的组分是什么？

　　A. 粗蛋白质　　　　　　　　B. 碳水化合物

　　C. 水　　　　　　　　　　　D. 维生素

**四、多汁饲料筹划**

多汁饲料包括块根、块茎、瓜类、蔬菜等，是奶畜最爱吃的一类饲料。多汁饲料的水分含量为 70%～90%，属于碳水化合物；蛋白质少，一般不超过 2%；钙、磷少，钾、胡萝卜素多；粗纤维含量低，一般不超过 10%，适口性好，消化率高。饲用块根、块茎时，要防止甘薯黑斑病毒素、马铃薯龙葵素和甜菜亚硝酸盐造成中毒。

（一）饲用甜菜

饲用甜菜干物质中糖类占 5%～6%，蛋白质占 1%～2%，维生素少，矿物质中钾盐含量较多。当饲用甜菜饲喂时，放置过久容易引起家畜中毒。饲喂时，应先将其洗净、切碎，每头奶牛可喂 30～40kg/d，幼牛可喂 6kg/d，羊酌情减量。

（二）甜菜渣

鲜甜菜渣含水量为 90%，干物质中无氮浸出物少，粗纤维多，不含胡萝卜素和维生素 D。干甜菜渣每头奶牛可喂 3～5kg/d，羊酌情减量。甜菜渣能给以精饲料为主的高产奶畜提供必需的填充料。

（三）胡萝卜

胡萝卜含胡萝卜素较多，干物质占 13%左右，多是可溶性糖类，纤维素含量较少，蛋白质含量不多，是种公畜、产奶畜、幼畜的优质多汁饲料。在饲喂时，应先将胡萝卜洗净切碎。每头奶牛最高喂食 25kg/d 胡萝卜。

（四）马铃薯

马铃薯含有 18%～26%的干物质，3.5～4kg 马铃薯相当于 1kg 谷类物质。马铃薯干物质中 80%为淀粉，最容易消化，但缺乏蛋氨酸、钙、磷、胡萝卜素等，是典型的多水分碳水化合物精饲料。每头奶牛最多添喂 26kg/d 马铃薯，羊酌情减量。注意日粮中应配合一些蛋白质、矿物质、维生素补充料。

（五）瓜类饲料

瓜类饲料含水量为 90%～95%，干物质中可溶性糖类和淀粉多，纤维素少，黄色瓜类含大量胡萝卜素。目前，养殖场栽种最多的是饲用南瓜，其产量比食用南瓜高 1 倍，早熟又高产。饲喂实践证明，瓜类饲料是促进奶畜泌乳的好饲料，有不可替代的营养作用。喂奶畜时，应先将其洗净、切碎再喂。

**五、加工副产品筹划**

（一）糠麸类饲料

与籽实类相比，糠麸类粗蛋白质、粗脂肪和粗纤维含量较高，而无氮浸出物和有效能值含量低，消化率低；钙、磷含量比籽实高，但钙少磷多；B 族维生素含量丰富，尤其是维生素 $B_1$、烟酸、胆碱、维生素 $B_6$ 和维生素 E，缺乏维生素 D 和胡萝卜素。常见的糠麸类饲料有小麦麸、稻糠。

### 1. 小麦麸

小麦麸又称麸皮，是小麦加工制粉后的碎屑片种皮。小麦麸中的 B 族维生素含量很高，如含核黄素 3.5mg/kg、硫胺素 8.9mg/kg。麸皮中灰分较多，但钙少磷多，且钙、磷比例很不平衡。小麦麸富含粗纤维，是牛、羊、马、兔等的良好饲料，在饲粮中添加量一般为 25%～30%，在马属动物饲粮中最大用量可达 50%，过高可诱发肠结石。

### 2. 稻糠

水稻加工成大米后的副产品被称为稻糠。稻糠包括砻糠、米糠和统糠。砻糠是稻谷的外壳或其粉碎品，其中仅含 3% 的粗蛋白质，而粗纤维含量高达 40%，且粗纤维中 50% 以上为木质素，营养价值为负值，不能用作单胃动物饲料。砻糠对反刍动物的饲用价值很低。米糠是糙米精制时产生的果皮、种皮、外胚乳和糊粉层等混合物，它是很有特色的良好饲料。统糠则是砻糠和米糠的混合物，其营养价值视其中米糠比例不同而异，米糠所占比例越高，统糠的营养价值越高。

米糠中有效能较多，属于能量饲料，产奶净能为 7.61 MJ/kg；蛋白质含量约为 13%，高于大米、玉米等，且含有较多的赖氨酸和含硫氨基酸；B 族维生素和维生素 E 含量丰富；同时含有铁、锌、锰等微量元素，所以新鲜米糠适口性很好。由于其脂肪含量为 10%～17%，且脂肪酸组成中多为不饱和脂肪酸，极易氧化、酸败、发热和霉变。酸败变质的米糠可使动物中毒，造成严重腹泻，甚至死亡。添喂米糠时，一要注意新鲜，酸败变质的米糠不能饲用；二要脱脂处理，脱脂后的米糠储存期尽管可适当延长，但仍不能久存，须及时使用。在牛、羊、马、兔等动物饲料中，米糠用量可达 20%～30%。

### （二）饼粕类饲料

饼粕类饲料的营养价值很高，含可消化蛋白质 31%～40.8%，氨基酸组成较全，特别是赖氨酸、色氨酸、蛋氨酸含量丰富，苯丙氨酸、苏氨酸、组氨酸等含量也不少，粗蛋白质消化利用率较高；粗脂肪含量随加工方法不同而异，一般经压榨法生产的油饼类脂肪含量为 5% 左右；无氮浸出物占干物质的 22.9%～34.2%；去壳者粗纤维含量为 6%～7%，消化率高；磷多钙少；B 族维生素含量高，胡萝卜素含量很少。常见的饼粕类饲料有大豆饼（粕）、棉籽饼（粕）、花生饼（粕）等。

### （三）糟渣类饲料

糟渣类饲料的营养成分随原料、加工工艺不同等差别较大，一般含粗纤维较高，粗蛋白质因其各自原料不同而有很大差异，但一般均较低；水分含量高，不易贮存和运输。常见的糟渣类饲料有豆腐渣、甜菜渣、酒糟、醋糟等。

## 六、矿物质饲料筹划

草食家畜日粮除了精、粗、青饲料以外，还须补充矿物质饲料添加剂，主要由氯化钠、碳酸氢钠、石粉（贝壳粉）、磷酸钙类及其他微量元素等组成。

1）氯化钠又称食盐，含氯 60.3%、钠 39.7%，还含有少量的钙、镁、硫等杂质。植物性饲料大多数含钾丰富，钠和氯较少。因此，以植物性饲料为主的反刍动物应补饲食盐，以维持正常体液渗透压和酸碱平衡，刺激唾液分泌，提高饲料适口性，增强动物食欲。食盐供给量依动物种类、体重、生产性能、季节和饲粮组成等而不同，用量一般为 0.5%左右。

2）碳酸氢钠又名小苏打，不仅仅可以补充钠，更重要的是具有缓冲作用，能够调节饲粮电解质平衡和胃肠道 pH 值，添加量一般为 0.5%～1%。

3）石粉（贝壳粉）的主要成分为碳酸钙，是补充钙最廉价、最方便的矿物质原料。按干物质计，石粉中钙占 35.89%，氯占 0.03%，铁占 0.35%，锰占 0.027%，镁占 2.06%。

4）磷酸钙类包括磷酸一钙、磷酸二钙和磷酸三钙等。磷酸一钙又称磷酸二氢钙或过磷酸钙，含磷 22%，含钙 15%左右，利用率比磷酸二钙或磷酸三钙好；磷酸二钙也称磷酸氢钙，可补充饲料中的磷和钙元素，含磷 18%以上，含钙 21%以上，饲料级磷酸氢钙应注意脱氟处理，含氟量不得超过标准。磷酸三钙又称磷酸钙，含磷 20%，含钙 38.7%左右。

**即问即答 2-2：**你认为哪个是高产奶牛日粮中必不可少的成分？
    A. 青饲料    B. 小麦    C. 碳酸氢钠    D. 酒糟

# 任务二　草食家畜饲草料加工调制

课件 2-2　饲草料
加工调制

> **案例导入**
>
> 双城是全国闻名的奶牛大县，也是黑龙江主要的玉米生产基地，其玉米秸秆资源丰富。但是起初人们只是将玉米秸秆进行简单的物理加工后饲喂奶牛，粗饲料利用率很低。近年来，双城的养殖户学会了青贮玉米秸的调制，奶牛的产奶量提高了 10%以上，青贮饲料普及率不断提高。然而有一位农户第一次调制青贮玉米秸，一个人一边切碎一边装窖，经过十多天的努力终于完成，最后找了一块用过的薄膜封窖。2 个月后准备开窖饲喂，该农户发现玉米秸腐烂严重。你认为此案例中青贮失败的主要原因是什么？本任务将探讨调制优质饲草料的方法。

## 一、精饲料加工调制

精饲料不仅适口性好，而且比较坚实，加工后便于咀嚼和反刍，并为合理且均匀地搭配饲料提供方便，还可提高养分消化利用率。

### （一）粉碎与压扁

粉碎是最常用的加工方法，饲喂草食家畜的精饲料粉碎粒度不可过细，直径以 1～2mm 为宜。压扁是将谷物饲料用蒸汽加热至 120℃左右，再用特制压片机压成 1mm 厚的薄片，迅速干燥。由于压扁饲料中的淀粉经加热糊化，消化率明显提高。

### （二）浸泡

将谷物或饼类饲料放于缸内，每 100kg 饲料加水 150kg 浸泡，使饲料软化，容易消化。含有单宁、棉酚等物质的饲料浸泡后毒素和异味减轻，可提高适口性。浸泡时间应根据季节和饲料种类而异，防止饲料变质。

### （三）热处理

热处理可降低饲料蛋白质的降解率，但过度加热会降低蛋白质的消化率，还会造成氨基酸、维生素的损失。使用 YG-Q 型多功能糊化机进行豆粕糊化处理，使蛋白质降解率显著下降，方法简单易行。

### （四）蛋白质饲料化学处理

#### 1. 甲醛处理

甲醛可与蛋白质分子的氨基、羟基、硫氢基发生烷基化反应而变性，避免被瘤胃微生物降解。方法是将饼粕粉碎，过筛 2.5mm，然后按每 100kg 粗蛋白质用 36%甲醛 0.6～0.7g 加水 20 倍稀释后喷雾，拌匀密封 24h 后风干即可。

#### 2. 锌处理

锌盐可沉淀部分蛋白质，从而减少饲料蛋白质在瘤胃的降解。方法是将硫酸锌溶解于水，比例为豆粕∶水∶硫酸锌=1∶2∶0.03，拌匀后放置 2～3h，50～60℃烘干。

#### 3. 硫酸亚铁处理

棉籽饼脱毒可采用硫酸亚铁水溶液浸泡法，即将 1.25kg 工业用硫酸亚铁溶于 125kg 水，浸泡 50kg 粉碎的棉籽饼，搅拌数次，经 24h 即可饲喂。

## 二、粗饲料加工调制

粗饲料是草食家畜日粮的重要成分，经过适宜加工处理，可改变其原来的理化特性，明显提高其营养价值和适口性。实践证明，粗饲料经一般粉碎处理可提高采食量7%，加工制粒可提高采食量37%，经化学处理可提高采食量18%～45%，提高有机物消化率30%～50%。因此，合理开发与加工粗饲料资源具有重要的意义。

### （一）粗饲料物理加工

物理加工是指利用机械将粗饲料铡碎、粉碎或揉碎，这是粗饲料加工最常用而又简便的方法。尤其是秸秆饲料比较粗硬，经过物理加工后便于咀嚼，减少能耗，提高采食量，并减少饲喂过程中的饲料浪费，同时还可消除混杂于粗饲料中的泥土、沙石等有害物质。试验表明，粗饲料切短和粉碎可增加动物采食量，但粗饲料颗粒过小，在瘤胃里停留时间也被缩短，会引起纤维物质消化率下降，瘤胃内挥发性脂肪酸生成速度加快，丙酸比例增加，反刍减少，导致瘤胃内 pH 值下降。物理加工主要有机械加工、热加工、盐化等。

#### 1. 机械加工

（1）粉碎

粉碎可提高粗饲料利用率和便于混拌精饲料，但粉碎的细度不应太细，否则会影响反刍。粉碎机筛底孔径以 8～10mm 为宜。

（2）切短

切短是加工调制粗饲料最简便而又重要的方法，是进行其他加工的前处理。利用铡草机将粗饲料切短至 1～2cm，稻草较柔软，可稍长些。玉米秸秆较粗硬且有结节，以 2cm 左右为宜。玉米秸青贮时，应使用铡草机切短至 3cm 左右，以便于踩实。

（3）揉碎

揉碎机械是近年来推出的新产品，能提高反刍家畜对粗饲料的利用率，将秸秆饲料揉搓成丝条，尤其适于玉米秸的揉碎，可提高饲喂效果。

**即问即答 2-3**：你认为通过机械加工能提高粗饲料的消化率和营养价值吗？

#### 2. 热加工

热加工主要指蒸煮、膨化和高压蒸汽裂解 3 种方法。热加工可降低纤维素的结晶度，软化粗饲料，从而提高粗饲料的适口性及消化率，同时可以消毒灭菌，去掉毒害。但热加工耗能较大，设备投入多，实用性较差，推广应用困难。

3. 盐化

盐化是指铡碎或粉碎的秸秆饲料，用 1%的食盐水与等重量的秸秆充分搅拌后，放入容器内或在水泥地面堆放，用塑料薄膜覆盖，放置 12～24h，使其自然软化，可明显提高适口性和采食量。

（二）粗饲料化学加工

利用酸、碱等化学物质对劣质粗饲料进行处理，降解纤维素和木质素等难以消化的物质，以提高其饲用价值。粗饲料化学加工主要有碱化处理、氨化处理、酸处理、氨碱复合处理等。

1. 碱化处理

碱化处理是通过碱类物质氢氧根离子打断木质素与半纤维素之间的酯键，使大部分木质素（60%～80%）溶于碱中，把镶嵌在木质素中的纤维素释放出来的过程。同时，碱类物质还能溶解半纤维素，有利于反刍动物对饲料消化，提高粗饲料消化率。碱化处理所用原料主要有氢氧化钠（烧碱）和石灰水。

（1）氢氧化钠处理

1）湿法处理。将秸秆放在 1.5%氢氧化钠溶液池内浸泡 24h，然后用水反复冲洗至中性，湿喂或晾干后喂反刍动物，有机物消化率可提高 25%左右。此法用水量大，导致许多有机物被冲掉，且污染环境。

2）干法处理。用秸秆重量 4%～5%的氢氧化钠，配制成 30%～40%溶液，喷洒在粉碎的秸秆上，堆放数日，不经冲洗直接饲喂，可提高有机物消化率 12%～20%。牲畜采食这种饲料后粪便中含有相当数量的钠离子，对土壤和环境有一定程度的污染。

（2）石灰水处理

每 100kg 秸秆需 3kg 生石灰，加水 200～300L，将石灰乳均匀喷洒在粉碎的秸秆上，堆放在水泥地面上，堆放 1～2d 后，可直接饲喂牲畜。这种方法成本低，生石灰来源广，方法简便，效果明显。

2. 氨化处理

秸秆饲料的蛋白质含量低，当与氨相遇时，其有机物与氨发生氨解反应，破坏木质素与多糖（纤维素、半纤维素）链间的酯键结构，并形成铵盐，成为牛、羊瘤胃内微生物的氮源。同时，氨溶于水形成的氢氧化铵对粗饲料有碱化作用。氨化处理通过氨化与碱化双重作用来提高秸秆的营养价值。

生产上常用堆垛氨化法，即每 100kg 秸秆中（含水量调节至 30%～40%）添加尿素（占干秸秆用量 5%）或碳酸氢铵（占干秸秆用量 10%），密闭氨化一定时间制成（依气温而定）。

秸秆经氨化处理后，粗蛋白质含量可提高 100%～150%，纤维素含量降低 10%，有机物消化率提高 20%以上。氨化后秸秆质地松软，气味糊香，颜色棕黄，可以提高饲料适口性，增加采食量，是牛、羊等反刍动物良好的粗饲料。

氨化饲料质量受秸秆饲料本身质地优劣、氨源种类及氨化方法诸多因素影响。氨源种类很多，国外多利用液氨，但需有专用设备，进行工厂化加工或流动服务。我国多以尿素、碳酸氢铵作氨源。靠近化工厂的地方，氨水价格便宜，也可作为氨源使用。由于氨化饲料制作方法简便，饲料营养价值提高显著，近年来世界各国普遍采用。我国自 20 世纪 80 年代后期开始推广应用氨化饲料，尤其是小麦秸和稻草氨化较多。

### 3. 酸处理

使用硫酸、盐酸、磷酸和甲酸处理秸秆饲料称为酸处理，其原理和碱化处理相同，用酸破坏木质素与多糖（纤维素、半纤维素）链间的酯键结构，以提高饲料的消化率。但酸处理成本太高，在生产上很少应用。

### 4. 氨碱复合处理

为了使秸秆饲料既能提高营养成分的含量，又能提高饲料消化率，把氨化与碱化二者的优点结合利用，即秸秆饲料氨化后再进行碱化。例如，稻草氨化处理的消化率仅为 55%，而复合处理后可达到 71.2%。当然复合处理投入成本较高，但能够充分发挥秸秆饲料的经济效益和生产潜力。

**即问即答 2-4**：在粗饲料不同化学处理方法中，制作方便、安全、成本低、效果好、普及率最高的方法是哪种？

  A. 碱化处理  B. 氨化处理  C. 酸处理  D. 氨碱复合处理

### （三）粗饲料发酵处理

视频 2-1　微贮饲料
加工调制

发酵的主要原理是利用某些有益微生物，在适宜条件下，分解秸秆中难以被家畜利用的纤维素或木质素，并增加菌体蛋白、维生素等有益物质，软化秸秆，改善味道，从而提高粗饲料的营养价值。可用于粗饲料发酵的主要微生物有乳酸菌、纤维分解菌和某些真菌，国内外已筛选出一批优良菌种用于发酵秸秆，如层孔菌属、裂褶菌属、多孔菌属、担子菌、酵母菌、木霉等。

### 1. 粗饲料发酵法

粗饲料发酵分 4 步进行：一是准备好发酵粗饲料，如秸秆、树叶等并切短；二是加入适量可溶性碳水化合物（如玉米粉等），以补充微生物所需能量；三是添加发酵菌种，添加量取决于粗饲料类型及菌种来源，搅拌均匀，使菌种均匀分布于粗饲料中，边翻搅边加水调节含水量至 50%～60%，含水量以手握紧饲料，指缝有水珠，但不流出为宜；四是将搅拌好的饲料堆积或装入容器中，压实封闭 3～7d，即可饲喂。

### 2. 人工瘤胃发酵饲料

人工瘤胃发酵是根据牛、羊瘤胃特点，模拟牛、羊瘤胃内的主要生理条件，即温度恒定在 38～40℃，pH 值控制在 6～8 的厌氧环境，保证必要的氮、碳和矿物质营养。采用人工仿生制作，使粗饲料质地明显呈软、黏、烂特点，汁液增多，具有膻、臭味。

人工瘤胃发酵饲料的制作方法：一是采用导管法或永久瘤胃瘘管法，或从屠宰牛、羊瘤胃中直接获得瘤胃液，并保存在 40℃的真空干燥箱内，将瘤胃内容物粉碎，一般 600g 瘤胃内容物可制得 100g 菌种；二是准备好各种作物秸秆、秕壳粉碎待用；三是进行保温；四是堆积或装缸，压实封闭 36h，即可饲用。

目前，国内市场已出现大量优质菌种，并在草食家畜生产中广泛使用，有些地方已采用机械化或半机械化发酵装置，从而减轻了劳动强度，适宜大、中型牧场利用。

综上所述，粗饲料加工调制途径很多，在实际应用中，往往是多种方法结合使用。例如，秸秆饲料粉碎或切碎后，进行青贮、碱化或氨化处理，如有必要，可再加工成颗粒饲料、草砖或草饼。加工调制途径的选择，要根据当地生产条件、粗饲料特点、经济投入多少、饲料营养价值提高幅度和家畜饲养经济效益等综合因素，科学地加以应用。

**同步测试 2-3**

粗饲料发酵处理的主要目的是什么？

　　A. 提高适口性　　　　　　B. 提高其营养价值

　　C. 为了保存

## 三、青饲料加工调制

为了便于保存青饲料，在生产上可直接将其晾制成干草，但对于多雨潮湿地区，一般以调制青贮饲料为主。

### （一）青贮饲料加工调制

青贮饲料是利用乳酸菌对青饲料进行厌氧发酵，产生乳酸。当酸度降到 pH 值为 4 左右时，包括乳酸菌在内的所有微生物停止活动，且原料养分不再继续分解或消耗，从而长期将原料保存下来。

视频 2-2　青贮饲料
加工调制

### 1. 常规青贮

（1）选用青贮容器

青贮容器主要有青贮窖、青贮壕、青贮塔、青贮袋等，在干燥地区也可采用地面堆贮。

（2）切碎

青贮原料切碎，便于青贮时压实，提高青贮容器利用率，排出原料间隙中的空气，有利于乳酸菌生长发育，是提高青贮饲料品质的一个重要环节。对于带果穗的全株玉米青贮，通过切碎过程，可把籽粒打碎，以提高饲料利用率。

对牛、羊等反刍动物，一般将禾本科牧草和豆科牧草及叶菜类等原料切成 2～3cm，将玉米和向日葵等粗茎植物切成 0.5～2cm，一些柔软幼嫩的植物也可不切碎。原料含水量越低，切得越短；反之，则可切得长一些。

（3）装填

青贮原料应随切碎，随装填（图 2.5）。在青贮原料装填之前，要对已经用过的青贮设施清理干净。一旦开始装填，就要迅速进行，以避免原料腐败变质。一般来说，一个青贮设施要在 2～5d 内装满，装填时间越短越好。

图 2.5 原料切碎与装填

装填前，可在青贮窖或青贮壕底铺一层 10～15cm 厚的切短秸秆或软草，以便吸收青贮汁液。窖壁四周铺一层塑料薄膜，以加强密封性，避免漏气和渗水。

将原料装入青贮设备时，要一层一层地装匀铺平。原料装入青贮壕时，可酌情分段、顺序填装。

（4）压实

装填原料的同时，若为青贮壕，则必须用履带式拖拉机或用人力层层压实，尤其要注意窖或壕的四周和边缘。在拖拉机漏压或压不到的地方一定要上人踩实。越压实越易造成厌氧环境，越有利于乳酸菌活动和繁殖。在压实过程中，不要带进泥土、油垢和铁钉、铁丝等，以免污染青贮原料，避免牛、羊食后造成瘤胃穿孔。

根据窖的大小、劳动力和机械装备等具体情况，尽量做到边装窖边踩实、及时封窖。一般应将原料装至高出窖面 1m 左右，在原料的上面盖一层 10～20cm 切短的秸秆或牧草，覆上塑料薄膜后，踩踏成馒头形或屋脊形，最后压上废轮胎等。

（5）密封

原料装填完毕，应立即密封（图 2.6）和覆盖，以隔绝空气继续与原料接触，防止雨水进入。拖延封窖，会使青贮原料温度上升，营养损失增加，降低青贮饲料的品质。拖延封窖对青贮品质的不良影响如表 2.1 所示。

图 2.6　青贮饲料密封

表 2.1　拖延封窖对青贮品质的不良影响

| 贮藏温度/℃ | 封窖时间 | 干物质损失/% |
| --- | --- | --- |
| 15 | 立即封窖 | 6.1 |
| | 拖延 72h 封窖 | 10.2 |
| 30 | 立即封窖 | 8.9 |
| | 拖延 72h 封窖 | 30.8 |

（6）管理

密封后，须经常检查。若发现裂缝、漏气，则要及时覆土压实，杜绝透气并防止雨水渗入。在四周约 1m 处挖排水沟。在我国南方多雨地区，应在青贮窖或青贮壕上搭棚。尽量在青贮窖、青贮壕或青贮堆周围设置围栏，以防牲畜践踏，踩破覆盖物。

2. 半干青贮

半干青贮又称低水分青贮或凋萎青贮，主要用于一些蛋白质含量高、糖量低的豆科牧草等难贮饲料作物，在我国北方使用较多。

（1）半干青贮的原理

青贮原料收割后，经风干晾晒，含水量降至 45%～55%，其好气性霉菌和腐败菌的活动受到抑制，加上高度厌氧和较低的温度环境，使乳酸菌发酵能以一定速度进行。在高度厌氧条件下，随着乳酸的积累，青贮饲料可长期保存。

（2）半干青贮饲料的特点

1）半干青贮饲料兼有干草和常规青贮饲料的优点，含水量少（半干青贮为 45%～55%，而常规青贮为 65%～70%），干物质含量比常规青贮饲料约多 1 倍。

2）在将青饲料调制成干草的过程中，常因落叶和氧化等原因损失较多养分，尤其是胡萝卜素损失严重，而采用半干青贮比调制干草营养损失少。

（3）半干青贮饲料的调制方法

半干青贮饲料的调制方法、步骤与常规青贮相同。青贮饲料收割后，首先就地晾晒风干或集中成1～1.6m宽小草垄晾晒，使水分迅速散失。一般晾晒24～36h，其含水量达45%～55%。有经验者可凭感官判断牧草含水量达50%左右。例如，禾本科牧草经晾晒后，茎叶的基部尚保持鲜绿色，叶片卷成筒状；豆科牧草经晾晒后，叶片卷成筒状，叶柄易折断，小枝变软不易折断，压迫茎时能挤出水分，茎表皮可用指甲刮下。其次将含水量为45%～55%的优质原料切碎，迅速装填，压紧密封，隔绝空气。亦可将切碎的青贮原料装填塑料袋，装好后放在固定地点，不要随便移动，以免塑料袋破损漏气，经30～40d发酵后即可完成。

（4）应注意的问题

1）收割期多雨地区适宜推广半干青贮，而收割期气候干燥地区仍以调制干草较为经济。

2）半干青贮水分含量低，发酵过程缓慢、微弱，味道芳香，酸味不浓，适口性好，畜禽采食量大。

3）半干青贮需用密封窖，因此成本较高。如果密封性较差，则比一般青贮更易损坏。

4）半干青贮含水量低，所以要求原料铡短更细碎，压得更紧实，封埋更严、更及时。一定要做到连续作业，以保证高度密封的厌氧条件。

3. 混合青贮

实践表明，不是所有植物都能调制成青贮饲料，如干物质含量偏低，原料过于干燥，或可发酵糖含量少等饲用作物一般不易调制。如果把其中两种或两种以上青贮原料混合青贮，使之彼此取长补短，则容易青贮成功，而且制成的青贮饲料品质优良。

1）青贮原料含水量太大、干物质含量低的与干物质含量高的原料混合青贮。例如，甜菜叶、块根块茎类、瓜类和蔬菜副产品等，可与粮食作物秸秆或糠麸等副产品混合青贮。这样不仅可以提高青贮质量，还可以免去建造底部有排水口的青贮设施或加水的工序。

2）原料含可发酵糖太少，不易单独青贮成功，可与富含糖的原料混合青贮。例如，豆科牧草与禾本科牧草混合青贮效果较好。

3）为了提高青贮饲料的营养价值，可将几种青贮原料搭配，调制成混合青贮饲料。例如，沙打旺与玉米秸秆1:1比例混合青贮，沙打旺与野草混合青贮，苜蓿与玉米秸秆1:2或1:3混合青贮，苜蓿与禾本科牧草或其他野草混合青贮，红三叶与玉米或高粱秸秆混合青贮，甜菜叶与糠麸混合青贮等。

4. 添加剂青贮

（1）添加发酵促进剂

在进行豆科牧草单独青贮时，可添加富含碳水化合物的原料，如制糖副产品糖蜜或粉碎玉米、麦类等谷物，以提高青贮饲料的品质。糖蜜添加量为原料重量的 1%～3%，粉碎谷物添加量为原料重量的 3%～10%，在装填原料时将添加剂分层均匀地混入。此外，富含碳水化合物的添加剂还有葡萄糖、蔗糖、甜菜渣、柠檬渣、马铃薯和纤维素酶等。

为促使青贮原料中的乳酸菌迅速繁殖，可添加由乳酸菌培养制成的发酵剂或由乳酸菌和酵母培养制成的混合发酵剂，一般每 100kg 青贮原料添加乳酸菌培养物 0.5L 或乳酸菌剂 450g。

（2）添加发酵抑制剂

在青贮饲料中，添加甲酸可有效防止蛋白质水解，增加乳酸含量，一般添加量为原料重量的 0.3%～0.5%。也可添加甲醛，能有效抑制细菌，并可与蛋白质分子结合。甲醛添加量可按青贮原料中的蛋白质含量计算，一般每 100g 粗蛋白质添加 4～8g 甲醛，或添加占青贮原料干物质含量 1.5%～3% 的福尔马林。

（3）添加营养性添加剂

在青贮时，通过添加营养性添加剂如尿素、氨、缩二脲和矿物质等，可改善青贮饲料的营养价值，但对青贮发酵不起作用。非蛋白氮添加剂种类与用量如表 2.2 所示。

表 2.2　非蛋白氮添加剂种类与用量

| 种类 | 添加形式 | 氮/% | 用量/（kg/t 湿重） |
| --- | --- | --- | --- |
| 尿素 | 干 | 45 | 4.5 |
| 磷酸铵 | 干 | 11 | 9 |
| 予混氨水 | 液体 | 20～30 | 11.3 |
| 商品氨水 | 液体 | 13.6 | 27.2 |
| 商品尿素—蜜糖 | 液体 | 6 | 36.3 |

一般在蛋白质含量低的禾本科和薯类青贮原料中，添加尿素及其他非蛋白氮化合物，以提高其蛋白质含量，改善青贮饲料的品质。据报道，玉米青贮原料中添加 0.3%～0.5% 尿素，青贮后每千克青贮饲料增加可消化蛋白质 8～11g。

（二）青贮饲料品质鉴定

1. 主要材料

甲基红指示剂（称取甲基红 0.1g，溶于 18.6mL 的 0.02mol/L 氢氧化钠溶液中，用蒸馏水稀释至 250mL 备用）；溴甲酚绿指示剂（称取溴甲酚绿 0.1g，溶于 7.15mL 的 0.02mol/L 氢氧化钠溶液中，再用蒸馏水稀释至

250mL）；混合指示剂（甲基红指示剂与溴甲酚绿指示剂按1∶1.5的体积混合即成）。

2. 方法与步骤

取样时，先去除堆压的黏土、碎草等覆盖物和上层霉烂物，再从整个表面取出一层青贮饲料，然后按照饲料样品采集与制备要求进行采集。取样后，立即覆盖，以免过多空气浸入。在冬季还要防止青贮饲料冻结。

（1）青贮饲料感官鉴定

用手抓一把有代表性的青贮饲料样品，紧握于手中，再放开观察其颜色、结构，闻其味道，评定其质地优劣。青贮饲料感官鉴定标准如表2.3所示。

表2.3 青贮饲料感官鉴定标准

| 等级 | 气味 | 酸味 | 颜色 | 质地 |
|---|---|---|---|---|
| 优良 | 芳香酸味，给人以舒适感 | 较浓 | 接近原料颜色，一般呈绿色或黄绿色 | 柔软湿润，保持茎、叶花原状，叶脉及绒毛清晰可见，松散 |
| 中等 | 芳香味弱，稍有酒精或酪酸味 | 中等 | 黄褐色或暗绿色 | 基本保持茎、叶、花原状，柔软，水分稍多或稍干 |
| 低劣 | 有刺鼻腐臭味 | 淡 | 褐色或黑色 | 茎叶结构保持极差，黏滑或干燥、粗硬、腐烂 |

（2）青贮饲料pH值鉴定

将待测样品切断，装入陶瓷杯或烧杯中至1/2处，以蒸馏水或凉开水浸没青贮饲料，然后用玻璃棒不断地搅拌，静置15～20min后，将水浸物经滤纸过滤。吸取滤液2mL，移入白瓷比色盘内，加2～3滴混合指示剂，用玻璃棒搅拌，观察盘内浸出液的颜色，判断出近似pH值，并评定青贮饲料的品质等级。青贮饲料pH值评定标准如表2.4所示。

表2.4 青贮饲料pH值评定标准

| 品质等级 | 颜色反应 | 近似pH值 |
|---|---|---|
| 优良 | 红色、乌红色、紫红色 | 3.8～4.4 |
| 中等 | 紫色、紫蓝色、深蓝色 | 4.6～5.2 |
| 低劣 | 蓝绿色、绿色、黑色 | 5.4～6 |

（3）青贮饲料腐败鉴定

如果青贮饲料腐败变质，则其中含氮物分解后形成游离氨。鉴定时，在试管中加入相对密度为1.19的盐酸2mL、95%酒精6mL和乙醚2mL，将中部带有一铁丝的软木塞塞入试管中。把铁丝的末端弯成钩状，钩住一块青贮饲料，铁丝的长度距离试液2cm。如果有氨存在时生成氯化铵，则必然会在钩上的青贮饲料表面形成白雾。

**即问即答2-5**：青饲料与常规青贮饲料相比，你认为哪个营养更好？

## 任务三 草食家畜 TMR 配制

**案例导入**

某奶牛养殖基地，养殖户李某新购买了 20 头 15 月龄的中国荷斯坦奶牛，体重均在 360kg 左右。李某原来利用稻草加精饲料的方式养过役用黄牛，现在他采用同样的方式来养这 20 头奶牛。但半年来，20 头奶牛中只有 2 头出现了发情现象。你知道这是什么原因吗？

### 一、日粮配制原则

草食家畜饲料配方设计是一项技术性及实践性很强的工作。合理的饲料配方是实施标准化饲养，有效利用各种饲料资源，降低饲料成本，促进家畜生长及提高经济效益的保证。

（一）科学性原则

TMR 配方应体现现代动物营养、饲养管理、饲料原料等方面最先进、最成熟的技术，是建立在饲养标准基础上的平衡与合理营养，满足动物对各种成分的需要。设计日粮配方应熟悉所在地区的饲料资源现状，根据当地饲料资源的品种、数量，以及各种饲料理化性质和饲用价值，尽量做到全年比较均衡地使用各种饲料资源。

（二）适口性原则

饲料适口性直接影响动物采食量。例如，菜籽饼适口性较差，在日粮中单独使用，配比不能过高，否则采食量降低；若与豆饼合用，则不仅可以提高适口性，还能达到多种饲料合理搭配，发挥各种营养物质的互补作用，提高日粮消化率和营养价值。

（三）经济性和市场性原则

饲料原料选用应注意因地制宜和因时制宜，要合理安排饲料工艺流程和节省劳动力消耗，降低成本。

（四）安全性和合法性原则

配方设计必须遵守国家有关饲料生产的法律法规，保证产品内在质量，使之安全、无毒、无药残、无污染，符合营养指标、感官指标、卫生指标。

视频 2-3 奶牛 TMR
配方设计

课件 2-3 TMR 日粮
配制

## 二、草食家畜TMR配方设计

### （一）设计步骤

#### 1．明确设计目标

饲料产品目标有多重性，如最高产品利润率、最佳动物生产性能、最大市场占有率、最佳生态效益等。这些目标有些是一致的，有些是矛盾的，有时可以兼顾多个目标，有时只能确定一个目标。

#### 2．确定营养需要量

根据不同目标定位，选择不同饲养标准，并根据实际情况调整某些营养指标水平，以最终确定动物营养需要量。

#### 3．选择饲料原料

饲料原料的选择必须同时考虑其营养特性和适口性、动物消化生理特点、饲料原料价格、来源、供应量及营养成分含量等因素。

#### 4．计算饲料配方

可以用手工计算或借助计算机软件计算饲料配方。在计算过程中，必须根据饲料原料的营养特性、有毒有害成分含量及物理特性，决定是否限制用量及确定限制比例。

#### 5．评价饲料配方质量

经过有配方设计经验人员的分析，通过成分检测及小规模动物试验，可以检验所设计配方是否符合原来预期值及产品质量。根据质量评价结果，不断调整饲料配方，使所设计的配方最终满足预定目标。

### （二）设计方法

#### 1．计算机法

利用先进、准确的配方软件，通过计算机来配制TMR。市场上有多种配方软件，其基本工作原理一样，主要差别在于数据库的完备性和操作便捷性等。

#### 2．手工计算法

如某乳牛场成年乳牛平均体重为500kg，日产奶量为20kg，乳脂率为3.5%。该场有东北羊草、玉米青贮、玉米、豆饼、麸皮、骨粉等原料，其日粮配制过程如下。

1）查饲养标准，计算乳牛总营养需要量（表2.5）。

表 2.5　乳牛总营养需要量

| 营养需要 | 可消化粗蛋白质/g | 产奶净能/MJ | 钙/g | 磷/g | 胡萝卜素/mg |
|---|---|---|---|---|---|
| 维持需要 | 317 | 37.57 | 30 | 22 | 95 |
| 每千克乳脂率为3.5%乳的营养需要 | 53 | 2.93 | 4.2 | 2.8 | 1.22 |
| 20kg 乳的营养需要 | 1060 | 58.6 | 84 | 56 | 24.4 |
| 总的营养需要 | 1377 | 96.17 | 114 | 78 | 119.4 |

2）查阅饲料营养成分含量（表 2.6）。

表 2.6　每千克饲料营养成分含量

| 原料 | 可消化粗蛋白质/g | 产奶净能/MJ | 钙/% | 磷/% | 胡萝卜素/mg |
|---|---|---|---|---|---|
| 东北羊草 | 35 | 3.7 | 0.48 | 0.04 | 4.8 |
| 玉米青贮 | 4 | 1.26 | 0.1 | 0.05 | 13.71 |
| 玉米 | 67 | 8.61 | 0.29 | 0.13 | 2.36 |
| 豆饼 | 395.1 | 8.9 | 0.24 | 0.48 | 0.17 |
| 麸皮 | 103 | 6.76 | 0.34 | 1.15 | 0 |
| 骨粉 | 0 | | 30.12 | 13.46 | 0 |

3）满足乳牛对青、粗饲料的需要。按乳牛体重的 1%～2% 计算，可给 5～10kg 干草或相当于这一数量的其他粗饲料。若按 7.5kg 计算，则可用东北羊草 2.5kg、玉米青贮饲料 15kg（3kg 青贮折合 1kg 干草）。计算青、粗饲料的营养成分（表 2.7）。

表 2.7　计算青、粗饲料的营养成分

| 原料 | 可消化粗蛋白质/g | 产奶净能/MJ | 钙/g | 磷/g | 胡萝卜素/mg |
|---|---|---|---|---|---|
| 2.5kg 东北羊草 | 87.5 | 9.25 | 12 | 1 | 12 |
| 15kg 玉米青贮 | 60 | 18.9 | 15 | 7.5 | 205.7 |
| 合计 | 147.5 | 28.15 | 27 | 8.5 | 217.7 |

4）将表 2.7 中的青、粗饲料可供给的营养成分与总营养需要量进行比较，不足养分再由混合精饲料来满足（表 2.8）。

表 2.8　由混合精饲料提供营养成分值

| 对比 | 可消化粗蛋白质/g | 产奶净能/MJ | 钙/g | 磷/g | 胡萝卜素/mg |
|---|---|---|---|---|---|
| 饲养标准 | 1377 | 96.17 | 114 | 78 | 119.4 |
| 全部青、粗饲料 | 147.5 | 28.15 | 27 | 8.5 | 217.7 |
| 差数 | -1229.5 | -68.02 | -87 | -69.5 | +98.3 |

5）初定混合精饲料中的能量由 70%玉米和 30%麸皮组成[每千克含产奶净能为 8.055MJ（8.61×70%+6.76×30%）]。由能量指标得出能量混合精饲料的用量为 8.44kg（68.02/8.055），其中玉米为 5.91kg（8.44×70%），

麸皮为 2.53kg（8.44×30%）。与营养需要相比，其日粮中产奶净能已满足需要，胡萝卜素超过需要量，但可消化粗蛋白质、钙及磷分别缺少 572.94g、61.26g 及 32.72g（表 2.9）。

表 2.9　玉米、麸皮提供的营养成分值

| 原料 | 可消化粗蛋白质/g | 产奶净能/MJ | 钙/g | 磷/g | 胡萝卜素/mg |
|---|---|---|---|---|---|
| 5.91kg 玉米 | 395.97 | 50.89 | 17.14 | 7.68 | 13.95 |
| 2.53kg 麸皮 | 260.59 | 17.1 | 8.6 | 29.1 | 0 |
| 合计 | 656.56 | 67.99 | 25.74 | 36.78 | 13.95 |
| 饲养标准 | 1229.5 | 68.02 | 87 | 69.5 | 98.3 |
| 差数 | -572.94 | -0.03 | -61.26 | -32.72 | 84.35 |

6）用蛋白质饲料豆饼代替部分玉米。每千克豆饼与玉米可消化粗蛋白质之差为 328.1g（395.1-67），则豆饼替代量为 1.75kg（572.94/328.1）。故用 1.75kg 豆饼替代等量玉米，其混合精饲料提供的营养成分值如表 2.10 所示。

表 2.10　混合精饲料提供的营养成分值

| 原料 | 可消化粗蛋白质/g | 产奶净能/MJ | 钙/g | 磷/g | 胡萝卜素/mg |
|---|---|---|---|---|---|
| 4.16kg 玉米 | 278.72 | 35.82 | 12.06 | 5.41 | 9.82 |
| 2.53kg 麸皮 | 260.59 | 17.1 | 8.6 | 29.1 | 0 |
| 1.75kg 豆饼 | 691.43 | 15.58 | 4.2 | 8.4 | 0.3 |
| 合计 | 1230.74 | 68.5 | 24.86 | 42.91 | 10.12 |

与乳牛总营养需要量对比，日粮中尚缺钙 62.14g（87-24.86），缺磷 26.59g（69.5-42.91），可用骨粉 206.31kg（62.14/30.12%）。

食盐的喂量按每 100kg 体重饲喂 3g 及每产 1kg 乳脂率为 4% 的标准乳饲喂 1.2g 计算，需补充食盐 37.2g（3×5+1.2×18.5）。

7）乳牛的日粮组成如表 2.11 所示。

表 2.11　乳牛的日粮组成

| 原料 | 可消化粗蛋白质/g | 产奶净能/MJ | 钙/g | 磷/g | 胡萝卜素/mg |
|---|---|---|---|---|---|
| 2.5kg 东北羊草 | 87.5 | 9.25 | 12 | 1 | 12 |
| 15kg 玉米青贮 | 60 | 18.9 | 15 | 7.5 | 205.7 |
| 4.16kg 玉米 | 278.72 | 35.82 | 12.06 | 5.41 | 9.82 |
| 2.53kg 麸皮 | 260.59 | 17.1 | 8.6 | 29.1 | 0 |
| 1.75kg 豆饼 | 691.43 | 15.58 | 4.2 | 8.4 | 0.3 |
| 206.31kg 骨粉 | 0 | 0 | 62.14 | 27.77 | 0 |
| 合计 | 1378.24 | 96.65 | 114 | 79.18 | 227.82 |

上述日粮组成已基本满足乳牛的需要，但在实际生产中，为考虑损耗部分，各种养分含量应高于需要量的 10%。

## 三、TMR 调制

TMR 是一种将青饲料、粗饲料、精饲料、维生素、矿物质及其他添加剂按草食家畜营养需要配制并进行充分搅拌混合而成的营养均衡日粮。TMR 饲喂技术在以色列、美国、意大利、加拿大等国已经普遍使用，如意大利、以色列已 100%采用，我国也已开始大力推广与普及。

TMR 是草食家畜生产的一项技术革命，与传统养殖方式相比优势明显。一是可以减少家畜挑食而提高干物质采食量（dry matter intake，DMI）；二是 TMR 中粗饲料、精饲料和其他饲料被均匀混合，牛、羊等统一采食后，有利于保持瘤胃 pH 值稳定，为瘤胃微生物创造良好的生存环境，促进微生物生长、繁殖，提高微生物活性和蛋白质合成率，提高饲料营养转化率，从而可以显著提高生产性能；三是可以提高奶牛泌乳性能和繁殖性能，提高牛奶产量、质量及繁殖率；四是可以减少奶牛疾病，预防营养代谢紊乱，减少消化代谢病的发生；五是可以节省劳力，降低管理成本。

### （一）TMR 调制设备

#### 1. 根据需要选择适宜类型

TMR 搅拌机类型很多，功能不同。根据移动方式可分为自走式、牵引式和固定式 3 种，根据搅拌方向可分为立式、卧式两种。

移动式 TMR 搅拌机（图 2.7）多用于新建或适合 TMR 设备移动的牧场，包括自走式 TMR 搅拌机和牵引式 TMR 搅拌机。固定式 TMR 搅拌机（图 2.8）主要适用于养殖小区、小规模散养户集中区域、原有传统牧场，以及畜舍、道路不适合 TMR 设备移动上料的牧场。立式 TMR 搅拌机与卧式 TMR 搅拌机相比，加工时草捆或长草无须预加工成短草，相同容积下所需动力相对较小，每天混合罐内无剩料，易清理。

图 2.7　移动式 TMR 搅拌机　　图 2.8　固定式 TMR 搅拌机

**即问即答 2-6**：传统牛舍能实行 TMR 饲喂吗？如果能，一般选择什么类型的 TMR 搅拌机？

2. 根据需要选择适宜容积

TMR 搅拌机尺寸选择，主要考虑家畜干物质采食量、分群方式、群体大小、日粮组成和容重等，以满足最大分群日粮需求，兼顾较小分群日粮供应，并考虑今后的发展及设备耗用。

容积适宜的 TMR 搅拌机，既能有效完成畜牧场饲料配制任务，又能减少动力消耗、降低成本。TMR 搅拌机中标识的最大容积是指加工时最多可容纳的饲料体积；而有效混合容积是指达到最佳混合效果所能添加的饲料体积。在生产上，一般有效混合容积约等于最大容积的 70%～80%。

TMR 容重与日粮原料种类、含水量有关。DMI 依家畜不同而异，一般奶牛 DMI 占体重的 3%～4%，肉羊 DMI 占体重的 2.5%～3%。以奶牛为例，若某牛场有 200 头泌乳牛、150 头后备牛，则其 DMI 分别为 25kg/（头·d）、6kg/（头·d），须选用多大尺寸的 TMR 搅拌机？

首先计算牛场最大 DMI、最小 DMI，泌乳牛最大 DMI 为 5000kg（200×25），后备牛最小 DMI 为 900kg（150×6），若日喂 3 次，则每次最大 DMI、最小 DMI 分别是 1667kg（5000/3）和 300kg（900/3）。以 TMR 干物质含量为 50%～60%，容重约为 275kg/m³ 计算，则 TMR 搅拌机的最大容量应为 10m³（1667/0.6/275），最小容量应为 1.8m³（300/0.6/275）。因此，TMR 搅拌机有效混合容积范围为 1.8～10m³，最大容积范围为 2.6～14.3m³。

（二）TMR 调制方法

1. TMR 设计原则

在 TMR 设计时，要求根据不同阶段营养需要分阶段调制不同营养水平的 TMR。例如，奶牛场可分为高产牛、中产牛、低产牛、干奶牛及后备牛 TMR。一般奶牛 TMR 精粗比为（60～50）/（40～50），其中，青贮饲料占 40%～50%，精饲料占 20%～30%，干草占 10%～20%，其他粗饲料占 10%左右。要求泌乳牛 TMR 中产奶净能为 6.7～7.3MJ/kg（DM），粗蛋白质含量为 15%～18%，TMR 组间营养浓度变化在 15%以下。

2. TMR 填料顺序

1）当各种精饲料原料分别填入，提前没有进行混合，干草等粗饲料原料提前已切短、粉碎时，须遵循先精后粗、先干后湿、先轻后重的原则，如谷物—蛋白质饲料—矿物质饲料—干草（秸秆等）—青贮—其他。

2）当精饲料已提前混合或提前填入精饲料易沉积在底部难以搅拌，干草等粗饲料没有经过切短、粉碎时，填料顺序可调整为干草—精饲料—青贮—其他。

总之，TMR 填料顺序不是固定不变的，在按照上述填料顺序效果不好的情况下，须及时作出适当调整，以保证 TMR 饲喂效果。

**3. TMR 搅拌时间**

在 TMR 调制时，一般采用边填料边搅拌的方式，以提高调制效率。在这种情况下，搅拌时间以全部原料填完再搅拌 3～8min 为宜。要求搅拌后日粮中大于 4cm 的长纤维粗饲料占全日粮的 15%～20%。

**4. TMR 调制中应注意的问题**

1）TMR 搅拌设备运行时，须确保处于水平位置。

2）调制时，以不超过最大容量的 80% 为宜。

3）定期校正称量控制器的精度，做好设备的保养与检修。

4）TMR 含水量应控制在 45% 左右较好。

5）长纤维粗饲料长度不低于 4cm。

6）改变日粮配方时，每组 TMR 之间的营养物质含量变化不应超过 15%。

7）加入最后一种原料后以再搅拌 3～8min 为宜，避免过度搅拌。

**（三）TMR 质量评价**

TMR 质量直接影响饲喂效果，生产上要对搅拌好的 TMR 及采食后剩余料随机采样，分别进行评定。TMR 质量评价主要有感官评价法和宾州筛筛分法两种方法。

**1. 感官评价法**

根据搅拌好的 TMR 的物理性状进行判断，如精、粗饲料混合是否均匀，质地是否松散不分离，色泽是否均匀，有无发热、异味、结块等。

视频 2-4　宾州
筛使用

**2. 宾州筛筛分法**

宾州筛又称草料分析筛，是美国宾夕法尼亚州立大学发明的一种用来估计牧场日粮组分粒度大小的专用筛。最早的宾州筛由两层叠加式的筛子和底盘组成，两层筛子的孔径分别是 19mm、8mm；改良后的宾州筛由 3 层叠加式筛子和底盘组成，其孔径分别是 19mm、8mm 及 4mm 或 1.18mm，最下面是底盘。两层筛子都是用粗糙的塑料制成的，可避免长饲草颗粒斜着滑过筛孔。随机采集搅拌好的 TMR 及采食后剩料，放在最上层筛子中进行水平摇动，直到只有长颗粒留在上层筛子而没有颗粒通过筛子为止。筛分结束后，根据日粮被筛分成粗（19mm 以上）、中（8～19mm）、细（4～8mm）、极细（小于 4mm）4 部分的比例进行评价。

例如，泌乳牛 TMR，从上至下 4 层比例以 2%～8%、30%～50%、10%～20%、30%～40% 为宜。如果上层比例过低，则可能在混合日粮时过度搅拌、青贮切割过短；如果上层比例过高，则奶牛挑食，粪便状态不稳定。如果中层比例过低（小于 30%），则说明混合日粮时过度搅拌，日粮中的谷物和蛋白饲料量过大；如果中层比例过高（大于 50%），则奶牛挑食，粪便状态不稳定。如果底层比例过少，则说明颗粒度过长，应适当延长搅拌时间。

即问即答 2-7：采食后对剩料进行筛分发现，上层比例较高，这说明什么问题？

## ▌知识拓展

### 一种值得开发利用的非常规饲料资源——废菌棒

废菌棒是栽培香菇、金针菇、平菇等食用菌后的废弃培养料，主要含有食用菌菌丝残体及经食用菌分解后的纤维素、半纤维素和木质素等结构性碳水化合物，含有丰富的菌丝蛋白、氨基酸、粗脂肪、维生素、矿物质及菌糠多糖、嘌呤、有机酸、酶类和生物活性物质，其营养价值相当于糠麸类饲料。据测定，海鲜菇废菌棒粗灰分、粗蛋白质、粗脂肪、粗纤维、钙、磷含量分别为 8.9%、8.8%、0.62%、42.64%、2.27%、0.32%，平菇为 6.71%、8.95%、1.97%、30.92%、0.87%、0.09%，金针菇为 12.74%、10.53%、0.68%、33.1%、1.05%、0.13%。经微贮发酵处理后，金针菇废菌棒粗蛋白质可达 15% 左右，是一种具有较高营养价值的草食家畜日粮来源。

## ▌实践操作

### 技能训练一　青贮饲料调制及品质鉴定

1. 技能训练目标

通过本次技能训练，学生应掌握青贮设施的选址及建造、青贮原料的选择、青贮饲料的加工流程及青贮饲料的品质鉴定技能。

2. 技能训练材料

青贮窖、厚度 0.1mm 以上的农用聚乙烯塑料薄膜、青饲料、切草机、pH 试纸等。

3. 技能训练方法与步骤

（1）原料选择、切碎、装填和压实

在青贮前首先应对原料进行选择，以无霉变、无腐烂、无毒害为标准。制作青贮饲料时应边切碎（长 2～3cm）边装填边压实。装填时将切好的原料逐层装填、逐层压实，每层厚度 0.3m 左右，最底层可厚一些。对于质地柔软的草可切长些，硬质的草应短些，如向日葵茎。

压实时根据青贮窖大小，用拖拉机等设备或人工踩踏方法反复压踏，边角地方勿留空隙，尽量减少原料间的空气存留。

装好后，原料应高出窖口边缘以备下沉，以高出窖深 15%～20%为宜。整个装窖过程防止雨水进入。

（2）密封

把装好原料的窖顶整理成拱形，用厚度 0.1mm 以上的塑料薄膜盖顶，边盖膜边在膜上覆盖湿土以排出膜下空气，土的厚度在 0.2m 以上。也可用其他重物，如废轮胎均匀压在塑料薄膜上面。

（3）管理

窖四周设排水沟，封埋后随时检查窖顶，压顶土有下沉裂缝时应及时培土并拍打光滑。保持窖顶略高于出窖口边缘，以防雨水流入。

（4）开窖使用

1）开窖时间。封窖后 30～40d 便可开窖使用。良好的青贮饲料在不开封的情况下，可以保存数年不变质。

2）取料方法。圆筒形窖应自上而下逐层取用，长方形窖从一端开口，上下垂直断面，一段一段切取。每取用一次后，随即盖严出料口。窖的出料口应防日晒雨淋、防冻、防泥土进入。

3）取料原则。青贮饲料应随用随取，用多少取多少。每天切取的一段厚度在 10cm 以上。

（5）质量感观鉴定

1）气味。良好的青贮饲料具有弱酸香味和酒香味，如果有较浓的醋酸味，则质量次之，有霉味和酸臭味者不可饲喂。

2）质地。良好的青贮饲料在窖里压得非常紧密，但取出来很松散，质地柔软，略带湿润，植物的茎、叶分辨明显。茎、叶黏成一团或干燥粗硬者均为劣质品。

3）颜色。青贮饲料的颜色以越接近原料颜色越好，品质良好的呈茶绿色或黄绿色，中等的呈黄褐色或暗绿色，低劣的呈褐色或黑色。

4．技能考核标准

青贮饲料调制及品质鉴定技能考核标准如表 2.12 所示。

表 2.12　青贮饲料调制及品质鉴定技能考核标准

| 考核内容 | 评分标准 | | 考核方法 | 掌握程度 | 时限 |
| --- | --- | --- | --- | --- | --- |
| | 分值 | 扣分依据 | | | |
| 青贮原料的处理 | 30 | 对原料进行选择、切短，针对不同原料选择及切短的程度扣 5～10 分 | 单人操作考核 | 熟练掌握 | 2h |

续表

| 考核内容 | 评分标准 | | 考核方法 | 掌握程度 | 时限 |
| --- | --- | --- | --- | --- | --- |
| | 分值 | 扣分依据 | | | |
| 青贮原料的装填 | 40 | 根据装填步骤、压实及密封情况酌情扣 5～10 分 | 单人操作考核 | 熟练掌握 | 2h |
| 青贮原料的品质鉴定 | 30 | 通过气味、颜色、质地进行鉴定，每错一项扣 5 分 | | | |

## 技能训练二　秸秆氨化及品质鉴定

1. 技能训练目标

通过本次技能训练，学生应加深对氨化秸秆制作流程的了解，掌握氨化秸秆加工技术，能够进行独立制作和品质鉴定。

2. 技能训练材料

秸秆若干、尿素或碳铵、聚乙烯农用薄膜若干、水、叉子、秤、运输工具等。

3. 技能训练方法与步骤（窖氨化法）

（1）氨源与用量

尿素按干秸秆重量的 5%，碳酸氢铵占干秸秆重量的 10%。

（2）场地

选择地势高燥、排水良好的地方，建成水泥窖，长 2m、宽 1.5m、深 1.2m，要求窖壁不漏气，窖底不漏水。也可在平地上进行堆垛氨化。

（3）秸秆预处理

将秸秆含水量调整到 30%～40%，弃去不洁或霉变的秸秆。

（4）装窖

对玉米秆可成捆分层装放，按比例添加氨源，对干稻草可将氨源制成水溶液浇洒，每 100kg 稻草用水 20～30L，要求分层踏实，待秸秆高出窖面 1m 时，放成馒头形，以免陷成坑而积水。

（5）封窖

用塑料薄膜沿秸秆面向窖边铺，然后用泥压实封严。

（6）管理

为了防止风吹雨打使薄膜损坏，可以在垛顶压上一些泥土等重物，氨化期间经常检查，一旦薄膜损坏，出现漏气，应及时修补，以确保氨化秸秆质量。

（7）氨化时间

氨化时间随气温不同而不同，气温小于 10℃时，氨化时间为 4～8 周；

气温为 10～20℃时，氨化时间为 2～4 周；气温为 20～30℃时，氨化时间为 1～2 周；气温大于 30℃时，氨化时间为 1 周以下。

（8）开窖放氨

选择晴天开窖，取出氨化秸秆摊开，日晒风干，放净余氨，切忌用雨水浇淋秸秆，最好经粉碎后置于室内贮存。

（9）感观评定

良好的氨化秸秆开窖时氨味强烈，放氨后呈糊香味，色泽浅黄或褐黄，质地柔软。若有糊烂味或秸秆发黏发黑，则应弃之。

4．技能考核标准

秸秆氨化及品质鉴定技能考核标准如表 2.13 所示。

表 2.13　秸秆氨化及品质鉴定技能考核标准

| 考核内容 | 评分标准 | | 考核方法 | 掌握程度 | 时限 |
| --- | --- | --- | --- | --- | --- |
| | 分值 | 扣分依据 | | | |
| 尿素用量的计算 | 20 | 根据所给的秸秆数量准确计算尿素的用量、根据偏差扣 5～10 分 | 单人操作考核 | 熟练掌握 | 2h |
| 氨化秸秆的操作流程 | 50 | 水分调整、装窖、尿素喷洒、封窖、取用，每步骤酌情扣 5～10 分 | | | |
| 氨化秸秆的品质鉴定 | 30 | 通过颜色、气味、质地鉴定氨化秸秆的等级，每步骤酌情扣 5～10 分 | | | |

## 技能训练三　牛场饲草料供应计划编制

1．技能训练目标

通过本次技能训练，学生应了解牛场饲草料供应计划编制的原则与方法，为更好地筹划牛场的饲料供应奠定基础。

2．技能训练材料

牛场简介、牛场发展规模与牛群组成、牛群周转计划、饲料定额资料、计算器等。

3．技能训练方法与步骤

（1）确定饲草料需要量

根据不同月份饲养的各类牛头数、饲养标准及日粮定额、饲养天数等，按公式饲草料需要量=家畜头数×日粮定额×饲养天数可计算出各类牛全年饲草料需要量。各类牛日粮参考定额如表 2.14 所示。

表 2.14　各类牛日粮参考定额

| 群别 | 畜别 | 年龄 | 喂料日数/d | 日粮组成及喂量 | | | | |
|---|---|---|---|---|---|---|---|---|
| | | | | 精饲料/kg | 粗饲料/kg | 青饲料/kg | 骨粉/g | 食盐/g |
| 奶牛群 | 泌乳母牛 | 成年 | 305 | 5～5.5 | 8～10 | 30～40 | 60～90 | 30～40 |
| | 妊娠后期母牛 | 成年 | 60 | 2.5～3 | 8～10 | 30～40 | 60～100 | 30～40 |
| | 后备青年母牛 | 6～18（月龄） | 365 | 2.5 | 6～7 | 15～20 | 50 | 30 |
| | 6月龄内犊牛 | 1～6（月龄） | 180 | 0.75 | 2 | 5～10 | 30～40 | 10～25 |
| 役畜 | 役用黄牛 | 成年 | 365 | 2.5 | 8～10 | 10～25 | 50 | 30 |
| | 役用水牛 | 成年 | 365 | 2.5 | 11～13 | 25～30 | 50 | 40 |
| | 役马 | 成年 | 365 | 1.5～3 | 7.5～9 | 10 | 40 | 20 |

（2）编制饲草料供应计划

根据全年全场各类饲料需要计划和当地饲料来源特点编制供应计划。重点是青、粗饲料的供应计划。

1）青饲料。根据给定耕地，编制大田复种轮作计划（如粮草间作、轮作、套作等）及饲草种植计划，统筹全年各月的青饲料供应。

2）粗饲料。充分利用大田农作物的副产物，根据主产物的面积和产量，用表 2.15 中的系数换算出秸秆、秕壳等副产物的产量。同时，根据牛场实际，采集、加工、贮藏当地的各种粗饲料资源。

表 2.15　秸秆、秕壳粗饲料产量的换算系数

| 种类 | 主产物 | 秸秆 | 秕壳 |
|---|---|---|---|
| 麦类、水稻等细茎作物 | 1 | 1～1.5 | 0.2～0.3 |
| 玉米、高粱等粗茎作物 | 1 | 1.5～2 | |
| 薯类 | 1 | 1 | |

（3）饲草料的供需平衡

根据各类饲草料的供需情况，平衡牛场全年的饲草料供应。

4．技能考核标准

牛场饲草料供应计划编制技能考核标准如表 2.16 所示。

表 2.16　牛场饲草料供应计划编制技能考核标准

| 考核内容 | 评分标准 | | 考核方法 | 掌握程度 | 时限 |
|---|---|---|---|---|---|
| | 分值 | 扣分依据 | | | |
| 青饲料需要量的计算 | 20 | 根据计算的过程及准确性给分 | 单人操作考核 | 熟练掌握 | 2h |
| 粗饲料需要量的计算 | 20 | 根据计算的过程及准确性给分 | | | |
| 精饲料需要量的计算 | 10 | 根据计算的过程及准确性给分 | | | |
| 青、粗饲料供应计划的编制 | 40 | 根据供应计划编制的合理性及结果的准确性给分 | | | |
| 平衡全年的饲草料供应 | 10 | 根据饲草料供需的平衡情况及合理性给分 | | | |

**——单元测验——**

### 一、单项选择题

1. 下列饲料不属于能量饲料的是（    ）。

　A. 玉米　　　B. 高粱　　　C. 豆饼　　　D. 麦麸

2. 在下列青饲料中，最适合调制青贮饲料的是（    ）。

　A. 黑麦草　　B. 紫花苜蓿　C. 饲用玉米　D. 三叶草

3. 氨化秸秆最好与（    ）一起饲喂效果较好。

　A. 非纤维性碳水化合物　　　B. 水

　C. 蛋白质饲料　　　　　　　D. 纤维性碳水化合物

4. 宾州筛是一种用来估计牛场日粮组分粒度大小的专用筛，从上至下各层饲料粒度大小分别是（    ）。

　A. 粗—中—细　　　　　　　B. 细—中—粗

　C. 一样粗细　　　　　　　　D. 细—粗—中

5. 宾州筛塑料材质的 4 个筛层按孔径从上至下叠加的顺序是(    )。

　A. 底盘—19mm—8mm—4mm

　B. 底盘—4mm—8mm—19mm

　C. 19mm—8mm—4mm—底盘

　D. 任意叠加

### 二、判断题

1. 微贮就是把适时收割的青饲料切碎后，装填到容器中进行压实、密封，利用乳酸菌对青饲料进行厌氧发酵的过程。　　　　　（    ）

2. 在奶牛生产过程中，常用宾州筛来分析饲料颗粒的组成和比例、TMR 配比与调制情况、奶牛挑食行为等，以此来判断 TMR 配制是否合理。
　　　　　　　　　　　　　　　　　　　　　　　　　　（    ）

3. 青贮玉米的营养价值比青刈玉米高。　　　　　　　　（    ）

4. 在微贮饲料调制时，加入能量饲料的主要目的是提高粗饲料的营养价值。　　　　　　　　　　　　　　　　　　　　　　　（    ）

5. 卧式 TMR 搅拌机与立式 TMR 搅拌机相比，加工时草捆或长草无须预加工成短草，相同容积下所需动力相对较小。　　　　　（    ）

### 三、问答题

青贮与微贮都利用微生物发酵，两者的主要区别在哪里？

**项目小结**

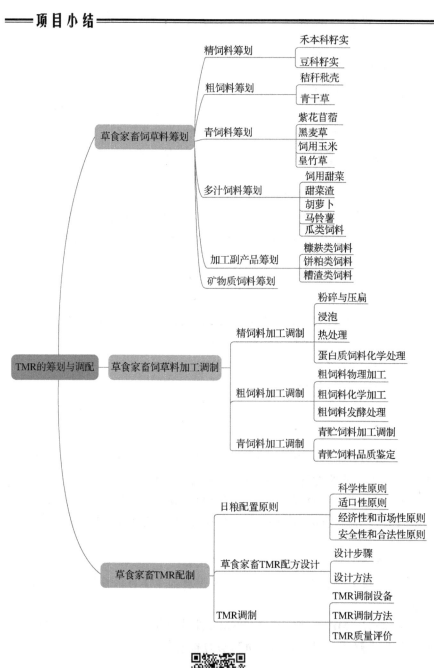

项目二答案

# 项目 三

## 良种的识别与引种

### 导入语

种、料、繁、养、管是影响草食家畜生产效益的五大因素，其中品种是基础。只有在了解并认识国内外众多品种资源的基础上，正确选择并引入适应当地饲养、管理及环境的良种，才有可能实现草食家畜高产、高效的可持续发展。本项目主要介绍牛、羊、兔等草食家畜良种来源、特点及引种管理。

视频 3-0　导学

**教学目标**

【知识目标】

- 了解草食家畜的品种分类。
- 了解牛、羊、兔良种外貌及生产性能特点。
- 了解引种工作及适应性训练要点。

【技能目标】

- 能正确识别牛、羊、兔主要良种。
- 能进行奶牛体型线性评定。
- 会正确引种。

【素养目标】

- 提升观察及诊断鉴别能力。
- 培养资料收集、整理及信息处理能力。
- 培养社会责任感及诚实守信品质。

学前测试

1. 我们平常喝的牛奶主要是什么牛产的？
2. 你听说过湖羊吗？它是绵羊还是山羊？

# 任务一　良种牛识别

视频 3-1　牛品种识别

课件 3-1　良种牛识别

> **案例导入**
>
> 　　李某从当地牛市场购入荷斯坦奶牛 3 头，膘情理想，价格便宜。但饲养后李某发现 3 头牛的产奶量很低，毛色从原来的黑白花变成了黑色，此时李某意识到自己买的可能不是荷斯坦奶牛。奶牛毛色怎么变了呢？李某买的是荷斯坦奶牛吗？

## 一、奶牛良种识别

### （一）荷斯坦奶牛

荷斯坦奶牛占乳用牛总数的 90% 左右，原产于荷兰，故称"荷兰牛"，由于黑白花片相间，也称"黑白花牛"。为了便于世界交流，现以产地命名，称之为"荷斯坦奶牛"，以产奶量高、适应性强、饲料利用率高、遗传性能稳定、风土驯化能力强而著称，其足迹遍布全球。荷斯坦奶牛分为乳用型（图 3.1）和兼用型（图 3.2）两种。

图 3.1　乳用型荷斯坦奶牛　　　　图 3.2　兼用型荷斯坦奶牛

### 1. 乳用型荷斯坦奶牛

乳用型荷斯坦奶牛以美国、加拿大、日本、澳大利亚等国为代表，具有良好的乳用特征，体型呈楔形（图 3.3），总体看其具有"三宽三大"的特点，即"背腰宽，腹围大；腰角宽，骨盆大；后裆宽，乳房大"。

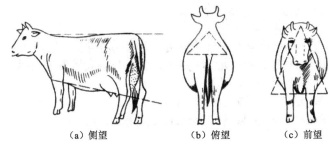

| | | |
|:---:|:---:|:---:|
| （a）侧望 | （b）俯望 | （c）前望 |

图 3.3 乳用型荷斯坦奶牛体型模式图

乳用型荷斯坦奶牛体积大，附着坚实的乳房，具有坚实的肢蹄、较大的体躯、良好的泌乳器官，其主要参数如表 3.1 所示。乳用型荷斯坦奶牛母牛平均年产奶量为 6500～7500kg，乳脂率为 3.6%～3.8%；世界纪录年产奶量高达 30 833kg；终生产奶量为 189 000kg。但其乳脂率较低，不耐热，高温时产奶量明显下降。因此，在夏季饲养乳用型荷斯坦奶牛时，南方尤其要注意防暑降温。

表 3.1 乳用型荷斯坦奶牛主要参数

| 性别 | 体高/cm | 体斜长/cm | 胸围/cm | 管围/cm | 体重/kg | 初生重/kg |
|---|---|---|---|---|---|---|
| 公牛 | 145 | 190 | 206 | 23 | 900～1200 | 50 |
| 母牛 | 135 | 170 | 195 | 19 | 650～750 | 40～45 |

**2. 兼用型荷斯坦奶牛**

兼用型荷斯坦奶牛以荷兰、挪威、瑞典、丹麦等国为代表，体型呈矩形，体格偏小，体躯低矮、宽深；体重低于乳用型荷斯坦奶牛，全身及臀部肌肉丰满，尻部及大腿肌肉突出。该牛平均产乳量为 4500～6000kg，乳脂率可达 3.8%～4%。产肉性能较好，平均日增重 900～1000g，屠宰率可达 55%～60%。

**（二）中国荷斯坦牛**

中国荷斯坦牛是由纯种荷斯坦牛与本地母牛的高代杂交种经长期选育而成的，其毛色呈黑白花，体质细腻结实，体躯结构均匀；泌乳系统发育良好，乳房附着良好，质地柔软，乳静脉明显，乳头大小、分布适中；肢势端正，蹄质坚实。由于各地引用的荷斯坦公牛和本地母牛类型不同，以及饲养环境条件的差异，我国荷斯坦牛多为乳用型，乳用特征明显，但体格不一致，基本上可划分为大、中、小 3 种类型。大型牛是引用美国荷斯坦公牛与北方母牛长期杂交和横交培育而成的，成年母牛体重为 600kg、体高为 136cm 以上；中型牛主要是引用日本、德国等中等体型的荷斯坦公牛与本地母牛杂交及横交培育而成的，成年母牛体重为 585kg、体高为 133cm 以上；小型牛是引用荷兰等欧洲类型的荷斯坦公牛与本地母牛杂交而成的，或是引进荷斯坦公牛与体型小的本地母牛杂交而成的，成年母牛体重为 550kg、体高为 130cm 左右。中国荷斯坦牛具有适应性能良好、遗传稳定、抗病力强、饲料报酬高的特点。

鉴定时，要求毛色黑白花，界限分明，额部多有白斑，飞节前缘及四肢下部不能有黑色，乳房不能有黑斑，尾帚不能有黑色；体躯长、宽、深，肋间距大，腹大而不下垂；尻长平宽，四肢正直。乳房前伸后延，向前超过腰角，向后超过臀端，乳静脉明显，乳头长 5～6cm，4 个乳区分明。

**同步测试 3-1**

1. 荷斯坦奶牛是世界上产奶量和乳脂率都较高的奶牛良种，具有"三宽三大"的体型特点。 （  ）

2. 中国荷斯坦牛是由纯种荷斯坦牛与本地母牛的高代杂交种经长期选育而成的，具有适应性能良好、遗传稳定、抗病力强、饲料报酬高的特点。 （  ）

## 二、肉牛良种识别

全世界共有 60 多个肉牛品种，英国有 17 个，法国、意大利、美国、俄罗斯各有 11 个。肉牛分为大、中、小 3 种类型，我国最早引进的是小型品种。

### （一）国外引进良种

### 1. 安格斯牛

安格斯牛（图 3.4）原产于英国苏格兰北部，19 世纪开始向世界各地输出，属于小型肉牛品种，是世界各国主养品种之一。安格斯牛多数为无角黑牛（目前有红色个体），具有现代肉牛典型体型：体躯低矮，头小而方，额宽，体躯宽深，呈圆桶形，四肢短而直，前后裆较宽，全身肌肉丰满。安格斯牛是世界上古老的小型专门化肉用品种，其肌肉大理石花纹好，耐寒抗病，性情温和，具有早熟、耐粗饲、适应性强、放牧性能好、胴体品质好、出肉率高等特点。屠宰率为 60%～65%，哺乳期日增重 900～1000g，育肥期（1.5 岁内）日增重平均 700～900g，7～8 月龄断奶后体重可达 200kg，12 月龄体重达 400kg；12 月龄性成熟，18～20 月龄初配；连产性好；初生重 25～32kg，难产率低，日泌乳量为 6.39～7.7kg，乳脂率为 3.3%～3.9%。安格斯牛在国际肉牛杂交体系中被认为是最好的母系，是我国黄牛杂交改良的第一父本。

图 3.4　安格斯牛

安格斯牛主要参数如表 3.2 所示。

表 3.2 安格斯牛主要参数

| 性别 | 体高/cm | 体长/cm | 胸围/cm | 管围/cm | 体重/kg |
|------|---------|---------|---------|---------|---------|
| 公牛 | 130.8 | 176 | 227 | 21.7 | 842（700～900） |
| 母牛 | 118.9 | 155.8 | 194.2 | 18.3 | 541.4（500～600） |

## 2. 海福特牛

海福特牛（图 3.5）原产于英国，是世界上古老的中小型肉牛品种，主要分布于我国东北、西北、华北等地区。该牛全身呈深浅不一的红色，具有"六白"特征，即头部、颈部、鬐甲、腹下、尾帚、四肢下部为白色，鼻镜为粉红色；体躯宽深、前胸发达，肌肉丰满，四肢短，为呈长方形的典型肉牛体型，分为有角和无角两种。

图 3.5 海福特牛

海福特牛初生重 28～34kg，7～8 月龄平均日增重 0.8～1.3kg，在良好条件下7～12月龄平均日增重可达1.4kg以上，200日龄体重可达311kg，400 日龄体重达 480kg，18 月龄活重 500kg 以上，屠宰率为 60%～65%。

## 3. 肉用短角牛

肉用短角牛（图 3.6）原产于英国，分为肉用短角和乳肉兼用两种类型，其毛色以红色为主，有少量沙毛个体，为典型的肉用体型；四肢较短，体躯较长，垂皮发达，侧望呈方砖形。

图 3.6 肉用短角牛

肉用短角牛早熟性好，肉用性能突出，利用粗饲料能力强；增重快，产肉多，肉质细嫩，大理石花纹明显，肌纤维较细。在良好饲养管理条件下，育肥期日增重达 1kg 以上。成年公牛体重为 900～1200kg，体高为 136cm；成年母牛体重为 600～700kg，体高为 128cm。公牛 17 月龄体重可达 500kg，屠宰率为 65%以上。

4. 夏洛来牛

夏洛来牛（图 3.7）原产于法国，是欧洲主要的大型晚熟肉牛品种，以生长快、肉量多、体型大、耐粗放而著称。被毛白色、乳白色或枯草色，皮肤常有色斑；全身肌肉发达，骨骼结实、四肢强壮，呈圆桶形；肌肉丰满，后臀肌肉发达。

图 3.7　夏洛来牛

夏洛来牛皮薄、肉嫩，生长速度快，胴体瘦肉多，体型大，双肌明显。在良好的饲养管理条件下，公牛周岁体重可达 511kg，屠宰率为 65%～70%，胴体瘦肉率为 80%～85%。成年公牛体重为 1100～1200kg，成年母牛体重为 700kg～800kg。在良好的饲养管理条件下，6 月龄公犊体重达 250kg，母犊体重达 210kg，日增重可达 1400g。夏洛来牛肌纤维较粗糙，肉嫩度差，净肉率低，味不浓，纯繁难产率高（13.7%）；但与本地黄牛杂交效果明显，可明显加大体型，加快其生长速度，具有耐寒、抗热等明显的杂交优势。

夏洛来牛主要参数如表 3.3 所示。

表 3.3　夏洛来牛主要参数

| 性别 | 体高/cm | 胸围/cm | 体长/cm | 管围/cm | 体重/kg | 初生重/kg |
|---|---|---|---|---|---|---|
| 公牛 | 142 | 180 | 244 | 26.5 | 1140 | 45 |
| 母牛 | 132 | 165 | 203 | 21 | 735 | 42 |

5. 利木赞牛

利木赞牛（图 3.8）原产于法国，本品种选育而成，是欧洲主要的大型晚熟肉牛品种，20 世纪 70 年代输入欧美各国，我国于 1974 年引进，分布于我国中北部地区。该牛被毛红色或黄色，嘴、眼、腹下、四肢、尾部毛色较浅；体大骨细，全身肌肉丰满，四肢强健，尻部宽平。

图 3.8　利木赞牛

利木赞牛具有较小的初生重（35～36kg）和早期快速生长能力，6 月龄体重达 250～300kg，平均日增重 1000g，屠宰率为 68%～70%；肉质细嫩，瘦肉率高，8 月龄大理石花纹明显，适合生产小牛肉。利木赞牛被广泛用于经济杂交，但对饲养条件要求较高。成年公牛平均体重为 1100kg，成年母牛平均体重为 600kg。改良本地牛后，杂种牛体型改善，肉用特征明显，生长强度增大，杂种优势显著，但杂交后代对饲养水平要求较高。

6. 皮埃蒙特牛

皮埃蒙特牛（图 3.9）原产于意大利，含有"双肌基因"，是目前国际公认的经济杂交终端父本，已被 20 多个国家引进，用于杂交改良。该牛体大呈圆桶形，肌肉高度发达，双肌肉型明显，皮薄骨细，肌肉丰满；被毛为乳白色、浅灰色；鼻镜、眼圈、嘴唇、腹下、肛门、耳尖、尾尖为黑色。

图 3.9　皮埃蒙特牛

皮埃蒙特牛肉用性能十分突出，平均日增重 1500g（1360～1657g），公牛 15～18 月龄体重达 550～600kg，母牛 14～15 月龄体重可达 400～450kg，屠宰率为 65%～70%。该牛具有饲料报酬高、肉质好、胆固醇低、脂肪少等特点。据测定，皮埃蒙特牛与南阳牛杂交后，其杂种一代初生重提高 25%，成年牛身腰加长，后臀丰满，后期生长发育明显高于其他品种，并保持了我国黄牛肉多汁、嫩度好、口感好、风味可口的特点。

皮埃蒙特牛主要参数如表 3.4 所示。

表 3.4　皮埃蒙特牛主要参数

| 性别 | 体高/cm | 胸围/cm | 体长/cm | 管围/cm | 体重/kg | 初生重/kg |
|------|---------|---------|---------|---------|---------|-----------|
| 公牛 | 150 | 178 | 227 | 21 | 1000～1300 | 42 |
| 母牛 | 136 | 159 | 187 | 18 | 650～800 | 39 |

### 7. 契安尼娜牛

契安尼娜牛（图 3.10）原产于意大利中西部契安尼娜山谷，体型大，含有瘤牛血液；被毛白色，尾黑色，除腹部外皮肤均有黑色素。犊牛出生时，被毛为深褐色，在 60 日龄时逐渐变为白色。该牛体型呈圆桶形，成年牛体躯长，四肢高，体格大，结构良好；胸部深度不足。

图 3.10　契安尼娜牛

契安尼娜牛体重大，生长强度大，一般日增重大于 1kg，2 岁内可达 2kg，产肉多且品质好，大理石花纹明显，适应性好，繁殖力强，很少难产。该牛与南阳牛进行杂交，杂交一代日增重在 1kg 以上，屠宰率为 60%，但骨量大，且牛肉嫩度较差。

### 8. 德国黄牛

德国黄牛（图 3.11）原产于德国及奥地利，由瑞士褐牛与德国当地黄牛杂交育成，原为乳肉兼用，近几十年趋向肉用方向选育。该牛毛色为浅黄色、黄色或淡红色，眼圈周围毛色较浅；体格大，体躯长，胸深，背直，四肢短而有力，肌肉强健；适应性强，生长发育良好。母牛乳房大，附着结实。

德国黄牛年产奶量为 4164kg，乳脂率为 4.15%，平均日增重达 1kg，屠宰率为 62.2%，净肉率为 56%。成年公牛体重为 1000～1100kg，成年母牛体重为 700～800kg。

图 3.11　德国黄牛

#### 9. 南德温牛

南德温牛（图 3.12）原产于英格兰的南德温郡，其先引入更赛牛的血液，后又导入婆罗门牛的血液培育而成。该牛体格较大，体质结实，体躯长而宽，胸深，全身肌肉丰满；角中等大，呈乳白色，角尖黑色，母牛角向上弯曲，公牛角较短并外伸，也有选育的无角南德温牛；被毛为红色，皮肤为黄色，除乳房、尾帚及腿部有少量白色外，其他部位有白色者为不合格。成年公牛体重为 800～1000kg，成年母牛体重为 540～630kg。

图 3.12　南德温牛

南德温牛不怕牛虻，体躯丰满，早熟，生长快，屠宰率高，肌肉纤维细，脂肪囤积适中，肉质鲜嫩，呈现明显的大理石纹状。犊牛初生重 35～40kg，在良好的饲养条件下，日增重可达 1.3～1.5kg，最高达 2.3kg。该牛难产率低、生长快、肉质好，适合生产高档牛肉。

#### 10. 西门塔尔牛

西门塔尔牛（图 3.13）原产于瑞士，是世界上著名的乳肉兼用品种，具有产奶量高、乳质好、生长发育快、肉用性能好、适应性强和遗传性能稳定等特点。该牛体型深宽高大，结构匀称，体质结实，肌肉发达，后躯肌肉丰满，花片均为黄（红）白花，四肢头尾均为白色，有"六白牛"之称；额宽眼大，嘴宽大，头颈结合良好，颈下垂发达，肩背腰平直，粗壮结实，角大小适中；乳房前伸后展良好，乳头分布均匀，乳静脉明显。

图 3.13　西门塔尔牛

西门塔尔牛适合四季放牧，对草选择性差，进食快，抗病性强，冬季耐寒，夏季耐热。成年公牛体重为 1000～1200kg，成年母牛体重为 650～750kg。年产奶量达 3500～4500kg，乳脂率为 4%～4.2%。平均日增重 0.8～1kg，公牛育肥后屠宰率为 65% 左右，胴体肉多，脂肪少而分布均匀。该牛改良各地黄牛能取得较理想的效果。

**即问即答 3-1**：如果想发展肉牛生产，你认为引入什么牛改良本地牛较好？

（二）中国黄牛

中国黄牛是我国固有的，曾长期以役用为主的黄牛群体的总称，泛指除水牛外的家牛。中国黄牛呈倒梯子形，役用性能好，肉用性能差，肉质好；各部位匀称而前躯特别发达，中躯较长，后躯紧凑发育较差；体高、体长趋于相等，重心高于肉牛稍向前移；被毛长而密，皮厚致密而有弹性；全身骨骼粗壮，肌肉发达，皮下结缔组织发育差。

根据《中国牛品种志》按地理分布区域对黄牛的划分，中国黄牛包括中原黄牛、北方黄牛、南方黄牛 3 种类型，就个体生产能力而言，以中原黄牛最高；就体型大小而言，以中原黄牛最大，北方黄牛次之，南方黄牛最小。

中原黄牛分布于中原广大地区，主要有秦川牛、南阳牛、晋南牛、鲁西牛，还有河南的郏县红牛、山东的渤海黑牛等；北方黄牛分布于内蒙古、东北、西北、华北等地区，主要有延边牛、蒙古牛、哈萨克牛等；南方黄牛分布于东南、西南、华南、华中等地区，主要有巴山牛、温岭高峰牛、闽南牛、大别山牛等。

1. 秦川牛

秦川牛（图 3.14）原产于陕西关中，由"八百里秦川"而得名，被毛为紫红色或红色，鼻镜、蹄壳和角多为肉红色；骨骼粗壮，肌肉丰满，体质健壮，前躯发育良好；角短而钝，向外下方或向后稍弯；后躯发育较差，斜尻。公牛颈峰隆起，母牛鬐甲低。役用、产肉性能较好，18 月龄公牛、阉牛、母牛的平均屠宰率为 58.3%，净肉率为 50.5%。

图 3.14 秦川牛

秦川牛主要参数如表 3.5 所示。

表 3.5 秦川牛主要参数

| 性别 | 头数 | 体高/cm | 体长/cm | 胸围/cm | 管围/cm | 体重/kg |
| --- | --- | --- | --- | --- | --- | --- |
| 公牛 | 125 | 141.46 | 160.46 | 200.47 | 22.37 | 594.5 |
| 母牛 | 1051 | 124.51 | 140.85 | 170.84 | 16.88 | 381.21 |

## 2. 南阳牛

南阳牛（图 3.15）原产于河南南阳地区，毛色以深浅不一的黄色为主，另有红色和草白色，面下、腹下、四肢下部毛色较浅；体型较大，结实紧凑。公牛多为萝卜头角，母牛角细。鬐甲较高，肩部较突出，公牛肩峰 8～9cm，背腰平直，荐部较高，额部微凹，颈部短厚而多皱褶。部分牛胸部欠宽深，体长不足，尻斜，乳房发育较差。15 月龄育肥牛屠宰率为 55.6%，净肉率为 46.6%，胴体产肉率为 83.7%，骨肉比为 1：5.1，眼肌面积为 92.6cm$^2$。

图 3.15 南阳牛

南阳牛主要参数如表 3.6 所示。

表 3.6 南阳牛主要参数

| 性别 | 头数 | 体高/cm | 体长/cm | 胸围/cm | 管围/cm | 体重/kg |
| --- | --- | --- | --- | --- | --- | --- |
| 公牛 | 8 | 153.8 | 167.8 | 212.2 | 21.6 | 716.5 |
| 母牛 | 158 | 131.9 | 145.5 | 178.4 | 17.5 | 464.7 |
| 阉牛 | 472 | 139.7 | 151.3 | 188 | 19.4 | 541.9 |

## 3. 晋南牛

晋南牛（图 3.16）原产于山西南部晋南盆地的运城、临汾地区，属于大型役肉兼用品种。该牛体型粗大，体质结实，前驱较后驱发达，额宽，顺风角，颈短粗，垂皮发达，肩峰不明显，胸宽深，臀端较窄，乳房发育较差；毛色以枣红色为主，红色、黄色次之，鼻镜粉红色。18月龄屠宰率为53.9%，净肉率为40.3%，强度育肥屠宰率为59.2%，净肉率为51.2%；成年阉牛屠宰率为62.6%，净肉率为52.9%，眼肌面积为79cm$^2$。

图3.16　晋南牛

晋南牛主要参数如表3.7所示。

表3.7　晋南牛主要参数

| 性别 | 头数 | 体高/cm | 体长/cm | 胸围/cm | 管围/cm | 体重/kg |
| --- | --- | --- | --- | --- | --- | --- |
| 公牛 | 9 | 138.6 | 157.4 | 206.3 | 20.2 | 607.4 |
| 母牛 | 551 | 117.4 | 135.2 | 164.6 | 15.6 | 339.4 |

4. 鲁西牛

鲁西牛（图3.17）原产于山东西南部的菏泽地区，被毛从浅红色到棕红色，以黄色为最多，体躯高大，结构紧凑，肌肉发达，前驱较宽深，具有肉牛的体型。多数鲁西牛具有"三粉"特征，即眼圈、口轮、腹下与四肢内侧毛色较浅，呈粉色；垂皮较发达，尾细长，尾毛多扭生如纺锤状。公牛多平角或龙门角；母牛角形多样，以龙门角居多。公牛肩峰宽厚而高。该牛役用、肉用性能良好，皮薄骨细，肉质鲜嫩，大理石花纹明显，市场占有率高。从总体上看，鲁西牛以体大力强、外貌一致、品种特别明显、肉质良好著称，但尚存在成熟较晚、增重较慢、后躯欠丰满等缺陷。

图3.17　鲁西牛

鲁西牛主要参数如表3.8所示。

表3.8　鲁西牛主要参数

| 性别 | 头数 | 体高/cm | 体长/cm | 胸围/cm | 管围/cm | 体重/kg |
|------|------|---------|---------|---------|---------|---------|
| 公牛 | 44 | 146.3 | 160.9 | 206.4 | 21 | 644 |
| 母牛 | 242 | 123.6 | 136.9 | 168.4 | 15.6 | 358 |
| 阉牛 | 384 | 138.2 | 150.2 | 190.1 | 18.8 | 511 |

5. 延边牛

延边牛（图3.18）是东北地区优良地方牛种之一，原产于吉林延边朝鲜族自治州及东北三省东部狭长地区。延边牛是朝鲜牛与本地牛长期杂交的结果，也混有蒙古牛的血液。延边牛属于役肉兼用品种，其胸部深宽，骨骼坚实，被毛长而密，皮厚而有弹力。公牛额宽，头方正，角基粗大，多向后方伸展，呈一字形或倒八字角，颈厚而隆起，肌肉发达。母牛头大小适中，角细而长，多为龙门角。该牛毛色多呈浓淡不同的黄色，其中，浓黄色占16.3%，黄色占74.8%，淡黄色占6.7%，其他占2.2%；鼻镜一般呈淡褐色，带有黑点。延边牛18月龄育肥6个月，日增重813g，胴体重265.8kg，屠宰率为57.7%，净肉率为47.23%，眼肌面积为75.8cm$^2$。

图3.18　延边牛

6. 蒙古牛

蒙古牛（图3.19）原产于内蒙古高原地区，广泛分布于我国北方各省区。该牛毛色多样，但以黑色、黄色居多，头短宽、粗重，角长，向上前方弯曲；垂皮不发达；鬐甲低下；胸较深，背腰平直，后躯短窄，尻部倾斜，四肢短，蹄质结实；皮肤较粗。中等膘情的成年阉牛的平均屠宰率为53%，净肉率为44.6%，眼肌面积为56cm$^2$。

图3.19　蒙古牛

想一想 3-1：国外引进良种比中国黄牛个体大、生长快，但在养牛实践中，为什么基础群还是本地黄牛？

# 任务二　良种羊识别

视频 3-2　羊品种识别

课件 3-2　良种羊识别

**案例导入**

　　养羊户王某听说波尔山羊能长到 150kg，于是从外地高价购入一批纯种波尔山羊，精心饲养后母羊顺利生产，可所生羔羊毛色不一，初生重及生长速度等与本地羔羊相差无几，说明王某很可能购入的是杂种。那么，怎样才能避免买错呢？

## 一、绵羊良种识别

### （一）国内主要绵羊良种

#### 1. 新疆细毛羊

　　新疆细毛羊（图 3.20）于 1954 年育成于新疆巩乃斯种羊场，是我国育成的第一个毛肉兼用细毛羊品种。该羊体格大，体质结实，结构匀称，头较宽长，颈短而圆；胸宽深，背直而宽，腹线平直，体躯深长，后躯丰满；四肢结实，肢势端正；羊体覆盖白色的同质毛，有的个体眼圈、耳、唇部皮肤有少许色斑，毛被闭合性良好，头部细毛覆盖至两眼连线，前肢到腕关节，后肢至飞节或飞节以下，腹毛着生良好，呈毛丛结构。公羊鼻梁微有隆起，母羊鼻梁呈直线。公羊大多数有螺旋形角，母羊大部分无角或只有小角。公羊颈部有 1～2 个完全或不完全的横皱褶，母羊有一个横皱褶或发达纵皱褶，体躯无皱，皮肤宽松。成年公羊平均体高为 75.3cm，成年母羊平均体高为 65.9cm；成年公羊平均体长为 81.9cm，成年母羊平均体长为 72.6cm；成年公羊平均胸围为 101.7cm，成年母羊平均胸围为 86.7cm。

图 3.20　新疆细毛羊

新疆细毛羊具有适应性强、耐粗饲、体格大、繁殖力强、遗传稳定、产毛多、毛质好等优点。成年公羊体重为88kg，成年母羊体重为48.6kg；周岁公羊剪毛量为4.9kg，周岁母羊剪毛量为4.6kg，成年公羊剪毛量为11.57kg，成年母羊剪毛量为5.2kg；净毛率为48.06%～51.53%；周岁公羊羊毛长度为7.8cm，周岁母羊羊毛长度为7.7cm，成年公羊羊毛长度为9.4cm，成年母羊羊毛长度为7.2cm；羊毛细度以64支为主，平均净毛率为51.7%。

2. 中国美利奴羊

中国美利奴羊（图3.21）是我国产毛量最高的细毛羊品种，主要分布在我国新疆、吉林、内蒙古等地区。该羊体质结实，毛肉型外貌特征明显，体躯呈长方形，胸宽深，背平直，后躯丰满；四肢坚实有力，肢势端正；头毛密长，着生至眼线，形如帽状，腹毛着生良好，被毛白色同质，各部位毛丛长度和细度均匀，细毛覆盖至两眼连线，前肢着生至腕关节，后肢着生至飞节。公羊多有螺旋形角，少数无角，颈部有1～2个横皱褶或发达的纵皱褶；母羊无角，颈部有发达的纵皱褶。公、母羊躯干部均无明显的皱褶。

图3.21　中国美利奴羊

中国美利奴羊具有良好的产毛性能，成年公羊剪毛量为16～18kg，特级母羊剪毛量平均为7.2kg，公羊净毛量为5.5kg，母羊净毛量为3kg。羊毛品质优良，被毛闭合良好，呈毛丛结构，密度大，有明显的大、中弯曲，油汗含量适中、分布均匀，呈白色或乳白色。毛丛自然长度为9～12cm，体侧羊毛长度12个月达9～10cm，净毛率为50%以上，细度为60～64支，可供作高档精纺产品原料。成年公、母羊剪毛后体重分别为70kg和40kg，屠宰率为44.1%。母羊产羔率为117%～128%，经产母羊产羔率均在120%以上。

3. 东北细毛羊

东北细毛羊（图3.22）产于我国东北三省，体质结实，结构匀称；胸宽深、背平直，四肢端正；皮肤适当宽松，体躯无褶；毛丛结构良好，呈闭合型；毛被白色，密度良好，羊毛弯曲正常，细度均匀；油汗含量适中，多为乳白色或淡黄色；细毛覆盖头部至两眼连线，前肢达腕关节，后肢达飞节。公羊鼻梁稍隆起，有螺旋形角，颈部有1~2个横皱褶；母羊鼻梁平直，无角，颈部有发达的纵皱褶。

图3.22　东北细毛羊

育成公、母羊体重分别为42.95kg和37.81kg，成年公、母羊体重分别为83.66kg和45.36kg。种公羊平均剪毛量为13.44kg，成年母羊平均剪毛量为6.1kg；14~16月龄公、母羊平均剪毛量分别为7.5kg和6.58kg。种公羊被毛平均长度为9.33cm，成年母羊被毛平均长度为7.37cm；14~16月龄公、母羊被毛平均长度分别为9.53cm和9.54cm。细度以60支和64支为主，净毛率为35%~40%。成年公羊屠宰率为43.64%~52.4%，净肉率为34%。母羊产羔率为110%~125%。

### 4. 内蒙古细毛羊

内蒙古细毛羊（图3.23）的体质结实，结构匀称；体躯长宽而深，背腰平直，四肢端正；毛被闭合性良好，油汗为白色或浅黄色，油汗高度占毛丛的1/2以上；细毛覆盖至两眼连线，前肢至腕关节，后肢至飞节。公羊有1~2个完全或不完全的横皱褶，母羊有发达的纵皱褶。公羊有发达的螺旋形角，母羊无角或有小角。

图3.23　内蒙古细毛羊

育成公、母羊平均体重分别为41.2kg和35.4kg，成年公、母羊平均体重分别为91.4kg和45.9kg；育成公、母羊平均剪毛量分别为5.4kg和

4.7kg，成年公、母羊平均剪毛量分别为11kg和5.5kg。成年公、母羊羊毛平均长度分别为8.9cm和7.2cm，细度为60~64支，净毛率为36%~45%。1.5岁羯羊屠宰前平均体重为49.98kg，屠宰率为48.4%。经产母羊的产羔率为110%~123%。

**即问即答3-2**：我国培育的第一个毛肉兼用细毛羊品种是什么？

5. 蒙古羊

蒙古羊（图3.24）产于蒙古高原，是一个十分古老的地方品种，也是我国数量最多、分布最广的一个绵羊品种，主要分布在内蒙古及华北、东北和西北等地区，是我国著名的三大粗毛羊品种之一。该羊体质结实，骨骼健壮，头狭长，鼻梁隆起，耳大下垂；短脂尾，呈圆形，尾尖弯曲呈"S"形；胸深，背腰平直，四肢长而结实，体躯被毛多为白色，头颈与四肢则多有黑色或褐色斑块。公羊多数有角，为螺旋形，角尖向外伸；母羊多无角。

蒙古羊抗逆性强，耐粗饲，抓膘能力强，成年公羊体重为45~65kg，剪毛量为1~2kg；成年母羊体重为35~55kg，剪毛量为0.8~1.5kg。蒙古羊屠宰率为40%~54%，繁殖率不高，产羔率较低，一般年产一胎一羔，双羔率极低。

图3.24　蒙古羊

6. 西藏羊

西藏羊（图3.25）又称藏羊，原产于青藏高原，分布于西藏、青海、四川北部，以及云南、贵州等地的山岳地带，其数量仅次于蒙古羊，在我国三大粗毛羊品种中居第二位。西藏羊主要分为高原型（或草地型）和山谷型两大类。

图3.25　西藏羊

高原型西藏羊作为藏羊的主体，体质结实，体格高大，四肢端正较长，体躯近似方形；鼻梁隆起，耳大而不下垂；前胸开阔，背腰平直，十字部稍高，紧贴臀部有圆锥形小尾。公、母羊均有角，公羊角长而粗壮，呈螺旋状向左右平伸；母羊角细而短，多数呈螺旋状向外上方斜伸。这一类型西藏羊所产羊毛即为西宁毛。

山谷型西藏羊体格较小，结构紧凑，体躯较短呈圆桶状，颈稍长，背腰平直；头呈三角形，公羊多有角，短小，向后上方弯曲；母羊多无角，毛色混杂。

高原型西藏羊成年公羊平均体重为 50.8kg，成年母羊平均体重为 38.5kg。成年公羊平均剪毛量为 1.42kg，成年母羊平均剪毛量为 0.97kg。成年羯羊的平均屠宰率为 50.11%。山谷型西藏羊成年公羊平均体重为 36.79kg，成年母羊平均体重为 29.69kg，成年公羊平均剪毛量为 1.5kg，成年母羊平均剪毛量为 0.75kg。平均屠宰率为 48.7%。西藏羊一般年产单胎，双羔者极少。

### 7. 哈萨克羊

哈萨克羊（图 3.26）原产于新疆，分布在天山北麓、阿尔泰山南麓及准噶尔盆地，阿山、塔城等地区，是我国三大粗毛羊品种之一。哈萨克羊体质结实，鼻梁隆起，耳大下垂；公羊有较大的角，母羊无角；背腰宽，体躯浅，四肢高大粗壮；尾宽大，下有缺口；毛色不一，多为褐色、灰色、黑色、白色等杂色，纯白者或纯黑者较少；脂肪沉积于尾根而形成肥大椭圆形脂臀，是肥臀羊的典型代表。

图 3.26　哈萨克羊

哈萨克羊属于肉脂兼用品种，具有较高的肉脂生产性能。成年公、母羊体重分别为 60～85kg 和 45～60kg。成年公羊剪毛量为 2.61kg，成年母羊剪毛量为 1.88kg，净毛率为 68.9%。成年公羊毛辫长度为 11～18cm，成年母羊毛辫长度为 5.5～21cm。母羊平均产羔率为 101.6%，屠宰率为 49%左右。

### 8. 小尾寒羊

小尾寒羊（图 3.27）主要分布在河南的新乡、开封，山东的菏泽、济宁，以及河北南部、江苏北部和淮北等地区，是我国古老的地方优良品种。小尾寒羊体形结构匀称，四肢较长，前后躯都较发达；短脂尾呈圆形，一般在飞节以上；胸宽深，肋骨开张，背腰平直；头、颈较长，鼻梁稍隆起，耳大下垂；被毛为白色、异质，少数在头部及四肢有黑褐色斑点、斑块。公羊头大颈粗，有角呈螺旋状；母羊半数有角，角小。

图 3.27　小尾寒羊

小尾寒羊生长发育快，体格高大，成年公、母羊体重分别为 94.1kg 和 48.7kg；3 月龄公、母羔羊平均断奶重分别可达 20.8kg 和 17.2kg。公、母羊年平均剪毛量分别为 3.5kg 和 2.1kg，净毛率为 63%。3 月龄羔羊平均胴体重 8.49kg，净肉重 6.58kg，屠宰率为 50.6%，净肉率为 39.21%；周岁公羊平均胴体重 40.48kg，净肉重 33.41kg，屠宰率和净肉率分别为 55.6% 和 45.9%。小尾寒羊性成熟早，母羊 5～6 月龄发情，公羊 7～8 月龄即可配种。母羊全年发情，繁殖力强，可一年两产或两年三产，平均产羔率为 261%，是世界上具有高繁殖力的绵羊品种之一。

9. 乌珠穆沁羊

乌珠穆沁羊（图 3.28）主要分布于内蒙古锡林郭勒盟东北部东乌珠穆沁旗和西乌珠穆沁旗，以及毗邻的锡林浩特市、阿巴嘎旗部分地区，是我国著名的肉脂兼用短脂尾绵羊品种。该羊体格高大，体躯长，背腰宽，肌肉丰满，全身骨骼坚实，结构匀称；鼻梁隆起，额稍宽，耳大下垂或半下垂；公羊多数有半螺旋状角，母羊多数无角；脂尾厚而肥大呈椭圆形，尾的正中线有纵沟，将脂尾分成左、右两半，毛色混杂。

图 3.28　乌珠穆沁羊

乌珠穆沁羊以生长发育快、体大肉多、肉质鲜美、无膻味而著称。成年公、母羊体重分别为 74.43kg 和 58.41kg，公、母羔羊 4 月龄体重分别达到 33.9kg 和 32.1kg。平均屠宰率为 51.4%，净肉率为 45.64%。此类型羊繁殖力不高，母羊一年一产，平均产羔率为 100.2%。

10. 同羊

同羊（图3.29）又名同州羊、蚕耳羊，主要分布在陕西渭北高原东部和中部一带，具有"茧耳、栗角、筋肋、扇尾"四大外貌特征。该羊耳大而薄（形如茧壳），向下倾斜；公、母羊均无角，部分公羊有栗状角痕；颈较长，部分个体颈下有一对肉垂；胸部较宽深，肋骨细如筋，开张良好；公羊背部微凹，母羊背部短直较宽，腹部圆大；尾大如扇，按其长度是否超过飞节，可分为长脂尾和短脂尾两大类型，90%以上为短脂尾；全身被毛洁白，面部和腹部多被刺毛覆盖。

图 3.29  同羊

同羊是我国著名的肉毛兼用地方绵羊品种，生长快，成年公羊体重为60～65kg，成年母羊体重为40～46kg。周岁羯羊屠宰率为51.75%，成年羯羊屠宰率为57.64%，净肉率为41.11%。同羊出生后6～7月龄即达性成熟，1.5岁配种，全年可多次发情配种，一般两年三胎，但产羔率较低，一般一胎一羔。同羊肉肥嫩多汁，瘦肉绯红，肌纤维细嫩，烹之易烂，食之可口。

11. 阿勒泰羊

阿勒泰羊（图3.30）是哈萨克羊的一个优良分支，主要分布在新疆北部阿勒泰地区。该羊体格大，体质结实；胸宽深，背平直，肌肉发育良好；四肢高而结实，股部肌肉丰满，沉积在尾根基部的脂肪形成方圆形大尾，下缘正中有一浅沟将其分成对称的两半；被毛异质，多为棕褐色，头为黄色或黑色。公羊鼻梁隆起，具有较大的螺旋形角；母羊多数有角，耳大下垂。母羊乳房大，发育良好。

图 3.30  阿勒泰羊

阿勒泰羊属于肉脂兼用粗毛羊，具有良好的早熟性和较高的生产性能，体格大，产肉多。成年公、母羊平均体重分别为 85.6kg 和 67.4kg，成年公、母羊剪毛量分别为 2.4kg 和 1.63kg。净毛率为 71.24%，毛质较差，多用于擀毡。该羊繁殖力不高，经产母羊产羔率为 110%。

### 12. 中国卡拉库尔羊

中国卡拉库尔羊（图 3.31）产于新疆南部，头稍长，耳大下垂；公羊多数有角，母羊多数无角；颈中等长，四肢结实，尾肥厚，基部宽大；毛色以黑色为主，灰色、金色、银色较少。

中国卡拉库尔羊的主要产品是羔皮，羔皮具有独特而美丽的轴形卷（卧蚕形卷），花案清晰美观，在国际毛皮市场上享有盛誉。成年公羊体重为 77.3kg，成年母羊体重为 46.3kg；被毛异质，成年公羊剪毛量为 3kg，成年母羊剪毛量为 2kg，净毛率为 65.09%，产羔率为 105%～115%，屠宰率为 51%。

图 3.31  中国卡拉库尔羊

### 13. 湖羊

湖羊（图 3.32）产于浙江、江苏太湖流域，头面狭长，鼻梁隆起，耳大下垂；公、母羊均无角；眼大突出，颈细长，体躯较窄，背腰平直，十字部较鬐甲部稍高；四肢纤细，短脂尾，尾大呈扁圆形，尾尖上翘，全身白色，少数个体的眼圈及四肢有黑褐色斑点。

图 3.32  湖羊

湖羊以生长发育快、成熟早、繁殖性能高、所产羔皮花纹美观而著称，是我国特有的羔皮用绵羊品种，也是目前世界上少有的白色羔皮品种。成年公羊体重为 40～50kg，成年母羊体重为 35～45kg。成年公羊剪毛量为 2kg，成年母羊剪毛量为 1.2kg。湖羊的繁殖率高，平均产羔率为 212%。羔羊出生后 1～2d 内宰剥的羔皮被称为"小湖羔皮"，羔皮毛色洁白，有丝般的光泽，花纹呈波浪形，甚为美观，在国际市场上享有很高声誉，有"软宝石"之称。

14. 滩羊

滩羊（图 3.33）因产二毛皮而著称，主要分布在宁夏贺兰山东麓的银川市附近各县，以及甘肃、内蒙古、陕西和宁夏毗邻的地区，体质结实，被毛多为白色，头部、两耳、眼周围和两额多有褐色、黑色、黄色斑块或斑点。公羊有大而弯曲呈螺旋形的角，母羊一般无角；颈部丰满，长度中等；背腰平直，体躯狭长，四肢较短；尾长下垂，尾根宽阔，尾尖细长呈"S"状弯曲或钩状弯曲，达飞节以下。

图 3.33　滩羊

成年公、母羊平均体重分别为 47kg 和 35kg。主要产品为滩羊二毛皮（羔羊生后 35d 左右宰取的羔皮），此时被毛洁白呈有波浪形弯曲的毛股状，毛股长 8～9cm，有美丽的花穗，花案美观清晰，光泽悦目，具有轻便、保暖、结实、不毡结等特点。成年公羊剪毛量为 1.6～2.6kg，成年母羊剪毛量为 0.7～2kg，净毛率为 65% 左右。成年羯羊屠宰率为 45% 左右。滩羊一般一胎一羔，产羔率为 101%～103%。

即问即答 3-3：世界上具有高繁殖力的绵羊品种是什么？

（二）国外主要绵羊良种

1. 澳洲美利奴羊

澳洲美利奴羊（图 3.34）属于细毛羊品种，体型近似长方形，腿短，体宽，背部平直，后肢肌肉丰满；毛丛结构良好，密度大，细度均匀，油汗白色，弯曲均匀整齐而明显，光泽良好。羊毛覆盖头部至两眼连线，前肢达腕关节，后肢达飞节。公羊颈部有 1～3 个发育完全或不完全的横皱褶，母羊有发达的纵皱褶。

图 3.34  澳洲美利奴羊

澳洲美利奴羊具有毛品质优良、毛长、毛密、净毛率高的特点，有超细毛型、细毛型、中毛型、强毛型 4 种类型。超细毛型美利奴羊体型较小，羊毛手感柔软，密度大，纤维直径一般在 18μm 以下。细毛型美利奴羊体型中等，结构紧凑，成年公羊体重为 60～70kg，剪毛量为 6～9kg；成年母羊体重为 36～45kg，剪毛量为 4～5kg；羊毛细度为 64～68 支，净毛率为 63%～68%。中毛型美利奴羊成年公羊体重为 65～90kg，剪毛量为 8～12kg；成年母羊体重为 40～44kg，剪毛量为 5～6kg；羊毛长度为 9～13cm，羊毛细度为 60～64 支，净毛率为 62%～65%。强毛型美利奴羊成年公羊体重为 70～100kg，剪毛量为 8～14kg；成年母羊体重为 42～48kg，剪毛量为 5～7kg；羊毛长度为 9～13cm，净毛率为 60%～65%。

### 2. 波尔华斯羊

波尔华斯羊（图 3.35）是中国美利奴羊的主要母系，具有美利奴羊的特征，但全身无皱褶，少数个体有角，多数在鼻、眼、唇部有色斑，体躯较宽平，体质结实，腹毛着生良好，属于长毛型细毛羊，羊肉脂肪少，眼肌面积大，为早熟品种。

波尔华斯羊成年公羊体重为 56～80kg，成年母羊体重为 45～60kg；公羊剪毛量为 5.5～9.5kg，母羊剪毛量为 3.6～5.5kg；羊毛长度为 10～15cm，羊毛细度为 58～60 支，净毛率为 65%～70%。波尔华斯羊繁殖力强，母羊全年发情，产羔率为 140%～160%，泌乳力好。

图 3.35  波尔华斯羊

### 3. 高加索细毛羊

高加索细毛羊（图 3.36）产于俄罗斯斯塔夫罗波尔边疆区，具有大或中等体格；体质结实，体躯长，胸宽，背平，骨骼发育良好；颈部具有 1～3 个发育良好的横皱褶，身上有小而不明显的皱褶；被毛呈毛丛结构，毛密，弯曲正常。

图 3.36　高加索细毛羊

高加索细毛羊成年公羊体重为 90～100kg，成年母羊体重为 50～55kg；羊毛细度以 64 支为主，公羊羊毛长度为 8～9cm，母羊羊毛长度为 7～8cm；成年公羊平均剪毛量为 10～11kg，成年母羊平均剪毛量为 6～6.5kg；净毛率为 40%～42%；产羔率为 130%～140%。

### 4. 罗姆尼羊

罗姆尼羊（图 3.37）原产于英国东南部的肯特郡，故又称肯特羊，主要分为英国型、新西兰型和澳大利亚型 3 种类型。英国型罗姆尼羊四肢较高，体躯长而宽，后躯比较发达，头略狭长，头毛和四肢毛较差，体质结实，放牧游走能力强；新西兰型罗姆尼羊属于肉用体型，四肢矮短，背腰平直宽，体躯长，头毛和四肢毛较好，但放牧游走能力差，采食性能不如英国型罗姆尼羊；澳大利亚型罗姆尼羊的外形介于上述两型之间。

图 3.37　罗姆尼羊

罗姆尼羊属于肉毛兼用半细毛羊，英国型罗姆尼羊体格较大，成年公羊体重为 90～100kg，成年母羊体重为 80～90kg；成年公羊剪毛量为 4～

6kg，成年母羊剪毛量为 3～5kg；净毛率为 60%～65%；羊毛长度为 11～15cm，羊毛细度为 46～50 支；平均产羔率为 120%。

新西兰型罗姆尼羊体格中上等，面部、眼部周围无被毛覆盖，鼻孔黑色。成年公羊体重为 70～90kg，成年母羊体重为 45～60kg；成年公羊剪毛量为 6～7kg，成年母羊剪毛量为 4kg；羊毛长度为 13～18cm，羊毛细度为 44～48 支；净毛率为 58%～60%。

5. 边区莱斯特羊

边区莱斯特羊（图 3.38）原产于英国北部的苏格兰，体质结实，体型大而结构良好，体躯长，背宽平，公、母羊均无角，鼻梁隆起，两耳竖立，头部及四肢无羊毛覆盖。

边区莱斯特羊成年公羊体重为 70～85kg，成年母羊体重为 55～65kg；成年公羊剪毛量为 5～9kg，成年母羊剪毛量为 3～5kg；净毛率为 65%～68%；羊毛长度为 20～25cm，羊毛细度为 44～48 支；产羔率为 150%～200%。边区莱斯特羊早熟性好，4～5 月龄羔羊胴体重可达 20～22kg。

图 3.38  边区莱斯特羊

6. 卡拉库尔羊

卡拉库尔羊（图 3.39）原产于中西亚各国贫瘠的荒漠、半荒漠草原，是一个古老的羔皮与乳兼用的优良品种。该羊头稍长，鼻梁隆起，颈中等长，耳大下垂，前额有卷曲的发毛；公羊大多数有螺旋形的角，母羊多数无角；体躯较深，四肢结实，尾的基部特别肥大，尾尖呈 S 形弯曲并下垂至飞节；被毛异质，由无髓毛、两型毛和中等细度的有髓毛组成；被毛的颜色随年龄的增长而变化，初生时黑色的羔羊，到断奶时渐渐由黑色变为褐色，当生长到 1～1.5 岁时被毛开始变白，成年后又转成灰白色，而头、四肢及尾部的毛色不变。

图 3.39　卡拉库尔羊

卡拉库尔羊是世界上著名的羔皮品种，代表性产品有波斯羔皮。成年公羊体重为 60～90kg，体高为 72～78cm；成年母羊体重为 45～70kg，体高为 62～70cm；成年公羊剪毛量为 3～3.5kg，成年母羊剪毛量为 2.5～3kg；产羔率为 105%～115%。成年羊肥育后肉用品质良好，屠宰率为 50%左右。

7. 杜泊羊

杜泊羊（图 3.40）原产于南非，是以南非土种黑头波斯母羊作为母本，引进英国有角陶赛特羊作为父本杂交培育而成的，是目前世界上公认的最好的肉用绵羊品种，被誉为"南非国宝"。

图 3.40　杜泊羊

根据头颈颜色不同，杜泊羊分为黑头杜泊羊和白头杜泊羊两种，两者的体躯和四肢皆为白色，头顶部平直、长度适中，额宽，鼻梁微隆，无角或有小角根，耳小而平直，既不短也不过宽；颈粗短，肩宽厚，背平直，肋骨拱圆，前胸丰满，后躯肌肉发达；四肢强健而长度适中，肢势端正，整个身体犹如一架高大的马车。

杜泊羊个体大，生长快，特别以产肥羔肉见长，胴体肉质细嫩、多汁、色鲜、瘦肉率高，被国际誉为"钻石级肉"。3.5～4 月龄的杜泊羊体重可达 36kg，屠宰胴体约为 16kg，羔羊平均日增重 81～91g，成年公、母羊体重分别为 120kg 和 85kg。

**同步测试 3-2**

1. 我国著名的三大粗毛羊是什么？

2. 目前世界上公认的最好的肉用绵羊品种，被誉为"南非国宝"的是什么羊？

## 二、山羊良种识别

（一）国内主要山羊良种

1. 辽宁绒山羊

辽宁绒山羊（图 3.41）是我国产绒量最高的山羊品种，因产绒量高、绒质好而著称，原产于辽宁省辽东半岛的盖县（今为盖州市）、复县（今为瓦房店市）、庄河、岫岩、凤城、宽甸及辽阳等地区。该羊体格大，体质结实，结构匀称，公、母羊均有角，头较大，颈宽厚，背平直，全身被毛白色。

图 3.41 辽宁绒山羊

辽宁绒山羊成年公羊平均体重为 53.5kg，成年母羊平均体重为 44kg；成年公羊平均产绒量为 540g，最高纪录为 1375g，成年母羊平均产绒量为 470g，最高纪录为 1025g；山羊绒自然长度为 5.5cm，伸直长度为 8～9cm，平均细度为 16.5μm；净绒率为 70% 以上，屠宰率为 50% 左右，母羊平均产羔率为 120%～130%。

2. 内蒙古白绒山羊

内蒙古白绒山羊（图 3.42）原产于内蒙古西部的阿拉善盟、伊克昭盟（今为鄂尔多斯市）和巴彦淖尔盟（今为巴彦淖尔市）等地，按产区不同分为二郎山型、阿尔巴斯型和阿拉善型 3 种地方类型，是在内蒙古山羊的基础上，经过长期选育而成的绒肉兼用型山羊品种。

内蒙古白绒山羊体格较大，体质结实，头中等大小，公、母羊均有角，鼻梁平直或微凹，体躯较长，近似方形，四肢粗壮结实，善于登山远牧；全身被毛白色，按其被毛状态可分为长细毛型和短粗毛型，以短粗毛型的产绒量为高。该品种抗逆性强，耐粗饲，抗病力强，对荒漠、半荒漠地区的干旱、寒冷气候有较强的适应性。

图 3.42　内蒙古白绒山羊

内蒙古白绒山羊成年公羊体重为 45～52kg，成年母羊体重为 30～45kg；成年公羊产绒量为 400g，成年母羊产绒量为 360g；成年公羊粗毛产量为 350g，成年母羊粗毛产量为 300g；绒毛长度为 4～5cm，细度为 14～15μm；净绒率为 60.6%～64.6%；母羊繁殖率较低，多产单羔，产羔率为 100%～105%；屠宰率为 40%～50%。

3. 中卫山羊

中卫山羊（图 3.43）原产于宁夏的中卫、中宁、同心、海原及甘肃的景泰、靖远等地区，产区属于半荒漠地带。该羊体质结实，体躯短深近方形，结构匀称，面部清秀，公、母羊均有角，被毛全白，光泽悦目；适应性、抗病力强，耐寒，抗暑，耐粗饲。

图 3.43　中卫山羊

中卫山羊成年公羊体重为 30～40kg，成年母羊体重为 25～35kg；成年公羊产绒量为 164～200g，成年母羊产绒量为 140～190g；成年公羊粗毛产量为 400g，成年母羊粗毛产量为 300g；羊毛长度为 15～20cm，光泽良好。母羊早熟，7 月龄左右即可参加配种，产羔率为 103%。中卫山羊屠宰率为 40%～45%。代表性产品是中卫二毛皮（羔羊生后 35 日龄左右，毛股自然长度在 7cm 以上，适时宰杀剥取的皮张），具有美观、轻便、结实、保暖和不擀毡等特点，是世界上珍贵而独特的山羊裘皮。

#### 4. 济宁青山羊

济宁青山羊（图3.44）原产于山东西南部的菏泽和济宁两地区，属于羔皮用山羊品种。该羊体格较小，体高为50～60cm；公、母羊均有角，向后上方伸展；颈较细长，四肢短而结实，腹围较大；被毛由黑、白两色毛混生，根据黑白毛比例不同，分为正青色、铁青色和粉青色，具有"四青一黑"的特征，即被毛、角、唇和蹄部为青色，两前膝为黑色。

图3.44　济宁青山羊

济宁青山羊成年公羊体重约为30kg，成年母羊体重约为26kg。成年公羊产毛量为300g左右，产绒量为50～150g；成年母羊产毛量约为200g，产绒量为25～50g。代表性产品是猾子皮，羔羊出生后1～3d屠宰，其特点是毛细短，紧密适中，具有天然色彩和花纹，板轻，美观，是制翻毛皮衣和帽领等的优良原料，为国际市场上的著名商品。济宁青山羊繁殖力强，常年发情，母羊6月龄初配，年产两胎或两年产三胎，一胎多羔，平均产羔率为293.65%。

#### 5. 成都麻羊

成都麻羊（图3.45）产于成都平原及其四周的丘陵和低浅山区，因被毛为棕黄色，毛尖呈黑色，给人视觉略带发麻的感觉，故而得名。该羊体格中等，体形匀称呈长方形；公、母羊多有角；被毛呈棕黄色，为短毛型；四肢粗壮，蹄质坚实呈黑色；乳房发育良好，呈球形。

图3.45　成都麻羊

成都麻羊成年公羊体重约为 43.02kg，成年母羊体重约为 32.62kg。羊肉品质好，成年羯羊屠宰率为 54%，净肉率为 38%。母羊产奶性能高，一个泌乳期 5～8 个月，可产奶 150～250kg，含脂率 6%以上。板皮质地柔软，弹性好，为优质皮革原料。母羊性成熟早，全年发情，平均产羔率为 210%。

### 6. 马头山羊

马头山羊（图 3.46）原产于湖北、湖南地区，具有早熟、生长发育快、繁殖力高及板皮品质好等特性，是我国著名的地方肉用山羊品种。该羊体格大，公、母羊均无角，有的有退化的角痕；两耳向前略下垂；公羊颈粗短，母羊颈细长，少数羊颈下有一对肉垂；胸部发达，体躯呈长方形；被毛以白色为主，毛短粗。

马头山羊成年公羊平均体重为 44kg，成年母羊平均体重为 34kg。在放牧和补饲条件下，7 月龄羯羔羊体重可达 23.31kg，胴体重 10.52kg，脂肪重 1.68kg，屠宰率为 52.34%，成年羯羊屠宰率为 60%左右。马头山羊性成熟早，母羊常年发情，平均产羔率为 214%。

图 3.46　马头山羊

### 7. 关中奶山羊

关中奶山羊（图 3.47）原产于陕西的渭河平原，体质结实，乳用性能明显，头长额宽，眼大耳长，鼻直嘴齐；毛短色白，皮肤粉红色，部分羊耳、鼻、唇及乳房有大小不等的黑斑，老龄更甚，有的羊有角、须和肉垂。母羊颈长、胸部宽深，背腰平直，腹大不下垂，尻部宽长，有适度的倾斜。乳房大，多呈方圆形，质地柔软，乳头大小适中。公羊头大颈粗，胸部宽深，腹部紧凑，外形雄伟，睾丸发育良好。公、母羊四肢结实，肢势端正，蹄质结实，呈蜡黄色。

图 3.47 关中奶山羊

关中奶山羊成年公羊体高不低于 82cm，体重不低于 65kg；成年母羊体高不低于 69cm，体重不低于 45kg。在一般饲养条件下，优良个体产奶量为 400～700kg，平均含脂率为 3.8%，总干物质为 12%。母羊 4～5 月龄性成熟，一胎产羔率平均为 130%，二胎以上产羔率平均为 174%。

8. 崂山奶山羊

崂山奶山羊（图 3.48）原产于山东东部及胶东半岛等地区，体质结实，结构匀称，毛色纯白，毛细短，皮肤呈粉红色，成年山羊的头、耳及乳房的皮肤多有淡色黑斑。公、母羊大多数无角，头长额宽，鼻直，眼大，嘴齐，耳薄较长，向前外方伸展。公羊颈粗壮，母羊外貌清秀，胸部宽广，肋骨开张良好。崂山奶山羊背腰平直，尻略下斜，母羊腹大而不下垂，乳房附着良好，基部宽广，上方下圆，乳头大小适中，四肢端正，蹄质结实。该羊在整体结构上具有良好的乳用体型。

图 3.48 崂山奶山羊

崂山奶山羊具有生长发育快、性成熟早等特点。成年公羊体高为 80～88cm，体重为 80.14kg；成年母羊体高为 68～74cm，体重为 49.58kg。当年母羔羊一般在 8 月龄以上，体重达 30kg 以上时，即可参加配种，因此，在 13～14 月龄时可产羔泌乳。由于母羊产羔较早，第一个泌乳期的泌乳量不高，在第二至第三个泌乳期产奶量上升的幅度较大。崂山奶山羊年平均产奶量为 497kg，最高的个体日产量可达 8.7kg，年平均产奶量为 1301kg。母羊 3～4 月龄开始发情，培育条件较好的当年公、母羔羊，在秋季即可参加配种，发情季节在 8 月下旬到翌年 1 月底，发情旺季在 9～11 月。母羊一胎产羔率为 130%，二胎产羔率为 160%，三胎产羔率可达 200% 以上，平均繁殖率为 170%～190%。

（二）国外主要山羊良种

1. 波尔山羊

波尔山羊（图 3.49）是目前世界上公认较理想的肉用山羊品种，有"肉羊之父"之美称，原产于南非。该羊体躯白色，头、耳和颈部为浅红色至深红色，但不超过肩部，并有完全的色素沉着，广流星（前额及鼻梁部有一条较宽的白色带）明显；头平直，眼睛棕色，鼻梁隆起，头颈部及前肢比较发达，体躯长、宽、深，肋部发育良好并完全开展，胸部发达，背部结实宽厚，臀、腿部丰满，四肢结实有力；四肢健壮，可长距离放牧，喜食树叶，对苦味有较强的耐受性，采食性、抗病力强。

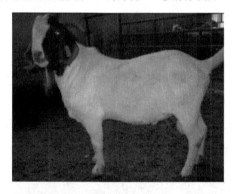

图 3.49　波尔山羊

波尔山羊成年公羊体重为 90～130kg，成年母羊体重为 60～90kg，平均屠宰率为 48.3%。波尔山羊母羔 6 月龄性成熟；公羔 3～4 月龄性成熟，但需到 5～6 月龄或体重达 32kg 时方可用作种用。在良好的饲养条件下，母羊可以全年发情。波尔山羊每胎平均产两羔，其中 50% 的母羊产双羔，10%～15% 的母羊产三羔。

2. 萨能奶山羊

萨能奶山羊（图 3.50）原产于瑞士伯尔尼州西南部的萨能山谷，是世界上著名的奶山羊品种，具有早熟、繁殖力强、泌乳性能好、适应性广等特点。该羊体躯高大，胸宽深，结构紧凑细致；头长面直，颈粗短，眼大灵活，公、母羊均有须无角，耳长直立；被毛呈白色或淡黄色，背长而直，四肢坚实；乳房发育良好，呈方圆形，乳头大小适中。

图 3.50 萨能奶山羊

萨能奶山羊成年公羊体重为 75～100kg，体高为 80～90cm，体长为 94～115cm；成年母羊体重为 50～65kg，体高为 75～80cm，体长为 80～85cm。头胎多产单羔，之后多产双羔或多羔，产羔率为 160%～220%；泌乳期为 8～10 个月，年平均产奶量为 600～1200kg，乳脂率为 3.2%～4%。

3. 安哥拉山羊

安哥拉山羊（图 3.51）原产于土耳其的安纳托利亚高原东南部和中部地区，是世界上著名的生产马海毛的毛用山羊品种。该羊全身白色，体格中等，公、母羊均有角，角扁短呈白色；被毛由波浪形或螺旋状的毛辫组成，毛辫长可垂至地面；头部和四肢着生短刺毛。

图 3.51 安哥拉山羊

安哥拉山羊成年公羊平均体重为 50.83kg，成年母羊平均体重为 32.88kg；公羊剪毛量约为 3.60kg，母羊剪毛量约为 3.09kg；成年公羊平均羊毛长度为 19.55cm，成年母羊平均羊毛长度为 18.22cm；成年公羊羊毛细度为 43.47μm，成年母羊羊毛细度为 34.06μm。安哥拉山羊净毛率为 65%～85%，性成熟晚，产羔率为 100%～110%。

同步测试 3-3

1. 目前产奶量最高的奶山羊品种是什么？

2. 原产于南非，有"肉羊之父"之美称且是目前世界上公认较理想的肉用山羊是什么？

# 任务三　良种兔识别

课件 3-3　良种
兔识别

**案例导入**

几年前，小张建好了"兔"文化主题农庄，包含"兔"美食馆、"兔"科普文化园、"兔"亲子乐园等。为了满足农庄"游、乐、食"的需要，小张专门建了兔舍，但不知养什么兔较好。你能给小张提点建议吗？

## 一、毛用兔良种识别

毛用兔的经济特性是生产优质兔毛，主要指安哥拉长毛兔。它分为细毛型（细度为 7～30μm）、粗毛型（细度为 31～120μm）和两型毛（细度为 15～30μm）3 种类型。

### （一）国外引进良种

#### 1. 德系（西德）长毛兔

德系（西德）长毛兔（图 3.52）即德系安哥拉兔，原产于联邦德国，是世界著名的毛用兔品种。我国从 1978 年至 1986 年，浙江、江苏、上海等先后数批从联邦德国引进 2 万多只德系（西德）长毛兔。该兔全身披厚密绒毛，被毛有毛丛结构，不易缠结，有明显的波浪形弯曲；面部绒毛不一致，有的无长毛，也有的额毛、颊毛丰盛；耳背大多无长毛，仅耳尖有一撮毛，也有少数耳背有较长毛，表现为全耳毛；耳长中等、直立；头偏宽而短；四肢强壮，肢势端正，胸部和背部发育良好。

图 3.52　德系（西德）长毛兔

德系（西德）长毛兔体型较大，成年兔体重为 3.5～5.2kg，高者可达5.7kg；体长为 45～50cm，胸围为 30～35cm。公兔年产毛量为 1190g，母兔年产毛量为 1406g，最高可达 2000g；被毛密度为 16 000～18 000 根/cm²，粗毛含量为 5.4%～6.1%，细毛细度为 12.9～13.2μm，毛长 5.5～5.9cm。年繁殖 3～5 胎，每胎产仔 6～7 只，最高可达 12 只。平均奶头 4 对，多者 5 对。

德系（西德）长毛兔体型和产毛量在各系安哥拉兔中虽遥遥领先，但据各地反映德系（西德）长毛兔若不选种选育则退化快而严重，有一代不如一代的趋势。这表现在夏秋季受胎率低，特别在炎热夏季精液中几乎找不到精子，有的地方年产仔不到 10 只。

由于德系（西德）长毛兔体型大、产毛量高、兔毛品质好，各地利用其来改良中系长毛兔，先后选育成功浙系长毛兔、苏系长毛兔、皖系长毛兔、上海"唐系长毛兔"、"2071"长毛兔、山东"沂蒙"长毛兔及西平"953"长毛兔等 10 多个新品系。目前，国内纯真的德系（西德）长毛兔已不多。

### 2. 法系长毛兔

法系长毛兔（图 3.53）原产于法国，选育历史较长，是目前世界上著名的粗毛型长毛兔。我国早在 20 世纪 20 年代就开始引进饲养法系长毛兔。1981～2007 年，山东、浙江上虞、新昌先后从美国、法国引进了法系安哥拉兔 1000 余只。

图 3.53　法系长毛兔

法系长毛兔全身披白色长毛，粗毛含量较高；额部、颊部及四肢下部均为短毛；耳宽长而较厚，耳尖无长毛或有一撮短毛，耳背密生短毛，俗称"光板"；被毛密度差，毛质较粗硬，头型稍尖。新法系安哥拉兔体型较大，体质健壮，面部稍长，耳长而薄，脚毛较少，胸部和背部发育良好，四肢强壮，肢势端正。

法系长毛兔体型较大，成年兔体重为 3.5～4.6kg，高者可达 5kg，体长为 43～46cm，胸围为 35～37cm。公兔年产毛量为 900g，母兔年产毛量为 1000g，最高可达 1300g；被毛密度为 13 000～14 000 根/cm²，粗毛含量为 13%～20%，细毛细度为 14.9～15.7μm，毛长 5.8～6.3cm。母兔年繁殖 4～5 胎，每胎产仔 6～8 只。平均奶头 4 对，多者 5 对。

### （二）国内育成良种

### 1. 中系安哥拉兔

中系安哥拉兔（图 3.54）是利用法系安哥拉兔和英系安哥拉兔杂交，并导入中国白兔血液，经长期选育而成的，1959 年正式通过鉴定，定名为中系安哥拉兔。它的代表类型是全耳毛狮子头，简称全耳毛兔。全耳毛兔的主要特点是适应性强、耐粗饲、繁殖力高、绒毛品质好。

图 3.54　中系安哥拉兔

全耳毛、狮子头、老虎爪是中系安哥拉兔的主要特征。该兔耳长中等，整个耳背和耳尖均密生细长绒毛，飘出耳外，俗称全耳毛兔；头宽而短，额毛、颊毛异常丰盛，从侧面看，往往看不到眼睛，从正面看，也只是绒球一团，形似狮子头；脚毛丰盛，趾间及脚底均密生绒毛，形成老虎爪。另外，该兔骨骼细致，皮肤稍厚，体型清秀；但体型小，生长慢，产毛量低，被毛易缠结成块；体质较弱，抗病力较差。

中系安哥拉兔成年兔体重为 2.5～3kg，大的达 3.5～4kg，体长为 40～44cm，胸围为 29～33cm。公兔年均产毛量为 200～250g，母兔年均产毛量为 300～350g；被毛密度为 11 000～13 000 根/cm$^2$，粗毛含量为 1%～3%，毛纤维较细，毛质均匀。母兔繁殖力较强，每胎产仔 7～8 只，高的可达 12 只。母性好，仔兔成活率较高，适应性强，较耐粗饲。

### 2. 浙系长毛兔

浙系长毛兔是利用多品种杂交而成的，经过 20 多年系统选育，于 2010年通过国家畜禽遗传资源委员会品种审定，其体重、产毛量为世界前列。该兔分为镇海巨高系长毛兔（图 3.55）、平阳粗高系长毛兔（图 3.56）、嵊州系（白中王）长毛兔（图 3.57）3 种。

图 3.55　镇海巨高系长毛兔

图 3.56　平阳粗高系长毛兔

图 3.57　嵊州系（白中王）长毛兔

经国家畜禽遗传资源委员会专家组现场测定,镇海巨高系长毛兔全身被毛洁白，绒毛较粗，密度大，头毛、脚毛丰厚，粗毛含量较高，不缠结；个体大，成年公兔体重为（4850±379）g，成年母兔体重为（5190±329）g；产毛多，估测公兔年产毛量为 1963g，母兔年产毛量为 2185g；180～327日龄 73d 养毛期公、母兔平均料毛比为（35.3∶1）～（36.85∶1）；公、母兔粗毛率分别为 7.3%和 8.1%。

平阳粗高系长毛兔兔毛粗毛含量高，公、母兔粗毛率（手拔）分别为 24.8%和 26.3%；个体大，成年公、母兔体重分别为（5010±305）g 和（5208±307）g；估测年产毛量较其他品系略低，公、母兔分别为 1636g 和 1568g；180～327 日龄 73d 养毛期公、母兔平均料毛比为（38.4∶1）～（39.4∶1）。

嵊州系（白中王）长毛兔个体大，成年公、母兔体重分别为（5155±338）g 和（5385±312）g；产毛多，估测公、母兔年产毛量分别为 2076g 和 2152g；180～327 日龄 73d 养毛期公、母兔平均料毛比为（32.85∶1）～（34.15∶1）；公、母兔粗毛率分别为 4.3%和 5%。

**3. 苏系长毛兔**

苏系长毛兔（图 3.58）是由江苏省农业科学院畜牧研究所和江苏省畜牧总站，利用德系安哥拉兔、法系安哥拉兔、新西兰白兔和德国大白兔（SAB 兔）进行品种间杂交选育而成的粗毛型长毛兔。经过 4 个世代的选育，平均窝产活仔数（7.29±2.48）只，42 日龄断奶体重达（1080±65）g，11 月龄体重达（4400±392）g，粗毛率达 15.96%±4.91%，产毛量达（880±40）g。苏系长毛兔于 1995 年通过农业部的成果鉴定，2010 年通过国家畜禽遗传资源委员会品种审定。

图 3.58　苏系长毛兔

### 4. 皖系长毛兔

皖系长毛兔（图3.59）是由安徽省农业科学院畜牧兽医研究所、安徽省固镇种兔场、颍上县庆宝良种兔场等单位历时30年，以德系安哥拉兔、新西兰白兔为育种素材，经杂交选育而成的，属于中型粗毛型长毛兔。12月龄公兔体重为4115g，母兔体重为4000g；62d养毛期公兔单次剪毛量为276g、母兔单次剪毛量为305g，折年产毛量分别为1624.8g和1795.6g；11月龄公兔粗毛率为16.2%，母兔粗毛率为17.8%；平均胎产仔数7.21只。皖系长毛兔于2010年通过国家畜禽遗传资源委员会品种审定。

图3.59 皖系长毛兔

### 5. 西平"953"长毛兔

西平"953"长毛兔（图3.60）是在河南省西平县畜牧局、郑州牧业工程高等专科学校（今为河南牧业经济学院）、河南科技大学、河南省农业科学院等高校科研单位和省市畜牧部门的共同支持下，采用德系长毛兔、浙系长毛兔和西平本地长毛兔，三元三代级进杂交，通过8年4个世代的系统选育而成的。因是1995年育成、采用了三品种杂交的方式，故将其命名为"953"。11月龄公兔平均体重为（5124±578）g，母兔平均体重为（5517±575）g。11月龄 90d养毛期折算平均年产毛量，公兔为（1332±164）g，母兔为（1472±148）g。粗毛率为11.74%，料毛比为43：1，平均每胎产仔（7.26±2.4）只。西平"953"长毛兔于2009年通过国家畜禽遗传资源委员会品种审定。

图3.60 西平"953"长毛兔

6. 彩色长毛兔

彩色长毛兔（图3.61）属于兔型目、兔科，是长毛兔的突变种，其毛色有黑色、黄色、红色、栗色、红棕色、银灰色等10余种颜色。兔毛与白色安哥拉兔一样亦有细毛型、粗毛型和两型毛3种类型。彩色长毛兔在美国、英国等发达国家被作为观赏动物饲养，数量极少。浙江上虞于1989年首次从美国引进彩色长毛兔，后逐步发展到上海、江苏、山东、湖北等地。目前，我国饲养较多的是美吉尔彩色长毛兔，它是由烟台美吉尔兔业有限公司提纯选育而成的一个毛兔新种群（未经国家品种审定）。美吉尔彩色长毛兔母性强，繁殖力高，年产5～8胎，平均每胎产仔6～8只。成年兔体重为3～4kg。年产毛量为500～1200g，个体间差异非常大。

图3.61 彩色长毛兔

我国彩色长毛兔处于起步阶段，主要原因：一是毛色不够纯真，影响成品美观度，市场开拓存在一定的难度；二是个体产毛量低，养殖效益不够明显；三是养殖、加工、销售缺乏共识，没有形成开拓市场的合力，养殖者多炒种，加工者开发投入少。

即问即答3-4：德系（西德）长毛兔体型大、产毛量高、兔毛品质好，但为什么国内缺乏纯的德系（西德）长毛兔？

## 二、皮用兔良种识别

皮用兔是指以生产兔皮为目的的家兔，一般系指力克斯兔和银狐兔，前者在我国多被称为獭兔。皮用兔由肉兔突变而来，是一种皮肉兼用型兔。獭兔原产于法国拉萨尔特。獭兔皮绒毛短而丰满，有绢丝般光泽，皮比普通家兔厚实，且拉力强抗磨损，是制作中、高档毛皮大衣、帽子的优质原料。到目前为止，獭兔有90多种色型，主要为黑色、蓝色、紫色、海豹色、巧克力色、紫丁香色、蛋白石色、白色等。我国目前引进饲养的獭兔多为白色和"八点黑"品种（系），国内至今育成的獭兔品种（系）被毛均为白色。实践证明，如果不重视獭兔的饲养管理和选种选育，则非常容易造成其品质退化。

银狐兔原产于苏联，是由青紫蓝兔突变体育成的，是珍贵的皮用兔品种。但由于银狐兔适应性差、抵抗力弱，故没有进行大范围推广与饲养。

（一）国外引进良种

1. 美系白色獭兔

美系白色獭兔（图 3.62）即美系力克斯兔，通常称为美系獭兔，是目前国内饲养数量最多的獭兔。该兔头小嘴尖，眼大而圆，耳长中等直立，转动灵活；颈部稍长，肉髯明显；胸部较窄，腹腔发达，背腰略呈弓形，臀部发达，肌肉丰满。美系獭兔的被毛品质好，粗毛含量少，但被毛密度一般。5 月龄商品兔被毛密度为 13 000 根/cm² 左右（背中部），最高可达 18 000 根/cm²。与其他品系比较，美系獭兔的适应性好，抗病力强，繁殖力高，容易饲养；其缺点是群体参差不齐，平均体重较小，超过 4kg 的不多。一些地方的美系獭兔退化较严重。

图 3.62　美系白色獭兔

2. 德系獭兔

德系獭兔（图 3.63）即德系力克斯兔，原产于德国，于 1997 年引进国内。该兔体大粗重，头方嘴圆，尤其是公兔更加明显；耳厚而大，四肢粗壮有力，全身结构匀称；被毛丰厚、平整、弹性好。德系獭兔胎均产仔 6.8 只，初生个体重 54.7g。早期生长速度快，6 月龄平均体重为 4.1kg，成年体重为 4.5kg 左右；体长为 41.67cm，胸围为 38.91cm。由于德系獭兔引入时间较短，适应性不如美系獭兔，其繁殖率较低。但将其作为父本与美系獭兔杂交，后代表现良好。

图 3.63　德系獭兔

### 3．法系獭兔

法系獭兔（图3.64）原产于法国，经过几十年的选育，今天的法系獭兔取得了较大的遗传进展。体躯长，体型较大，胸宽深，背宽平，四肢粗壮；头圆颈粗，嘴巴平齐，无明显肉髯；耳朵短，耳壳厚，呈"V"形上举；眉须弯曲，被毛浓密平齐，分布较均匀，粗毛比例小，毛纤维长度为1.6～1.8cm；生长发育快，饲料报酬高。在良好的饲养条件下，法系獭兔3月龄可达到2.25～2.5kg。母兔每胎产仔7～8只，母性良好，护仔能力强，泌乳量大。商品兔被毛品质好。

图3.64　法系獭兔

### 4．八点黑獭兔

八点黑獭兔（图3.65）原产于美国，又称美国八点黑獭兔，因体躯被毛白色，两耳、鼻端、四肢下部和尾部为黑褐色，俗称"八点黑"，这与加利福尼亚肉兔相同。眼睛红色，颈粗短，耳小直立，体型中等，前躯及后躯发育良好，肌肉丰满；绒毛丰厚，皮肤紧凑，秀丽美观；除"八点黑"外，体型、外貌、皮毛质量与白色美系獭兔相似，属于中型獭兔，成年兔体重为4kg左右。

图3.65　八点黑獭兔

### （二）国内育成良种

我国饲养獭兔已经有70多年的历史，主要以美系为主。由于对引进獭兔缺乏系统选育，饲养管理水平低下，兔群质量低下，体型偏小，被毛品质差，商品兔优级皮比例较少，严重影响饲养獭兔的经济效益。20世纪90年代后，国内某些企业花巨资从美国、法国、德国等国引进獭兔，由于引进数量较少且零星分散，加之售价昂贵，其后代在国内推广有一定的局限性。针对这种情况，广大科技工作者利用国内现有兔群，引入德系、法系獭兔，开展系统选种选育，培育出我国自己的 Vc-Ⅰ、Ⅱ系獭兔，四川白獭兔和金星獭兔等品种（系）。

1. Vc-Ⅰ、Ⅱ系獭兔

Vc-Ⅰ、Ⅱ系獭兔（图3.66）又称吉戎Ⅰ系獭兔、吉戎Ⅱ系獭兔。Vc-Ⅰ系獭兔被毛具有"八点黑"特征，Vc-Ⅱ系獭兔被毛为全白，两系的生产性能相似。此类型兔由中国人民解放军军需大学（今为吉林大学）獭兔繁育中心经过11年（1988～1999年）的不懈努力，用日本大耳白兔和哈尔滨白兔作为母系，用加利福尼亚獭兔作为父系进行杂交、测交，经5～6世代的继代选育，培育出毛色为白色特征、皮毛平整、富有光泽、弹性好的獭兔新品系。Vc-Ⅰ、Ⅱ系獭兔于2001年通过国家品种鉴定，是我国育成的第一个完全拥有自主知识产权的獭兔新品种。

图3.66　Vc-Ⅰ、Ⅱ系獭兔

2. 四川白獭兔

四川白獭兔（图3.67）即白色獭兔R新品系，由四川省草原科学研究所（今为四川省草原科学研究院）将美系獭兔和德系獭兔杂交，采用群体继代选育法，进行闭锁繁育，经过连续5个世代的选育培育而成。全身被毛白色，呈短、平、密、绒的特点；公兔头型浑圆，母兔清秀；眼睛红色，两耳中等大小、直立，背腰平直，腹部紧凑，臀部丰满，四肢强健；全身结构匀称、结实，属于中型皮用型兔；具有繁殖力强、遗传性能稳定、抗病力强和适应性广等特点；比美系獭兔生长速度快，比德系獭兔被毛密度大、毛细。四川白獭兔于2001年通过国家畜禽品种审定委员会审定。

图3.67　四川白獭兔

### 3. 金星獭兔

金星獭兔（图3.68）是江苏太仓市金星獭兔有限公司精心培育的优良品种，具有体形大、毛质优、耐粗饲、抗病强的特点。金星獭兔由中系力克斯兔与法系力克斯兔、德系力克斯兔和美系力克斯兔杂交，经过8年时间选育而成。初期（1996～1999年）利用当时饲养的美系獭兔优秀群体，经过4年的提纯、复壮、杂交，形成早期的金星獭兔，于1999年通过市级鉴定。后陆续引进法系獭兔、德系獭兔作为继续杂交选育的亲本，经过4年多的杂交选育，最终育成体型、外貌基本一致，遗传性能稳定的金星獭兔。金星獭兔分为皱襞型（A型）、中耳型（B型）、小耳型（C型）3种，窝产仔8.02只，初生窝重447.2g；35日龄断奶个体重586g，断奶成活率为90%以上；90日龄体重为1686g；180日龄体重为3510g，体长为46.5cm，胸围为35.73cm，即达到优级标准。成年兔体重为4043.5g，体长为50.59cm，胸围为36.85cm，已达到或超过法系力克斯、德系力克斯兔。2003年，金星獭兔获得中国畜牧业协会兔业分会全国首家獭兔良种AAA级资质。该品种于2001年通过国家畜禽品种审定委员会审定。

图3.68　金星獭兔

#### 同步测试 3-4

1. 我国饲养的皮用兔品种主要是什么？
2. 八点黑獭兔的主要特征是什么？

### 三、肉用兔良种识别

肉用兔又称菜兔，是指以生产兔肉为主要目的的家兔品种。肉用兔品种很多，按体型可分为大型、中型、小型3种类型。成年兔体重为5kg以上者为大型，体重为3～5kg者为中型，体重为3kg以下者为小型。

#### （一）国外引进良种

#### 1. 新西兰白兔

新西兰白兔（图3.69）又称美国大白兔，由美国加利福尼亚州用弗朗德巨兔、美国白兔和安哥拉兔等杂交选育而成，是世界著名的肉用兔品种之一。它属于中型兔，有白色、红色和黑色之分，生产性能以白色最高。我国所称的新西兰肉兔一般指新西兰白兔，其被毛纯白色，眼呈粉红色，头宽圆而粗短，颌下肉髯明显，臀部丰满，腰肋部肌肉发达，四肢粗壮有力，具有肉用品种的典型特征；耳宽厚而直立，遗传稳定，是较理想的实验用兔；脚底毛粗、浓密、耐磨，能防皮炎，适于笼养；早期生长发育快，饲料利用率高，母性好。在良好的饲养条件下，新西兰白兔 2 月龄体重可达 1.8～2kg，3 月龄体重可达 2.5～3kg。成年母兔体重为 4～5kg，成年公兔体重为 4～4.5kg。屠宰率为 52%～55%。该兔肌纤维细，肉质嫩；较耐粗饲，适应性强；繁殖力高，年产 5 窝以上，每窝平均产仔 7～9 只，每窝最多产仔 17 只。初生仔兔重 50～60g。新西兰白兔与中国白兔、日本大耳兔、加利福尼亚兔杂交有较好的杂种优势。

图 3.69  新西兰白兔

2. 加利福尼亚兔

加利福尼亚兔（图 3.70）原产于美国加利福尼亚州，由喜马拉雅兔、青紫蓝兔和新西兰白兔杂交育成，是现代著名皮肉兼用兔品种之一。体躯被毛白色，耳、鼻端、四肢及尾部为黑褐色，故俗称"八点黑"；眼呈红色，体型中等，颈粗短，耳小直立，绒毛厚密，秀丽美观，胸部、肩部和后躯发育良好，肌肉丰满；"八点黑"幼兔色浅，随年龄增长而颜色加深；冬季色深，夏季色淡。加利福尼亚兔早期生长快，初生重 50～60g，40d 断奶重 0.7～1kg，2 月龄重 1.5～1.8kg，3 月龄体重可达 2.5kg。该兔体型中等，成年母兔体重为 3.5～4.5kg，成年公兔体重为 3.5～4kg。年产 4～5 窝，每窝平均产仔 6～8 只。屠宰率为 52%～54%，肉质鲜嫩，是理想的杂交父本兔之一。母兔温驯，泌乳力高，是有名的"保姆兔"。加利福尼亚兔的生长速度略低于新西兰白兔，断奶前后饲养管理条件要求较高。

图 3.70　加利福尼亚兔

3. 比利时兔

比利时兔（图 3.71）是源于比利时佛兰德一带的野生穴兔，后经英国改良选育而成的大型肉兔品种。比利时兔外貌酷似野兔，被毛有黄褐色和深灰色两种类型，但不同年龄阶段毛色深度有变化。该兔颊部突出，额宽，鼻梁隆起，头似"马头"，俗称"马兔"；颈短粗，肉髯不发达，眼大略突出，眼珠呈蓝褐色，两眼周围有不规则的白圈；耳大直立而尖；尾部内侧为黑色，体躯较长，肌肉丰满，体质健壮，适应性强，泌乳力高。该兔体型较大，生长发育快。仔兔一般初生重 60～70g，也有超过 100g 的，6 周龄体重达 1.2～1.3kg，3 月龄体重达 2.3～2.8kg。成年公兔体重为 5.5～6kg，成年母兔体重为 6～6.5kg，最高可达 9kg。繁殖力强，平均每胎产仔 7～8 只，最高可达 16 只。屠宰率为 50%～55%。比利时兔饲料利用率较低，易患脚癣和脚皮炎等。

图 3.71　比利时兔

4. 德国巨型兔

德国巨型兔（图 3.72）原产于德国，红眼，两耳大而直立，头粗壮，全身被毛白色的被称为德国大白兔；全身被毛蝶斑的被称为德国花巨兔，是肉皮兼用兔；体型大、生长快。成年兔体重为 6～7kg。初生体重为 70～80g，35 日龄断奶体重为 1000～1200g，90 日龄体重为 2.7～3.4kg，日增重 35～60g。该兔耐粗饲，适应性较好，年产 3～4 胎，每胎 6～10 只，是理想的杂交改良本地白兔的优秀父本。但其性成熟较晚，夏季不孕持续期较长，母性稍差，德国花巨兔毛色遗传不稳定。

图 3.72　德国巨型兔

### 5. 日本大耳兔

日本大耳兔（图 3.73）原产于日本，是利用中国白兔和日本本地兔杂交选育而成的肉皮兼用兔。日本大耳兔以耳大、血管清晰而著称，是比较理想的实验用兔。该兔被毛紧密，毛色纯白，针毛含量较多；眼珠为红色，耳大直立，耳根细，耳端尖，形似柳叶状；母兔颌下有肉髯；头大、额宽、面平、颈粗、体躯修长。日本大耳兔可分为 3 种类型：大型兔（体重为 5～6kg）、中型兔（体重为 3～4kg）、小型兔（体重为 2～2.5kg）。我国引进的为中型兔，仔兔初生体重为 50～60g，3 月龄体重为 2.2～2.5kg。年产 5～7 胎，每胎产仔 8～10 只，最高达 17 只。母性好，泌乳量大。屠宰率为 44%～47%。兔皮面积大，板质良好，是优良的皮肉兼用兔。该兔适应性较强，耐寒耐粗饲，全国各地均有饲养。

图 3.73　日本大耳兔

### 6. 青紫蓝兔

青紫蓝兔（图 3.74）原产于法国，是法国育种家用蓝色贝韦伦兔、嘎伦兔和喜马拉雅兔杂交育成的一个较古老的皮肉兼用的名贵品种。该兔被毛整体为蓝灰色，耳尖及尾背有黑色，眼圈和尾端为白色，腹部为浅灰色；单根毛纤维自基部至毛梢的颜色依次为深灰色、乳白色、珠灰色、雪白色和黑色，被毛中夹杂有全白色或全黑色的针毛；眼珠为茶褐色或蓝色。青紫蓝兔现有 3 种类型。标准型：体型较小，成年母兔体重为 2.7～3.6kg，成年公兔体重为 2.5～3.4kg。美国型：体型中等，成年母兔体重为 4.5～5.4kg，成年公兔体重为 4.1～5kg。巨型兔：体大肉丰，偏于肉用型，成年母兔体重为 5.9～7.3kg，成年公兔体重为 5.4～6.8kg。每胎产仔 7～8 只，仔兔初生体重为 50～60g，3 月龄体重达 2～2.5kg。该兔不但毛色美丽、皮板厚实，而且生长发育较快，产肉多、肉味鲜美，耐粗饲，适应性好等。该兔引入我国较早，因缺乏保种、选育，生产量下降，现国内饲养量不多。

图 3.74　青紫蓝兔

7. 齐卡肉兔配套系

齐卡肉兔配套系（图 3.75）是我国四川于 1988 年首次从德国引进的配套系肉兔，由德国家兔育种中心和慕尼黑大学联合育成。由 3 个配套品系生产商品肉兔，G 系为德国巨型白兔，N 系为齐卡新西兰白兔，Z 系为专门化品系。用 G 系公兔与 N 系母兔交配生产的 GN 公兔为父本，以 Z 系公兔与 N 系母兔交配得到的 ZN 母兔为母本。最终 GN 公兔配 ZN 母兔所产的仔兔为商品肉兔。每胎平均产仔 8.2 只，肥育成活率为 85%。

图 3.75　齐卡肉兔配套系

8. 艾哥肉兔配套系

艾哥肉兔配套系（图 3.76）在我国又称布列塔尼亚兔，是由法国艾哥（ELCO）公司培育的肉兔配套系。它由 4 个系组成，即 GP111、GP121、GP172 和 GP122 系，毛色均为白色。GP111 系公兔与 GP121 系母兔杂交生产父母代公兔（P231）。GP172 系公兔与 GP122 系母兔杂交生产父母代母兔（P292）。父母代公、母兔交配得到商品代兔（PF320）。我国于 1994 年引入该兔后，在黑龙江、吉林、山东和河北等省饲养，其表现出良好的繁殖能力和生长潜力。

图 3.76　艾哥肉兔配套系

9. 伊拉肉兔配套系

伊拉肉兔配套系（图 3.77）由法国国家农业科学院育成。2000 年，山东安丘市绿洲兔业有限公司从法国欧洲兔业公司引进曾祖代兔 560 只。该兔由 GPA、B（表观八点黑）、C、D 这 4 个各具特点的品系组成，由 9 个原始品种经不同杂交组合选育而成。伊拉 PAB 公兔成年体重为 5.4kg，PCD 母兔成年体重为 4kg；胎平均产仔 8.9 只；商品兔 32～35 日龄断奶体重为 820g，70 日龄体重为 2.47kg。饲料转化率（2.7∶1）～（2.9∶1）；屠宰率为 58%～59%（半净膛）。

图 3.77　伊拉肉兔配套系

（二）国内育成良种

1. 哈尔滨大白兔

哈尔滨大白兔（图 3.78）简称哈白兔，是中国农业科学院哈尔滨兽医研究所以比利时兔、德国花巨兔为父本，以哈尔滨本地白兔和上海大白兔为母本，采用四元轮回复杂杂交育种方法，经过 10 年反复选育而成的大型肉用兔品种。该兔于 1986 年通过国家鉴定，成为中国自主培育的第一个家兔新品种。该兔体型大，头大小适中，眼大有神，两耳直立，背毛光亮，四肢健壮，身躯肌肉丰满。成年公兔体重为5.5~6kg，成年母兔体重为6~6.5kg。仔兔初生体重为55g，42日龄平均体重为1.1kg，50日龄断奶体重为1.25kg。3月龄成活率为92%，6月龄成活率为85%。生长速度快，日增重30g，饲料转化率为3.5∶1，半净膛为53%，全净膛为49%。

图3.78  哈尔滨大白兔

2. 塞北兔

塞北兔（图3.79）以法系公羊兔和弗朗德巨兔为亲本，采用二元轮回复杂杂交，经10年培育而成，是一个大型皮肉兼用兔。该兔于1988年通过省级鉴定，已列入国家级畜禽遗传资源保护名录。

塞北兔有3个毛色品系。A系被毛黄褐色，尾巴边缘枪毛上部为黑色，尾巴腹面、四肢内侧和腹部的毛为浅白色；B系全身被毛纯白色；C系被毛草黄色。该兔被毛浓密，毛纤维稍长；头中等大小，眼眶突出，眼大而微向内凹陷；下颌宽大，嘴方，鼻梁有一黑线；耳宽大，一耳直立，一耳下垂；颈部粗短，颈下有肉髯。

图3.79  塞北兔

塞北兔体型大，生长速度快。仔兔初生重60~70g，1月龄断奶体重可达650~1000g，90日龄体重为2.1kg，育肥期料肉比为3.29∶1。成年兔平均体重为5~6.5kg，高者可达8kg。该兔耐粗饲，抗病力强，适应性广，繁殖力较高，年产仔4~6胎，胎均产仔7~8只，断奶成活率平均为81%。

3. 虎皮黄兔

虎皮黄兔（图3.80）又称太行山兔、狐皮黄兔，由河北省太行山地区井陉县及威县一带地方品种选育而来，属中型优良皮肉兼用品种。该兔毛色酷似野兔，标准型虎皮黄兔被毛粟黄色，腹部淡白色，头清秀，耳短直立，背腰宽平，体质结实；成年公兔平均体重为3.87kg，成年母兔平均体重为3.54kg。该兔耐寒、耐粗饲，抗病力和适应性特别强。繁殖力高，年产5～7胎，胎均产仔7～8只，泌乳力强。断奶成活率达80%以上。但该兔早期生长较慢，3月龄体重为1.9kg。2006年，虎皮黄兔被列入国家级畜禽遗传资源保护名录。

图3.80 虎皮黄兔

### 4. 安阳灰兔

安阳灰兔（图3.81）是由河南省安阳市安阳灰兔育种协作组，利用青紫蓝兔、黑龙兔、比利时兔、德国巨型兔、加利福尼亚兔等多品种杂交培育而成的中型肉皮兼用新品种，于1997年通过全国家兔育种委员会鉴定。该兔全身被毛青灰色，但腹部毛色较浅；耳大，背腰长，后躯发达；耐粗饲，适应性和抗病力强。该兔性成熟早，3月龄即开始发情；易配种，受胎率为85%；年产仔兔4～6胎，每胎平均8只左右，最多16只；早期生长快，3月龄可达2kg以上，成年兔体重为4kg。

图3.81 安阳灰兔

## 任务四 引种管理

在肉牛养殖利好政策的刺激下，浙江某村民某年在村旁自家地里建造了几幢牛舍，当年10月从北方引入了50余头不到6月龄的当地黄牛及利木赞牛、夏洛来牛等杂交牛，采用放牧饲养模式。但没养多久牛便陆续发病，共死亡15头，剩下的牛虽然逐渐康复，但生长缓慢，养殖场最终因严重亏损而面临倒闭。是什么导致该村民引种失败的呢？本任务将介绍奶牛泌乳期饲养管理相关知识。

视频 3-3 草食家畜
引种管理

课件 3-4 引种管理

### 一、引种准备

为了保证引种工作的顺利进行，引种前须做好充足的准备，不可盲目进行。引种准备主要包括进行市场调研、制订引种计划、申请报批及准备隔离舍等工作。

（一）进行市场调研

引种前，须对各地种畜资源、疫病流行情况、市场价格等进行全面调研与了解，必要时还要深入种源地进行前期考查，详细了解目标种源地及周边地区种畜的品质、价格、信誉、售后服务及疫病情况。同时，还应了解供种场免疫程序及具体免疫措施、免疫效果等，为后续引种实施提供参考。

（二）制订引种计划

引种前，要明确引种目的和任务，并结合自身实际情况，如饲养条件、饲养方式、技术水平、资金状况、牧场发展规划及引种经验等，制订详细的引种计划，以减少或避免引种失败。

1. 确定引种地点

在前期调研的基础上，根据就近的原则，选择非疫区、证照齐全、生产水平高、配套服务质量高、信誉度好的地方引种，不要听信谣言或网络宣传。在确定引种地点时，还须考虑种源地气候环境与本地的差异，尽量选择气候、饲养方式、饲养管理水平等与本地相似的地区引种，以避免种畜因不适应而发病死亡。

### 2. 确定引种季节

夏季天气炎热、多雨，种畜容易因中暑而死亡，不利于远距离运输；冬季天冷草枯，特别是放牧饲养时，种畜容易生病掉膘；春、秋季气候温暖，饲草丰富。因此，生产上以选择春、秋季引种为宜，尽量避开夏季。如果是短距离引种，并且是舍饲饲养，则一般可不考虑季节。

### 3. 确定引种数量

引种数量取决于引种目的、技术及牧场发展规划，对于养殖新手、不熟悉的新品种，应认真查阅资料，咨询专业人员意见，第一次以少量引入试养为宜，等一段时间观察确认效果良好时再批量引种；对于有经验的牧场，并且引入的是熟悉品种，可根据牧场发展规划，选择有资质、信誉好的良种场批量引种。切不能轻信广告和产品介绍，贪图便宜而引进假良种。

### （三）申请报批

引种前，须到当地动物防疫监督机构提出引种申请和登记，取得当地动物防疫监督机构的同意；然后当地动物防疫监督机构报告种源地的动物防疫监督机构，对所引品种进行产地检疫，由种源地出具产地检疫证明，持产地检疫证明换取出县境动物运输检疫证明；最后持动物及其产品运载工具消毒证明、重大动物疫病无疫区证明等进行运输。

### （四）准备隔离舍

引种前须备好隔离舍，要求与原场区距离 300m 以上，并提前 1 周对隔离舍及用具设备等进行全面清洗和消毒。

## 二、引入品种选择

选择引入品种时，一是要根据引种目的，选择生产性能高的品种，如荷斯坦奶牛、夏洛来牛、利木赞牛、西门塔尔牛等肉牛，以及波尔山羊、南江黄羊、萨能奶山羊、杜泊绵羊等；二是要结合当地特点，考虑对当地消费习惯、饲养方式、管理水平、环境条件等的适应性，不要脱离当地实际，否则即使良种也无法产生高产的效益；三是价格要合理，切勿过度追求低价，谨防低价受骗现象。

## 三、引入个体选择

在选择引入个体时应注意以下几个方面。

1）要选择健康状况、营养状况、精神状态良好的健康个体，没有任何临床病症和遗传缺陷。

2）引入个体要符合该品种的外貌特征，根据生产用途选择性别与体形。如果以肉用为主，则首选公畜，体躯呈长方形或矩形；如果以乳用为主，则选择三角形体形；如果作为种用，则要求生殖器官发育良好。

3）选择资料齐全的个体，要求供种场提供系谱、免疫程序、免疫接种情况、检疫证等相关证明材料，明确纯种与杂种，保证质价相符。

4）选择年龄适宜的个体，年龄过小，抵抗力差，容易发病死亡；年龄过大，生产性能下降，引种费用高。一般远距离运输时，牛不小于1岁，羊不小于6个月。

## 四、引种方法

### （一）选好交易方式

对于自己熟悉并信任的种源地，哪种交易方式并不重要；而对于不熟悉的种源地，一般建议选择"论只定价"，以避免"论斤定价"时可能发生的"注水""注料"现象，从而减少引入后生病、死亡的数量。

### （二）做好运输管理

进行运输管理时应注意以下几个方面：第一，要求运输车辆大小适中，根据引种数量确定车辆承载量，以免因过度拥挤而发生挤压死亡。第二，在种畜装车前1天，须用高效消毒剂对车辆和用具进行严格消毒，最好空置1天后装车前再用刺激性较小的消毒药消毒1次。第三，在长途运输时，装车前车厢内须铺上一层垫料来防滑，同时设置防晒、防风、防雨设施。第四，装车时一定要按个体大小分装。第五，运输途中要匀速行驶，减少因紧急刹车造成应激。第六，提供充足饮水，注意防暑、保温防寒。

## 五、适应性训练

将种畜运到牧场后应注意以下几个方面：第一，要对车辆和种畜进行消毒，卸下后将种畜关到经消毒处理的隔离舍隔离观察0.5个月以上。在运输过程中发生损伤或有其他异常情况的，要单独隔离饲养与处理。第二，种畜刚到牧场后不要急于饲喂和饮水，须让其适当休息后，再少量多次地供给清洁饮水，在饮水中添加电解质、维生素等，以减少应激。1h后再喂一些优质且易于消化的青干草，最好是原场草料，4~5d后逐渐过渡到本场草料。第三，种畜进场当天禁喂精饲料，可在第二天开始由少到多逐渐补喂，否则容易发病甚至死亡。第四，进场两周后，等种畜基本适应新环境后，再对其进行全群驱虫和免疫接种，未发现任何异常情况时可取消隔离，进行混群饲养。

想一想3-2：在本任务中，肉牛引种失败的案例说明了什么问题？

## ▌知识拓展

### 娟姗牛——一种产奶效率较高的奶牛品种

娟姗牛产地为英吉利海峡的娟姗岛（也被称为哲尔济岛），属于小型乳用牛，头小而轻，颈部凹陷，两眼突出，明亮有神，头部轮廓清晰；角中等大小，琥珀色，角尖黑，向前弯曲；颈曲长、有皱褶，颈垂发达；四肢端正，左右肢间距宽，骨骼细致，关节明显；乳房形状美观，质地柔软，发育匀称，乳头略小，乳静脉粗大而弯曲；后躯较前躯发达，体型呈楔形；被毛短细而有光泽，毛色有灰褐色、浅褐色及深褐色，以浅褐色最多。

娟姗牛属于主要乳用牛中体型较小的，成年公牛体重为650～750kg，成年母牛体高为113.5cm，体长为133cm，体重为340～450kg，犊牛初生重23～27kg。年均产奶量达3500kg，平均乳脂率为5.5%～6%。该牛因耐热性强、采食性好、乳脂率与乳蛋白率较高而著称。

**▌实践操作**

### 技能训练　草食家畜品种识别

1. 技能训练目标

通过本次技能训练，学生应掌握主要牛、羊、兔品种的外部特征及生产性能特点，能根据这些特征识别主要草食家畜品种。

2. 技能训练材料

各类草食家畜品种模型、照片（图片）、投影仪等多媒体设备。

3. 技能训练方法与步骤

1）通过多媒体、照片或图片观看牛、羊、兔品种。
2）参观牛、羊、兔场，认识草食家畜品种。

4. 技能考核标准

草食家畜品种识别技能考核标准如表3.9所示。

表3.9　草食家畜品种识别技能考核标准

| 考核内容 | 评分标准 | | 考核方法 | 掌握程度 | 时限 |
|---|---|---|---|---|---|
| | 分值 | 扣分依据 | | | |
| 牛品种识别 | 40 | 随机抽取4张牛品种图片或实物，能正确说出品种名称（每个5分），说出品种特性特征（每个5分） | 单人操作考核 | 熟练掌握 | 0.5h |
| 羊品种识别 | 40 | 随机抽取4张羊品种图片或实物，能正确说出品种名称（每个5分），说出品种特性特征（每个5分） | | | |
| 兔品种识别 | 20 | 随机抽取2张兔品种图片或实物，能正确说出品种名称（每个5分），说出品种特性特征（每个5分） | | | |

## ——单元测验——

### 一、单项选择题

1. 著名奶牛品种荷斯坦牛原产于（　　）。
   A. 荷兰　　　　B. 瑞士　　　　C. 土耳其　　　D. 中国
2. 以所产羔皮花纹美观而著称，是我国特有的羔皮用绵羊品种，也是目前世界上少有的白色羔皮品种的是（　　）。
   A. 卡拉库尔　　B. 同羊　　　　C. 滩羊　　　　D. 湖羊
3. 耳朵俗称"光板"的长毛兔是（　　）
   A. 德系长毛兔　　　　　　　　B. 法系长毛兔
   C. 中系长毛兔　　　　　　　　D. 美系长毛兔

### 二、判断题

1. 引种时尽量选择"论只定价"，以防止因"注水""注料"等造成引入种畜死亡。　　　　　　　　　　　　　　　　　　（　　）
2. 夏洛来牛是世界上著名的大型肉牛品种之一，在生长期对饲料要求高，纯繁难产率高。　　　　　　　　　　　　　　　（　　）
3. 利木赞牛是专门化大型优良肉牛品种，原产于英国，早熟、生长快、耐粗饲，对浙江黄牛改良效果较好。　　　　　　　（　　）
4. 羔皮是羔羊出生后 35 日龄宰杀所剥的皮，如浙江的湖羊羔皮。
   　　　　　　　　　　　　　　　　　　　　　　　　　　　（　　）
5. 种畜进场当天应尽早饲喂精饲料，以减轻因长途运输造成的应激。
   　　　　　　　　　　　　　　　　　　　　　　　　　　　（　　）
6. 引入品种除了要求高的生产性能，还要求能适应当地消费习惯、饲养方式、管理水平、环境条件等，否则容易发生引种失败。（　　）

### 三、问答题

1. 如何快速识别绵羊与山羊？
2. 试给准备放养的养羊户制订一份引种计划。

═ **项目小结** ═══════════════

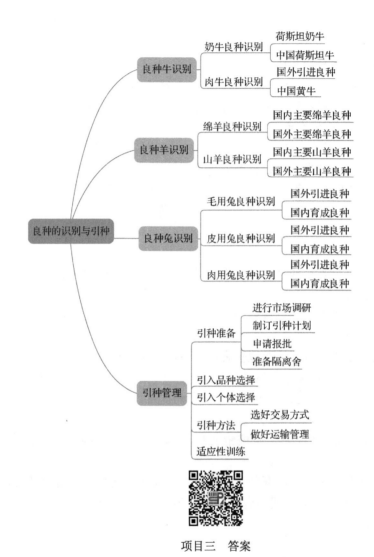

项目三　答案

# 项目 四

## 草食家畜的繁殖

### 导入语

　　繁殖技术是草食家畜生产重要的技术环节，家畜数量的增加及质量的提高都离不开繁殖过程，家畜繁殖力直接影响畜牧场的生产水平与经济效益。因此，利用繁殖技术可以加强品种改良，提高畜牧业生产水平，减少生产资料占有量，提高经济效益和社会效益。本项目主要介绍草食家畜发情鉴定与发情控制、配种与妊娠诊断、分娩与助产技术等内容。

视频 4-0　导学

**教学目标** 👉

**【知识目标】**

- 了解草食家畜发情周期特点。
- 了解草食家畜发情表现。
- 掌握草食家畜发情鉴定要点。
- 掌握配种及人工授精操作要点。
- 掌握妊娠诊断的操作要点。
- 掌握草食家畜助产方法。
- 掌握草食家畜产后护理方法。

**【技能目标】**

- 会对草食家畜发情进行鉴定。
- 能规范进行人工授精操作。
- 能正确进行妊娠诊断。
- 会对母畜进行接产和助产。
- 会进行难产判断和处理。
- 能对产后母仔进行护理。

**【素养目标】**

- 培养收集资料、获取信息的能力。
- 培养分析问题、解决问题的能力。
- 培养胆大、心细、有担当的责任意识。
- 提高团队协作能力。
- 培养吃苦耐劳的精神。

学前测试

1. 你知道公羊精子是怎么取出来的吗？
2. 你认为没有发情的母牛能配上种吗？母兔呢？

# 任务一　草食家畜发情与鉴定

某羊场从外地放养场购入一批10月龄左右的黄羊100只进行圈养，饲养了近半年没有发现明显的发情症状，只是偶尔有些羊食欲变差，有时有叫声，因此无法组织配种。经专家多次考察、验证，最后找到了原因。你知道怎样鉴定发情母羊吗？本任务将介绍草食家畜发情与鉴定相关知识。

## 一、牛、羊发情与鉴定

### （一）牛、羊初情期、性成熟期和初配年龄

课件 4-1　发情
与鉴定

母牛初情期一般为 6～10 月龄，母羊初情期一般为 4～8 月龄。此时不宜配种。

性成熟期指母畜生殖生理机能成熟的时期，表明性器官已经发育完全，已经具备正常繁殖能力，母牛一般为 8～12 月龄，平均 10 月龄，母羊一般为 6～10 月龄。此时不宜配种。

初配年龄一般是达到体成熟，即机体各部分发育基本成熟，可以进行第一次配种的时期。母牛一般为 16～20 月龄，平均 18 月龄初配。若母牛出生后 15～16 月龄，体重达到成年母牛体重 70% 以上，则可以配种。母羊一般在 12～18 月龄初配，若 8～10 月龄体重已达到成年母羊体重 70% 以上，则可以配种。

母畜初情期、性成熟期、体成熟期受母畜品种、饲养管理条件、营养状况、环境等因素影响而有差异。对初情期延长的牛羊，要检查饲养管理情况及母畜生殖器官。

成年母牛产后第一次发情时间平均为 52d（1226 头分娩母牛的观察结果），30～90d 的占 70%，但第一次排卵多发生在产后 25d 左右，通常为隐性发情。奶牛产后第一次发情时间与产犊季节和母牛子宫健康状况有关。高产奶牛及产后能量负平衡期长、营养不足的母牛产后第一次发情时间会延迟。

**即问即答 4-1：** 为什么以前奶牛需要 18～24 月龄时达到体成熟才进行初配，而现在一般在 15～16 月龄即能正常初配呢？

（二）牛、羊发情周期特点

1. 母牛发情特点

母牛发情持续时间短（12～18h），排卵快。这是母牛促卵泡生成素水平低，而促黄体生成素水平高造成的，生产上不容易观察到，可能贻误配种时机。母牛在夏季、营养差或寒冷季节时发情时间较短。母牛排卵在性欲结束后4～16h或发情开始后的28～32h，这一阶段配种受胎率最高。

母牛发情时子宫开张度小，要求人工输精技术熟练。母牛生殖道排出的黏液量大，利于精子的生存及运行。发情时母牛阴道壁充血（图4.1）。母牛发情结束后生殖道排血（图4.2），多出现在发情结束后2～3d。这提示我们19d后该母牛有可能再次发情。爬跨行为——站立发情，有64.3%的母牛在夜间开始接受爬跨，其中46.4%集中在夜间1时至次日7时出现，在生产上要求增加夜间观察次数。安静发情出现率高，主要原因是促卵泡激素（follicle-stimulating hormone，FSH）、雌激素分泌不足，在生产上应细心观察。

图4.1　发情母牛阴道壁充血

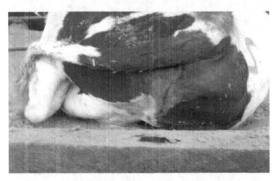

图4.2　母牛发情结束后生殖道排血

无论奶牛、黄牛还是水牛，发情周期平均为21d，青年母牛较成年母牛短1d，为20d左右。

2. 母羊发情特点

在正常情况下，绵羊发情周期平均为17d，山羊平均为21d。母羊发情周期因品种、年龄及营养状况不同而有差别。奶山羊发情周期长，肉用山羊短；处女羊、老龄羊发情周期长，壮年羊短；营养差的羊发情周期长，营养好的羊短。

绵羊发情持续期平均为30h，山羊平均为40h。母羊排卵一般在发情开始后12～24h，故发情开始后12h左右配种最适宜。母羊排卵数一般为1～4个。绵羊多在产后25～46d发情，最早在第12d左右发情；山羊发情多出现在产后10～14d。初配母羊发情期较短，年老母羊较长。

（三）牛、羊发情表现

1. 牛发情表现

母牛发情初期常出现不正常的高声鸣叫（图4.3）；离开牛群四处游走（图4.4）；试图爬跨其他牛；阴门附近尾部湿润；阴门轻度肿胀、潮红；嗅、闻其他牛的后部；不接受爬跨；阴门可能有少量透明黏液；产奶量下降；不正常进食。

图4.3 母牛发情时开始鸣叫

图4.4 发情母牛离开牛群四处游走

母牛发情期表现为站立接受爬跨或爬跨其他牛（图 4.5）；鸣叫；尾根举起；产奶量下降；食欲不振或拒食；阴门黏液多而薄、半透明、呈牵丝状（吊线）（图 4.6）；身上潮湿或有白霜。

图 4.5　爬跨其他牛

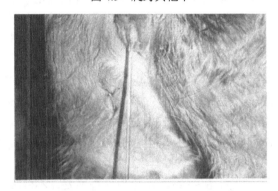

图 4.6　发情母牛阴门流出透明黏液

母牛在发情末期则拒绝爬跨；试图爬跨其他牛；闻其他牛；产奶量上升；食欲恢复正常；阴门黏液少而厚、透明、牵丝稍差、黏胶减退。

发情结束的第 2 天，有的牛有少量鲜血排出。注意观察与记录这种症状，估计该牛 16～19d 后会发情。

**边看边说 4-1：** 你能说出视频中哪些行为是母牛发情表现吗？

视频 4-1　母牛发情
表现

2. 羊发情表现

绵羊发情表现不明显，稍有不安，摆尾，食欲减退，有交配欲望，主动接近公羊，在公羊追逐或爬跨时常站立不动。

山羊发情较绵羊明显，阴唇肿胀充血，且常摇尾，大声哞叫，爬跨其他母羊。

在雌激素作用下，发情母羊外阴松弛、充血、肿胀，阴蒂勃起，阴道充血肿胀，并有黏液分泌；子宫腺体增长，基质增生、充血、肿胀，为胚胎的发育做好准备。绵羊发情持续期为 30h 左右，山羊为 24～48h。母羊右侧排卵机能较强，占 55%～57%。成熟卵泡相对（卵巢）体积较大，直径可达 10mm，突出于卵巢表面呈半球形。排卵后卵泡腔无出血现象。黄体形成较快，排卵后 30h 便可形成黄体，在发情周期的 14d 左右开始退化。

（四）牛、羊发情鉴定

发情鉴定是指通过观察母畜外部表现、阴道变化和直肠触膜卵巢卵泡发育程度，来判定母畜是否发情和发情程度的方法。发情鉴定的意义在于判定母畜是否发情、发情所处的阶段及排卵时间，从而准确确定适当的配种时间，提高母畜受胎率。

牛、羊发情鉴定方法主要有外部观察法、直肠检查法、尾根涂蜡法和试情法等。

1. 牛发情鉴定

视频 4-2 牛外部
观察法发情鉴定

母牛发情鉴定一般采用外部观察法和直肠检查法相结合的方法，以提高鉴定准确率和确定适当的配种时间。母牛发情表现是一个由弱到强再由强到弱逐渐变化的复杂生理过程，所以必须勤视牛舍，在观察到牛只发情行为的各种变化的同时，及时做好记录，以便确定最佳配种时间。

（1）外部观察法

母牛发情前期一般会持续 6～24h，主要表现为：阴户略有红肿；听到声音会回头张望，在牛舍内时兴奋不安，敏感，哞叫；追随其他母牛，并与之为伴。在运动场放牧时，发情母牛会试图爬跨其他母牛。旁侧有母牛靠近时，表现出亲近，有欲爬跨的行为。发情母牛被其他母牛爬跨时，不愿意接受，一爬就跑。

母牛发情期一般为 6～18h，表现为兴奋不安，不停哞叫，爬跨其他母牛；弓背，背部凹陷，荐骨上翘；尾部和后躯有黏液；食欲减退，甚至出现拒食，排粪排尿次数增多，产奶量下降。用手抬发情母牛的尾巴时，感到其尾巴软绵无力，外阴可见强烈收缩。发情母牛嗅闻其他母牛外阴或尿液，或者试图将其下巴搁在另一母牛的尻部上进行摩擦。有其他母牛爬跨发情母牛时，发情母牛后肢会开张，静立不动。接受爬跨是这一时期最明显的特征。另外，发情母牛阴户红肿，湿润发亮，黏液多，黏液透明含泡沫，拉丝性强，黏液拉丝 6～8 次不断，两指水平牵拉后，黏丝可呈 Y 状。

22% 的母牛上午有发情症状，10% 的母牛下午有发情症状，25% 的母牛在夜间 0 时前有发情症状，43% 的母牛在凌晨 0～6 时有发情症状。因此，夜间观察很重要。

母牛发情末期持续时间为 5～7d，表现为尾部时有干燥黏液。母牛逐渐转入平静，不再接受爬跨；被其他母牛闻嗅或有时嗅其他母牛；子宫颈收缩，外阴红肿开始消退，逐渐恢复原样。多数处女牛和部分成年母牛的子宫内膜发生血液外渗，因而从阴门中流出的黏液混有少量血迹，尾根紧贴阴门。

（2）直肠检查法

检查前将被检母畜保定于六柱栏内，防止检查人员被踢伤。将被检母畜的尾巴绑定在栏柱上。检查人员将指甲剪短、磨光，将衣袖挽至肩关节处，站在受检母牛后方，手臂消毒后，涂抹润滑剂或戴上一次性消毒塑料手套，手指并拢呈锥状，于肛门处轻轻旋转，随之慢慢插入肛门，将宿粪排出（图4.7）。操作时，不必把手外掏，手不出肛门外，臂部上抬，手心向下，用手指轻轻外扒粪便，这样粪便即可在臂下从肛门处挤出。当有少量宿粪不影响操作时，可不必排出。

视频4-3 牛直肠
检查法发情鉴定

图4.7 掏出宿粪，并用纸巾擦净母牛阴门上方

检查人员在摸找卵巢时，掌心向下，手掌伸平，手指稍下弯，在骨盆底处下压，并稍左右、前后活动摸找较挺实的子宫颈管，再沿着子宫颈管的上面向前触摸，即可摸到比子宫颈管软而弯曲的子宫角及角间沟。从一般解剖看，角间沟向上，两角的大弯也向上。实际触摸时，却有不少母牛的子宫角大弯稍偏向某一侧，并且呈团缩状态。但卵巢仍在子宫角下或稍偏向其侧下方。因此，在摸找卵巢时，要沿着子宫角的大弯向下，并向两侧摸索。摸到卵巢后，可将手指再度弯曲，固定卵巢，用手指肚在卵巢表面上轻轻滑压，仔细感觉其状态。

1）卵泡发育期。卵巢明显增大，卵泡持续增大到1～1.5cm，呈小球状，卵泡液明显增多并突出卵巢表面，卵泡壁变薄，紧张而有弹性，有一定的波动感。此时，母牛的外观发情表现为明显接受爬跨，这一时期为10～12h。

2）卵泡成熟期。卵泡基本不再增大，但卵泡壁不断变薄、变软，并有明显的波动感，有"一触即破"的感觉。如果触摸时用力过大或用力不均，则极易造成卵泡破裂。此时，母牛的发情表现减弱甚至消失，拒绝爬跨，转入平静，这一时期约为8h，但也有延长或缩短。此时期是输精配种的最佳时期。

3）排卵期。卵泡开始破裂或已经破裂，卵泡液流失。卵泡变薄且松软，成为一个小凹陷，触摸时有两层皮之感。排卵多发生在性欲消失后的10～15h，并多发生于夜间。

4）黄体期。一般在排卵后6～8h开始形成黄体，小凹陷已摸不到，由新形成的柔软黄体所充实，其大小为0.7～0.8cm，触摸有柔软的肉样感觉，待发育成熟时可达2～2.5cm，呈坛口状，突出于卵巢表面，触摸时感到稍硬并有弹性。此时，母牛表现安静，不接受爬跨，这一时期为10～16h。

（3）尾根涂蜡法

尾根涂蜡法是发情观察辅助手段。要求每天坚持对所有的牛只涂蜡笔，每天1～2次，以早晨为佳。涂蜡部位在尾椎上面，从尾部到十字部，长30～40cm。首次涂时，3～4个来回，之后只需要1～2个来回，补充颜料，使其保持新鲜。涂蜡宽度为两指宽，涂完之后要求被毛能立起（图4.8）。

图4.8　尾根涂蜡后被毛立起

涂蜡完毕要进行巡栏观察牛是否发情，观察涂过的蜡笔标记是否有刮擦的痕迹，尾根部位被毛是否有被摩擦、凌乱的现象。同时，采用外部观察法进行发情鉴定，如是否有爬跨现象。主动接受其他牛只爬跨的牛确定为发情牛，爬跨牛只待观察跟踪。尽可能记录发情牛的第一次爬跨时间，对于发情不明显的牛要进行跟踪观察，确定是否发情。发情观察时做到安静、轻柔。

发情母牛的判定：接受其他牛的爬跨，被爬跨后，尾根毛发被压扁，尾根上面的涂料被擦掉（图4.9），或者尾根上面粘有其他牛腹部的粪便，颜色变浅、变深。区分爬跨和舔舐，一些母牛喜欢舔舐其他牛只，这种情况在新采用涂蜡笔的牧场非常普遍。另外，青年牛也喜欢相互舔舐。舔舐后，毛发侧立，倒向一侧，其他部位的颜料保持新鲜。

图 4.9 发情母牛尾根涂料被擦掉

**2. 羊发情鉴定**

母羊发情期短，外部表现不太明显，特别是绵羊，无法对其进行直肠检查。因此，母羊的发情鉴定以试情法为主，结合外部观察法。试情法多数采用带试情布或结扎输精管的公羊进行群体试情。一般将试情公羊按1∶40 的比例，每日一次或早晚各一次，定时放入母羊群中进行试情。母羊发情时往往被试情公羊尾随追逐，有时母羊也会主动靠近公羊，只有当接受爬跨不动时的母羊才被视为发情母羊。初配母羊对公羊有畏惧心理，当试情公羊追逐时，不像成年发情母羊那样主动接近，只要试情公羊紧跟其后，就是发情羊，可将其隔离并打上标记，以备配种。试情公羊的腹部也可以戴上标记装备或在胸部涂上颜料，这样当母羊发情时，公羊爬跨其上面，将颜料印在母羊的臀部，以便识别。发情母羊的行为表现不明显，很少有爬跨其他母羊的行为。母羊发情时，其外阴部也发生肿胀，但不明显，只有少量黏液分泌，有的甚至见不到黏液，而稍有湿润。

视频 4-4 公羊
试情法发情鉴定

**同步测试 4-1**

1. 母牛发情期阶段最明显的标志是愿意接受其他母牛爬跨。

（   ）

2. 对于初配母羊，只要试情公羊紧跟其后，就可以判断其为发情羊。

（   ）

**（五）牛、羊发情控制**

**1. 牛发情控制**

（1）母牛同期发情及诱导发情

1）孕激素埋植法。国外普遍采用的是将含有 3～6mg 的甲基炔诺酮制成直径 3～4mm、长 15～20mm 的硅橡胶药棒。国内用含有 20～40mg 的 18-甲基炔诺酮制成内径 2～5mm、长 25～30mm 的塑料药管（管壁上烫有小孔），称为药物埋植。使用时用专用的埋植器，埋植于牛的耳背皮下。埋植时间为 9～12d，到期后在埋植处做一切口，用手将细管挤出，同时注射氯前列烯醇 0.2mg 或 PMSG（pregnant mare serum gonadotrophin，孕马血清促性腺激素）500～800IU。为加速自然黄体的消退，一般在埋植后肌肉注射 4～6mg 苯甲酸雌二醇。

2）孕激素阴道栓法。目前使用的阴道栓有两种，一种为螺旋状，称为美式螺旋状阴道栓，用时将上述栓塞物放在阴道内的子宫颈外口处；另一种为发泡硅橡胶制成的棒状 Y 形，称为 CIDR 牛用放栓枪（图 4.10），塞入阴道后叉向外展开，固定在阴道内，不易丢失，取出时扯动绳子则此叉合拢。国内多制成海绵塞，用时放入阴道内。孕激素阴道栓处理的时间多为 9～12d。为增加同期效果，取出前 2d，肌肉注射前列腺素类似物效果为佳。

图 4.10　牛用放栓枪

3）前列腺素（PGF$_{2a}$）法。前列腺素（prostaglandin，PG）及其类似物的主要功能是引起黄体溶解，但只对功能性黄体有溶解作用，只有当母畜存在功能性黄体时才能产生作用。为了使一群母畜获得较高的同期发情率，往往间隔一定时间进行两次注射。例如，母牛间隔 11d，第二次注射 PG 后大都在 48～72h 内发情。国产氯前列烯醇肌肉注射 0.4mg，可使大多数牛在处理后的 3～5d 发情排卵。但由于发情同期率不高，此时不配种，间隔 9～12d，再注射第二次，可获得较高的同期发情率和受胎率。

4）同期发情的输精时间。母牛药物处理结束后，要密切观察其发情表现。如果发情时间集中则可不做发情检查而进行定时输精。定时输精一般在孕激素处理结束后的第 2、3 天或第 3、4 天各输精一次；PG 投药后，在第 3、4 或第 4、5 两天各输精一次，也可在最适宜时间定时输精一次。第一次发情期受胎率一般为 30%～40%，第二次发情期受胎率基本趋于正常。

诱导发情又称诱发发情，是指母畜在非配种季节内或泌乳乏情期（中国黄牛、水牛），借助外源促性腺激素，引起母畜正常发情和配种，以缩短母畜的繁殖周期，使之在自然情况下提前配种增加胎次，生产较多的后代，提高繁殖率的技术。

（2）牛的超数排卵

1）母牛超数排卵使用的药物和剂量。PMSG 2000～3000IU，以 5mL 生理盐水稀释，一次肌注；FSH 一次超排总量为 32～50mg，分配在 3～4d，每天分 2～3 次注射；母牛发情周期中的第 5～16 天，注射 PMSG 2000IU，48h 后再注射 PG，可取得良好的超排效果，PG 注射用量为 25～30mg，须注意的是 PMSG 和 PG 不宜同时注射，否则会导致排卵率降低；用 60mg 的氟孕酮（flugestone，FGA）制成阴道栓，做预处理 4d 后再取出，随之注射 HCG（human chorionic gonadotrophin，人绒毛膜促性腺激素）1500IU。

2）母牛超数排卵的处理期。母牛超数排卵的处理期应选择在发情周期的后期，即黄体消退时期。此时卵巢正处于由黄体期向卵泡开始发育过渡的时期，利用外源促性腺激素，增进卵巢的生理活性，激发多量卵泡在一个发情期中成熟排卵。

3）母牛超数排卵的处理方法。母牛超数排卵的处理方法主要有两种。一种方法是在预计自然发情的前 4d，即发情周期的第 16 天或第 17 天肌肉或皮下注射 PMSG 1500～3000IU，48h 后一次肌注 PGF$_{2a}$ 25～30mg（注入子宫 25mg），为促进排卵，可在发情时肌注 HCG 1000～1500IU。该方法必须和发情周期的进程配合好，在时间安排上受到限制，应用不方便。另一种方法是在发情周期的中期，在注射促性腺激素的同时，使用 PG 或其类似物以溶解黄体，即在发情周期的第 10～13 天（8～15d），一次肌注 PMSG 1500～3000IU，隔日再注射 PGF$_{2a}$ 25～30mg。该方法已被广泛应用。

目前，世界各国对母牛做超数排卵的处理方法是在供体母牛发情周期的中期肌注孕激素，以诱导母牛有多数卵泡发育，隔日或两日后肌注 PGF$_{2a}$ 或其类似物以消除黄体的 2～3d 后发情。

2. 羊发情控制

（1）母羊同期发情及诱导发情

羊同期发情处理方法与牛相似，只是用药量较少。通常孕激素用量为：甲孕酮 40～60mg，甲地孕酮 40～50mg，18-甲基炔诺酮 30～40mg，氟孕酮 30～60mg，孕酮 150～300mg，PG 用量一般为牛的 1/4～1/3。

羊诱导发情有孕激素法、光照处理法、公畜刺激法和补饲催情法。孕激素法是指在非发情季节对乏情羊先用孕激素处理 6～9d，在停药前 48h 按 15IU/kg 注射 PMSG 的方法。同期发情率可达 95% 以上，第一情期受胎率为 75% 左右。光照处理法是将母羊长日照过渡到短日照，促使其发情的方法。每日光照 8h，黑暗 16h，处理 7～10d 后开始发情。公畜刺激法是将公羊放入母羊群中，在 5～7d 后可诱导母羊发情的方法。采用这种方法的前提是发情季节即将到来。补饲催情法是发情季节到来之前，给母羊增加营养来促进母羊发情的方法。

（2）羊的超数排卵

在发情周期的 12～13d（绵羊）或 17d（山羊），连续 3d 递减注射（每天 2 次，每次间隔 12h）FSH 100～150 IU，第 5 次注射 FSH 的同时注射 PGF$_{2a}$ 2mL。母羊注射 FSH 后 24～48h 发情。FSH 注射完的每天上午、下午进行试情，对发情的母羊注射 HCG 1000IU。

**即问即答 4-2：**为什么要对母牛进行同期发情处理？

**二、兔发情与鉴定**

（一）兔发情特点及表现

母兔繁殖无明显季节性，属于常年发情的动物，但不同的季节、气候和饲料营养水平都可能直接影响到母兔的繁殖状况。一般来说，当气候较温暖及饲料较好时，就是母兔最好的繁殖季节。公兔具有夏季不育的特点，环境温度和光照对公兔的繁殖性能影响相当大。每年夏季日照过长，外界温度过高，使公兔在生理上发生一系列变化，如睾丸缩小，内分泌机能紊乱，性欲下降，食欲减退，进而是射精量减少，精子密度降低、活力下降，死精和畸形精子比例增高，此时公兔不易繁殖，称为公兔夏季不育。在生产实践中，可采取防暑降温、调整作息时间、降低饲养密度、控制繁殖等措施，减少和控制公兔夏季不育现象。

家兔发情周期一般为8～15d，发情持续期为3～4d。母兔发情时表现为活跃不安，喜跑爱跳，脚爪刨地踏足，食欲减退，常在料槽等用具上摩擦下颚，俗称"闹圈"。性欲较强的母兔主动对公兔调情爬跨，甚至爬跨其他母兔。当公兔追逐爬跨时，发情母兔后躯升高，以适应公兔的交配动作，表现出愿意接受交配的姿势，阴门黏膜呈现红色，肿胀湿润，有少量黏液分泌。

母兔经公兔交配刺激后，只有隔10～12h才能从卵巢中排出卵子，因为母兔是诱导排卵动物，公兔交配或其他母兔爬跨可刺激LH（luteinizing hormone，促黄体生成素）的释放，形成排卵峰值，导致排卵反应。母兔每个卵巢中有相同发育阶段的卵泡5～10个。如果母兔没有交配，则成熟卵泡经过10～16d后，在雌激素与孕激素的协同作用下逐渐萎缩退化，并被周围组织所吸收。如果母兔排卵而未受孕，则卵巢内也形成黄体。

家兔可"血配"，即产后1～3d内进行配种。这是人们利用家兔卵子形成、排卵特性而摸索出的提高家兔繁殖力的一种配种方法，是家兔所独有的。合理进行血配能提高繁殖率，但应用不当，则效果不良。只有科学掌握产后血配技术，才能达到血配最佳效果。一般在商品兔生产中，如果条件合适，则可适当进行血配，但育种场严禁采用此法。

（二）兔发情鉴定

母兔的发情周期与其他动物不同，周期很不规律，没有严格的周期性，其变化范围较大，一般是8～15d。母兔的发情鉴定主要以外部观察法和阴道检查法为主，有时结合试情法进行综合判断。

1. 外部观察法

母兔发情时表现为活跃不安，在笼子内跑来跑去，顿脚刨地，食欲减退，频频排尿，来回旋转蹦跳，后肢常拍打笼底，口衔草，并发出求偶的声音，爬跨其他母兔，喜欢接近公兔。

2. 阴道检查法

阴道检查主要检查阴道黏膜。如果母兔阴道黏膜苍白，则表示母兔未发情；如果阴道黏膜颜色呈淡红色，湿润有光泽，则为发情中期；如果阴道黏膜呈紫红色或红色光泽减退，则为发情后期。

3. 试情法

将发情母兔放入公兔笼内，如果公兔性欲不强，则母兔咬舔公兔，甚至爬跨公兔；如果公兔性欲强，则与母兔立即交配。若将不发情的母兔放入公兔笼内，则不让公兔与之交配，跑躲或咬公兔。即使公兔爬垮，也不翘尾，而用尾巴紧紧压盖外阴。

**同步测试 4-2**

1. 种兔场可以充分利用家兔"血配"，来增加胎次、提高繁殖率。
 （　　）

2. 未发情母兔经公兔性刺激后也可以配上种。 （　　）

# 任务二　草食家畜配种与妊娠诊断

案例导入

2019 年，《光明日报》刊登一篇《祁兴磊："牛人"的"牛故事"》的文章，讲在河南泌阳县有一位家喻户晓的"牛人"，他因培育出中国第一个具有独立自主知识产权的专门化肉牛品种——夏南牛，而获得 2019 全国"最美科技工作者"称号。祁兴磊小时候放过牛，大学学习与牛相关的专业，他认为自己注定与牛结下不解之缘，发誓要让国人吃上具有自主知识产权的优质牛肉。于是他开始了黄牛改良肉牛的实验。他利用当地牛为母本、导入法国夏洛来牛的种血，进行导血改良实验。改良的一个重要步骤是对南阳牛进行人工授精。经过不懈的努力，他终于培育出胸深体长、结构匀称、肌肉丰满、背腰平直的牛。大部分牛呈双脊背，体躯呈长方形，四肢强劲有力。从祁兴磊的故事中我们看到作为一名科技工作者的初心和使命，看到了崇高不远，就在坚守者身上；成功不难，难在是否具有孜孜以求的精神。他的成功也离不开科学技术的支持——人工授精技术。本任务将介绍人工授精相关知识。

## 一、牛、羊配种与妊娠诊断

### （一）牛、羊配种

### 1. 自然交配

种公畜与发情母畜直接交配的配种方式被称为自然交配。根据人为干预的程度，自然交配又分为以下 4 种方式。

课件 4-2　配种与
妊娠诊断

（1）自由交配

自由交配是指公、母畜混群饲养，公畜任意和发情母畜交配的方式。这种原始交配方式容易引起近亲繁殖。该方式的优点是节省人工，不用人观察母畜是否发情和配种。该方式的缺点是无法控制产仔时间；公畜追逐母畜，无限交配，不安心采食，影响休息，耗费精力，影响健康；公畜追逐爬跨母畜，会影响母畜采食抓膘和体质；无法掌握交配情况，后代血统不明，容易造成近亲交配或母畜早配，影响正常选育工作的进行；种公畜利用率低，不能发挥优良种公畜的作用，致使生产成本加大。如果公、母比例失调，会存在母畜漏配现象。种公畜利用年限过长，会造成近亲繁殖，所以每经过 2～3 年，养殖户之间应该调换（交换）种公畜，更换血统。

（2）分群交配

分群交配是指在配种季节，把一头或数头经选择的公畜放入一定数量的母畜群中进行交配的方式，公母比例为（1∶20）～（1∶10）。在新疆、内蒙古牧区，这种配种方式较为普遍。这种方式可实现一定程度的选种选配，但仍然很难进行配种记录。

（3）围栏交配

围栏交配与分群交配相同。配种时，在围栏内放入一头母畜与特定的公畜交配。公畜与母畜的比例为 1∶1。这种方式既可控制与配母畜的受配次数，又可提高种公畜利用率，同时可实现比较严格的选种选配。

（4）人工辅助交配

人工辅助交配是指公、母畜严格分群饲养，只有在母畜发情配种时，才按照原定的选种选配计划，让其与特定的公畜进行交配的方式。与上述3 种配种方式相比，人工辅助交配较为科学、合理。这种方式增加了种公畜的可配母畜数，延长了种公畜的使用年限；在一定程度上可防止疾病传播，可有计划地进行选种选配，建立系谱，有利于品种的改良。成年公牛每周可配种 3～4 次，或者用于配 25～40 头小群母牛。成年公羊每日配种可达 3 次；在大群种羊中，种公羊应占 2%～3%。青年公畜配种次数应适当减少。

2. 人工授精

人工授精可提高优良公牛（羊）的利用率和母牛（羊）受胎率；预防疾病传播；克服杂交改良和形体大小相差悬殊配种时的困难；打破母畜配种时间、地域、空间的限制，用于异地配种等。人工授精主要包括采精、采精频率、精液品质检查、精液稀释和输精等环节。

视频 4-5　公羊
采精

（1）牛、羊采精

雄性动物的采精方法很多，主要有假阴道法、手握法、电刺激法、按摩法、海绵法等。牛、羊采精主要应用假阴道法。

首先正确安装假阴道，调节好温度（38～40℃）、压力、润滑度等备用。采精员位于台畜右后侧，当公牛（羊）爬跨台畜时，让假阴道与公牛

（羊）阴茎伸出方向一致，紧靠并固定于台畜尻部右侧，左手掌心托住包皮，迅速将阴茎导入假阴道内，经几次抽动后射精。将假阴道集精杯端下倾，以便精液流入集精杯内。当公牛（羊）跳下台畜时，假阴道随着阴茎后移，不要用力抽出，当阴茎软缩由假阴道中自行脱出后，立即将假阴道直立，使精液流入集精杯（管）中，最后将假阴道放气，取下集精杯（管），盖上盖子。

**即问即答 4-3**：如果采精失败，你认为可能的原因是什么？

（2）牛、羊采精频率

适宜的采精频率是保障公畜生殖功能和身体健康的基本要求，也是获得优良精液的基础。采精频率应根据公畜产生精子的数量决定。种公羊在春季精液量和品质最差，而在秋季品质最好，通常可每周采精 7～20 次。种公牛每周采精 2d，每天采精 2 次。在具体生产中，采精频率应根据种公牛（羊）的精液品质与性功能状况而定。

（3）牛、羊精液品质检查

精液品质检查项目很多，在生产实践中，一般分为常规检查项目和定期检查项目两大类：常规检查项目包括射精量、色泽、气味、pH 值、精子活率、精子密度等；定期检查项目包括精子计数、精子形态、精子死活比率、精子存活时间及指数、精子抗力等。

视频 4-6 羊精液
常规检查

牛的一次射精量为 4.8（4～10）mL，精子密度为 10（2.5～20）亿/mL。绵（山）羊的一次射精量为 1.2（0.7～2）mL，精子密度为 30（20～50）亿/mL。各种动物的新鲜精液精子活力应在 0.6 以上（牛为 0.7 以上），冷冻精液精子活力在 0.3 以上（牛细管冻精解冻后活力在 0.4 以上）。

视频 4-7 羊精液
稀释

（4）牛、羊精液稀释

家畜种类不同，精液稀释倍数也不同。当公牛精液稀释后保证每毫升中含有 500 万个有活力精子时，稀释倍数可达百倍，而对受胎率无大影响。不过在一般情况下，只做 10～40 倍稀释。绵羊精液和山羊精液，稀释后保存 1d 时，受精率即有所下降，除非再经浓缩。所以绵羊精液、山羊精液若在采精后数小时内使用，则宜直接用原精液进行输精。如果进行稀释，则一般是 2～4 倍。

**算一算 4-1**：某公牛射精量为 8mL，精子密度为 12 亿/mL，精子活率为 0.7，输精要求为含有效精子 3000 万。本次采精可为多少头母牛输精？

（5）牛、羊输精

1）进行输精前准备。母牛（羊）要适当保定，以利安全操作；输精人员手掌和手臂、输精用器械和用具、母牛（羊）外阴部及其周围都必须洗涤和消毒，以防母牛（羊）生殖道感染；要对低温和冷冻保存的精液进行升温或解冻，精液要经活力检查，只有符合输精要求才能使用（液态保存精液活力不低于 0.6，冷冻保存精液活力不低于 0.3），并装入输精器中。常温和低温保存的精液要求缓慢升温至 35℃左右。

视频 4-8 母羊输精

2）确定输精时间、输精量及输精部位，具体内容如表 4.1 所示。

视频 4-9　母牛
人工输精

**表 4.1　输精时间、输精量及输精部位**

| 品种 | 排卵时间 | 理论输精时间 | 实际输精时间 | 输精量 | 输精部位 |
|---|---|---|---|---|---|
| 牛 | 发情结束后 10h 左右 | 排卵前 7～8h | 早上发情，下午输精，并进行二次输精（第二天早上） | 1～1.5mL，有效精子数不少于 1000 万个 | 子宫颈深部 |
| 羊 | 绵羊：发情开始后 20～30h 山羊：发情开始后 30～40h | 绵羊：发情开始后 20～30h 山羊：发情结束时 | 发情时输一次，隔一天再输一次。根据试情程度决定 | 0.05～0.2mL，有效精子数 5000 万个 | 子宫颈内浅部 |

3）进行输精。对于母牛普遍采用直肠把握法（图 4.11），一只手伸入直肠握着子宫颈外口，另一只手持输精管插入阴道，先斜向上再向前行。当输精管行至宫颈外口时，两只手协同操作，将输精管通过子宫颈，最后把精液注入子宫颈内口处或子宫体中。此法用具简单，操作安全，受胎率高，是目前广泛应用的一种方法。

视频 4-10　牛直肠
把握法输精

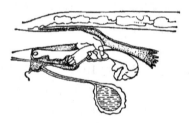
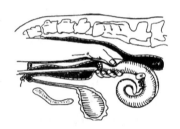

（a）操作不正确　　　　　　　（b）操作正确

图 4.11　直肠把握法输精

母羊的输精方法一般采用开膣器输精法，发情母羊多时，可利用凹坑装置。此法需要 3 人操作，其中一人将母羊抓到输精架内，一人用开膣器打开阴道，用输精器伸入子宫颈外口 1～2cm 做输精操作，另一人处理精液及注入母羊，每小时可输精 100 只以上。

（二）牛、羊妊娠诊断

1. 牛妊娠诊断

妊娠检查一般在配种后 60～90d 主检，技术熟练者 30～45d 可检，4～5 个月复检，停奶前再检。在生产上以外部观察法结合直肠检查法较多，特别是直肠检查法简单易行、准确有效，还可以早期诊断。

视频 4-11　牛直肠
检查妊娠诊断

直肠检查法主要通过直肠触诊卵巢、子宫、子宫动脉的变化及胚胎胎膜是否存在而进行判断。一般配种后 20d 前后即可作出初步诊断，整个妊娠期都可以使用，并可以大致判定怀孕月份、母牛假发情、假怀孕、胎儿死活及一些生殖器官疾病。

进行直检判断时，随怀孕后生殖器官的变化、怀孕时间不同有所侧重。

例如，在怀孕初期，要以卵巢、子宫角形状质地变化为主；当胚胎形成以后，即以胚胎发育为主；当胚胎下沉不宜触摸时，以卵巢位置及子宫动脉的妊娠脉搏为主。

（1）不同怀孕时间生殖器官的变化

1）妊娠20~25d。孕角侧卵巢比另一侧卵巢大，肥嫩并有黄体，子宫角粗细变化不明显，但子宫壁较厚并有弹性。

2）妊娠30d。子宫角间沟仍清楚，孕角及子宫体较粗、柔软、壁薄。绵羊角状弯曲不明显。触诊时孕角一般不收缩，有时收缩，感觉有弹性，内有波动感；空角则收缩，感觉有弹性且弯曲明显，子宫角粗细根据胎次而定，胎次多的比胎次少的稍粗。

3）妊娠60d。子宫角间沟已不清楚，但两角间的分岔仍明显，子宫角开始逐渐进入腹腔，孕角及子宫体增大，两个子宫角大小明显不同。孕角较空角粗约1倍，而且较长，孕角壁软而薄，且有液体流动。如果在子宫颈之前摸不清楚子宫角，而是一堆软绵绵的东西，则此牛可能已经怀孕，仔细触诊，可将两角摸清楚。

4）妊娠90d。子宫角间沟消失，子宫颈移动到耻骨前缘，由子宫颈向前可触到扩大的子宫，从骨盆腔向腹腔下垂，两角共宽一掌多。在肠胃内容物多时，子宫被挤到骨盆口处。在子宫壁收缩时，可以摸到整个子宫，体积比排球稍小，偶尔可能触到悬浮在胎水中的胎儿（此时胎儿体长15cm，重100~200g），可感到胎动，但子宫壁一般均感柔软，无收缩。孕角比空角大很多，液体波动明显。有时在子宫壁上可以摸到同蚕豆样大小的胎盘突。触诊子宫不清时，手提起子宫颈，可明显感到子宫的重量增加。

卵巢移至耻骨前缘之前，有些牛子宫动脉开始出现轻微的孕脉（即流水样颤动），但不清楚，时隐时现，且在远端容易波动。

5）妊娠120d。子宫垂入腹腔，子宫颈移动到耻骨前缘之前。抚摸子宫壁时摸到许多胎盘突如豆大（子叶），其体积比卵巢稍小，子宫被胃肠挤回到盆腔入口之前，可摸到整个子宫，大小如排球，偶尔可摸到胎儿和卵巢，孕角侧子宫中动脉的孕脉比90d时稍清楚，但仍轻微。

6）妊娠150d。子宫全部沉入腹腔。在耻骨前缘下方可摸到子宫颈。胎盘突更大，往往可以摸到胎儿，但摸不到两侧的卵巢，孕角侧子宫中动脉较明显，空角侧尚无或有轻微怀孕脉搏。

7）妊娠180d。胎儿已经很大，子宫沉至腹腔底部，因为牛的小结肠系膜短，只有在肠胃充满而使子宫后移升起时，才能摸到胎儿、胎盘突，同鸽蛋样大小。在孕角的两侧容易摸到，孕角侧子宫动脉粗大，孕脉亦较明显，空角侧子宫中动脉出现微弱的孕脉。

8）妊娠210d。胎儿增大，故从此以后都容易摸到。两侧子宫中动脉均有明显的孕脉，但空角侧较弱，个别牛甚至到产前也不显著。孕角侧子宫中动脉开始出现孕脉。

9）妊娠240d。子宫颈回到骨盆前缘或骨盆腔内，很容易摸到胎儿，胎盘突大如鸭蛋，两侧子宫中动脉孕脉明显，孕角侧子宫中动脉的孕动脉也已清楚，但个别牛即使产前也不显著。

10）妊娠 270d。胎儿的前置部分进入骨盆入口，所有的子宫动脉均有显著孕脉，手一伸入肛门，只要贴在骨盆侧壁上，就可感到孕脉。

（2）注意事项

一要对怀孕症状全面考虑，尤其是要做早期妊娠检查，不但要检查子宫角的形状、大小、质地的变化，而且要结合卵巢的变化作出综合判断。二要注意孕期发情（假发情）现象，一般无成熟卵泡排出，不应配种。三要注意 2 个月时双胎子宫角是对称的。四要正确区分怀孕子宫和子宫疾病，怀孕 90～120d 的子宫容易与子宫积脓、积液等相混淆，如积液使一侧子宫角膨大，重量增加，使子宫有不同程度的下沉，卵巢位置也随之下降，但子宫无怀孕症状，也无子叶出现。积液可由一角流向另一角。积脓的水分被子宫壁吸收一部分，会使脓汁变稠，触之有面团状感，并始终不会出现孕脉。五要正确区分怀孕子宫与充满尿液的膀胱。

（3）怀孕指标

一是卵巢检查，配种后 21～24d 存在发育完整的黄体，直径 2.5～3cm，90%是怀孕的。二是子宫角不对称，变长、变粗、角间沟有无。三是胎儿波动感检查，（孕后 32d）子宫壁变薄，胎液增加。四是胎膜滑落感检查，用拇指、食指捏住整个或部分子宫角，从前侧轻轻地将胎膜向子宫背侧推，揪住胎膜就从指间滑落，当胚胎从指间滑落时可以听到咔嗒声，40d 以后用该方法检查。五是羊膜囊检查，用于妊娠、早期胚胎死亡的判断。操作时，先把握触摸怀孕子宫角最厚部分的四周，可感知一绷紧的肾脏样结构，从配种后 30～65d 可触摸到。六是触摸胚胎，65d 过后触诊较大的子宫角很容易辨别胚胎，操作时将手放在子宫背壁上按压或叩击子宫，胎液就开始移动，胚胎反弹回到手上时就可感觉到胚胎。怀孕近 90d，沿着子宫角渐渐可摸到胚胎。七是子叶或胎盘子叶检查，从 70d 开始可触诊到小的子叶，在以后的妊娠阶段，这些结构成为很重要的依据，胎液相对较少，触诊生长的子叶比较容易，而此时感知胎膜滑落则比较困难。八是子宫动脉震颤，用双指轻轻捏住子宫中动脉压紧一半就可感觉到典型的颤动，在怀孕的前 3.5 个月只能感觉到母牛的心跳，在怀孕牛一侧 3.5 个月以后及非怀孕一侧 5 个月以后可以感觉到子宫中动脉的血流震颤。

2. 羊妊娠诊断

（1）外部观察法

母羊配种后如果一个发情周期不发情，1 个月后阴户干燥紧缩，颜色发紫，有时从阴道向外流出略带黄色的黏液，便可初步认为妊娠。结合检查母羊阴道，刚打开时可见黏膜为白色，几秒后变为粉红色，而未孕母羊阴道黏膜为粉红色或苍白。妊娠 60d 可见其腹部明显增大。

（2）直肠腹部触诊法

待查母羊用肥皂灌洗直肠排出粪便，使其仰卧，然后用涂抹润滑剂的触诊棒插入母羊肛门，贴近脊柱，向直肠内插入 30cm 左右。一只手用触诊棒轻轻把直肠挑起来以便托起胎胞，另一只手则在腹壁上触摸。直肠腹部触诊时，如有胞块状物体即表明已妊娠；如果摸到触诊棒，将棒稍微移动位置，反复挑起触摸 2~3 次，仍摸到触诊棒即表明未孕。使用该方法时，动作要小心、轻缓，以防损伤直肠及胎儿，引发流产。

（3）腹壁触诊法

母羊的腹壁触诊妊娠诊断有两种方法：一是检查者面向母羊的后躯，两腿夹住其颈部或前躯，两手掌贴在左、右腹壁上，然后两手同时向里平稳地压迫或一侧用力大些，另一侧轻压，或两手滑动触摸，检查子宫有无硬块，有时可以摸到黄豆大小的子叶。二是检查者半跪在羊的左侧，一手挽住羊颈，用右膝顶住左腹壁，同时用右手在右腹壁触摸检查子宫内是否有胎儿。

羊个体小，不便进行直肠检查，主要采用外部观察法结合阴道检查法、腹壁触诊法及直肠腹部触诊法等进行妊娠诊断。此外，还可通过超声波诊断法、血清酸滴定法、免疫学方法对母羊进行早期妊娠诊断。

同步测试 4-3

1. 采精时假阴道内胎的温度是（　　　）℃。

    A. 36~37　　　　B. 37~38　　　C. 38~40　　　D. 40~42

2. 奶牛常用的配种方式是（　　　）。

    A. 自然交配　　　　　　　　B. 人工辅助交配

    C. 自由交配　　　　　　　　D. 人工授精

**二、兔配种与妊娠诊断**

（一）兔配种

兔的配种方法主要有自然配种、人工辅助配种、人工强制配种和人工授精。

1. 自然配种

将公、母兔混养在一起，任其自由交配，称为自然配种。自然配种的优点是配种及时、方法简便、节省人力。该方法的缺点是容易发生早配、早孕；公兔追逐母兔次数多，体力消耗过大；配种次数过多，容易造成早衰；容易发生近交，无法进行选种选配；容易传播疾病；等等。在实际生产中，不宜采用此法配种。

2. 人工辅助配种

人工辅助配种是将公、母兔分群、分笼饲养，在母兔发情时，将母兔捉入公兔笼内配种的方法。与自然配种相比，人工辅助配种的优点是能有计划地进行选种选配，避免近交和乱交；能合理安排公兔的配种次数，延长种兔的使用年限；能有效防止疾病传播。在实际生产中，宜采用这种方法配种。

采用人工辅助配种时将经检查、适宜配种的母兔捉入公兔笼内。公兔即爬跨母兔，若母兔正处发情盛期，则略逃几步，随即伏卧，并抬尾迎合公兔爬跨交配。当公兔阴茎插入母兔阴道射精时，公兔后躯蜷缩，紧贴于母兔后躯上，并发出"咕咕"的叫声，随即在母兔身边侧倒，表示交配完成。此时可把母兔捉出，将其臀部提高，在后躯部用手轻轻拍击，以防精液倒流。然后将母兔放回原笼，做好配种记录工作。

如果发情母兔不接受交配，则可以采取强制辅助配种措施，方法与人工强制配种基本相同。

### 3. 人工强制配种

人工强制配种就是对没有发情的母兔，人为对其强迫配种的方法。一是用一根长约60cm的细绳系住母兔尾巴1/3处，左手抓住耳和颈皮保定的同时向前拉绳，使兔尾上翘露出阴户，放入公兔笼内，待爬跨时，右手轻轻插入腹部下托高臀部，迎接公兔交配。二是左手抓住母兔双耳和颈皮保定，右手伸入腹部下两后肢间，无名指和拇指支撑在阴门右侧，使阴门在中指和无名指之间露出，令公兔爬跨，右手掌心上托臀部，迎接公兔交配。

### 4. 人工授精

（1）采精

采精时须将发情母兔放入公兔笼中，用右手固定母兔的头部，左手握假阴道置于母兔两后肢之间。当公兔爬跨母兔交配之际，把握假阴道的左手，使母兔后躯举起，待公兔阴茎挺出后，再根据阴茎挺出的方向调整假阴道口的位置。公兔阴茎一旦插入温度、压力适宜而且润滑的假阴道口，公兔前后抽动数秒，即向左一挺，后脚蜷缩，向左侧倒下，并伴随"咕咕"的一声尖叫，这表明已射精。采精频率以每天1次为宜，连续5～6d后，休息1～2d。

（2）精液检查

精液品质检查须在18～25℃的室温环境中进行，正常精液呈乳白色或灰白色浑浊而不透明的液体，每次射精量为0.5～1.5mL。新鲜的精液一般无臭味，但若含有尿液，则会有腥味。正常家兔精液精子密度为15（2～20）亿/mL，精子活率在0.6以上。

（3）精液稀释

精液稀释须取6g试剂型葡萄糖、0.8g试剂型氯化钠放入量筒中，加蒸馏水至100mL，摇匀，装瓶密封，蒸煮灭菌30min配制6%糖盐水稀释液或在6%糖盐水稀释液的基础上加入3mL新鲜鸡蛋黄，再加入青霉素、链霉素各10万单位，摇匀配制成6%的葡萄糖盐水卵黄稀释液，放入冰箱待用。稀释时，在等温情况下稀释液应沿盛装精液器皿的瓶壁缓缓倒入，然后稍加摇动即可。

（4）输精

输精前10h先对母兔进行刺激排卵处理，再进行输精。输精时，操作者左手握紧兔耳及背皮，将腹部向上，臀部放在桌子上，提起兔尾，右手持准备好的输精器，弯头向背部方向轻轻插入阴道6～7cm深处，慢慢将精液注入，然后右手轻轻捏其阴部，增加母兔快感，从而加速阴道及子宫的收缩。这样既可以避免精液逆流又可将母兔保定。输精用具可借用羊的输精器或用1mL容量的小吸管安上一个胶乳头使用。

5. 兔配种注意事项

应将母兔放入公兔笼内；只有发现公兔向一侧倒下，并听到"咕咕"的叫声时，才表明配种成功；配种完成后应右手抓住臀部皮肤，用左手在阴部拍打几下，防止精液外流；要做好配种日期、参配公、母兔号记录，以便提前做好产仔准备和建立谱系；病兔停止配种，尤其患疥癣、梅毒的公、母兔应停止交配。

（二）兔妊娠诊断

兔妊娠期一般为30～31d，变动范围为28～34d。妊娠期的长短因品种、年龄、胎儿数量、营养水平和环境等不同而有所差异。大型品种比小型品种怀孕期长，老龄兔比青年兔怀孕期长，胎儿数量少的比数量多的怀孕期长，营养状况好的母兔比差的母兔怀孕期长。临产母兔，尤其是母性强的母兔，产前食欲减退甚至拒食，乳房肿胀并可挤出乳汁。外阴部肿胀充血，黏膜潮红湿润，在产前数小时甚至1～2d开始衔草拉毛做窝。但少数初产母兔或母性不强的个体，产前征兆不明显。

1. 外部观察法

母兔妊娠后，食欲增强、采食量增加。15d后腹部逐渐增大，放养兔寻找并开始打洞，做产仔准备。此法因妊娠早期鉴定难，在生产中缺乏指导意义。

2. 复配检查法

在母兔配种后7d左右，将母兔送入公兔笼中复配。若母兔拒绝交配，则表示可能已怀孕。相反，若接受交配，则可认为未孕。此法准确性不高。

3. 称重检查法

母兔配种前先进行称重，隔10d左右复称一次。如果体重比配种前明显增加，则表明已经受孕；如果体重相差不大，则视为未孕。此法准确性较差。

4. 摸胎检查法

轻轻抓起母兔，放在台子上，头部朝向检查者，左手抓住兔耳和颈皮，右手拇指与其他四指呈八字形分开在母兔腹部下，由前向后沿腹壁触摸。若感觉母兔腹部柔软如棉，则表示无胎。若触摸到有椭圆形滑动肉球，而且多数呈双行排列在下腹两侧，指压时光滑有弹性，不易抓住，即为胚胎。如果摸到的圆形物质硬而无弹性，粗糙而无规则，分布面较大，则是粪球。摸胎一般应在配种后 12～15d 进行，15d 时可以摸到几个连在一起的胚胎，20d 后可摸到形成的胎儿。摸胎动作应轻缓，要用指肚触摸，不可用力捏紧，以免造成流产。

**即问即答 4-4**：兔人工授精不同于牛、羊等家畜的操作是什么？

# 任务三　草食家畜分娩与助产

视频 4-12　奶牛预产期的推算

**案例导入**

前几天，某养牛户家中母牛出现努责等分娩征兆，并且从阴门中流出红色分泌物，距离预产期还有 1 周左右，当天母牛又停止努责，恢复正常。你认为该母牛表现正常吗？如果你是该养牛户，你该如何处理？本任务将介绍草食家畜分娩与助产相关知识。

## 一、妊娠期及预产期推算

课件 4-3　分娩与助产

母牛妊娠期一般为 280d（270～285d），生产上可按"月减 3，日加 6"来推算，即配种月份减去 3，配种日期加上 6。如果配种月份在 1 月、2 月、3 月不够减，则须借 1 年（加 12 个月）再减；若配种日期加上 6 后，得数超过这个月的实际天数，则应减去这个月的天数，余数移到下月计算，把这个月再加上 1。

母羊从配种日期起往后推 150d，惯以配种月份加 5、配种日期减 3 来推算，即"月加 5，日减 3"。例如，3 月 12 日配种受胎的母羊，其预产期应为 8 月 9 日。

**算一算 4-2**：某奶牛于 2021 年 6 月 28 日傍晚出现发情，在正常配种情况下，预产期应为什么时候？

## 二、产前征兆

母牛产前 0.5 个月乳房开始膨大，产前几天可从前两个乳头中挤出黏稠、淡黄如蜂蜜状的液体。当能挤出乳白色的初乳时，母牛一般在 1～2d 内分娩。在分娩前 1～2d 封闭子宫颈口的子宫栓溶化，呈透明的索状物从阴户流出，垂于阴门外。同时，骨盆韧带已充分软化，臀部有塌陷现象，尾根两侧明显塌陷，这是临产的主要症状。母牛产前1周的体温比正常体温高0.5~1℃，但到分娩前12h左右，体温下降0.4~1.2℃。临产前母牛子宫颈开始扩张，腹部开始发生阵缩，引起母牛行为发生变化，如表现不安，时起时卧，频频排粪尿、软粪，拱腰伸尾，头不时向腹部回顾，这预示着母牛即将分娩。

母羊即将分娩时，乳房肿胀，乳头直立，可挤出少量黄色乳汁，阴户肿大松弛，色泽潮红，尾根部肌肉下陷，这说明母羊可能在2~3d内产羔。如果发现孕羊行动困难，前蹄刨地，起卧不安，频繁排尿，不断咩叫，阴户流出黏液，四肢伸直努责，则说明即将产羔，需要做好接羔准备。

## 三、接产与助产

### （一）产前准备

将临产母牛在预产期前1~2周送入产房，以便使其熟悉产房环境，并可随时观察分娩预兆。产房应宽敞、光照充足、通风良好；产房地面铺上清洁、干燥的垫草，并保持安静的环境。准备好脸盆、水桶、剪子等接产用具及消毒药液。将母牛的尾根用缠尾带缠好，拉向一侧，用温水洗后再用0.1%~0.2%高锰酸钾溶液或1%来苏尔溶液洗净牛外阴部、肛门、尾根及后臀部，并擦干。助产者要求剪短磨光指甲，手臂用2%来苏尔溶液消毒或戴上长臂手套。

不论母羊产冬羔还是产春羔，羔羊在初生时都对低温环境特别敏感，要求产房地面干燥、通风良好、光线充足，温度适宜。产羔前1周左右，必须对接羔棚舍、运动场、饲草架、饲槽、分娩栏等进行修理和清扫，并用3%~5%碱水或10%~20%石灰乳溶液进行彻底消毒。

准备充足的青干草、质地优良的农作物秸秆、多汁饲料和适当精饲料以备产羔母羊舍饲之用。在牧区，从牧草返青时开始，在产房附近、避风、向阳、靠近水源的地方预留出产羔用的草地，面积以够产羔母羊1.5个月的放牧为宜。

产羔母羊群的牧工、接羔人员及兽医人员，必须分工明确，责任落实到人。备足在产羔期间母羊和羔羊常见病的必需药品（来苏尔、酒精、碘酒、高锰酸钾、消毒纱布、脱脂棉等）和器材。

### （二）接产

当母牛分娩时，要注意其努责的频率、强度、时间和姿势。当胎膜露于阴门时，助产者将手臂涂上润滑剂（或肥皂水）后伸入产道，隔着胎膜触摸胎儿，判断胎向、胎位、胎势是否正常。如果正常，就不需要助产，可让其自然产出；否则就应顺势将胎儿推回子宫矫正。临产时，阴门处可见羊膜囊外露，这时母牛多卧下。注意要让牛向左侧卧，以免胎儿受瘤胃压迫而难以产出。随着囊内液体的增多，压力加大，加之胎儿前蹄的顶撞，羊膜会自行破裂，羊水流出。羊水流出时，最好用桶接住，产后喂给母牛

视频4-13　正常分娩的接产

3～4kg，可以预防胎衣不下。与此同时，母牛阵痛努责加剧，胎儿的两前肢伸出，随后是头、躯干和后肢产出，这是正常分娩，助产者只要稍加帮助即可。

母羊正常分娩时，在羊膜破后 10～30min 羔羊即可产出。若是产双羔，则一般先后间隔 5～30min，个别可长达数小时。当母羊产出第一个羔羊后，必须检查是否还有第二个羔羊。如果见母羊有表现不安、卧地不起或重新努责等情况，则可用手掌在母羊腹部前方适当用力向上推举，若还有羔羊，则能触到硬而光滑的羔体。处于正常胎位的羔羊，出生时一般是两前肢及头部先出，并且头部紧靠在两前肢的上面。如果后肢先出或其他胎势，则应立即进行人工接产，以防胎儿因窒息而死亡。

羔羊产出后，首先把其口腔、鼻腔里的黏液掏出擦净，以免羔羊因呼吸困难、吞咽羊水而引起窒息或异物性肺炎。羔羊身上的黏液，最好让母羊舐净，这样对母羊认羔有好处。如果母羊恋羔性弱，则可将胎儿身上的黏液涂在母羊嘴上，引诱它舔净羔羊身上的黏液。如果母羊不舐或天气寒冷，则须迅速把羔体擦干，以免受凉。羔羊出生后，大多情况下脐带会随着羔羊与母体的分离而自行扯断。在人工助产下娩出的羔羊，脐带可由助产者剪断，断前可用手把脐带中的血向羔羊脐部捋几下，然后在离羔羊肚皮 3～4cm 处剪断并用碘酒消毒。

（三）助产

胎儿头部和前肢露出时，应注意蹄底是否向下，并注意母牛努责情况。如果胎儿头部已露出阴门外，而羊膜没有破裂，则应立即撕破羊膜，使胎儿鼻子露出来，以防窒息。如果羊膜还在阴门内，则不要过早地扯破，否则羊水流出过早，不利于胎儿产出。当羊水流出，而胎儿仍未产出时，母牛阵缩及努责减弱时，应进行助产。用助产绳系住胎儿两前肢系部，由助手拉住绳子，助产者将手臂消毒并涂上润滑剂后伸入产道，大拇指插入胎儿口角，捏住下颌，趁母牛努责时同助手一起向外拉，用力方向应与荐椎平行。当胎儿头部通过阴门时，要用两手按压阴唇及会阴部，以防撑破。胎儿头部拉出后，拉的动作要缓慢，以防发生子宫外翻或阴道脱出。当胎儿腹部通过阴门时，要用手捂住胎儿脐带根部，防止脐带断在脐孔内。如果是倒生，当两后肢产出时，则应迅速拉出胎儿，否则会因胎儿胸部在骨盆内停留过久而使脐带受压，从而使胎儿窒息。多数犊牛生下来后脐带就自行扯断了。如果未断，则可在距腹部约 10cm 处用手拉断或用剪刀剪断。断脐后，应在断端用 5%碘酒溶液充分消毒，一般不需要结扎，以利于断端处干燥愈合。

在母羊产羔过程中，一般不应干扰，最好让其自行娩出。但有的初产母羊因骨盆和阴道狭小、胎儿过大、子宫收缩无力，或者双胎母羊在分娩第二头羔羊并已感疲乏的情况下，需要助产。助产员须剪短指甲，洗净手臂并消毒，涂润滑油，在母羊体躯后侧用膝盖轻压其肷部，等羔羊嘴端露出后，用一手向前推动母羊会阴部，羔羊头部露出后，再用一手托住头部，另一手握住前肢，随母羊的努责向后下方拉出胎儿。如果胎位不正，则先将母羊后躯抬高，将胎儿露出部分推回，手伸入产道摸清胎位，慢慢纠正为顺胎位，然后随母羊有节奏的努责，将胎儿轻轻拉出。

**即问即答 4-5**：一般胎儿产出，掏净口、鼻黏液并能正常呼吸后，其身上的黏液让母畜舐净，这样有利于母仔感情，便于哺乳。但为什么奶牛产犊后须立即将母仔分开呢？

（四）难产处理

**1. 正确判断难产种类**

难产可分为产力性难产、产道性难产和胎儿性难产 3 种。产力性难产包括破水过早及阵缩、努责微弱；产道性难产包括子宫颈狭窄，阴道、阴门及骨盆狭窄等；胎儿性难产包括胎儿过大、胎势不正、胎位不正、胎向不正等。在上述 3 种难产中以胎儿性难产最多见，约占难产的 75%。

**2. 准确判断胎儿死活**

正生时将手指伸入胎儿口腔轻拉舌头，或按压眼球，牵拉前肢；倒生时将手指伸入肛门，或牵拉后肢。如果有反应，则说明胎儿尚活。如果胎儿已死亡，则助产时不必顾忌胎儿的损伤。

**3. 矫正胎儿位置并拉出胎儿**

为了便于推回矫正或拉出胎儿，应向产道内灌注大量润滑剂，如肥皂水或油类等。灌入后，趁母牛（羊）不努责时将胎儿推进子宫内进行矫正。经矫正后，再顺其努责将胎儿轻轻拉出。注意不可粗暴硬拉。严重难产者往往需要器械手术。

（五）胎衣的检查与处理

母牛产后经过一段时间会再度努责，说明胎衣就要排出，这时要注意观察。胎衣一般翻着排出，这是因为母牛努责时由子宫角尖端开始收缩，故此处胎盘首先脱落，形成套叠，逐渐向外翻出来。由于牛的母子胎盘粘连较紧密，导致胎衣不易脱落，只有产后 4～6h 才能将胎衣排出。如果胎衣滞留 24h（夏季 12h）以上，则应进行手术剥离。胎衣排出后应检查是否完整，以避免部分滞留。排出后的胎衣应及时取走，以防母牛吞食，造成消化不良。注意不要在外露的胎衣上挂砖块等重物，以免引起子宫外露或脱出。

（六）假死胎处理

胎儿产出后，发育正常，但只有心脏跳动而没有呼吸时，称为假死。假死原因主要是胎儿吸入羊水，或者分娩时间较长，子宫缺氧等。对假死胎儿一般采用下列方法处理：一种是提起胎儿两后肢，使胎儿悬空，同时拍打其背胸部；另一种是使胎儿卧平，用两手有节律地推压胎儿胸部两侧，暂时假死的胎儿，经过这种处理后，即能复苏。

## 四、产后护理

### （一）初生胎儿护理

犊牛出生后，要立即用干毛巾或干草将其口、鼻部黏液擦净，以利呼吸。若出现假死（没有呼吸，但心脏仍在跳动），则应立即将犊牛后肢拎起，倒出咽喉部羊水，做人工呼吸，也可用棉球蘸上碘酒（或酒精）滴入鼻腔或用干草刺入鼻腔来刺激呼吸。做人工呼吸时，可将犊牛仰卧，使之前低后高，握住前肢，牵动身躯，反复前后伸屈，并用手拍打胸部两侧，促使犊牛迅速恢复呼吸。母牛产犊后有舔食犊牛身上黏液的习惯。若天气温暖，则应尽量让母牛舔干，以增强母子亲合，并有助于母牛胎衣的排出；若天气寒冷，则应尽快用干草或抹布擦干犊牛全身，以免犊牛受凉，导致感冒。犊牛出生后要剥去软蹄，尽早哺喂初乳。

对初产羔羊的护理应做到"三防""四勤"，即防冻、防饿、防潮和勤检查、勤配奶、勤治疗、勤消毒。接羔室和分娩栏内要保持干燥，潮湿时要勤换垫料。羔羊自己吃上初奶或帮助吃上初奶以后，放在分娩栏内或室内均可。在高寒地区，天冷时还应给羔羊带上用毡片、破皮衣制作的护腹带。若羔羊产在牧地上，吃完初奶后用接羔袋背回。要勤配奶，每天配奶次数要多，每次吃奶量要少，直到母子相认良好、羔羊能自己吃上奶时再放入母子群。对于缺奶和多胎羔羊，要另找保姆羊。

### （二）产后母畜护理

首先做好产房及产后母牛的清洁卫生，对产后1周的母牛喂温热麸皮盐钙汤 10～20kg/d（麸皮 0.5～1kg，食盐 50～100g，碳酸钙 50g，30～40℃水 10～20kg），以利于奶牛恢复体力和胎衣排出。若在产后 3h 内静注 20% 葡萄糖酸钙 500～1000mL，则可防止胎衣滞留和乳热症的发生。为了使奶牛恶露排净和产后子宫早日恢复，还应喂饮热益母草红糖水（益母草粉 0.25 kg，加水 1.5 kg，煎成水剂后，加红糖 0.5 kg 和水 3 kg，饮时温度为 40℃左右）每天一次，连服 2～3 次。对产后极度衰弱，不愿站立的母牛及时强行补液。

产后观察母牛的全身变化，看有无努责。若努责强烈，则应仔细检查产道有无损伤、出血，并作出处理；若无异常，仍见努责，则可用 1%～2%普鲁卡因注射液 10～15mL 进行尾椎封闭，以防子宫外翻和脱出。

产后 12h 观察胎衣排出情况，并及时作出处理；产后 24h 观察恶露排出的数量和性状，排出少量暗红色恶露为正常；产后 3d 内，注意观察生产瘫痪症状；产后 7d 内，检查恶露排净程度；产后 15d 内，检查子宫分泌物是否正常，清亮或暗褐色、胶冻样、无臭味，防止子宫炎；产后 30～

35d，直肠检查子宫复旧情况及卵巢情况；产后加强母体饲养管理，促进机体恢复，定期进行尿液、乳汁、酮体监测，以预防代谢疾病；产后40～60d注意观察产后第一次发情并及时配种，若60d内无发情表现或输精3次以上未妊娠，则要进行重点检查。

对刚产羔后母羊的外阴部及其周围要用温水冲洗干净，并进行消毒。产房或围栏内被污染的垫草应及时更换，保持清洁、温暖，防止贼风吹入。母羊产后1～2d内，可给其饮一些加盐和麦麸的温水，喂给质量好、容易消化的青干草及青绿饲草。若母羊膘情较好，则产后3～5d不要喂精饲料。为了母子群管理上的方便，避免引起混乱，应对母子群进行临时编号，即在母子同一体侧（单羔在左、双羔在右）编上相同的临时号。羔羊生下后0.5～3h胎衣脱出，要拿走，防止被母羊吞食。

**同步测试 4-4**

1. 如果发现妊娠母牛食欲下降、不吃料、表现不安、时起时卧、频尿、排软粪、弯腰弓背举尾、离群独处等，预示母牛即将分娩。（　　　）

2. 当胎儿唇部或头部还没露出阴门时，如果上面有羊膜，则立即把它撕破，并把胎儿鼻孔内的黏液擦净，以利其呼吸。（　　　）

## 知识拓展

### 牛胚胎移植

胚胎移植是将一头优良母畜配种后的早期胚胎取出，移植到另一个同种、生理状态相同的母畜体内，使之继续发育成为新个体的技术，又称为"借腹怀胎"。提供胚胎的个体称为供体，接受胚胎的个体称为受体。

供体应选择生产性能高、繁殖性能好、健康无病、营养良好的母牛，而受体母牛要求繁殖机能正常、健康无病。

对供、受体母牛用孕激素和PG进行同期发情处理，使供体、受体母牛在发情时间上相同或相近，前后不宜超过24h。

对供体母牛进行超数排卵处理后再配种，在供体母牛发情配种后3～8h收集胚胎，即在胚胎发育至桑椹胚晚期或囊胚早期，采用非手术法收集胚胎、移植。牛的非手术法采集胚胎大多用二路式采卵管。外管前端连接一气囊，当采卵管插入子宫角时，给气囊充气（一般15～20mL）使其胀大，一方面将受卵管固定于子宫角内，另一方面防止冲洗液经子宫颈流出。将冲洗液通过内管注入子宫角，然后导出冲洗液，反复冲洗5～10次，每次注入冲洗液10～40mL，依采卵管插入子宫角深浅而异。每侧子宫角须用冲洗液100～400mL，冲洗完一侧后，用同样方法冲洗另一侧。

胚胎采集后运用形态鉴定法，即在解剖镜下，根据胚胎的形态鉴定胚胎质量，正常发育的胚胎，其发育阶段与胚龄相一致，外形整齐清晰，卵裂球紧密充实。对发育正常的胚胎，采用非手术法进行移植，其方法与人工授精方法相似，即采用直肠把握法，将一只手伸入直肠，先检查黄体位于哪一侧及其发育情况，然后握住子宫颈，另一只手将装有发育正常胚胎的移植器经阴道、子宫颈、子宫体，最后插入与黄体同侧的子宫角内，将胚胎注入。

## ▌实践操作

### 技能训练一　牛发情鉴定

1. 技能训练目标

通过本次技能训练，学生应能够根据母牛的外部行为和阴道变化判断母牛是否发情，基本掌握母牛直肠检查方法，并利用直肠检查来判断母牛卵泡发育情况。

2. 技能训练材料

阴道开膣器、一次性塑料手套、肥皂、洗手盆、发情母牛、保定栏、75%的酒精、手电筒等。

3. 技能训练方法与步骤

（1）外部观察

观察母牛的行为、反应、叫声、食欲变化等外部表现及生殖道变化，对母牛发情情况进行判断。

（2）阴道检查

利用绳索、三角绊或六柱栏保定母牛，尾巴用绳子拴向一侧。外阴部先用清水洗净后，再用 1%煤酚皂或 0.1%新洁尔灭溶液进行消毒，最后用消毒纱布或酒精棉球擦干。开膣器清洗擦干后，先用 75%酒精棉球消毒其内外面，然后用火焰烧灼消毒，涂上灭菌过的润滑剂。用左手拇指和食指（或中指）将阴唇分开，以右手持开膣器把柄，使闭合的开膣器和阴门相适应，斜向前上方插入阴门。当开膣器的前 1/3 进入阴门后，即改成水平方向插入阴道，同时打开开膣器，使其把柄向下，通过反光镜或手电筒光线检查阴道变化。

观察阴道黏膜色泽及湿润程度，子宫颈部的颜色及形状；黏液的量、黏度和气味，以及子宫颈管是否开张和开张程度。

判断发情的依据：阴唇肿大，开膣器容易插入，阴道黏膜充血，有光泽、滑润。子宫颈口松软而开张，有黏液流出，可判定为母畜发情；阴门紧缩，有皱纹，插入开膣器时感觉干涩，阴道黏膜苍白，黏液量少且呈糨糊状，子宫颈口紧缩，可判定为母畜未发情。检查完后稍微合拢开膣器，抽出。

（3）直肠检查

将母牛牵入保定栏内保定，将其尾巴拉向一侧。检查者将指甲剪短磨光，衣袖挽起，戴上长臂手套，并涂以少量润滑剂。检查者站在母牛的正后方，将母牛的肛门周围清洗干净并涂以润滑剂。

检查者将左手并拢呈锥形，缓慢旋转伸入肛门，若直肠内有宿粪，则用手指扩张肛门，促进宿粪排出。也可在母牛排粪时，用手掌在直肠内向前轻推，当粪便蓄积到一定量时，逐渐将手臂撤出，使宿粪排尽。

伸入直肠内的左手指向下轻压肠壁，在骨盆腔的中部找到软骨棒状的子宫颈，发情母牛子宫颈稍大、较软，子宫黏膜水肿，子宫角体积增大，子宫收缩反应比较明显，子宫角坚实；不发情母牛子宫颈细而硬，子宫较松弛，触摸不那么明显，收缩反应差。沿着子宫颈往正前方可摸到1个浅沟，即为角间沟，沟的两旁为向前向下弯曲的两侧子宫角，沿着子宫角大弯向下稍向外侧可摸到卵巢，然后触摸其形状、质地。发情时卵巢上有卵泡发育，仔细体会卵泡的大小、触感等情况。

4. 技能考核标准

牛发情鉴定技能考核标准如表4.2所示。

表4.2 牛发情鉴定技能考核标准

| 考核内容 | 评分标准 | | 考核方法 | 掌握程度 | 时限 |
|---|---|---|---|---|---|
| | 分值 | 扣分依据 | | | |
| 牛的外部观察 | 30 | 每少观察一项扣5分 | 单人操作考核 | 基本掌握 | 20min |
| 牛的阴道检查操作 | 20 | 每错一步扣5分 | | | |
| 牛的直肠检查操作 | 30 | 每错一步扣5分 | | | |
| 熟练程度 | 10 | 在教师指导下完成时扣5分 | | | |
| 完成时间 | 10 | 每超时1min扣3分，直至10分 | | | |

## 技能训练二 羊发情鉴定

1. 技能训练目标

通过本次技能训练，学生应掌握以试情法为主结合外部观察法判断母羊发情的方法。

2. 技能训练材料

羊用阴道开膣器、发情母羊、肥皂、洗手盆、一次性塑料手套、保定栏、75%酒精、手电筒等。

3. 技能训练方法与步骤

（1）外部观察

观察母羊的行为表现及生殖道变化来判断有无发情。母羊发情时表现不安，目光滞钝，食欲减退，咩叫，外阴部红肿，流露黏液；发情初期黏液透明，盛期黏液呈牵丝状、量多，末期黏液呈胶状；被公羊追逐或爬跨时，往往叉开后腿站立不动，接受交配，说明是发情母羊。但要注意处女羊发情不明显，要认真观察，不要错过配种时机。

（2）阴道检查

先将母羊保定好，外阴部冲洗干净。开膣器清洗、消毒、烘干后，涂上灭菌润滑剂或用生理盐水浸湿。检查人员将开膣器前端闭合，左手横向持开膣器，慢慢插入阴道，然后竖直开膣器轻轻打开，借助反光镜或手电筒光线观察阴道黏膜、分泌物和子宫颈口的变化，以此判断是否发情。发情母羊阴道黏膜充血，表面光亮湿润，有透明黏液流出，子宫颈口充血、松弛、开张，有黏液流出。检查完毕后稍微合拢开膣器，抽出。

（3）公羊试情

选择身体健壮、性欲旺盛、没有疾病、年龄 2～5 岁的公羊作为试情公羊，在试情时先用长 40cm、宽 35cm 的试情布，四角系上带子拴在试情羊腹下，使其无法直接交配，也可采用输精管结扎或阴茎移位手术。

按（1∶40）～（1∶30）比例把试情公羊放入母羊群，通过观察母羊表现判断有无发情。若发现试情公羊用鼻子去嗅母羊，或者用蹄子挑逗母羊，甚至爬跨到母羊背上，母羊不拒绝，或者伸开后腿排尿，这样的母羊即为发情羊。但要注意初配母羊对公羊有畏惧心理，当试情公羊追逐时，不像成年发情母羊那样主动接近，试情公羊紧跟其后者，即为发情羊。

4. 技能考核标准

羊发情鉴定技能考核标准如表 4.3 所示。

表 4.3　羊发情鉴定技能考核标准

| 考核内容 | 评分标准 | | 考核方法 | 掌握程度 | 时限 |
|---|---|---|---|---|---|
| | 分值 | 扣分依据 | | | |
| 羊的外部观察 | 30 | 每少观察一项扣 5 分 | 单人操作考核 | 基本掌握 | 20min |
| 羊的阴道检查操作 | 20 | 每错一步扣 5 分 | | | |
| 羊的试情法 | 30 | 每错一步扣 5 分 | | | |
| 熟练程度 | 10 | 在教师指导下完成时扣 5 分 | | | |
| 完成时间 | 10 | 每超时 1min 扣 3 分，直至 10 分 | | | |

### 技能训练三　母牛直肠把握子宫颈输精

1. 技能训练目标

通过本次技能训练，学生应掌握母牛直肠把握子宫颈输精的方法。

2. 技能训练材料

发情母牛、试情公牛、牛用输精枪、细管冻精、显微镜、长臂手套等。

3. 技能训练方法与步骤

（1）确定适宜的输精时间

根据发情母牛行为、生殖道及卵巢上卵泡的发育情况来确定适宜的输精时间。一般母牛发情开始后 12～18h 输精受胎率最高。从黏液上看，当黏液由稀薄透明转为黏稠微混浊状时，且用手指蘸取黏液，当拇指和食指间的黏液可牵拉 6～8 次不断时即可配种。通过直肠检查卵泡发育情况，当卵泡直径在 1.5cm 以上，波动明显，卵泡壁薄，有一触即破之感时，为配种适宜时期。

（2）输精前准备

1）母牛准备。母牛一般可站在颈枷牛床上进行输精，对一些敏感性较强、好动的母牛也可牵入保定架内，经保定后进行。将待配母牛的尾巴拉向一侧，先用 1%新洁尔灭或 0.1%高锰酸钾溶液洗净外阴部，再用消毒毛巾（或纱布）每头每次一块由里向外擦干。

2）输精器械准备。输精所用器械必须严格消毒。输精器若为球式或注射式，则先冲洗干净，再用纱布包好，放入消毒盒内，蒸煮 30min，也可放入干燥箱进行烘干消毒，一支输精器一次只能为一头母牛输精。细管冻精所用的凯式输精枪，通常先在输精时套上塑料外套，再用酒精棉擦拭外壁消毒。

3）输精人员准备。输精人员指甲须剪短磨光，洗手并消毒，用消毒毛巾擦干，然后用 75%酒精消毒药棉擦手，待酒精挥发后即可进行操作。操作时应戴好长臂手套，在手套内预先放入少量滑石粉，使手能较为方便地伸入手套。同时，输精人员应穿戴好工作衣帽，穿上长筒胶鞋。

4）精液解冻。

① 颗粒精液解冻。先在 100mL 蒸馏水中加入 2.9g 柠檬酸钠，使其充分溶化，再过滤，过滤后隔水蒸煮，冷却后配制成含 2.9%柠檬酸钠稀释液。解冻时将 1～2mL 的稀释液倒入指形管内，水浴加温至（40±2）℃时投入颗粒冷冻精液，轻摇使其迅速融化。

② 细管精液解冻。将细管直接投入（40±2）℃的温水中，待管内精液融化一半时，立即取出备用。解冻后的精液应在 15min 内输精，以防精子的第二次冷应激。

5）精液品质检查。每次购回的冻精均应抽样检查其活力、密度、顶体完整率、畸形率及微生物指标是否符合《牛冷冻精液》（GB 4143—2008）。国标要求解冻后的精液：精子活力不小于 35%（0.35），每一剂量呈直线前进运动的精子数不小于 $10×10^7$，顶体完整率不小于 40%，精子畸形率不大于 20%，非病原细菌数小于 1000 个/mL。

（3）输精操作

输精操作与直肠检查相似，先用手轻轻揉动肛门，使肛门括约肌松弛，然后一只手戴乳胶手套或塑料薄膜长臂手套，伸进直肠内把粪掏出（若直肠出现努责，则应保持原位不动，以免戳伤直肠壁，并避免空气进入而引进直肠膨胀），用手指插入子宫颈的侧面，伸入子宫颈的下部，然后用食指、中指及拇指握住子宫颈的外口端，使子宫颈外口与小指形成的环口持平。另一只手用干净的毛巾擦净阴户上污染的牛粪，持输精枪自阴门以 35°～45°向上插入 5～10cm，避开尿道口后，再改为平插或略向前下方进入阴道。当输精枪接近子宫颈外口时，握子宫颈外口处的手将子宫颈拉向阴道方向，使之接近输精枪前端，并与持输精枪的手协同配合，将输精枪缓缓穿过子宫颈内侧的螺旋褶皱（在操作过程中可采用改变输精枪前进方向、回抽、摆动等技巧），插入子宫颈深部 2/3～3/4 处，当确定注入部位无误后将精液注入。

4. 技能考核标准

母牛直肠把握子宫颈输精技能考核标准如表 4.4 所示。

表 4.4　母牛直肠把握子宫颈输精技能考核标准

| 考核内容 | 评分标准 | | 考核方法 | 掌握程度 | 时限 |
| --- | --- | --- | --- | --- | --- |
| | 分值 | 扣分依据 | | | |
| 母牛发情检查 | 10 | 每说错一项特点扣 2 分 | 口试 | | |
| 母牛的准备 | 5 | 每少说或说错一项扣 1 分 | | | |
| 输精器械的准备 | 5 | 每说错一项扣 2 分 | | | |
| 输精人员的准备 | 5 | 每说错一项扣 2 分 | | | |
| 精液解冻 | 20 | 每说错一项扣 2 分 | 单人操作考核 | 熟练掌握 | 30min |
| 精液品质检查 | 10 | 每说错一项扣 2 分 | | | |
| 直肠把握子宫颈输精 | 30 | 每说错或少说 1 个步骤扣 3 分 | | | |
| 熟练程度 | 10 | 在教师指导下完成扣 5 分 | | | |
| 完成时间 | 5 | 每超时 1min 扣 1 分，直至 5 分 | | | |

## 技能训练四　母羊输精

1. 技能训练目标

通过本次技能训练，学生应掌握母羊输精的方法。

2. 技能训练材料

发情母羊、75%酒精、高压灭菌器、生理盐水、冷冻精液、新鲜精液、开膣器、羊用输精枪、一次性手套等。

3. 技能训练方法与步骤

（1）输精前准备

1）母羊准备。经过发情鉴定确定已到输精时间的母羊，由助手用两腿夹住母羊头部，两手提起母羊后肢，即倒提羊；或者使用专用输精架将母羊固定，将外阴清洗消毒，并擦干外阴。

2）器械准备。首先将输精器械进行清洗消毒。金属材质的用火焰消毒后再用 75%酒精棉球擦拭消毒；玻璃输精器用高压灭菌器煮沸或蒸汽消毒，使用前用生理盐水冲洗 2～3 次即可。

3）精液准备。如果使用冷冻精液，则应先解冻，活力在 0.3 以上方可使用。新鲜精液经检查活力要求在 0.8 以上，然后将精液吸入输精管中备用。

4）人员准备。输精人员要身着工作服，指甲剪短并磨光，手清洗消毒。

（2）输精操作

1）开膣器输精法。将发情母羊固定在输精架内或由助手用两腿夹住母羊头部，两手提起母羊后肢将羊保定好。洗净并擦干其外阴部，将已消毒过的开膣器顺阴门方向合并插入阴道，旋转 45° 后打开开膣器，并借助一定光源（手电筒或电灯等）找到子宫颈外口，把输精器插入子宫颈内 0.5～1cm，将精液缓慢注入，随后撤出输精器并取出阴道开膣器。然后输精员用手轻拍母羊的腰背部，防止精液倒流。

2）输精器阴道插入法。对于初配阴道比较狭小的母羊及使用阴道开膣器插入阴道困难的母羊，可模拟自然交配的方法，将精液用输精管输入阴道底部。具体操作方法是：把母羊两后腿提起倒立进行保定。操作人员用手拔开母羊阴户，将输精管插入阴道底部输精。如果精液流入较缓慢，则可轻轻转动输精器，略微改变其角度或来回拉动几下，以便让精液流入。输精完毕后，输精员用手轻拍母羊的腰背部，防止精液倒流。

4. 技能考核标准

母羊输精技能考核标准如表 4.5 所示。

表 4.5 母羊输精技能考核标准

| 考核内容 | 评分标准 | | 考核方法 | 掌握程度 | 时限 |
|---|---|---|---|---|---|
| | 分值 | 扣分依据 | | | |
| 发情鉴定 | 15 | 每说错一项特点扣 2 分 | 口试 | 熟练掌握 | 10min |
| 精液品质检查 | 15 | 每少说或说错一项扣 1 分 | | | |
| 输精器械的准备 | 5 | 每说错一项扣 2 分 | 单人操作考核 | | |
| 输精人员的准备 | 5 | 每说错一项扣 2 分 | | | |
| 输精操作 | 20 | 每说错一项扣 2 分 | | | |
| 熟练程度 | 10 | 在教师指导下完成时扣 5 分 | | | |
| 完成时间 | 30 | 每超时 1min 扣 1 分，直至 5 分 | | | |

## 技能训练五　牛、羊早期妊娠诊断

1. 技能训练目标

通过本次技能训练，学生应掌握牛、羊早期妊娠诊断的方法，初步学会动物 B 超的使用方法。

2. 技能训练材料

配种后母牛、配种后母羊、开膣器、手电筒、长臂手套、盆、肥皂、毛巾、药匙、试管夹、小试管、酒精灯、75%酒精、蒸馏水、温水、多普勒妊娠诊断仪、耦合剂、听诊器等。

3. 技能训练方法与步骤

（1）母牛的早期妊娠诊断

1）直肠检查。

① 准备工作。检查人员将母牛站立保定，将其尾巴拉向一侧，排出宿粪，清洗外阴。检查人员将指甲剪短磨光，穿好工作服，戴上长臂手套，清洗并涂抹润滑剂。

② 检查方法。检查人员站于母牛正后方，五指并拢呈锥形，旋转伸入直肠。手伸入直肠后，若有宿粪则可用手轻轻堵住，使粪便蓄积，刺激直肠收缩。当粪便达到一定量时，手臂在直肠内向上抬起，使空气进入直肠，促进宿粪排出。手臂伸入母牛直肠内，达骨盆腔中部，手掌展平，掌心向下压肠壁，触摸生殖器官或孕体状况。

③ 结果判定。根据卵巢上黄体发育情况、大小，子宫大小变化、质地、收缩反应，角间沟的变化，子宫颈位置变化，妊娠脉搏情况及子叶情况判断有无妊娠。

2）孕酮水平测定法。在配种后 23～24d 取牛奶样品，用放射免疫法或酶免疫法测定孕酮含量。若孕酮含量高于 5ng/mL，则为妊娠；若孕酮含量低于 5ng/mL，则为未孕。

3）超声波诊断法。利用不同超声波诊断仪对母牛进行早期妊娠诊断。目前超声波诊断仪主要有 3 类：一是用探头通过直肠探测母牛子宫动脉的妊娠脉搏，通过信号显示装置发出的不同声音信号判断母牛妊娠与否；二是探头自母牛阴道伸入，显示的方法有声音、符号、文字等形式，妊娠 30d 内探测子宫动脉反应，40d 以上探测胎心音可达到较高的准确率，但有时会因子宫炎、发情所引起的类似反应干扰测定结果而出现误诊；三是 B 型超声波诊断仪，将其探头放置在右侧乳房上方的腹壁上，探头方向应朝向妊娠子宫角。通过显示屏可清楚地观察胎泡的位置和大小，并且可以定位照相。通过探头的方向和位置的移动，可见到胎儿各部的轮廓、心脏的位置及跳动情况、单胎或双胎等。

（2）母羊的早期妊娠诊断

1）准备工作。母羊在腹部触诊前一夜停食，将母羊仰卧保定，用肥皂水灌肠，排除宿粪。用 75%酒精棉球消毒触诊棒，然后用消毒液浸泡消毒，最后用 40℃的温水冲去药液并涂抹润滑剂使用。

2）诊断方法。

① 外部观察。观察母羊配种后的发情情况、阴户状况，并对其进行初步判断；结合检查母羊阴道，观察黏膜颜色的变化和腹部增大情况。

② 直肠腹部触诊。对待查母羊进行直肠腹部触诊，如果有胞块状物体，则表明已妊娠；如果只摸到触诊棒，则表明未孕。

③ 腹壁触诊法。检查者面向母羊后躯，两腿夹住其颈部或前躯，两

手掌贴在其左、右腹壁上,然后两手同时向里平稳地压迫或一侧用力大些,另一侧轻压,或两手滑动触摸,检查母羊子宫有无硬块,能否摸到子叶;或者检查者半跪在母羊的左侧,一手挽住羊颈,用右膝顶住其左腹壁,同时用右手在其右腹壁触摸检查子宫内是否有胎儿。

4. 技能考核标准

牛、羊早期妊娠诊断技能考核标准如表 4.6 所示。

表 4.6　牛、羊早期妊娠诊断技能考核标准

| 考核内容 | 评分标准 | | 考核方法 | 熟练程度 | 时限 |
|---|---|---|---|---|---|
| | 分值 | 扣分依据 | | | |
| 正确进行查前准备 | 20 | 每少一项扣 5 分 | 两人操作考核 | 熟练掌握 | 30min |
| 熟练进行检查 | 15 | 每错一步扣 5 分 | | | |
| 正确掌握各种检查方法 | 15 | 每错一项扣 5 分 | | | |
| 正确判定结果 | 30 | 每错一处扣 5 分 | | | |
| 熟练程度 | 10 | 在教师指导下完成时扣 5 分 | | | |
| 完成时间 | 10 | 每超时 1min 扣 2 分,直至 10 分 | | | |

## 技能训练六　母牛正常分娩助产

1. 技能训练目标

通过本次技能训练,学生应学会观察母牛分娩预兆,了解分娩过程,掌握助产方法及要领。

2. 技能训练材料

临产母牛、毛巾、剪刀、产科绳、肥皂、缠尾绷带、酒精、碘酒、来苏尔、石蜡油等。

3. 技能训练方法与步骤

(1) 分娩预兆观察

观察母牛的乳房变化、荐坐韧带松弛情况、生殖道颜色与肿胀情况、行为表现等,判断母牛的分娩预兆。

(2) 产前准备工作

先将母牛用缠尾绷带缠尾系于一侧,用温水彻底清洗母牛的外阴部及肛门周围,最后用来苏尔溶液消毒并擦干。助产者要将手臂清洗干净并以酒精消毒。

(3) 分娩过程观察及助产

1) 当母牛开始分娩时,首先,要密切关注其努责频率、强度、时间及母牛姿态。其次,要检查母牛脉搏,记录分娩开始时间。

2) 当母牛胎囊露出阴门或排出胎水后,将手臂消毒后伸入产道,检

查胎向、胎位和胎势是否正常，对不正常者应根据情况采取适当的矫正措施，防止难产发生。当发现倒生时，应及早撕破胎膜拉出胎儿。

3）在分娩时，一般先露出羊膜囊，也有时先露出尿囊。

4）当胎儿嘴露出阴门后，要注意胎儿头部和前肢的关系。若发现前肢仍未伸出或屈曲，则应及时矫正。

5）胎儿通过阴门时应注意阴门的紧张度。若过度紧张，则应以两手顶住阴门的上角并在两侧加以保护，防止撕裂。发现胎头较大难以通过阴门时，应将胎膜撕破，用产科绳系住胎儿的两前肢球节，由手术者按住下掰，助手牵引产科绳，配合母畜努责，顺势拉出胎儿。牵引方向应与母牛骨盆轴的方向一致，用力不可过猛，防止子宫外翻。

6）当胎儿腹部通过阴门时，要注意保护脐带的根部，防止脐血管断于脐孔内，引起炎症。

7）胎儿排出后，应将胎膜除掉。当胎儿排出，但脐带未断时，可将脐带内的血液尽量捋向胎儿，待脐动脉搏停止后，用碘酒消毒，结扎后断脐，对自动断脐的幼畜脐带也应用碘酒消毒。

（4）新生仔畜护理

擦去仔畜鼻口中的黏液，并注意有无呼吸，若无呼吸，则可有节律地轻按腹部，进行人工呼吸；用干布擦去或让母畜舔干仔畜身上的羊水；注意仔畜保温；尽早给仔畜吃到初乳。

（5）母牛护理

擦净母牛外阴部、臀部和后腿上粘附的血液、胎水及黏液；更换褥草；使母牛及时饮水并给予疏松易消化的饲料；注意胎衣排出时间和排出的胎衣是否完整，如果发现胎衣不下或部分胎衣滞留的情况，则应及早剥离或请兽医处理。

4. 技能考核标准

母牛正常分娩助产技能考核标准如表4.7所示。

**表4.7　母牛正常分娩助产技能考核标准**

| 考核内容 | 评分标准 | | 考核方法 | 掌握程度 | 时限 |
|---|---|---|---|---|---|
| | 分值 | 扣分依据 | | | |
| 分娩预兆的观察 | 20 | 每判断错误一项扣5分 | 两人操作考核 | 熟练掌握 | 50min |
| 正确进行产前准备 | 15 | 每少准备一项扣5分 | | | |
| 正确进行助产操作 | 15 | 每错一步扣5分 | | | |
| 产后母子护理 | 30 | 每错一步扣5分 | | | |
| 熟练程度 | 10 | 在教师指导下完成时扣5分 | | | |
| 完成时间 | 10 | 每超时1min扣2分，直至10分 | | | |

=== 单 元 测 验 ===

## 一、单项选择题

1. 当母牛发情时，其子宫颈口将适当开口，黏膜充血、有（　　）流出。

　　A. 血液　　　　B. 脓汁　　　　C. 羊水　　　　D. 黏液

2. 母牛一般只需输精一次即可，但输精后 8h 内仍有明显的发情症状，则在第一次输精后（　　）h 后进行第二次输精。

　　A. 7~8　　　　B. 4~5　　　　C. 5~6　　　　D. 8~10

3. 输精时技术人员首先进行清洗消毒、指甲剪短（　　）。

　　A. 锉短　　　　B. 不磨　　　　C. 不锉　　　　D. 磨光

4. （　　）在配种时会发出"咕咕"的叫声。

　　A. 兔　　　　B. 驴　　　　C. 牛　　　　D. 羊

## 二、判断题

1. 牛的发情周期一般平均为 21d。　　　　　　　　　　　（　　）

2. 当母兔表现发情时，其阴道黏膜会因出血而变潮红。　（　　）

3. 兔是自发排卵动物。　　　　　　　　　　　　　　　（　　）

4. 母牛发情鉴定以外部观察为主。　　　　　　　　　　（　　）

5. 对于刚出生的仔畜要包扎脐带。　　　　　　　　　　（　　）

6. 母羊正确的分娩过程是先破羊水，产出前肢，然后是头部或臀部，躯干和后肢或前肢。　　　　　　　　　　　　　　　　　　（　　）

7. 同期发情是利用某些激素制剂人为地控制并调整一群家畜的发情周期，使之在预定的时间内集中发情的过程，以便有计划地合理组织配种。

　　　　　　　　　　　　　　　　　　　　　　　　　　　（　　）

8. 牛采精时假阴道的内胎的温度为 38~40℃，若不合适，则调节到合适的范围。　　　　　　　　　　　　　　　　　　　　　（　　）

9. 母牛双胎引起的难产属于胎儿性难产。　　　　　　　（　　）

10. 在难产的救助中，应尽量在子宫内矫正胎势。　　　（　　）

## 三、问答题

1. 判断母畜发情的方法有哪些？

2. 如何判断牛的预产期？

3. 如何处理假死羔羊？

══ 项目小结 ══

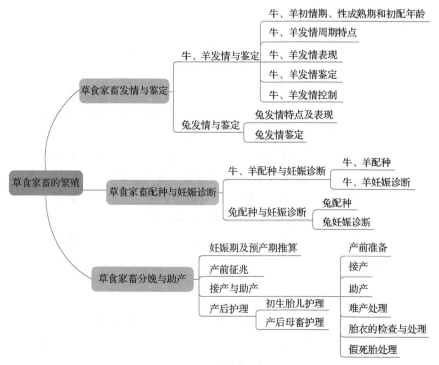

项目四　答案

# 项目 五

## 牛生产技术

### 导入语

随着国家产业结构调整，养牛业迅猛发展，涌现了一大批现代化规模牛场，取得了良好的养殖效果。但也有不少养殖场户对牛生产特点、规律及养殖技术缺乏认识和了解，盲目生产造成产量低、效益差甚至亏损。因此，掌握牛生产关键技术是各养殖企业养好牛的关键。本项目主要介绍奶牛、肉牛各阶段饲养管理技术、牛生产性能测定技术、挤奶技术及牛场保健等内容。

视频 5-0　导学

### 教学目标

**【知识目标】**

- 了解不同泌乳阶段奶牛的特点。
- 了解影响奶牛泌乳性能的因素。
- 掌握不同阶段奶牛的饲养管理要点。
- 了解奶牛外貌鉴定、体尺测量、体况评分及生产性能评定要点。
- 了解新生犊牛护理及饲养管理要点。
- 了解不同阶段青年牛的特点及饲养管理要点。
- 了解青年牛加牧加补饲持续育肥、舍饲—放牧—舍饲育肥及全舍饲育肥、架子牛育肥要点。
- 了解牛场消毒、免疫和驱虫要点及注意事项。

**【技能目标】**

- 会鉴定牛外貌、测量体尺、评定体况。
- 能正确选择高产牛。
- 会正确给奶牛挤奶。
- 会正确饲养管理各阶段奶牛。
- 会正确进行奶牛生产性能评定。
- 会肉牛育肥技术。
- 会正确进行牛场消毒、免疫和驱虫。

**【素养目标】**

- 培养资料收集、处理、获取信息的能力。
- 提升随机应变的能力。
- 培养分析问题、解决问题的能力。
- 培养不怕苦、不怕累、有责任心的品质。
- 提升观察与分析能力、独立处理突发事件的能力。

学前测试

1. 只要是奶牛就能产奶吗？

2. 新生奶犊牛是与母牛关在一起，还是单独关养？

# 任务一 奶牛泌乳期饲养管理

由 20 个养殖户组建的奶牛养殖小区共存栏荷斯坦奶牛 400 头，采用拴系式养殖、管道挤奶，全场统一供料、统一收奶、分户管理模式，全年日粮主要由精饲料补充料、稻草、酒糟、青饲料等组成，但奶牛产奶量一直不高（平均为 4850kg）、乳蛋白较低（2.75%）。奶牛生产性能不高的原因是什么？如何帮助该奶牛养殖小区提高奶牛生产水平？本任务将介绍奶牛泌乳期饲养管理相关知识。

课件 5-1 奶牛泌乳期饲养管理

## 一、影响奶牛生产性能的因素

（一）遗传因素

不同品种牛的产奶量和乳脂率差异很大，以荷斯坦奶牛的产奶量最高。同一品种牛因个体差异，泌乳性能有较大差别，产奶量范围为 3000～15 000kg，乳脂率为 2.6%～6%。

（二）生理因素

1. 初产年龄

初产年龄不仅影响本期产奶量，还影响终生产奶量。实践证明，在体成熟时（18～24 月龄或体重达到成年体重 70% 以上）第一次配种较合适。过早、过晚均不宜，一般最迟不超过 30 月龄。

**即问即答 5-1**：体重和月龄不能达到一致的情况下，应根据哪个因素确定是否可以配种？

2. 产犊间隔

产犊间隔指两次产犊间隔的天数。最理想的是一年一产，一年中泌乳期为 10 个月，干乳期为 2 个月，此时母牛应在产后 50～60d 再次受胎怀孕，最迟不超过 90d。在生产上，产犊间隔一般控制在 380～400d。

### 3. 年龄与胎次

随着年龄增大，奶牛乳腺发生规律性的变化，因此，奶牛产奶量也随年龄、胎次而发生规律性的变化。奶牛产奶量在第 5 胎左右达高峰，初产奶牛产奶量一般仅能达到高峰时的 60%～70%，随着年龄、胎次增加，乳腺发育完善，产奶量逐渐增加，以后逐步降低。乳脂率和非乳脂固形物从第一个泌乳期到第五个泌乳期逐渐下降，每个泌乳期下降幅度为 0.2%～0.4%，从第六个泌乳期以后，变化很小。

在生产上，要注意控制奶牛胎次结构，以保证鲜奶的平衡供应。牛群合理结构要求成年母牛占 60%～65%，育成母牛占 20%～30%，母犊牛占 8%～10%；成年母牛中 1～2 胎占 35%～40%，3～5 胎占 40%，6 胎以上占 20%，泌乳牛以占成年母牛的 80%为宜。

### 4. 泌乳期

奶牛产犊后连续泌乳的一段时间称为泌乳期，一般为 10 个月左右。

初乳期后，日泌乳量逐渐增高，在产后 20～60d 出现高峰（低产牛 20～30d，高产牛 40～60d），持续 40～60d（低产牛 1 个月左右，高产牛 2 个月），该阶段是日泌乳量最高的一段时间。然后日泌乳量开始逐渐缓慢下降，低产牛每月可下降 8%～10%，高产牛每月可下降 5%～7%，直到泌乳第 8 个月，被称为泌乳中期。往后，泌乳量明显下降，被称为泌乳后期，直到停止挤乳（干乳）。奶牛泌乳曲线如图 5.1 所示。

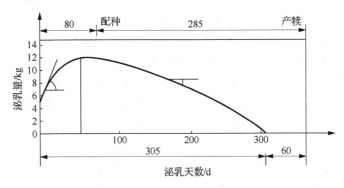

图 5.1　奶牛泌乳曲线

泌乳曲线主要有 3 种类型，第一类是高度稳定型，泌乳高峰过后每个泌乳月泌乳量递减 6%以下，多见于头产牛及高产牛，多用于育种核心群；第二类是比较稳定型，每个泌乳月泌乳量递减 6%～7%，常见于中产牛，多用于育种群；第三类是急剧下降型，每个泌乳月泌乳量递减 8%，常见于低产牛，多用于生产群。

泌乳期的不同阶段产奶量不同，如表 5.1 所示。在 3 个时期中泌乳盛期产奶量最高，后期最少；产奶量越高的牛，后期单产指数越高，表明高产牛的泌乳期长，下降幅度小，而中期的单产指数比较稳定。

表 5.1　泌乳阶段对产奶的影响

| 项目 | 泌乳盛期 | 泌乳中期 | 泌乳后期 | 全期 |
|---|---|---|---|---|
| 总产比例/% | 45～50 | 30 | 25～30 | 100 |
| 单产指数 | 112～124 | 101 | 84～67 | 100 |

注：单产指数=实际日产量/全泌乳期日平均值。

### 5. 干乳期

从停止挤奶到产犊的这一段时间称为干乳期。干乳太早，会减少奶牛产奶量；干乳太晚，会使胎儿发育受到影响，也影响初乳品质。早产或生死胎时，会缩短或缺少干乳期，降低下一泌乳期的产奶量。早产的泌乳量仅仅是正常产的80%。

### 6. 发情与妊娠

奶牛发情期间由于性激素的作用，产奶量会出现短暂性的下降，其下降幅度为10%～12%。在此期间，乳脂率略有上升。奶牛妊娠对产奶量的影响明显且持续，妊娠初期，影响极微；从妊娠第5个月开始，产奶量显著下降；第8个月则迅速下降，直至停奶。

### （三）饲养管理与环境因素

### 1. 饲养管理

饲料种类、营养价值及日粮中各种营养物质的均衡，对提高奶牛产奶量和牛奶质量起着决定性作用。应当根据不同饲养阶段，依产奶量给予全价配合日粮。日粮中应有一定量的青绿多汁饲料和青贮饲料，并注意各种营养物质合理搭配。若长期饲料不足、营养水平低，则不仅会大大降低产奶量及乳的质量，还会缩短泌乳期。若营养水平过剩，则奶牛容易过肥，造成饲料浪费，降低经济效益，也易引起难产等繁殖障碍。

从管理方面来看，高温及寒冷、潮湿的环境条件会破坏奶牛机体正常的代谢过程，产奶量也会大幅度下降。经常刷拭、修蹄，进行适当运动，能增强奶牛新陈代谢，促进血液循环，有利于牛体健康和产奶量的提高。

### 2. 挤奶技术

正确的挤奶技术能充分发挥奶牛的产奶潜力。不管是手工挤奶还是机器挤奶，挤奶前都需要充分擦洗、按摩乳房，建立良好的泌乳反射。在5～6min内完成挤奶，是获得量多而质优牛奶的关键，并有利于牛体与乳房健康。无论是3次还是2次挤奶，一旦形成规律，则要坚持不懈，不可轻易打乱。不规律的挤奶安排，不利于奶牛产奶性能的发挥。

### 3. 产犊季节

奶牛最适宜的产犊季节是冬春季，这时产犊整个泌乳期产奶量最高，夏季产犊则产奶量最低。

### 4. 外界气温

奶牛产奶的适宜温度为 0～20℃，最适宜的温度为 12～18℃，在高湿度情况下 24℃就会影响产奶。

### 5. 奶牛健康状况

奶牛健康状况较差或患病，对产奶量的影响十分明显，严重时会不产奶。尤其是奶牛乳房如果发生感染，产生的毒素就会损坏乳腺组织，降低乳房产奶的能力。在生产上以乳房炎、代谢病、蹄病影响较大。

**同步测试 5-1**

1. 奶牛产奶最适宜的温度范围是（　　　）。
   A. 18～20℃　　B. 30℃以下　　C. 12～18℃　　D. 20～25℃
2. 奶牛最差的产奶季节是（　　　）。
   A. 春季　　　　B. 夏季　　　　C. 秋季　　　　D. 冬季
3. 在正常情况下，奶牛产犊间隔时间最理想的是（　　　）个月。
   A. 10　　　　　B. 12　　　　　C. 13　　　　　D. 15

## 二、挤奶技术

### （一）排乳及排乳反射

视频 5-1　奶牛挤奶

排乳是一个复杂的生理过程，它受神经和内分泌的调节。当乳房受到犊牛吮乳、按摩、挤奶等刺激时，乳头皮肤末梢神经感受器将冲动传至垂体后叶，引起神经垂体释放催产素进入血液，经 20～60s，催产素即可经血液循环到达乳房，并使腺泡和细小乳导管周围的肌上皮细胞收缩，乳房内压上升而迫使乳汁通过各级乳导管流入乳池。奶刚挤完时，奶的分泌达到最高速度，到下次挤奶前减到最低速度。当两次挤奶之间奶充满于乳泡腔和乳导管时，乳房内压不断增高，奶的分泌速度减慢，直到对母牛开始挤奶为止。如果不通过挤奶减少压力，当乳房内压达到 3.3～4.7kPa（25～35mmHg）时，奶的分泌就将停止，而奶的成分也将被血液吸收，所以对奶牛每天要挤奶 2～3 次。

血液中催产素的浓度在维持 6～8min 后急剧下降，因此，每次挤奶速度要快，在完成挤奶准备工作后 90s 内立即进行挤奶，这一环节的拖延将使产奶量下降。虽然可能有第二次排乳反射，但其效果通常较第一次弱。

在挤奶时出现的疼痛、兴奋、恐惧、异常环境条件或突然更换挤奶员等情形均会抑制奶牛的排乳反射（图 5.2），这时肾上腺髓质释放肾上腺素。

肾上腺素能引起乳房的血管和毛细血管收缩，使乳房的血流量减少，从而导致流入乳房的催产素不足。此外，肾上腺素还有抑制肌上皮细胞收缩的作用。因此，在挤奶时若发生排乳抑制，则会严重影响产奶量。

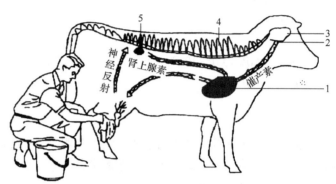

1—心脏；2—垂体后叶腺；3—下丘脑；4—脊髓；5—肾上腺。

图 5.2　排乳反射

乳汁的排出有一定的次序。最先排出的一部分称为乳池乳，占泌乳量的 1/3～1/2；此后排出的乳由排乳反射引起，故称反射乳，占总乳量的 1/2～2/3；反射乳排完后，乳房中还有一部分乳汁，称为残留乳，它将与新生成的乳汁混合，待下一次一起排出。

实践证明，固定的挤奶员，熟练的挤奶技术，固定的挤奶时间、顺序、地点，稳定的挤奶机脉动系统，安静的挤奶环境，喂给饲料（精），观看其他牛挤奶及听到挤乳机声音，按摩乳房等良好刺激，都可以使奶牛建立良好的排乳反射，从而泌乳正常，产奶量较高。喧扰嘈杂的环境、陌生的闲人、新挤奶员，挤奶技术不熟练、变更工作日程、鞭打牛体、大声呵斥等异常的条件刺激，均可导致奶牛情绪骚动不安，发生排乳抑制，从而阻止脑垂体释放催产素而抑制排乳。

（二）挤奶准备

在挤奶前 0.5～1h，清除牛体上的尘土、粪草（刷拭），清除牛床粪便。准备好温水（45～50℃），备齐挤奶一切用具。要求挤奶员定期体检，剪短指甲并磨光，洗净双手，穿工作服，戴工作帽等。

1. 洗擦乳房

洗擦乳房的目的是检查乳房是否有外伤和疾病。手工挤奶时常用水洗擦；若用机器挤奶，则在乳房干净的前提下可干擦，同样可以引起泌乳反射。因此，在用温水清洗后，应将乳房擦净，不得留有水珠（机器挤奶），防止乳房细菌的传播。用温水洗涤乳房的顺序分别是乳头孔、乳头、中沟、乳房体、右侧、后侧、左侧。当用桶、水、毛巾清洗时，水、毛巾应经常更换，防止细菌大量滋生且互相传播。在清洗水中加入消毒剂，可减少疾病的传播。

## 2. 按摩乳房

一般在挤奶前对乳房进行整体按摩，在挤奶中进行一侧按摩，在挤奶后期进行分区按摩，接近挤完前进行撞击按摩。实践证明，充分按摩下，乳腺泡排出乳汁70%～90%，腺泡内乳脂率达11%～20%，而导管只有1%～1.8%乳汁，乳池内有0.8%～1%乳汁；不按摩时乳腺泡内只排出20%～25%乳汁。

当乳房出现明显膨胀、内压增高、静脉血管努张、皮肤颜色粉红、乳头胀满紧张、乳头括约肌松弛时挤奶最佳。

### （三）手工挤奶

#### 1. 坐姿

挤奶人员在牛体右侧后1/3处，坐在小板凳上，两腿夹紧奶桶，左膝在牛右后肢飞节前侧附近，两脚向侧方开张，即可开始挤奶。开始挤奶前先挤几滴奶，观察乳汁有无异常，然后扔掉，因为前两把奶液中含有大量微生物。挤奶时精力要集中，以防牛体骚动造成奶桶打翻和伤人事故。

#### 2. 手势

采用压榨法或滑下法挤奶。压榨法是指先用拇指和食指压紧乳头基部，然后用中指、无名指及小拇指顺序压榨乳头把奶挤出。用这种方法挤奶，牛不会感到痛苦，能保持乳头干燥和卫生，是手工挤奶的最好方法。滑下法是指用拇指和食指夹紧乳头基部，由上而下滑动把奶挤出。此法适于乳头过短的母牛，但易造成乳头变形和乳头黏膜损伤，易造成牛奶污染。因此，在正常情况下不宜使用滑下法。

**即问即答 5-2**：手工挤奶是握住奶牛乳房还是奶牛乳头？

#### 3. 注意点

挤奶时注意先挤2个后乳头，再挤2个前乳头。根据泌乳特性，挤奶速度要按照先慢（80～90次/分）、中快（120次/分）、后慢（80～90次/分）的顺序安排，中途不得停顿，在5～8min内挤完，否则泌乳反射消失，就很难挤干净。挤完奶后要药浴乳头、清洗用具。

### （四）机器挤奶

机器挤奶是利用真空造成乳头外部压力低于乳头内部压力，使乳头内部的乳向低压方向排出。利用机器挤奶时4个乳区同时挤，便于与奶牛短暂的排乳反射相协调。

#### 1. 挤奶设备的类型

挤奶设备主要有提桶式（图5.3）、移动式（图5.4）、管道式（图5.5）

及固定挤奶厅（图5.6）。目前，大部分规模牛场均在固定挤奶厅中挤奶。一般提桶式适用于拴系挤奶的小型养殖户，移动式适用于散养的农户和小型奶牛场，管道式适用于大中型奶牛场，目前已逐渐被挤奶厅所取代。

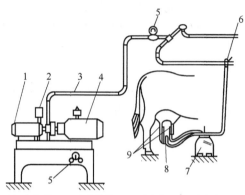

1—电动机；2—真空泵；3—真空管道；4—真空杯；5—真空表；6—真空开关；
7—挤奶器桶；8—集乳器；9—挤奶杯。

图5.3　提桶式挤奶设备

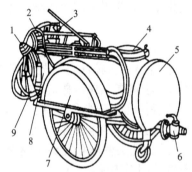

1—集乳器；2—脉动器；3—真空控制器；4—奶罐盖；5—集奶罐；
6—放奶开关；7—小车；8—牛奶计量器；9—挤奶杯。

图5.4　移动式挤奶设备

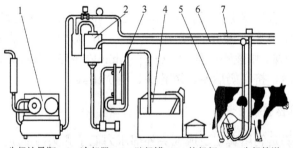

1—真空泵；2—牛奶计量瓶；3—冷却器；4—贮奶罐；5—挤奶杯；6—牛奶管道；7—真空管道。

图5.5　管道式挤奶设备

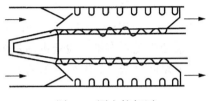

图 5.6　固定挤奶厅

**2．挤奶设备的构成**

挤奶设备一般由真空表（泵）、真空罐、真空管道、真空调节器、挤奶器、贮奶罐组成。挤奶器包括挤奶杯、集乳器、脉动器、橡胶软管、计量器等。

**3．挤奶机的使用步骤**

1）开机前检查。打开机器前，检查奶嘴（挤奶杯）形状、大小、弹性，各种橡胶管道是否老化，若出现老化，则应及时更换。

2）打开机器。调整所需的脉动频率 50～60 次/分，真空度保持 350～380mmHg，即 46.66～50.66kPa（4.67 万帕）。在工作中要密切注意其变化，必要时随时调节。

3）乳房准备。清洗、消毒、擦干及按摩乳房，废弃前两把奶后，检查有无乳房炎症状。没有乳房炎症状的奶牛才可用于机器挤奶。

4）上套乳杯组。用靠近牛头的手持住挤奶器，用另一只手接通真空。把第一个乳杯套在最远的乳头上。由远及近，垂直向下，最好在 90s 内完成，以减少空气进入。

5）随时注意观察乳杯组。为防止乳杯爬升卡死乳头，用手在奶爪上向下轻轻地按几秒，防止空挤（干挤）时卸下机器。挤乳进行中不要按摩乳房，否则会干扰正常的条件反射，也不要大声喧哗，不要有其他的大声响动。对于无乳、瞎乳头的最好用"乳堵"，若用折胶管的方法，则堵不严，同时会影响胶软管的使用寿命。

6）取下挤奶杯。挤完后，切断真空，乳杯组脱落。在切断真空前，绝不可用手插入乳头和乳杯口之间，形成空隙。否则会回乳，是危险动作。新一代挤奶机一般挤完奶后会自动脱杯。

7）消毒乳头。出奶后 15～20min 乳孔才闭合，要求挤奶后马上用消毒药把乳头浸湿或喷上药物，或让奶牛站立 0.5h 以防感染。

8）清洁消毒挤奶机管道设备、橡胶设备。先用温水清洗 4～5min，排除管内残余的牛奶，然后用特制的洗涤剂清洗，温度为 60～80℃，时间为 10～15min。最后用清水冲洗 4～5min。

9）检修挤奶机。定期检查挤奶杯、集乳器、奶泵止回阀、输奶管、真空罐密封件等易损部件，若发现问题随时更换。注意检查、清洁真空调节器、传感器和真空泵皮带，用拇指按压真空泵皮带，应有 1.25cm 的张度，皮带磨损或损坏应及时更换。定期检修脉动器，维护保养好真空泵，看脉动器的橡皮薄膜是否完好，器壁上的小孔是否与大气畅通，并且在装配好后，按照每分钟 40～70 次的脉动频率调节好，以备使用。在启动真空泵前，必须确认真空泵油壶是否有油，检查进油是否平稳，触摸真空泵外壳，温度不得过高；不允许有铁屑、生料等杂物掉入真空泵内部，以免缩短使用寿命。

**想一想 5-1：**在实际生产中，为什么要求在挤奶准备开始后 90s 内能套上挤奶杯开始挤奶？

### 4. 挤奶次数和间隔

泌乳期间，乳汁分泌是不间断的，随着乳汁在腺泡和腺管内的不断聚积，内压上升将减慢泌乳速率。因此，适当增加挤奶次数可提高产奶量。据报道，3 次挤奶产奶量较 2 次提高 16%～20%，而 4 次挤奶产奶量比 3 次多 10%～12%。尽管如此，生产上还得兼顾劳动强度、饲料消耗及牛群健康。通常在劳动力低廉的地区多实行日挤奶 3 次，而在劳动费用较高的地区则实行 2 次挤奶。采用 3 次挤奶，挤奶间隔以 8h 为宜；采用 2 次挤奶，挤奶间隔则以 12h 为宜。

## 三、泌乳期划分与奶牛生理特点

根据奶牛不同阶段的生理状态、营养物质代谢规律、体重和产奶量的变化，泌乳期可分以下几个阶段，各期有不同特点。

### （一）泌乳初期（围产后期）奶牛生理特点

奶牛分娩后 10～15d 这段时间为泌乳初期（围产后期）。此期奶牛的食欲差，而产奶量不断提高，因此往往动用体内贮存的能量，造成体重下降。此期奶牛体质差，易发生消化、代谢疾病，如产后瘫痪、胎衣不下、乳房炎等。

### （二）泌乳盛期奶牛生理特点

奶牛产后 16～100d 这段时间为泌乳盛期。此期奶牛的生理特点是乳房水肿消失，乳腺和循环系统机能正常，子宫恶露基本排除、体质恢复，代谢强度增强，机体甲状腺、生乳素、催乳素分泌均衡，乳腺活动机能旺盛，产奶量不断上升。此期进行科学饲养管理能使奶牛产乳高峰更高，持续时间更长，更好地发挥泌乳潜力。

泌乳盛期能量与氮的代谢出现负平衡，主要靠体内贮积的营养来满足泌乳需要。大量泌乳使奶牛体重下降，泌乳盛期过后往往出现产奶量突然下降，不仅影响产奶，还拖延产后配种时间，易出现屡配不孕及酮血病。

### （三）泌乳中期奶牛生理特点

奶牛分娩后 101～210d 这段时间为泌乳中期。此期奶牛处于妊娠期，催乳素作用和乳腺细胞代谢机能减弱,产奶量随之下降,月递减率为 5%～7%。此期的饲养任务是减缓泌乳量下降速度、保持稳产。

**（四）泌乳后期奶牛生理特点**

奶牛分娩后第 211d 至停止产奶这段时间为泌乳后期。此期奶牛处于妊娠后期,胎儿生长发育快,胎盘激素、黄体激素作用强,抑制脑垂体分泌催乳素,产奶量急剧下降。

即问即答 5-3：哪个时期的牛乳不适合作为乳制品加工?

## 四、泌乳期奶牛饲养管理

**（一）泌乳初期饲养管理**

**1. 泌乳初期饲养**

奶牛生产后,要立即喂给温热、充足的麦麸盐钙水,以暖腹、充饥及增加腹压,有条件的可补饮益母草红糖水,温度控制在 40℃ 左右,每天 1次,连服 2～3d,以促进子宫恢复和恶露排出。整个泌乳初期要保证充足、清洁、适温的饮水。一般产后一周内应供给 37～40℃ 温水,以后逐步降至常温。对于乳房水肿严重的奶牛,应适当控制饮水量。

视频 5-2　泌乳牛饲养管理

视频 5-3　围产期奶牛饲养管理

产后 3～5d,日粮应以优质干草为主,精饲料可以根据挤奶量及奶牛健康状况酌情喂给。从产后 2～3d 开始,每天增加 1～1.5kg 精饲料,至产后 8～10d 达到标准给量,但喂量以不超过体重的 1.5% 为宜。产后 10～15d,根据奶牛健康情况继续增加精饲料喂量,直至泌乳高峰到来。产后15d,日粮干物质中精饲料比例应达到 50%～55%。

产后 4～5d,日粮中添加少量青草、青贮及块根饲料,以 4～5kg 为宜,以后随着乳房水肿消除和产奶量上升逐步增加喂量,至泌乳初期结束。每天青贮喂量达 20kg,优质干草 3～4kg,块根类 5～10kg,糟渣类 15kg。

奶牛分娩后应立即改喂高钙日粮（钙占日粮干物质的 0.7%～1%）。如果日粮中不能提供充足的钙、磷,就会患有软骨症、肢蹄病和产后瘫痪等各种疾病。产后 10d,每头奶牛每天钙的摄入量不应低于 150g,磷不应低于 100g。

增加喂料量应稳妥进行,增料的同时应随时观察牛食欲、乳房状况、行为及粪便等。如果出现消化不良和乳房水肿迟迟不消的现象,则要降低精饲料喂量,待恢复正常后再增加。精饲料的增加幅度应根据不同个体区别对待。对产后健康状况良好、泌乳潜力大、乳房水肿轻的奶牛可加大增加幅度;反之,则应减小增加幅度。要注意控制多汁饲料和精饲料喂量,不要急于催奶,以免加重乳房水肿。

**2. 泌乳初期管理**

奶牛产犊后,第一次挤奶时间不宜过早,一般在产后 1h 左右开始挤奶。为了促进体质恢复，及早消除乳房水肿，高产牛最初几天不要把乳汁全部挤净。产后第 1 天每次只挤 2kg 左右，够犊牛饮用即可，第 2 天每次挤奶约为产奶量的 1/3，第 3 天为 1/2，第 4 天为 3/4，第 5 天可全部挤净。对于中低产及体质较好的奶牛在分娩后 1～2d 挤净初乳，可刺激奶牛加速泌乳，增进食欲，降低乳房炎发病率，促使泌乳盛期提前到达，而且不会引起产后瘫痪。对于体弱或 3 胎以上的高产牛，在产后 3h 内静注 20% 葡萄糖酸钙 500～1500mL，可以有效地预防产后瘫痪。

为尽快消除产后奶牛乳房水肿，每次挤乳时要坚持用 50～60℃温水擦洗乳房，先用湿毛巾趁热温敷，然后按摩乳房，并适当增加挤奶次数。如果乳房消肿较慢，则用 40% 硫酸镁温水洗涤，并按摩乳房，这样能促进乳房水肿更快消失。为防止压坏乳房，可在牛床上多铺清洁、干燥、柔软的垫草。

要仔细观察奶牛胎衣是否排出或排出是否完整，发现异常后应及时处理。

产后 4～5d，每天坚持消毒后躯一次，重点是臀部、尾根和外阴部，要将恶露彻底洗净。同时，注意观察排出恶露的气味、颜色及数量，产后第二周应为无味无色的黏液。如果在第三周排出有异味的粉红色黏液，则可能患有子宫炎。如果有恶露闭塞现象，则应及时处理，以防发生产后败血症或子宫炎等生殖道感染疾病。

要注意观察奶牛的阴门、乳房、乳头等部位是否有损伤，观察有无瘫痪等疾病的先兆。同时，要详细记录奶牛的难产、助产、胎衣排出、恶露排出情况及分娩时奶牛的体况等资料，以备日后参考。

一般奶牛经过泌乳初期后身体即能康复，食欲日趋旺盛，消化恢复正常，乳房水肿消退，恶露排尽。此时，可将奶牛调出产房转入大群饲养。

**即问即答 5-4：**分娩后为什么要让奶牛保持站立？

（二）泌乳盛期饲养管理

泌乳盛期又称泌乳高峰期，是奶牛平均日产奶量最高的一个阶段。实践证明，峰值产奶量的高低直接影响整个泌乳期的产奶量。一般峰值日产奶量每增加 1kg，全期产奶量能增加 200～300kg。因此，加强泌乳盛期饲养管理非常重要。

1. 泌乳盛期饲养

泌乳盛期的奶牛体况恢复、代谢强度逐渐提高，泌乳机能逐渐增强，此时期是奶牛高产的关键时期。此时泌乳处于高峰期，而采食量尚未达到高峰（一般在分娩后 85～100d 采食量达到高峰），采食高峰滞后于泌乳高峰约 1.5 个月，使奶牛摄入的养分不能满足泌乳需要，不得不动用体内储备来支撑泌乳。因此，泌乳盛期开始阶段奶牛体重仍有下降。如果体脂肪动用过多，在葡萄糖不足和糖代谢障碍的情况下，则会造成脂肪氧化不全，导致奶牛暴发酮病，对牛体损害极大，特别是高产牛。

（1）饲养要点

1）满足干物质采食量。每头奶牛每天干物质采食量要占体重的 3.2%～3.5%，高产牛可以达到 4%。配制日粮时，既要考虑奶牛的饱腹感，又要考虑营养的满足，所以日粮营养浓度要适宜，精饲料与粗饲料干物质比例达到 60：40。

2）供给优质粗饲料。干草以优质豆科牧草及禾本科牧草为主；青贮饲料最好是全株玉米青贮；同时饲喂一定量的啤酒糟、白酒糟或其他青绿多汁饲料，以保持奶牛良好的食欲。粗饲料喂量以干物质计，不能低于奶牛体重的 1%，日粮中粗纤维应占 15% 左右（不低于 13%）。

3）供给优质的配合精饲料。精饲料中玉米或大麦占 50%，糠麸类占 20%～22%，豆饼占 20%～25%，磷酸氢钙占 3%，食盐占 2%。喂量要逐渐增加，以每天增加 0.5kg 左右为宜。一般认为，精饲料喂量最多不超过 15kg。按干物质计算，精饲料占日粮最大比例不宜超过 60%。在精饲料比例高时，要适当增加精饲料饲喂次数，采取少量多次饲喂的方法，或使用 TMR，可有效改善瘤胃微生物的活动环境，避免消化障碍、酮血症、产后瘫痪等疾病发生。

4）满足能量需要。在泌乳盛期，奶牛对能量需求量很大。即使达到最大采食量，也无法满足泌乳的能量需要，奶牛必须动用体脂肪储备。饲养重点是供给适口性好的高能量饲料，并适当增加喂量，将体脂肪储备的动用量降到最低。但高能量饲料基本为精饲料，而精饲料饲喂过多对奶牛健康有很大的损害，因此可以通过添加过瘤胃脂肪酸、植物油脂、全脂大豆、整粒棉籽等方法提高日粮能量浓度，而不增加精饲料喂量。但要注意，直接添加油脂会影响奶牛采食量，抑制瘤胃微生物的活动，降低乳蛋白。脂肪供给量以每天 0.5kg 以下为宜，禁止使用动物性脂肪。日粮中每千克饲料中的干物质要达到 2.4NND（奶牛能量单位）。

5）满足蛋白质需要。虽然奶牛最早动用的储备是体脂肪，但在营养负平衡中缺乏最严重的养分是体蛋白，这是由于体蛋白用于合成乳的效率不如体脂肪高，体蛋白储备量又少。因此，必须高度重视日粮蛋白质的供应。一般要求粗蛋白质占日粮干物质的 16%～18%，过高不仅会造成蛋白质浪费，还会影响奶牛健康。实践表明，高产牛以饲喂高能量、满足蛋白质需要的日粮效果最好。

6）奶牛日粮中必须含有足量的过瘤胃蛋白、过瘤胃氨基酸等，以满足奶牛对氨基酸特别是赖氨酸和蛋氨酸的需要。过瘤胃蛋白含量应占日粮总蛋白质含量的 48% 左右。目前已知的过瘤胃蛋白含量较高的饲料有玉米蛋白粉、小麦面筋粉、啤酒糟、白酒糟等，适当多喂这些饲料对增加奶牛产奶量有良好效果。

7）满足钙、磷需要。泌乳盛期奶牛对钙、磷的需要量大幅度增加，必须给予充分的供给。钙的含量一般应占日粮总干物质的 0.6%～0.8%，磷占 0.45%，钙磷比为（1.5：1）～（2：1）。

（2）饲喂方法

1）预支饲养法。这是一种应用范围较广的奶牛饲养方法，即从奶牛分娩后 15～20d 开始，在提供优质充足的粗饲料、青贮饲料和青绿多汁饲料的前提下，以满足奶牛维持日常需要和泌乳实际营养需要的精饲料量为基础，每天再增加 1～1.5kg 混合精饲料，作为奶牛每天实际精饲料供给量。在整个泌乳盛期，精饲料喂量随着产奶量的增加而增加，始终保持 1～1.5kg 的"预支"，直到产奶量不再增加为止。采取预支饲养法的时间不能过早，以分娩后奶牛的体质基本康复为前提。否则，容易导致各种消化道疾病。采用预支饲养法，可以充分发挥奶牛的泌乳潜力，减轻体况下降程度。

2）引导饲养法。从干乳期的最后 2 周开始增加精饲料喂量，最初每天每头奶牛喂给 1.8kg 的精饲料，以后每天增喂 0.45～0.5kg，直到每 100kg 体重吃到 1～1.5kg 的精饲料为止。奶牛产犊后，只要体质正常，就不降低精饲料喂量，仍继续按每天 0.45kg 增加精饲料，直至精饲料喂量达到泌乳盛期为止，或者达到最高采食量为止（通过奶牛的食欲和消化情况加以判断）。泌乳盛期后再按产奶量、含脂率、体重调整精饲料喂给量。

采取引导饲养法可以有效降低酮血症的发病率，有助于维持体重和提高产奶量。在实施引导饲养的过程中，必须始终保证优质饲草的供给，任其自由采食，并给予充足、清洁的饮水，以避免奶牛消化系统疾病的发生。采用引导饲养法，可使多数奶牛出现更高的泌乳高峰，且增产的趋势可持续整个泌乳期，因而能有效提高整个泌乳期的产奶量。此法不适用于患隐性乳房炎的奶牛，即使患过乳房炎经治疗痊愈的奶牛也要慎用。

2. 泌乳盛期管理

泌乳盛期是乳房炎的高发期，此时要重点加强奶牛乳房的护理。适当增加挤奶次数，加强乳房热敷和按摩，每次挤奶后对乳头进行药浴，可有效减少乳房受感染的机会。

泌乳盛期奶牛的营养需要很高，但此时并不是采食能力最强的时期，因此应适当延长饲喂时间。每天食槽空置的时间应控制在 2～3h。饲料要少喂勤添，保持新鲜，并采用 TMR。要保证有足够的食槽空间，使每头奶牛都能充分采食，并有 5%左右的剩料量。

加强对饮水的管理，应始终保证充足、清洁的饮水。冬季有条件的要饮温水，水温在 16℃以上；夏季最好饮凉水，以利于防暑降温，保持奶牛食欲。

密切注意奶牛产后发情情况，奶牛产犊后 40～50d，出现产后第一次发情，此时要做好配种工作。对产后 60d 尚未发情的奶牛应及时诊治。

注意奶牛体况变化，体况不能太差，否则会使奶牛极度虚弱，极易患病。在奶牛体况过差的情况下，应考虑增加精饲料喂量、延长饲喂时间或增加饲喂次数。

（三）泌乳中期饲养管理

泌乳中期奶牛每天产奶量仍然很高，是获得全期稳定高产的重要时期，产奶量应力争达到全期产奶量的 30%～35%。此期要最大限度地增加奶牛采食量，促进奶牛体况恢复，延缓产奶量的下降速度，保持稳产。

1. 泌乳中期饲养

泌乳中期奶牛的食欲旺盛，采食量高，而产奶量逐渐下降，高产牛每月下降奶量为上月奶量的 4%～6%，中低产牛下降达 9%～10%。应根据奶牛状况和产奶量及时调整日粮营养浓度。在满足蛋白质和能量需要的前提下，适当减少精饲料喂量，逐渐增加优质青、粗饲料喂量，力求使产奶量降到最低程度。如果饲养上稍有疏忽，产奶量就会迅速下降。

泌乳中期可采用常规饲养法，即以青、粗饲料和糟渣类饲料等满足奶牛的维持营养需要，用精饲料满足泌乳营养需要。一般按照每产 3kg 奶喂给 1kg 精饲料的方法确定精饲料喂量。这种方法适合于体况正常的奶牛。对于体瘦或过肥的奶牛，应根据体况适当调整日粮营养浓度和精饲料喂量。以干物质计，采食量可占体重的 3%～3.2%，精饲料与粗饲料比例为（40～50）∶（50～60），粗蛋白质占日粮的 14%～16%，含钙 0.45%，含磷 0.4%，粗纤维含量不少于 17%，每千克含 2.3 NND。

2. 泌乳中期管理

1）密切关注产奶量的下降速率。每月产奶量下降速率应保持在 5%～8%。如果每月产奶量下降速率超过 10%，则应及时查找原因，采取相应措施。

2）控制奶牛体况。随着产奶量的变化和奶牛采食量的增加，奶牛在分娩后 160d 左右体重开始增加，此时要防止奶牛体况过肥。精饲料饲喂过多是体况过肥的主要原因，过肥会严重影响奶牛的产奶量和繁殖性能。因此，应每周或隔周根据产奶量和体重变化调整精饲料喂量。在泌乳中期结束时，奶牛体况应达到中等以上。

在泌乳中期，应坚持刷拭牛体、按摩乳房、加强运动、保证充足饮水等，以保证奶牛的高产、稳产。

（四）泌乳后期饲养管理

泌乳后期奶牛产奶量急剧下降、体况继续恢复，初产牛的产奶量每月降低 6%左右，经产牛降低 9%～12%。泌乳后期的奶牛一般处于妊娠后期，在饲养管理上，除了要考虑泌乳，还要考虑妊娠。对于头胎牛，还要考虑生长因素。因此，此期饲养管理的关键是既要延缓产奶量下降速度，又要使奶牛在泌乳期结束时恢复到一定的膘情，并保证胎儿健康发育。

### 1. 泌乳后期饲养

泌乳后期应确保奶牛获取足够的营养以补充体内营养贮存，日增重达到 0.5～0.75kg，到泌乳期结束时达到 3～3.5 分的理想体况。如果奶牛营养摄入不足，则导致体况过差，干乳期又不能完全弥补，会使奶牛在下一个泌乳期产奶量大大低于遗传潜力，繁殖效率低下。同时，此阶段要防止因营养过高、体况过好而产犊时患上代谢性疾病（如酮病、脂肪肝、真胃移位、胎衣不下、子宫炎、子宫感染和卵巢囊肿等）。日粮应以青、粗饲料特别是干草为主，适当搭配精饲料。为降低饲料成本，可降低精饲料中过瘤胃蛋白质或过瘤胃氨基酸的添加量，停止添加过瘤胃脂肪，限制碳酸氢钠等添加剂的饲喂。以干物质计，采食量可占奶牛体重的 3%，精饲料与粗饲料比例为 30∶70，日粮粗蛋白质占干物质的 12%～13%，每千克含 2.2NND。

### 2. 泌乳后期管理

泌乳后期奶牛的管理可参照妊娠期青年牛的管理，同时，应考虑其泌乳的特性。如果这一阶段奶牛膘情差别太大，则应分群饲养，分别饲喂，以有效预防奶牛过肥或过瘦。

**同步测试 5-2**

1. 奶牛膘情是奶牛营养代谢状况及饲养效果的反映，也是奶牛高产与健康状况的标志之一。　　　　　　　　　　　　　　　（　　）

2. 为了防止奶牛因过肥而难产，避免产后消化代谢病的发生，奶牛转入产房后须减少精饲料喂量。　　　　　　　　　　　　　（　　）

3. 高产牛产后如果立即大量挤奶，则容易造成血钙流失过多而引起产后瘫痪。　　　　　　　　　　　　　　　　　　　　　（　　）

4. 如果发现产后母牛的子官分泌物中有大量黏液或粉红色分泌物，有臭味，体温升高，说明已感染子官炎，须配合药物治疗。　（　　）

5. 泌乳前期采食干物质不足或饲料品质不好，高产牛容易发生酮病等代谢病，甚至引起卵巢机能不全，不发情，降低繁殖性能。　（　　）

## 五、TMR 饲喂技术

TMR 是以散栏（放）牛舍饲养方式为基础研究开发的新技术，近年来在美国、加拿大、日本、中国等国家部分奶牛场得到迅速推广与应用。TMR 就是根据牛群营养需要的粗蛋白质、能量、粗纤维、矿物质和维生素等，把揉切成短的粗饲料、精饲料和各种预混料添加剂进行充分混合，将水分调整为 45% 左右得到的营养较平衡的日粮。

### （一）TMR 饲养技术要点

### 1. 合理分群

采用 TMR 饲养的奶牛场，要定期对个体牛的产奶量、乳成分、体况及牛奶质量进行检测，并将营养需要相似的奶牛分为一群。大型奶牛场泌乳牛群根据泌乳阶段分为早期牛群、中期牛群、后期牛群，以及干奶前期牛群、干奶后期牛群。对处在泌乳早期的奶牛，不管产量高低，都应该以提高干物质采食量为主。对于产奶量较高或体型很瘦的泌乳中期的奶牛应该归入早期牛群。对于大多数奶牛场和小型奶牛场可将奶牛分为 3 群，即高产牛群、中低产牛群和干奶牛群。

**2. 经常检测日粮及其原料的营养含量**

测定日粮原料的营养成分是科学配制 TMR 的基础。即使同一原料（如青贮、干草等）因产地、收割期及调制方法不同，其干物质含量和营养成分也有较大差异，所以应根据实测结果配制相应的 TMR。还必须经常检测 TMR 的水分含量和奶牛实际干物质采食量，以保证奶牛能摄入足量的营养物质。一般 TMR 的水分含量以 35%～45%为宜，过湿或过干的日粮均会影响奶牛干物质采食量。据研究，TMR 中水分含量超过 50%时，水分每增加 1%，干物质采食量按体重的 0.02%下降。

**3. 科学配制日粮**

在配制日粮时，除考虑奶牛产奶量和体况需要外，还应保证绝大多数牛在泌乳中期和后期摄取额外的营养物质，以补偿泌乳早期体重的损失，使初产牛或二胎牛在泌乳期有所增重。

**4. 日粮营养需要平衡和均匀**

配制 TMR 是以营养浓度为基础的，这就要求各原料组分必须计量准确、充分混合，并且要防止精、粗饲料组分在混合、运输或饲喂过程中分离。在国外，为了使用 TMR，专门配备性能先进的饲料搅拌喂料车，它融饲料混合和分发为一体，TMR 的饲喂过程由计算机进行控制。同时，为了保证日粮混合质量，还应制定科学的投料顺序和混合时间，投料顺序一般是干草—精饲料（包括添加剂）—青贮饲料；转轴式 TMR 混合机通常在投料完毕再混合搅拌 5～6min。如果日粮无 15cm 以上的粗饲料，则搅拌 2～3min 即可。

**5. 控制分料速度**

采用混合喂料车投料，要控制车速（20km/h）和放料速度，以保证 TMR 投料均匀。同时，每天投料 2 次以上，每次投料时饲槽要有 3%～5%的剩料，以防奶牛采食不足，影响产奶量。

**6. 检查饲养效果**

注意观察奶牛采食量、产奶量、体况和繁殖状况，根据出现的问题及时调整日粮配方和饲喂工艺，并淘汰难孕牛和低产牛，以提高饲养效果。

（二）使用 TMR 的注意事项

TMR 饲喂技术主要适用于大型奶牛场，需要饲料计量和配合机械设备，投资较大。为使所有原料均匀混合，长草等需要切割，切割机也要投资和运转。要经常调查、分析饲料原料营养成分的变化，特别要注意各种原料的水分变化。饲养体制转变应有一定的过渡期；饲槽中应经常保证有饲料；注意奶牛日采食量及体重的变化；保证 TMR 的营养平衡。应用 TMR 饲喂技术，必须把牛群分成若干组，如高产组、中产组、低产组、干奶组、围产期组、青年牛组、育成牛组、犊牛组等。

即问即答 5-5：TMR 饲喂技术的主要优点有哪些？

# 任务二　奶牛干乳期饲养管理

案例导入

某些养牛户为了让奶牛多产奶，往往干乳时间很短（不足 1 个月），更有甚者不干乳，每天给奶牛挤奶直到分娩，结果造成这些奶牛体况过瘦，营养不良，下一泌乳期产奶量低，所产犊牛抵抗力差，发病率高。你认为造成这种现象的原因是什么？本任务将介绍干乳期奶牛饲养管理相关知识。

课件 5-2　奶牛干乳期饲养管理

## 一、干乳的概念与作用

干乳期是指从停止挤奶到产犊结束的时间。干乳期又分为干乳前期（45d）和干乳后期（15d，又称围产前期）。干乳是奶牛饲养管理中的一个重要环节，干乳效果好坏、干乳期长短及干乳期饲养管理，对胎儿发育、母仔健康及下一个泌乳期产奶量有着直接影响。

干乳的作用：第一，干乳可以满足胎儿快速生长发育和增重的需要；第二，干乳可以满足奶牛恢复体力、贮积营养（增重）的需要，若营养贮备不足，则会影响产后泌乳的持续性、稳定性；第三，干乳可以满足奶牛乳腺组织特别是乳腺细胞修补、更换、再生的需要；第四，干乳可以避免产后消化代谢病的发生。

## 二、干乳时间与方法

（一）干乳时间

奶牛的干乳时间一般为 60d 左右，变化范围为 45～75d。过早干乳，会减少母牛的产奶量，对生产不利；过晚干乳，既影响胎儿生长发育，也影响初乳的品质。初产牛、早配牛、体弱牛及老年牛、高产牛和饲养条件较差者，需较长干乳期60～75d。体质健壮、产奶低、营养状况较好的奶牛，可缩短至40～45d，一般不低于6周。

实践证明，没有干乳期或缩短（早产或死胎流产）干乳期，都会降低下一泌乳期泌乳时间及产量。早产牛的泌乳量仅仅是正常的80%。

**即问即答 5-6**：如果干乳时间为60d，预产期是2021年8月16日，那么什么时候干乳呢？

（二）干乳方法

1. 逐渐干乳法

为了实现逐渐干乳，在预定干乳期前10～20d开始变换饲料组成，逐渐减少青绿多汁饲料、精饲料的用量，增加干草喂量，控制饮水量，停止洗擦按摩乳房，改变挤奶次数和时间，由每天3次改为2次、1次，或隔天挤1次，如1、3、6、10日挤奶，其他日期不挤奶。同时，延长运动时间，增加能量消耗。当产奶量降至4～5kg时，即可停止挤奶，将乳房内的乳彻底挤净。

视频 5-4 奶牛
干乳技术

逐渐干乳法一般需1～2周才能彻底干乳，所需时间长，加上必须严格控制营养，不利于奶牛健康及胎儿发育。此法适于高产牛或过去停奶难及患过乳房炎的奶牛。

2. 快速干乳法

为了实现快速干乳，在开始干乳的前一天，停喂多汁饲料和精饲料，只喂干草；控制饮水，每天2～3次；停止按摩乳房。减少挤奶次数，第1天由3次改为2次，第2天1次或隔日挤奶，经4～7d停止挤奶。该法一般适用于低产牛或中产牛。

快速干乳法在预定好干乳日时，不论当时奶牛产奶量高低，认真热敷按摩乳房后，都采用手工挤奶将乳彻底挤净，挤完后，立即用酒精消毒乳头。然后向每个乳区内注入一支含有长效抗生素（青霉素较多）的干乳药膏，再用3%次氯酸钠或其他消毒液药浴乳头。最后用火棉胶涂抹于乳头孔处，封闭乳头孔。经4～10d，乳房内的乳可全部吸收干净。对于产奶量较高的奶牛，在干乳前一天应停止饲喂精饲料，以减少乳汁分泌，降低乳房炎的发病率。直至干乳日才停止挤奶，可最大限度地发挥奶牛的泌乳潜力。同时，因快速干乳法所需时间短（仅需4～7d），对胎儿发育和奶牛本身的影响较小。因此，该法在生产中得到较广泛应用。

3. 一次快速干乳法

在预定干乳当天，最后一次挤奶时，加强乳房按摩，彻底挤干乳汁，做到"滴奶不留"。每个乳头用 0.5%碘伏浸泡 1 次，进行彻底消毒，并向每个乳区注射长效干乳药物，封闭乳头。

干乳药物主要是由青霉素 40 万 IU、链霉素 100 万 IU、磺胺粉 2g 混入 40mL 灭菌植物油（花生油、豆油）中，充分混匀后即可使用，每个乳头孔注 10mL。

### 4. 注意事项

干乳时无论用什么方法，在停奶后的 3～4d，奶牛的乳房都会因贮积乳汁而膨胀。所以在此期间不要触摸乳房和挤奶，要注意乳房变化和奶牛表现。正常情况下，几天后乳房内贮积的乳汁可自行被吸收而使乳房萎缩。如果乳房中乳汁贮积过多，乳房过硬，出现"红、肿、热、痛"现象，则重复干乳一次。

另外，在预定干乳日的前 10～15d 是治疗乳房炎的最佳时期，应对奶牛进行隐性乳房炎检查。对于患有乳房炎的奶牛及时进行治疗，治愈后再进行干乳。在实践中，快速干乳法和一次快速干乳法较常用。逐渐干乳法时间长，在贫乏的饲养条件下，常常会影响牛体健康及胎儿发育。

即问即答 5-7：高产牛适合采用哪种干乳方法？体况较差的牛适合采用哪种干乳方法？

## 三、干乳期营养需要与饲养管理

视频 5-5　干乳牛饲养管理

### （一）干乳期营养需要

干乳期营养需要如表 5.2 所示。

**表 5.2　干乳期营养需要**

| 阶段划分 | 营养成分 | | | | | | |
| --- | --- | --- | --- | --- | --- | --- | --- |
| | 干物质占体重的百分比/% | 奶牛能量单位 | 干物质采食量/kg | 粗纤维/% | 粗蛋白质/% | 钙/% | 磷/% |
| 前期 | 2～2.5 | 19～24 | 14～16 | 16～19 | 8～10 | 0.6 | 0.6 |
| 后期 | 2～2.5 | 21～26 | 14～16 | 15～18 | 9～11 | 0.3 | 0.3 |

### （二）干乳期饲养管理

#### 1. 干乳前期饲养管理

#### （1）干乳前期饲养

干乳前期的饲养原则是在满足营养需要的前提下尽快干乳，使乳房及早恢复正常，使奶牛保持中上等营养状况。在干乳后 5～7d，尽量降低精饲料、糟渣类和多汁类饲料喂量。1 周后，待乳房内的乳汁被吸收开始萎缩以后，要逐步增加精饲料和多汁饲料，可按妊娠后期的饲养标准进行饲养。

日粮以粗饲料为主，应占体重的 1%以上；糟渣类和多汁类饲料不宜饲喂过多，以免压迫胎儿，引发早产，每头每日不宜超过 5kg；精饲料给量根据粗饲料品质及体况调整，一般每头每日 3～4kg；干物质进食量占体重的 1.8%～2.5%，一般为 12～13kg；粗蛋白质占干物质的 12%～13%；控制日粮中钙的含量，保持钙磷比为（1.5∶1）～（2∶1）；避免饲喂高钾日粮，日粮中钾的推荐含量为 0.65%～0.8%；控制食盐用量，按日粮干物质 0.25%添加。应严格控制缓冲剂的使用，对初产牛，禁止在其日粮中使用碳酸氢钠等缓冲剂，以避免乳房水肿和产后瘫痪的发生；对经产牛也应降低缓冲剂的使用量。

（2）干乳前期管理

注意观察干乳后乳房的变化和奶牛表现；加强卫生护理，注意圈舍清洁卫生；坚持适当运动 2～3h，分娩前 2～3d 停止；加强刷拭，保持皮肤清洁；按摩乳房，促进乳腺发育（每天按摩乳房 1～2 次，每次 5～10min）；做好保胎防流工作；分群或单群饲养，合理安排日粮。

**2. 干乳后期饲养管理**

干乳后期饲养管理的好坏直接关系到奶牛的正常分娩、分娩后的健康及产后生产性能的发挥和繁殖表现。要求奶牛特别是膘情差的奶牛有适当的增重，到临产前达到中上等体况，做到健壮而不过肥。据统计，干乳期每增重 1kg，整个泌乳期内的产奶量可增加 25kg。

在饲料供给上，要注意营养平衡，增加精饲料，提高蛋白质含量，适当减少粗纤维，降低饲料中钙的含量。

产前 16d，要逐渐增加精饲料，每天增加 0.45kg，直至达体重的 1%～1.5%为止。同时降低钙的喂量到干乳前期的 1/2（0.3%），可去掉混合精饲料中的石粉、骨粉。日粮中钙磷比例控制在 0.8∶1，同时适当减少食盐用量。

产前 7～10d，一次灌服 320g 丙烯乙二醇，可有效降低体脂肪的分解代谢，避免产后酮病的发生。每天饲喂 6～12g 烟酸，可有效降低血酮含量。在日粮中添加氯化铵、硫酸铵、硫酸镁、氯化钙等阴离子盐，使阴阳离子平衡，可有效降低血液和尿液的 pH 值，促进分娩前日粮中钙的吸收和代谢，提高血钙水平，避免产后瘫痪的发生。

产前 4～7d，若乳房过度肿大，则要减少或停止精饲料、多汁饲料的喂量；若乳房正常，则正常饲喂多汁料。产前 2～3d，在日粮中加入小麦麸等轻泻饲料，防止便秘。一般可按下列比例配料：麸皮占 70%，玉米占 20%，大麦占 10%（或豆粕）。

**同步测试 5-3**

1. 为了防止奶牛产前瘫痪，从产前 15d 开始须增加钙喂量，直到产后。
（　　）

2. 干乳 1 周后，严格控制或禁止使用碳酸氢钠等缓冲剂，特别是初产牛，以避免乳房水肿及乳热症的发生。
（　　）

3. 奶牛的干乳期不得小于6周。　　　　　　　　　　　　　　（　　　）

4. 一般初产牛、年老体弱牛、高产牛及体况较差的牛，干乳期须适当缩短。　　　　　　　　　　　　　　　　　　　　　　　　　（　　　）

# 任务三　犊牛及青年牛饲养管理

**案例导入**

　　某养殖户转产养奶牛，由于没有养殖经验，在购入的82头母牛中，16头已经妊娠，其中有12头带着刚产不久的小犊牛。小犊牛体况较差，形体消瘦，被毛粗乱。这个案例说明什么？你知道怎么处理吗？本任务将介绍犊牛及青年牛饲养管理相关知识。

## 一、新生犊牛的特点

视频5-6　新生
犊牛护理

课件5-3　犊牛
和青年牛饲养
管理

　　新生犊牛生理机能尚未发育完全，体温调节能力差，消化功能弱。此时，犊牛的组织器官，尤其是前胃并不发达，皱胃是新生犊牛唯一发育并具有功能的胃。

### （一）瘤胃发育

　　犊牛初生时，由于吃奶，皱胃特别发达，瘤胃容积很小，且机能不发达，其瘤胃、网胃和瓣胃容积占全胃总容积的30%，而皱胃占70%。3周龄以后，瘤胃迅速发育，容积增大。至12周后，瘤胃逐渐发育，皱胃仅为其容积的1/2。这时瓣胃无机能，仍很小。到6月龄时，瘤胃、网胃、瓣胃的容积占总容积的70%，而皱胃仅占30%。到10月龄时，随着消化饲草、饲料能力的出现，瘤胃、网胃和瓣胃迅速增大，瘤胃和网胃相加的容积约为瓣胃和皱胃的4倍。到12月龄时，瓣胃和皱胃的容积几乎相等。这时，4个胃容积的比例接近成年牛的水平。牛瘤胃发育过程容积的变化如表5.3所示。

表5.3　牛瘤胃发育过程容积的变化

| 年龄 | 瘤胃容积/L | 瘤胃占全胃容积比/% |
|---|---|---|
| 初生 | 1.1 | 23.8 |
| 3月龄 | 10.4 | 58.8 |
| 6月龄 | 37.7 | 68.5 |
| 12月龄 | 69.8 | 75.5 |
| 成年 | 188.7 | 80.5 |

（二）消化机能逐渐完善

犊牛初生时，缺乏胃液的反射，直到吮吸初乳进入皱胃后，刺激皱胃分泌胃液，才具有初步的消化机能，但仍不能消化植物性饲料。因为此时皱胃中蛋白酶作用很弱，仅有凝乳酶参与消化。瘤胃、网胃和瓣胃还不具有消化作用，也无微生物存在。一般情况下，犊牛出生后数周，与其他牛直接接触而获得天然的微生物菌群。如果用成年牛的反刍食团喂犊牛，进行人工接种，那么犊牛出生后第 3～6 周，其瘤胃内就会有纤毛虫繁殖。在一般情况下，犊牛到 3～4 个月龄，瘤胃内才出现各种纤毛虫区系。

（三）反刍机能建立与成熟

犊牛大约在出生后第 3 周出现反刍，这时犊牛开始选食草料，瘤胃内有微生物滋生，腮腺开始分泌唾液。如果训练犊牛提早采食粗饲料，则反刍可提前出现。实验证明，喂以成年牛逆呕出来的食团，犊牛反刍可提前 8～10d 出现。

**即问即答 5-8**：假如犊牛出生后持续喂乳，不添喂其他固体饲草料，直到出栏，你认为瘤胃能正常发育吗？会有反刍吗？

## 二、新生犊牛饲喂初乳的意义与方法

（一）初乳的特殊作用及哺喂意义

### 1. 营养丰富，易消化

奶牛刚刚产犊后的初乳干物质含量是常乳的 2 倍，矿物质是常乳的 3 倍，蛋白质是常乳的 5 倍，在能量和维生素方面也比常乳高。初乳中高含量的脂肪、维生素 A、维生素 D、维生素 E 对初生犊牛特别重要。初乳中的乳糖含量较低，有助于避免腹泻发生。初乳与常乳的成分比较如表 5.4 所示。

**表 5.4 初乳与常乳的成分比较**

| 阶段划分 | 水分/% | 干物质/% | 蛋白质/% | 乳蛋白质/% | | 脂肪/% | 乳糖/% | 矿物质/% | 煮沸时的凝固性 |
|---|---|---|---|---|---|---|---|---|---|
| | | | | 酪蛋白 | 球蛋白 | | | | |
| 分娩时 | 73 | 27 | 17.6 | 5.1 | 11.4 | 5.1 | 2.2 | 1.01 | + |
| 产后 6h | 79 | 21 | 10 | 3.5 | 6.3 | 6.9 | 2.7 | 0.91 | + |
| 产后 24h | 87 | 13 | 4.5 | 2.8 | 1.5 | 3.4 | 4 | 0.86 | + |
| 产后 2d | 88 | 12 | 3.7 | 2.6 | 1 | 2.8 | 4 | 0.83 | + |
| 产后 7d | 88 | 12 | 3.7 | 2.6 | 0.8 | 2.8 | 4.7 | 0.83 | − |
| 常乳 | 88 | 12 | 3.1 | 2.4 | 0.7 | 3.3 | 4.5 | 0.74 | − |

### 2. 具有免疫功能

因为免疫球蛋白不能通过胎盘传给胎儿，所以初生犊牛没有免疫力。

因此，初乳中的免疫球蛋白是犊牛后天免疫力的主要来源，这种免疫方式被称为获得性免疫或被动免疫。被动免疫保护犊牛一直到自身的免疫系统功能完全具备。

### 3. 舒肠健胃

初乳能促进犊牛皱胃消化腺分泌盐酸和凝乳酶，有利于对初乳的消化吸收，促进胃肠机能早期活动。初乳中含有镁盐和钙盐等中性盐，具有轻泻作用。特别是镁盐能促进胎粪排出，防止犊牛发生消化不良和便秘。

### 4. 保护肠壁黏膜

初生犊牛皱胃及肠壁上没有黏液分泌，对侵入的病原微生物抵抗力很弱。初乳密度大而黏稠，进入胃肠便粘连在胃肠壁上，可防止病原微生物侵入机体；初乳的酸度一般比常乳高 2 倍以上，进入胃肠道后形成酸性环境，可抑制有害微生物的繁殖；初乳中还含有溶菌酶、K 抗原凝集素等物质，溶菌酶能杀死多种细菌，K 抗原凝集素能抵抗特殊品系的大肠杆菌，从而提高犊牛对疾病的抵抗力。

### （二）初乳的哺喂方法

母牛产后 0～5d 的乳被称为初乳。严格讲，初乳是指产后第一次挤出的乳，浓稠并呈奶油状的黄色分泌物，是犊牛不可替代的食物。如果不哺喂初乳，则犊牛很难存活，因为犊牛不能靠胎盘获得抗体，只能从初乳中获得。

### 1. 哺喂时间

尽早哺喂初乳，以犊牛能够站立时喂给为宜，一般以出生后 1h 左右为宜（不超过 2h）。因为初乳的作用和犊牛肠道"敞开式"吸收能力随着时间的推移而逐渐降低，所以必要时用胃管投服。

### 2. 喂量

初乳的喂量要足，第一次喂足 2kg 以上，占体重的 5%～10%；第二次于出生后 6～9h 喂，保证24h 内的喂量不低于5kg。以后每日喂量为4.5～5kg，占体重的 1/7～1/6，分 3～4 次喂给。现挤现喂，保持奶温 35～38℃，必要时隔水加温，哺喂 3～5d。

### 3. 哺喂训练

初乳阶段一般采用含有橡胶的奶瓶或奶桶哺喂，奶嘴顶端割"－"或"＋"形裂口，使其用力吸吮奶嘴，便于产生吸吮反射，2～3 周改用奶桶。哺乳速度要慢，时间不短于 5min，这样便于与唾液混合，而利于消化。

**即问即答 5-9**：如果犊牛哺乳速度过快，则会有什么后果？

### 4. 注意初乳质量

初乳中抗体浓度主要受干乳期长短、产前漏乳或挤乳、早产、奶牛年龄等影响，成熟奶牛抗体含量为 8g/100g，初产牛为 5~6g/100g。新引进奶牛所产的犊牛，要喂本场奶牛所产的初乳，这样才能对本地环境有抵抗能力。

### 5. 初乳保存与解冻

牛场须对多余的初乳进行冷冻保存。当出现稀薄如水的初乳、血乳、乳房炎乳时，可使用冷冻初乳。使用冷冻初乳时，须用 45~50℃温水水浴解冻。若饲喂发酵初乳，则须加入少量碳酸氢钠，可提高抗体吸收率。

### 6. 人工初乳

第 1~2 天，喂常乳 1kg 加 20mL 鱼肝油和 50g 麻油促排胎粪，排净后添加适量抗生素，5d 后减半，至 15~20d 停用。

用新鲜鸡蛋 2~3 个，鱼肝油 15g，食盐 9~10g，加 1kg 冷却到 40~50℃鲜开水，搅拌均匀（或加入 0.75kg 牛奶充分混匀，加温至 38℃）。在犊牛出生后的 4~7d，按每千克体重每次喂给 8~10mL。8d 后可喂其他母牛的常乳。

## 三、犊牛培育技术

犊牛期按饲养目标可分为两个阶段：一是哺乳期，要求体重达到 38~90kg，日增重 580g，体高为 73~84cm，哺乳量为 300~500kg；二是断奶期，要求体重达到 90~170kg，日增重 890g，体高为 84~101cm。

视频 5-7　犊牛饲养管理

### （一）初乳期犊牛饲养

一要确保犊牛呼吸；二要正确剪断脐带及消毒；三要擦净牛体黏液；四要做好登记；五要母仔分开单圈/笼饲养。

### （二）常乳期犊牛饲养

### 1. 哺喂常乳

犊牛出生后第 2 周至 15d 最好喂母乳，以后喂混合常乳。一般第 1 个月以乳为主，每天喂量占体重的 8%~12%，为 4.5~5kg，日喂 3~4 次，同时及早训练吃精饲料及优质干草。第 2 个月乳、料过渡期，乳、料各半。第 3 个月料乳期，以料为主，以乳为辅。此阶段可以采用乳头式自动喂奶器供犊牛自由采食酸化乳。

### 2. 补喂植物性饲料

事实上，只喂液体食物不能使犊牛快速生长，日增重只有 250~400g，只有断奶后才能获得较快的生长速度，日增重为 700～900g。尽早补喂植物性饲料可刺激瘤胃发育，提早断奶。在生产实践中常采用 350kg 奶量饲养方案（表 5.5）和 500kg 奶量饲养方案（表 5.6）。

表 5.5　350kg 奶量饲养方案　　　　单位：kg/（头·日）

| 日龄 | 日喂奶量 | 犊牛料 | 粗饲料 |
|---|---|---|---|
| 0～30 | 6 | 0.1 | 0.1 |
| 31～50 | 6 | 0.2 | 0.25 |
| 51～60 | 5 | 0.4 | 0.45 |
| 61～90 | | 1.5 | 1.5 |
| 91～180 | | 2 | 2.5 |
| 合计 | 350 | 236 | 282.5 |

表 5.6　500kg 奶量饲养方案　　　　单位：kg/（头·日）

| 日龄 | 日喂奶量 | 犊牛料 | 粗饲料 |
|---|---|---|---|
| 1～30 | 5 | 0.15 | 0.15 |
| 31～60 | 5 | 0.3 | 0.45 |
| 61～90 | 4 | 0.45 | 0.6 |
| 91～100 | 4 | 0.5 | 1.05 |
| 101～110 | 4 | 0.75 | 1.5 |
| 110～180 | | 2.5 | 2.5 |
| 合计 | 500 | 214.5 | 232 |

（1）补喂精饲料

犊牛出生后 7～10d 可训练采食代乳料（开食料），一般在犊牛喝完奶后将一小把料放于奶桶底部或犊牛嘴边，开始每天放 10～20g，逐渐增加，并且限制奶的喂量，增加新鲜饮水量。一般断奶前精饲料喂量不低于 1kg 或占体重的 1%。

开食料又称犊牛料，要求营养丰富，高蛋白（高于 20%）、高能量（7.5%～12.5%粗脂肪）、低纤维（低于 7%），适口性好，易消化。开食料配方如表 5.7 所示。可适当添加 B 族维生素、抗生素（金霉素、新霉素）、驱虫药。

表 5.7　开食料配方

| 开食料 | 玉米/% | 豆粕/% | 麦麸/% | 糖蜜/% | 酵母粉/% | 磷酸氢钙/% | 食盐/% | 微量元素/% | 维生素A/(mg/kg) | 维生素D/(mg/kg) |
|---|---|---|---|---|---|---|---|---|---|---|
| 含量 | 50～55 | 25～30 | 10～15 | 3～5 | 2～3 | 1～2 | 1 | 1 | 1320 | 174 |

（2）补饲干草

从 7～10 日龄开始，可训练犊牛采食优质多叶禾本科干草，任其自由采食，促进瘤胃发育，并可防止舔食异物。

（3）补饲多汁料

为促进消化器官的发育，从出生后 20d 开始，在混合料中加入切碎的胡萝卜和甜菜。最初每天喂 20~25g，2 月龄可喂 1~1.5kg。

（4）供给充足饮水

牛奶中的含水量不能满足代谢所需，要补充饮水。一般犊牛出生后 1 周开始每天单独补水，先饮 36~37℃温水，10~15d 后饮温度 15℃以上的水，1 月龄在运动场自由饮水。45 日龄前每天饮 30℃水 1~2kg 可促进开食料的进食。若饮水不足，则采食量达不到正常的 1/3。

（三）断奶期犊牛饲养

当犊牛连续 3d 采食 1~1.5kg 开食料时即可断奶。断奶后，随着犊牛月龄的增长，逐渐增加精饲料用量，至 3~4 月龄，每天喂量应达 1.5~2kg。要供给优质的禾本科及豆科牧草，如果粗饲料质量差，则可将精饲料用量增加到 2.5kg 左右。4 月龄以后，可改喂育成牛精饲料。犊牛日增重应达到 650g 以上，4 月龄体重达 110kg，6 月龄体重达 170kg 以上较理想。

断奶后 1~2 周，很多犊牛会出现断奶应激，如日增重降低、消瘦、被毛凌乱无光泽。但犊牛会逐渐适应饲料变化，随着采食量增加，很快就会恢复正常。根据断奶犊牛特点，饲料配制要兼顾营养和瘤胃发育需要。4 月龄以前，精粗干物质比例为（1∶1）~（1∶1.5）；4 月龄以后，调整为（1∶1.5）~（1∶2）。

## 四、犊牛饲养管理

（一）哺乳期犊牛饲养管理

1. 编号、称重、记录

犊牛出生后应称初生重，对犊牛进行编号，对其毛色花片、外貌特征（可对犊牛进行拍照）、出生日期、谱系等情况做详细记录，以便于管理和以后在育种工作中使用。

在奶牛生产中，通常按出生年度进行编号，既便于识别，又能区分牛只年龄。序号一般于每年 1 月 1 日，从 001 号（0 位数的设置可根据牛群规模而定）开始编，在序号之前，冠以年度号。

标记方法有剪耳号、打耳标、烙号、剪毛及书写等数种。其中，耳标法是用不褪色的色笔将牛号写在塑料耳标上，然后用专用的耳标钳将其固定在牛耳朵的中央，标记清晰，目前国内广泛采用此法。

2. 卫生

犊牛生长环境、牛舍、牛体及用具卫生等均有比较严格的管理措施，以确保犊牛健康生长。牛栏及牛床均要保持清洁干燥，铺上垫草，做到勤打扫、勤更换垫草；牛栏地面、木栏、墙壁等应保持清洁、定期消毒；舍内要有适当的通风装置，保持舍内阳光充足、通风良好、空气新鲜、冬暖夏凉。切忌将犊牛放入阴、冷、湿、脏和忽冷、忽热的牛舍饲养。

饲料要少喂勤添，保证饲料新鲜、卫生。每次喂奶完毕后，用干净毛巾将犊牛口、鼻周围残留的乳汁擦干，并继续在颈枷上夹住约 15min 后再放开，以防止犊牛之间相互吮吸，造成舐癖。舐癖的危害很大，常使被舐的犊牛造成脐炎、乳头炎或睾丸炎，以致丧失其种用价值或降低生产性能。同时，有这种舐癖的犊牛容易舐吃牛毛，久而久之在瘤胃中形成许多扁圆形的毛球，这些大小不一的毛球往往堵塞食道、贲门而致犊牛死亡。喂奶用具（如奶壶和奶桶）每次使用后都要严格进行清洗消毒。

### 3. 保健护理

平时注意观察每头犊牛的被毛、眼神、食欲及粪便情况，检查有无咳嗽或气喘、有无体内外寄生虫、有无体温变化（正常犊牛的体温为 38.5～39.2℃），检查干草、水、盐及添加剂的供应情况和犊牛生长发育情况。若发现异常的犊牛，则应及时处理。

若犊牛发生轻微下痢，则应减少喂乳量，往乳中加 1～2 倍水，并用碳酸氢钠、食盐、氯化钾、硫酸镁按 1∶2∶6∶2 的比例治疗。下痢重时，应暂停喂乳 1～2 次，可喂饮温开水，并口服乳酶生 2g 或酵母片 5g。如果发生轻度肺炎，则可采用每千克体重肌注青霉素 1.3 万～1.4 万单位、链霉素 3 万～3.5 万单位，每天 2 次。若较严重，则可采用每千克体重静脉注射磺胺嘧啶 70mg、维生素 C10mg、维生素 B30～50mg、生理盐水 500～1500mL，每天 2～3 次。下痢和肺炎对犊牛威胁很大，要认真预防和治疗。

### 4. 饮水

牛奶中虽含有较多的水分，但犊牛每天饮奶量有限，从奶中获得的水分不能满足其正常代谢需要。从 1 周龄开始，可用加有适量牛奶的温开水（35～37℃）诱其饮水，10～15 日龄后可直接饮常温开水。1 月后由于采食植物性饲料量增加，饮水量越来越多，这时可在运动场设置饮水池，任其自由饮用，但水温不宜低于 15℃。冬季应喂给 30℃左右的温水。

### 5. 运动

犊牛运动对促进生长发育、提高新陈代谢、改善血液循环及肺部发育、促使胃肠容积增大均有良好作用。生产上，最好采用自由运动。

### 6. 刷拭

刷拭不仅能保持牛体清洁，促进血液循环，还可调教犊牛。因此，应每天刷拭 1～2 次。刷拭时要用软刷，手法要轻，使犊牛有舒适感。对头部刷拭时尽量不要用铁刷乱挠头顶和额部，否则会使犊牛养成顶撞人的恶癖。顶撞人的恶癖一经养成就很难矫正。

7. 去角

犊牛去角便于成年后管理，减少牛体相互受到伤害。适宜去角时间为出生后 7～30d。常用去角方法有固体苛性钠去角法和电动烧烙去角法。

1）固体苛性钠去角法。先剪去角基部周围的被毛，在角基部周围涂上一圈凡士林油，然后用氢氧化钠或氢氧化钾棒涂擦犊牛角的基部直至有血丝渗出为止，约 15d 后该处便结痂不再长角。利用此法操作时要防止操作者被烧伤。此外，还要防止苛性钠流到犊牛眼睛和面部。

2）电动烧烙去角法。利用高温破坏角基细胞，达到不再长角的目的。先将电动去角器通电升温至 480～540℃，然后用充分加热的去角器处理角基，每个角基根部处理 5～10s。此方法适用于 3～5 周龄的犊牛。

去角后的犊牛要隔离牛群饲养，防止互相舔舐。夏秋季节注意发炎、化脓等情形发生，一旦发生立即采取消炎措施。如果去角失败，则应及时补去角。

8. 剪除副乳头

乳房上有副乳头对清洗乳房不利，也是发生乳房炎的原因之一。犊牛在哺乳期内应剪除副乳头，适宜时间是 2～6 周龄。剪除方法是先将乳房周围部位洗净和消毒，将副乳头轻轻拉向下方，用锐利的消毒剪刀从乳房基部将其剪下，剪除后在伤口上涂以少量消炎药。如果在有蚊蝇的季节，则可涂以驱蝇剂。剪除副乳头时切勿剪错。如果乳头过小，一时还辨认不清，可等到犊牛年龄较大时剪除。

（二）断奶期犊牛饲养管理

犊牛断奶后继续饲喂断奶前犊牛料，质量保持不变。当犊牛每天能采食 1.5～1.8kg 犊牛料时（3～4 月龄），可改为育成牛料。一般犊牛行动迟缓、不活泼，这是犊牛前胃机能和微生物区系正在建立、尚未发育完善的缘故。随着犊牛料采食量的增加，上述现象很快就会消失，犊牛日增重可达 650g 以上。

犊牛断奶后进行小群饲养，将年龄和体重相近的牛分为一群，每群 10～15 头。此期也是犊牛消化器官发育速度最快的阶段。据研究，奶牛消化器官发育主要在 4～6 月龄以前，以后变化不大。因此，要考虑瘤胃容积的发育，保证日粮中所含的中性洗涤纤维不低于 30%，饲养上还要酌情供给优质干草或禾本科与豆科混合干草。同时，日粮中应含有足够的精饲料，一方面满足犊牛能量需要，另一方面为犊牛提供瘤胃上皮组织发育所需的乙酸和丁酸。另外，日粮中要求含有较高比例的蛋白质，长时间蛋白质不足，将导致后备牛体格矮小，生产性能降低。日粮一般可按优质干草 1.4～1.8kg 进行配制。此阶段的日增重一般要求达到 760g 左右。

同步测试 5-4

1. 犊牛血液中的大部分抗体主要来自第一次饲喂的初乳（出生后 2h 内）。 （　　）

2. 犊牛生长良好并至少能采食相当于其体重 1%的谷物性犊牛饲料时可以断奶，一般为 5～8 周。 （　　）

3. 给犊牛喂足奶，有利于促进其采食犊牛饲料，有利于断奶。

（　　）

4. 刚出生时犊牛的真胃是唯一发育完全并有消化功能的胃，相当于非反刍动物。 （　　）

### 五、青年母牛饲养管理

视频 5-8 青年母牛饲养管理

（一）青年母牛饲养

青年母牛妊娠期一般分为妊娠前期和妊娠后期两个阶段，饲养上要保证胎儿健康发育，并保持母牛一定的膘情，以确保母牛产犊后获得尽可能高的产奶量。

1. 妊娠前期饲养

母牛从受胎到妊娠 6 个月之前的时期被称为妊娠前期。妊娠前期胎儿生长速度缓慢，对营养需求量不大。但此阶段是胎儿各组织器官发生、形成的关键时期，要求饲料质量良好、营养成分均衡。妊娠前 2 个月，如果营养不良或营养成分不均衡，就会造成子宫乳分泌不足，影响胎儿着床和发育，导致胚胎死亡或先天性发育畸形。

在妊娠前期，舍饲时饲料应以优质青、粗饲料为主，以精饲料为辅，饲料喂量不能过量，每头母牛每天饲喂精饲料 2～2.5kg，青贮 15～20kg，干草 2.5～3kg。放牧时应根据草场质量适当补充精饲料，确保蛋白质、维生素和微量元素的充足供应。

2. 妊娠后期饲养

母牛从妊娠 6 个月到分娩这一时期被称为妊娠后期。妊娠后期胎儿增重速度较快，最后 2 个月胎儿增重占总重量的 75%以上，同时，母牛本身也需要有一定的妊娠期增重，以保证产后正常泌乳和发情。因此，青年母牛妊娠后期需要大量营养，但也要注意防止母牛过肥。

在妊娠后期，除饲喂优质青、粗饲料外，混合精饲料每天不应少于 3kg，分娩前 30d 应进一步增加精饲料喂量，以不超过体重的 1%为宜。严禁饲喂冰冻、霉烂变质和酸性过大的饲料。产前 2～3 周应尽可能降低日粮中钙的含量，同时保证日粮中磷的含量低于钙的含量，以防母牛出现产后瘫痪。

（二）青年母牛管理

**1. 及时进行妊娠检查**

母牛配种后，对不发情的母牛应在配种后 30d 用 B 超进行妊娠检查，60d 再次用直肠检查法进行早期妊娠诊断，以确定其是否妊娠。对于配种后又出现发情的母牛，应仔细进行检查，以确定是否为假发情，防止误配导致流产。

**2. 做好保胎防流工作**

确定妊娠后，要特别注意母牛安全，重点做好保胎工作，预防流产或早产。初产母牛往往不如经产母牛温顺，在管理上必须特别耐心，应通过每天刷拭、按摩等，使其养成温顺的性格。对妊娠 180～220d 的母牛应明确标记、重点饲养，有条件的最好单独组群饲养。分娩前 2 个月的初产母牛，应转入干奶牛群进行饲养。

**3. 增加光照和运动**

光照和运动要充足，适当的光照和运动可以增强母牛的体质，增进食欲，保证母牛产后正常发情，预防胎衣不下、难产和肢蹄疾病，有利于维生素 D 的合成。每天须让其自由活动 3～4h，或者驱赶运动 1～2h。但分娩前 1～2 个月应避免驱赶运动，以防早产。

**4. 加强乳房按摩**

青年母牛妊娠期乳腺组织处于快速发育阶段，为促进乳腺发育，提高产后泌乳能力，应坚持每天按摩乳房，前期每天 1 次，后期每天 2 次，每次 5min，至产前 1 个月停止按摩。按摩乳房时，切忌擦拭乳头，以免擦去乳头周围的蜡状保护物，引起乳头龟裂，或者因擦掉"乳头塞"而使病原菌从乳头孔侵入，导致乳房炎和产后乳头坏死。

**5. 计算好预产期**

预产前 1～2 周将母牛移至产房，产房要预先做好消毒工作，预产前 2～3d 对产房进行清理消毒。另外，初产母牛难产率较高，要提前做好助产准备。

**算一算 5-1**：某 15 月龄青年母牛的体重为 420kg（成年母牛约 600kg），于 2021 年 4 月 16 日下午出现发情。你认为该青年母牛可以配种吗？此时配种预产期是多少？

# 任务四　奶牛生产性能评定与测定

某养殖小区为了追求较高产奶量，对泌乳日粮进行了调整，重点是增加精饲料给量，使日粮干物质中的精粗比由 55∶45 调整到 65∶35。结果发现泌乳量虽然有所提高，但牛群中消化代谢病增加了 48%，乳脂率降低了 20%，淘汰牛也增加了。这是为什么？本任务将介绍如何评定奶牛生产性能。

课件 5-4　奶牛
生产性能评定
与测定

## 一、奶牛泌乳性能评定

奶牛泌乳性能评定是奶牛场的重要工作之一，是进行选育效果评定、饲料报酬验证、等级评定技术措施考察、生产计划制订、成本计算等的依据。奶牛生产性能主要通过个体产奶量、群体平均产奶量、乳脂率、饲料报酬等方面来表示。

（一）个体产奶量测定与计算

1. **个体产奶量测定方法**

个体产奶量记录是产奶量统计的基础。将每头牛每天每次所挤的奶直接称重，累计得出个体年产奶量。这种方法测定虽准确，但过于烦琐。在实际生产中，一般每月测定一次，每次间隔 26～33d。产奶量的计算公式为

$$LM = M_1(L_0 + L_1 / 2) + M_2(L_1 + L_2) / 2 + M_3(L_2 + L_3) / 2 + \cdots$$
$$+ M_{n-1}(L_{n-2} + L_{n-1}) / 2 + M_n(L_{n-1} / 2 + L_n)$$

式中，LM 为一个泌乳期的产奶量；$M_1, M_2, \cdots, M_n$ 为第 1, 2, $\cdots$, n 次测产的乳量；$L_1, L_2, \cdots, L_{n-1}$ 为第 1、2 次测产，第 2、3 次测产、$\cdots$、第($n$-1)、n 次测产间隔天数；$L_0$ 为产犊至第一次测产的天数（按 14d 计算）；$L_n$ 为末次测产至泌乳结束时的天数。

**算一算 5-2**：以某场 9457 号奶牛为例（表 5.8），计算其全泌乳期产奶量。

表 5.8　9457 号奶牛整个泌乳期产奶量测定结果

| 测产日期 | 间隔天数 | 产奶量/kg |
| --- | --- | --- |
|  | 14 |  |
| 4 月 1 日 | 28 | 38.2 |
| 4 月 29 日 | 30 | 34.8 |

续表

| 测产日期 | 间隔天数 | 产奶量/kg |
|---|---|---|
| 5月29日 | 32 | 26.6 |
| 6月30日 | 26 | 23.2 |
| 7月26日 | 28 | 20.2 |
| 8月23日 | 26 | 27.8 |
| 9月18日 | 32 | 23.2 |
| 10月20日 | 26 | 19.6 |
| 11月15日 | 28 | 15.8 |
| 12月13日 | 14 | 8.4 |

目前，许多奶牛场每月测3d，每次测定间隔为8～11d，将每次所得的数值乘以所隔天数，然后相加，最后得出每月的产奶量。全月产奶量的计算公式为

$$全月产奶量（kg）=(M_1 \cdot D_1)+(M_2 \cdot D_2)+(M_3 \cdot D_3)$$

式中，$M_1$、$M_2$、$M_3$为各测定日全天产奶量；$D_1$、$D_2$、$D_3$为当次测定日与上次测定日间隔天数。

2. 个体产奶量统计指标

305d产奶量是指从产犊后第1天开始到第305天为止的总产奶量。如果实际产奶不足305d，则用实际产奶量并记录产奶天数。若超过305d，则超出部分不计算在内。

305d校正产奶量是实际产奶量经305d校正系数校正后的奶量。可根据本品种母牛泌乳的规律拟定校正系数表（表5.9）作为统一的换算标准。

表5.9 泌乳期不足或超过305d的校正系数表

| 实际泌乳天数 | 第1胎 | 第2～5胎 | 第6胎及以上 | 实际泌乳天数 | 第1胎 | 第2～5胎 | 第6胎及以上 |
|---|---|---|---|---|---|---|---|
| 240 | 1.182 | 1.165 | 1.155 | 305 | 1 | 1 | 1 |
| 250 | 1.148 | 1.133 | 1.123 | 310 | 0.987 | 0.988 | 0.988 |
| 260 | 1.116 | 1.103 | 1.109 | 320 | 0.965 | 0.97 | 0.97 |
| 270 | 1.036 | 1.097 | 1.07 | 330 | 0.947 | 0.952 | 0.956 |
| 280 | 1.055 | 1.052 | 1.047 | 340 | 0.924 | 0.936 | 0.9 |
| 290 | 1.031 | 1.031 | 1.025 | 350 | 0.911 | 0.925 | 0.928 |
| 300 | 1.011 | 1.011 | 1.009 | 360 | 0.895 | 0.911 | 0.916 |
| 305 | 1 | 1 | 1 | 370 | 0.881 | 0.904 | 0.993 |

注：①用荷斯坦公牛杂交4代以下的杂种母牛不能用此系数校正；②使用此系数时，可采用5舍6进法，即265d可使用260d的系数；266d则用270d的系数进行校正，其余类推。

全泌乳期实际产奶量是指自产犊后第1天开始到干奶为止的累计产奶量。

终生产奶量是指将母牛各胎次的全泌乳期实际产奶量相加所得的总产奶量。

（二）群体平均产奶量计算

### 1. 成年母牛全年平均产奶量

成年母牛全年平均产奶量按牛群全年实际饲养奶牛数计算，是衡量饲料报酬、产奶成本及牛群管理水平的依据，其计算公式为

成年母牛全年平均产奶量=全群全年总产奶量/全年平均饲养成年母牛头数

式中，全群全年总产奶量是指从 1 月 1 日开始至 12 月 31 日止的全群牛奶总产量；全年平均饲养成年母牛头数是指全年平均每天饲养的成年母牛头数（包括泌乳牛、干奶牛、不孕牛）总和除以 365（或 366）。

### 2. 泌乳牛全年平均产奶量

泌乳牛全年平均产奶量按全年实际泌乳牛头数计算，是衡量奶牛质量等技术指标的依据，其计算公式为

泌乳牛全年平均产奶量=全群全年总产奶量/全年平均饲养泌乳牛头数

式中，全年平均饲养泌乳牛头数是指全年平均每天饲养泌乳牛头数总和除以 365（或 366）。泌乳牛中不包括干奶牛及其他不产奶的牛，因此计算结果比成年母牛全年平均产奶量高。生产中主要以成年母牛全年平均产奶量指标来衡量牛场的生产水平。

**算一算 5-3**：某牛场全年总产奶量为 128 306.9kg，全年每天饲养成年母牛数总和为 8824 头，饲养泌乳牛数总和为 7463 头，全年天数为 365。计算成年母牛全年平均产奶量和泌乳牛全年平均产奶量。

（三）乳脂率测定与计算

乳脂率通常用乳脂率测定仪和实验室测定两种方式测定。测定仪属于快速测定方法，通常在 1min 内测出结果。全泌乳期 10 个月内，每月测 1 次，将测定的乳脂率分别乘以各月的实际产奶量，然后将各月所得数值加起来，再除以总产奶量，即得平均乳脂率。平均乳脂率用百分率表示，计算公式为

$$平均乳脂率 = \sum (F \cdot M) \Big/ \sum M$$

式中，$F$ 为每次测定的乳脂率；$M$ 为该月产奶量。

（四）4%标准乳计算

为了统一乳牛产乳性能，便于比较不同个体牛之间产乳能力高低，以 4%乳脂率的牛乳作为标准乳，把不同乳脂率的乳校正为 4%的标准乳。校正公式为

$$FCM = M(0.4 + 15F)$$

式中，FCM 为乳脂率 4%的标准奶量；$M$ 为乳脂率为 $F$ 的产奶量；$F$ 为乳脂率。

**算一算 5-4**：某乳牛 305 天泌乳量为 7500kg，乳脂率为 3.5%，那么乳脂率 4%标准奶量是多少？

（五）排乳性能测定

排乳性能测定包括单位时间内排乳量的多少和乳房 4 个乳区排乳量均衡性的测定。

1. 排乳速度

排乳速度是评定奶牛生产性能的重要指标之一。排乳速度快的母牛，适合在挤奶厅集中挤奶，利于提高产奶量。测定排乳速度可用弹簧秤悬挂在三脚架上直接称取奶量，以每 0.5min 或 1min 排出的奶量（kg）为准。排乳速度一般可结合产奶记录进行测定。

2. 前乳房指数的计算

前乳房指数用来表示乳房的对称程度，可用 4 个乳罐的挤奶机进行。4 个乳区奶分别流入 4 个玻璃罐内，由自动记录的秤或罐上的容量刻度可测得每个乳区的乳量，计算 2 个前乳区产奶量占全部产奶量的百分率，就是前乳房指数。该数值越接近 50%，说明乳房发育越匀称。前乳房指数的计算公式为

$$前乳房指数=（前 2 个乳区的产奶量/总奶量）×100\%$$

一般来说，头胎母牛前乳房指数大于 2 胎以上的成年母牛。

（六）饲料转化率计算

饲料转化率通过计算乳料比或料乳比来衡量，一般乳料比越高或料乳比越低，饲料转化率越高。乳料比和料乳比的计算公式为

乳料比=全泌乳期总产奶量（kg）
　　　/全泌乳期实际饲喂各种饲料的干物质总量（kg）
料乳比=全泌乳期实际饲喂各种饲料的干物质总量（kg）
　　　/全泌乳期总产奶量（kg）

## 二、奶牛生产性能测定

（一）DHI 概述

DHI（dairy herd improvement），国外称奶牛群体改良，国内称奶牛性能测定。DHI 体系是指通过测试奶牛产奶量、乳成分、体细胞数（somatic cell count，SCC）等多项指标，并收集有关资料，经分析后形成一系列反映奶牛群配种、繁殖、饲养、疾病、生产性能等方面的信息。通过这些信息对奶牛场进行有序、高效的生产管理。DHI 体系的应用，可使奶牛场由经验管理、被动管理转变为数据管理、主动管理，由传统管理转变为现代

管理，是现代化奶牛场实现优质、高效生产的必然趋势。

（二）DHI测定程序

1. 奶样采集

采用特制的加有防腐剂的取样瓶，对参加DHI测定的每头牛每月采样1次，每次采样总量为49mL。如果每天挤奶3次，则早、中、晚的采样比例为4∶3∶3；如果每天挤奶2次，则早、晚的比例为6∶4。奶样采集时一要确保每头奶牛编号的唯一性，奶牛号和样品号一致；二要注意采样前须先加入防腐剂（重铬酸钾饱和溶液或颗粒），检查流量计工作状况，备好其他必需的用具；三要注意所采集奶样的代表性，即充分混合奶样，每次采样完，都应把样品箱放置于干燥处，取样结束后，盖紧采样瓶盖，在样品箱外贴上标签，标明场名、采样时间、采样人和送达地；四要注意采样者须经过专门培训，以保证采样的代表性和数据资料的准确性；五要注意一般情况下，加防腐剂的奶样在常温下可保存5～7d。

2. 资料收集

进行DHI测定系统测试的奶牛场，应填报奶牛资料表，每月将繁殖报表及产量报表上报测试中心。报表要按照牛号大小顺序排列，或者使奶量单、牛号顺序与样品号一致。

（三）DHI测定系统记录主要内容及其应用

1. DHI测定系统的主要内容

DHI测定系统的主要内容可通过本月测定结果表、体细胞趋势图及体细胞跟踪表反映。DHI报表中所记录的项目有30多项，主要包括牛只编号、分娩日期、泌乳天数、胎次、日产奶量、前日奶量、305d奶产量、乳脂率、乳蛋白率、脂肪蛋白比、体细胞数、前次体细胞数、体细胞分、峰值日与峰值奶量、干奶日及已干奶天数、泌乳期长短、繁殖状况、奶量损失、奶款差价、经济损失、持续力等。

2. DHI报表主要指标分析及应用

（1）泌乳天数

泌乳天数是指从分娩第1天到本次测奶日的时间，反映了奶牛所处的泌乳阶段，有助于牛群结构的调整。应特别关注那些泌乳天数长的奶牛，查找其繁殖状况及奶量。如果属于长期不孕牛，则应考虑存留与否。在全年均衡配种的情况下，牛群的平均泌乳天数应为150～170d，这说明牛场全年均衡产犊、产奶。如果这一指标过高，则说明牛场存在繁殖方面的问题。

（2）胎次

保持牛群平均胎次为 3～3.5 胎比较合理，处于此状态的牛群不但有较高的产奶潜力及持续力，而且有不断更新牛群的能力。

（3）日产奶量及前日奶量

日产奶量与前日奶量相比较，可以说明牛只的生产性能是否稳定。如果奶量降幅太大，则应注意观察牛的饮食状况，是否受到应激或发病。

（4）乳脂率、乳蛋白率及脂肪蛋白比

乳脂率与奶牛的日粮关系密切。乳脂率下降，主要是由日粮中的优质粗饲料太少造成的。生产中提高牛奶乳脂率的一般措施就是增加优质干草、苜蓿和青贮玉米等优质粗饲料的饲喂量。

乳蛋白率是牛奶的重要营养指标。影响乳蛋白含量的因素包括遗传和营养供应两个方面，其中遗传因素影响较大。在选育奶牛时，可把乳蛋白含量作为一个重要指标。日粮蛋白质和氨基酸水平对乳蛋白含量也有一定的影响。

脂肪蛋白比是一个较新的概念，是指牛奶中乳脂率与乳蛋白率的比值，正常情况下为（1.12∶1）～（1.13∶1）。高脂低蛋白说明日粮中添加了脂肪或是日粮中可消化的蛋白质不足，而低脂高蛋白很可能是日粮中缺乏纤维素的缘故。

（5）体细胞数、前次体细胞数与体细胞分

体细胞数主要是指每毫升奶中白细胞的含量。当奶牛乳房受到病菌侵袭或乳房损伤时，乳腺分泌大量白细胞进入其中，把细菌包围起来并吞噬掉。随着炎症的加剧，体细胞数急剧增加；当炎症消失后，体细胞数逐渐减少。因此，体细胞数是反映乳房健康程度的指标。体细胞数较高，说明该牛群隐性乳房炎增多，乳腺组织受病原菌侵袭，会导致牛奶质量下降、产奶量下降、治疗费用增加。与前次体细胞数进行比较，可看出体细胞数变化情况及治疗效果。

体细胞分是将体细胞数通过数学的方法线性化而产生的数据。体细胞线性评分的优点在于它的直观性及其与奶损失的直线关系，能反映奶牛的真实奶损失。

（6）峰值日与峰值奶量

峰值日是指奶牛日产奶量最高时的泌乳天数，该项指标提供了营养指示。峰值日应当平均低于 70d。如果峰值日大于 70d，则显示有潜在的奶量损失，应检查产犊时的膘情、干奶牛配方、产犊管理、干奶牛配方向产奶配方过渡的时间及泌乳早期日粮营养是否丰富等方面是否存在问题。

峰值奶量是指奶牛峰值日的产奶量。峰值日到来的时间和峰值奶量的高低直接影响胎次奶量。峰值奶量每提高 1kg，相当于初产奶牛全泌乳期产奶量提高 400kg，二产奶牛提高 270kg，三产奶牛提高 256kg。在奶牛饲养中，及时到达泌乳高峰，并保持高峰奶量维持较长时间且缓慢下降是奶牛饲养所追求的目标。

（7）奶量损失

奶量损失是指乳房受细菌感染而造成的牛奶损失（milk loss，MLOSS），可以通过体细胞数与牛奶损失计算出来（表 5.10）。

表 5.10　体细胞数与牛奶损失

| 体细胞数/万个 | 牛奶损失计算公式 |
| --- | --- |
| SCC≤15 | MLOSS=0 |
| 15≤SCC<25 | MLOSS=$M$×1.5/98.5 |
| 25≤SCC<40 | MLOSS=$M$×3.5/96.5 |
| 40≤SCC<110 | MLOSS=$M$×7.5/92.5 |
| 110≤SCC<300 | MLOSS=$M$×12.58/87.5 |
| SCC>300 | MLOSS=$M$×17.5/82.5 |

DHI 报表详细地提供了每头牛的奶损失及平均奶损失，由此可直接计算出经济损失。应注意到，预防高体细胞数所得到的回报要比治疗乳房炎的回报高得多。

（8）经济损失

经济损失是指乳腺炎所造成的总损失，其中包括奶损失和乳腺炎的其他损失。乳腺炎的其他损失包括乳房永久性破坏、牛只传染、过早干奶、淘汰、治疗费、抗生素残留奶、牛奶质量下降等。据统计，奶损失占总经济损失的 64%。

例如，0413 号奶牛测试日产奶量为 27kg，体细胞数为 81 万个，换算成损失 2.2kg（根据表 5.10 换算），奶款差 8.8 元（以奶价 4 元/kg 计算），则本测试日造成的经济损失为 13.75 元（8.8/0.64）。

（9）305d 奶产量

305d 奶产量是指对于泌乳未满 305d 的牛只预测奶量，当泌乳天数达到或超过 305d 时指 305d 的实际奶量。查看本项目，可了解牛场不同牛只的生产水平及牛群的整体生产水平，可作为奶牛淘汰的决策依据。仔细研究前后几个月 305d 的预测奶量，就会发现同一头奶牛不同月份 305d 的预测奶量存在差异。如果预测奶量增加，则说明饲养管理有所改进；如果奶量降低，则说明奶牛的遗传潜力受饲养管理等方面因素的影响而未能得以充分发挥。

（10）持续力

持续力是指相邻 2 个月产奶量比较值，反映产奶量变化情况。

（11）群内级别指数

群内级别指数是指个体牛或每胎次牛在整个牛群中的生产性能等级评分，其计算公式为

群内级别指数=个体牛的校正奶/牛群整体的校正奶×100%。

群内级别指数是牛只生产性能的相互比较，反映牛只生产潜能的高低。

（12）成年奶当量

成年奶当量是指将各胎次产奶量校正到第 5 胎时的 305d 产奶量。一般认为第 5 胎时，母牛身体各部位发育成熟，理论上达到最高峰。利用成年奶当量，可以比较不同胎次母牛的整个泌乳期的生产性能高低。

**同步测试 5-5**

1. 在一般情况下，奶牛体格与产奶量的趋势是（　　）。
   A. 正相关　　B. 负相关　　C. 正态分布　　D. 无关
2. 对乳蛋白率影响最大的因素是（　　）。
   A. 气温　　　B. 品种　　　C. 年龄　　　　D. 营养
3. 关于奶牛一个泌乳期产奶量的说法正确的是（　　）。
   A. 泌乳期内实际产奶量　　　B. 365 天的产奶量
   C. 305 天的产奶量　　　　　D. 300 天的产奶量
4. 标准奶的乳脂率是（　　）。
   A. 3%　　　　B. 4%　　　　C. 5%　　　　D. 6%
5. 荷斯坦奶牛平均产奶量最多的胎次一般是（　　）。
   A. 第 7 胎　　B. 第 3 胎　　C. 第 1 胎　　D. 第 5 胎
6. 奶牛最重要的抗病性状是奶牛对（　　）的抵抗能力。
   A. 不孕症　　B. 乳房炎　　C. 腐蹄病　　D. 子官内膜炎
7. 一般前乳房指数主要反映（　　）。
   A. 后乳房发育情况　　　　　B. 左、右乳房发育程度
   C. 乳房的对称程度　　　　　D. 后躯发育程度

# 任务五　肉牛育肥

案例导入

课件 5-5　肉牛育肥

　　南方山区养牛习惯采用放牧饲养，一般是早放晚归，有些地方则是几天才回圈 1 次。然而，很多养牛户慢慢发现这些牛在 5～10 月生长还不错，而在 10 月以后往往不再生长，甚至变瘦。这是什么原因呢？本任务将介绍肉牛育肥相关知识。

## 一、肉牛生长规律

### （一）体重生长规律

牛体重的生长速度受品种、初生重、性别、饲养管理等因素影响。同是肉用品种，大型品种增重快于小型品种，若饲养到相同体组织比例，则

大型晚熟品种饲养期较长，小型早熟品种饲养期较短；初生重大的牛，断奶重也大，断奶后增重较快；从性别上讲，公牛增重比阉牛快，而阉牛又比母牛快。日粮营养水平越高，增重越快。

牛一生中体重生长速度也不一致。在正常饲养条件下，在胎儿期，4个月前生长较慢，4个月后生长较快，分娩前2个月生长最快。从出生后到断奶，生长速度较快，断奶至性成熟生长最快，性成熟后生长逐渐变慢，到成年基本停止生长。从年龄看，在营养充分的条件下，12月龄前生长速度很快，以后明显变慢，接近成熟的生长速度很慢。身体各部分的生长特点在各时期也有所不同，一般是头部、内脏、四肢发育较早，而肌肉、脂肪发育较迟。

生长发育最快的时期也是饲料转化率最高的时期。因此，在生长较快阶段给予充分的营养物质，便可在增重和饲料转化率上获得最佳的效果。

（二）体组织生长规律

牛体组织的生长直接影响增重、屠宰率、净肉率和肉的质量。

牛出生后肌肉的生长主要是肌纤维体积增大而致肌束增大。从出生到8月龄的生长速度最快；8～12月龄生长速度减缓；18月龄后生长速度更慢。随着年龄增长，肉质的纹理变粗，因此，老龄牛的肉质比青年牛差。

12月龄前脂肪生长速度较慢，以后变快。脂肪初期网油和板油增加较快，贮积在内脏器官附近；之后皮下脂肪增加速度加快，最后沉积到肌纤维之间，形成大理石花纹状肌肉，使肉质嫩度增加，风味变浓。

骨组织的生长在胚胎期较快，到出生时骨组织约占体重的1/4。出生后生长速度慢且较平稳，并最早停止生长。在生长过程中，骨在胴体中的重量比例随肌肉组织、脂肪组织的强烈生长而逐渐下降。各组织占胴体的比例变化很大。肌肉占胴体的比例是先增加后下降；脂肪占胴体的比例是持续增加，年龄越大，比例也越大；骨组织占胴体的比例持续下降。

不同类型牛体组织的生长形式有不同特点：小型早熟品种一般在体重较轻时便达到成熟年龄的体组织比例，可以早期育肥屠宰；大型晚熟品种只有在骨骼和肌肉生长完成后，脂肪才开始贮积。一般来讲，早熟品种和晚熟品种在生长的最初阶段，肌肉和骨骼所占的比例相似。当体重达120kg时，早熟品种脂肪组织生长快于晚熟品种，但肌肉生长慢于晚熟品种，骨骼的生长比例一直相似。

与阉牛相比，公牛的骨骼稍重且肌肉较多，脂肪生长延迟，日增重和屠宰率均超过阉牛。

（三）补偿生长

牛在生长发育的某个阶段，饲料不足、生活环境突然变化或因疾病造成生长速度下降，甚至停止，一旦恢复高营养水平饲养或环境条件满足了其生长发育需要，则其生长速度比正常饲养时还快，经过一定时期的饲养，仍能恢复到正常体重，这种特性被称为补偿生长。

但是，补偿生长不是在任何情况下都能获得的。若生长受阻发生在出生至 3 月龄或胚胎期，则以后很难补偿；生长受阻时间越长，越难补偿，一般以 3 个月内，最长不超过 6 个月，补偿效果较好；补偿能力与进食量有关，进食量越大，补偿能力越强；补偿生长虽能在饲养结束时达到所要求的体重，但总的饲料转化率比正常饲养条件下的饲料转化率低。

**即问即答 5-10：**如果发现新生犊牛四肢短小、初生重小，你认为是由什么造成的呢？

## 二、影响肉牛生长发育的因素

### （一）品种和类型

品种和类型是影响肉牛生长速度和育肥效果的重要因素。肉牛比乳用牛、兼用牛及役用牛较快结束生长期，能早期进行育肥，提前出栏，节约饲料，并能获得较高的屠宰率和净肉率；脂肪沉积均匀，能较早地形成肌间脂肪，使肉具有大理石状花纹，且肉味鲜美。例如，一般优良的肉用品种牛，育肥后屠宰率平均为 60%～65%，最高可达 72%；兼用品种牛屠宰率为 55%～60%；一般地方品种牛屠宰率为 50%～58%；未经育肥的荷斯坦牛屠宰率为 35%～43%。

### （二）年龄

一般年龄越大，肉牛增重速度越慢，饲料转化率越低。一般是 1 岁前的肉牛增重最快，2 岁时的增重仅为 1 岁前的 70%。国外肉牛屠宰年龄多在 1.5 岁左右，最迟不超过 2 岁。从肉质看，幼牛肉质细嫩、水分含量高、脂肪少、肉色淡，可食部分多；年龄越大，肉质越差。所以，选择 2 岁前牛的育肥效果最好。

### （三）性别

一般母牛的肉质好，肌纤维细，结缔组织较少，肉味较好。小公牛比阉牛的饲料转化率和生长率分别高 12% 和 8.7%，且有较大的眼肌面积，肉色鲜艳，风味醇厚，因此提倡公牛高效育肥。但对 24 月龄以上的公牛，育肥前宜先去势，阉牛生长速度介于公、母牛之间，易育肥，肉色较淡，脂肪含量高。从早熟性看，公牛晚熟，母牛早熟，阉牛居中。

### （四）营养水平与管理状况

合理的营养水平能使育肥牛提高产肉量，并获得含水量少、品质优良的牛肉。一般育肥前期营养水平不宜过高，营养类型以中高型为好。精饲料比例前期为 35%～45%，中期为 55%，后期为 75%～85%，育肥最为经济。

在 10～21℃的环境条件下，有利于肉牛生长发育；环境温度低于 7℃，牛维持营养需要量增多，增重和饲料转化率低；环境温度高于 27℃，肉牛采食量下降，增重降低。所以，为牛创造适宜的生活环境对牛育肥效果意义重大。此外，保持圈舍卫生、经常刷拭牛体、育肥前驱虫防疫，均有利于提高育肥效果。生长期加强运动和光照，有利于机体各器官的生长发育，增强体质，提高生活力。催肥期要限制肉牛运动，保持较暗的环境，以便于肉牛休息，降低能量消耗，利于催肥。

（五）经济杂交

经济杂交是提高肉牛生产性能的重要手段。我国没有专用的肉牛品种，所以采用外国优良肉牛与本地黄牛杂交，杂交后代生长速度和肉的品质都得到了很大提高。

### 三、犊牛育肥技术

（一）小白牛肉生产

小白牛肉是指犊牛出生后 90～100d，体重达到 100kg 左右屠宰，完全由全乳、脱脂乳或代用乳培育而成的犊牛牛肉，富含水分，鲜嫩多汁。因饲料含铁量极少，故其肉为白色，肉质细嫩，味道为乳香味，十分鲜美。生产小白牛肉时不喂犊牛其他饲料，甚至连垫草也不让其采食，因此饲喂成本高，但售价也高，其价格是一般牛肉的 4～8 倍。

小白牛肉生产原理是犊牛出生后，瘤胃发育较差，其消化生理与单胃动物相同。如果出生后完全采用液体饲料，则可以抑制其瘤胃的活动和发育，使犊牛不反刍、不发生空腹感，从而加速其生长发育。

1. 犊牛选择

肉用公犊和淘汰母犊是生产小白牛肉的最好选材，但目前我国还没有专用的肉用品种，所以可选择荷斯坦奶牛公犊或肉牛的高代杂种，利用其前期生长速度快、育肥成本较低的优势生产小白牛肉。要求犊牛初生重 40（38～45）kg 以上、健康无病、头大、嘴大、管围粗、身腰长、后躯方，无任何生理缺陷。

2. 育肥技术

犊牛出生后喂足初乳，实行人工哺乳，每日哺喂 3 次。喂完初乳后喂常乳或代乳粉，喂量随日龄增长而逐渐增加。平均日增重 0.8～1kg，每增重 1kg 耗常乳 10～11kg，成本很高。因此，近年来许多生产者用与常乳营养相当的代乳粉饲喂犊牛，每增重 1kg 需代乳粉 1.3～1.5kg。应严格限制代乳粉中铁的含量，强迫犊牛在缺铁条件下生长，这是小白牛肉生产的关键技术。

小白牛肉生产方案如表 5.11 所示。

表 5.11　小白牛肉生产方案

| 日龄 | 期末体重/kg | 日喂乳量/kg | 日增重/kg | 需乳总量/kg |
|---|---|---|---|---|
| 1～30 | 64 | 6.4 | 0.8 | 192 |
| 31～45 | 76 | 8.3 | 0.8 | 133 |
| 46～100 | 103 | 9.5 | 0.93 | 513 |

在小白牛肉生产过程中须采用圈养或犊牛栏饲养，每圈 10 头，每头占地 2.5～3m²。犊牛栏全为木质，长 140cm、高 180cm、宽 45cm，底板离地高 50cm。舍内要求光照充足，通风良好，温度为 15～20℃，且干燥。

**即问即答 5-11**：在小白牛肉生产过程中，犊牛瘤胃会正常发育吗？它有没有消化功能？

（二）小牛肉生产

犊牛出生后饲养至 7～8 月龄或 12 月龄以前屠宰，整个饲养期以乳（或人工乳）饲喂为主，辅以少量精饲料及粗饲料。通过这种饲养方式生产的牛肉被称为小牛肉。

小牛肉分为大胴体和小胴体。犊牛育肥至 6～8 月龄，体重达到 250～300kg，屠宰率为 58%～62%，胴体重 130～150kg 的被称为小胴体。如果育肥至 8～12 月龄，屠宰活重达到 350kg 以上，则被称为大胴体。

1. 犊牛选择

小牛肉的生产尽量选择早期生长快的品种，如肉用公犊、肉用淘汰母犊、乳用公犊、奶牛或肉牛与黄牛的高代杂种公犊，初生重一般要求在 35kg 以上，健康无病，无任何生理缺陷。

2. 育肥技术

用于小牛肉生产的犊牛先喂 3～5d 初乳，再人工哺喂常乳，1 月龄内按体重的 8%～9%饲喂；7～10d 开始喂混合精饲料，逐渐增加到 0.5～0.6kg，青草或青干草自由采食；1 月龄后日喂奶量基本保持不变；3 月龄喂奶量逐渐减少，喂料量则要逐渐增加，青草或青干草仍自由采食，自由饮水；到 6 月龄停止喂奶，可在此时出售，也可继续育肥至 7～8 月龄或 12 月龄出栏。

小牛肉生产方案如表 5.12 所示。

表 5.12　小牛肉生产方案

| 周龄 | 体重/kg | 日增重/kg | 日喂乳量/kg | 配合饲料日喂量/kg | 青干草/kg |
|------|---------|-----------|-------------|-------------------|-----------|
| 0～4 | 40～59 | 0.6～0.8 | 5～7 | 自由采食 | 自由采食 |
| 5～7 | 60～79 | 0.9～1 | 7～7.9 | 0.1 | 自由采食 |
| 8～10 | 80～89 | 0.9～1.1 | 8 | 0.4 | 自由采食 |
| 11～13 | 100～124 | 1～1.2 | 9 | 0.6 | 自由采食 |
| 14～16 | 125～149 | 1.1～1.3 | 10 | 0.9 | 自由采食 |
| 17～21 | 150～199 | 1.2～1.4 | 10 | 1.3 | 自由采食 |
| 22～27 | 200～250 | 1.1～1.3 | 9 | 2 | 自由采食 |

　　小牛肉生产方案的参考配方为玉米 60%、豆饼 17%、大麦 11%、油脂 10%、磷酸氢钙 1.5%、食盐 0.5%。每千克精饲料加维生素 A 1 万～2 万 IU。

视频 5-9　肉牛持续直线育肥

### 四、青年牛育肥技术

　　青年牛育肥又称持续育肥，是指犊牛断奶后直接进入育肥期直到出栏为止。该育肥技术的特点是充分利用了牛饲料利用率最高的生长阶段，能保持较高的日增重，生产周期短，出栏率高；牛肉肉质鲜嫩、脂肪少、品质好。此法育肥效率高，能满足市场对高档优质牛肉的需求，具有推广价值。

　　（一）放牧加补饲持续育肥法

　　放牧加补饲持续育肥法适用于牧草条件好的牧区或半农半牧区。犊牛断奶后，以放牧为主，根据草地情况，适当补充精饲料或干草，使其在 18 月龄时体重达 400kg 出栏。要实现这一目标，要求犊牛在哺乳期平均日增重达到 0.9～1kg，枯草期日增重保持在 0.4～0.6kg，青草期日增重保持在 0.9kg 以上。

　　放牧时要合理分群，每群 50 头左右，采用分区轮牧，1 头体重为 120～150kg 的牛需草场 1.5～2hm$^2$。放牧育肥时间从当年 5～11 月开始，放牧时要注意牛的休息、饮水和补盐，夏季防暑，狠抓秋膘。尽量减少其行走距离。不能在出牧前或收牧后立即补饲，否则会影响放牧时的采食量。

　　枯草期每头牛每天补喂精饲料 1～2kg，参考配方为玉米 67%、麦麸 10%、高粱 14%、饼类 6%、石粉 2%、食盐 1%。

　　（二）舍饲—放牧—舍饲育肥法

　　舍饲—放牧—舍饲育肥法适合半农半牧区 9～11 月出生的秋犊。犊牛出生后随母哺乳或人工哺乳，哺乳期日增重 0.6 kg，断奶时体重 70kg。断奶后以粗饲料为主，进行冬季舍饲，自由采食干草或青贮饲料，日喂精饲料不超过 2kg，平均日增重 0.9kg，到 6 月龄体重达 180kg。在优良草地放牧(此时正值4～10月),要求平均日增重0.8kg,到12月龄体重可达325kg,转入舍饲,自由采食青贮饲料或干草,日喂精饲料 2～5kg,平均日增重0.9kg, 18月龄体重可达480kg。

### (三) 全舍饲育肥法

全舍饲育肥法适用于农区。犊牛阶段随母哺乳,90日龄前自由采食混合饲料,参考配方为玉米63%、豆饼24%、麦麸10%、碳酸氢钙1.5%、食盐1%、碳酸氢钠0.5%。每千克精饲料加维生素 A 0.5万～1万 IU。

#### 1. 强度育肥、周岁出栏方案

进入育肥期,按体重的1.5%喂混合精饲料,粗饲料自由采食。喂干草时另加维生素 A 0.5万 IU。12月龄体重达450kg即可出栏。

4～6月龄精饲料参考配方为玉米60%、高粱10%、饼类24%、植物油脂3%、碳酸氢钙1.5%、食盐1%、碳酸氢钠0.5%;6～12月龄精饲料参考配方为玉米67%、高粱10%、饼类20%、碳酸氢钙1%、食盐1%、碳酸氢钠1%。

#### 2. 18月龄出栏方案

7月龄体重150kg开始,育肥至18月龄、体重500kg以上时出栏。育肥期平均日增重1kg,其中7～10月龄日增重目标为0.8kg,11～16月龄日增重目标为1kg,17～18月龄日增重目标为1.2kg。

青贮类、谷草类日粮配方及喂量如表5.13所示。

表 5.13　青贮类、谷草类日粮配方及喂量

| 月龄 | 精饲料配方/% | | | | | | 采食量/kg | | |
|---|---|---|---|---|---|---|---|---|---|
| | 玉米 | 麸皮 | 豆粕 | 棉饼 | 石粉 | 食盐 | 精饲料 | 青贮玉米 | 谷草 |
| 7～8 | 32.5 | 24 | 7 | 33 | 1.5 | 1 | 2.2 | 6 | 1.5 |
| 9～10 | 32.5 | 24 | 7 | 33 | 1.5 | 1 | 2.8 | 8 | 1.5 |
| 11～12 | 52 | 14 | 5 | 26 | 1 | 1 | 3.3 | 10 | 1.8 |
| 13～14 | 52 | 14 | 5 | 26 | 1 | 1 | 3.6 | 12 | 2 |
| 15～16 | 67 | 4 | | 26 | 1 | 1 | 4.1 | 14 | 2 |
| 17～18 | 67 | 4 | | 26 | 1 | 1 | 5.5 | 14 | 2 |

注:精饲料中另加1%添加剂预混料。

18月龄出栏方案采用拴系饲养,定槽,定位,槽位长度为40～60cm;断奶后驱虫1次,10～12月龄再驱虫1次,每日刷拭2次。

#### 3. 育肥始重250kg、末重500kg出栏方案

育肥期250d,平均日增重1kg。日粮分为5个阶段,每50d更换1次日粮配方与喂量(表5.14)。粗饲料采用青贮玉米,自由采食。

表 5.14　不同体重阶段的精饲料喂量和精饲料配方

| 体重阶段/kg | 精饲料喂量/kg | 精饲料配方/% | | | | | |
|---|---|---|---|---|---|---|---|
| | | 玉米 | 麦麸 | 棉籽粕 | 石粉 | 食盐 | 碳酸氢钠 |
| 250～300 | 3 | 43.7 | 28.5 | 24.7 | 1.1 | 1 | 1 |
| 300～350 | 3.7 | 55.5 | 22 | 19.5 | 1 | 1 | 1 |
| 350～400 | 4.2 | 64.5 | 17.4 | 15.5 | 0.6 | 1 | 1 |
| 400～450 | 4.7 | 71.2 | 14 | 12.3 | 0.5 | 1 | 1 |
| 450～500 | 5.3 | 75.2 | 12 | 10.5 | 0.3 | 1 | 1 |

视频 5-10　架子牛育肥

### 五、架子牛育肥技术

架子牛是指断奶后一定时期，年龄 1～2 岁，虽有较大骨架，但未经育肥不够屠宰体重的牛，目前多指公牛。对这类牛进行屠宰前 3～5 个月的短期育肥，使其体重达到 450kg 以上，这种育肥方式称为架子牛育肥。此种育肥方式所需饲养期短、周转快、比较经济，是我国目前肉牛育肥的主要形式。

架子牛育肥的原理是充分利用肉牛的补偿生长特点，多采用异地育肥，常分为吊架子期和短期育肥期两个阶段。吊架子期是指犊牛断奶后，经育肥前的 8～10 个月甚至更长时间的生长期。它对粗饲料的利用率较高，饲养以降低成本为主要目标，不追求高速生长，日增重维持在 0.5kg 即可。吊架子期结束后进入短期育肥阶段，时间为 3～5 个月。

（一）架子牛选购

1. 品种选择

架子牛应选择肉牛或肉牛的杂种，如夏洛来牛、利木赞牛、西门塔尔牛、海福特牛、皮埃蒙特牛、南德温牛等与本地牛的杂交后代，或秦川牛、晋南牛、南阳牛、鲁西牛等地方良种黄牛。这类牛增重快、瘦肉多、脂肪少，饲料转化率高。

2. 年龄和体重选择

架子牛育肥一般可选择 14～18 月龄的杂种牛或 18～24 月龄的良种黄牛，活重在 300kg 以上。这个阶段的牛因补偿生长特点，增重迅速，生长能力比其他年龄和体重的牛高 25%～50%。

3. 性别选择

架子牛的性别选择要根据育肥目的和市场而定。公牛生长快，瘦肉率和饲料转化率高，但肉的品质不如阉牛和母牛。18 月龄前屠宰的活牛宜选择公牛育肥；生产一般优质牛肉则可在 1 岁去势；生产高档牛肉则宜选择早去势的阉牛。

#### 4. 体型外貌选择

架子牛应选择发育正常,体型大(1.5～2 岁牛的体重应在 300kg 以上),体况较瘦、体躯长、四肢长、胸部深宽、背腰宽平、臀部宽大、头长而宽、口方整齐、四肢强健有力、蹄大、十字部略高于体高、后肢关节较高、皮肤松软有弹性、后裆皮多松软、被毛细软密实、健康无病的牛。这类牛采食量大,生长能力强,饲养期短,育肥效果好。

**即问即答 5-12**:选购架子牛时,为什么不能选择体型小、体况好的牛育肥?

### (二)架子牛饲养管理

#### 1. 新购架子牛饲养

新购架子牛对新的环境不适应,生产上要解决运输应激,使其尽快适应环境。首先要更换缰绳,消毒牛体,使其在清洁干燥的地方休息,然后提供清洁饮水。第一次饮大半饱,切忌暴饮,限制为 10kg;第二次饮水应在第一次饮水后 3～4h 进行,水中掺些麦麸;第三次可自由饮水。有条件的可给架子牛注射维生素 A,并让其口服 2000～3000mL 补液盐溶液。

休息 2h 后分群,前两天不喂精饲料,饲喂粗饲料(4～5kg),最好是禾本科长干草,其次为玉米青贮或高粱青贮,不可饲喂苜蓿干草或苜蓿青贮,以防引起运输热。一天饲喂 2 次,每次采食 1h。

2～3d 饲喂粗饲料 8～10kg,4～5d 粗饲料自由采食,然后逐渐增加以麸皮为主的精饲料喂量,由少到多(0～2kg),5d 内混合精饲料控制在每头 2kg,逐步过渡到育肥期日粮。

#### 2. 育肥阶段划分及饲料配比

架子牛育肥可采用分段饲养法,根据生长发育特点及营养需要,快速育肥一般可分 3 个阶段,育肥期 3～4 个月。

第一阶段为适应期(20～30d)。此期主要是让牛顺利过渡,熟悉育肥饲料和环境,进行驱虫健胃,锻炼采食精饲料的能力,尽快使精粗比(以干物质计)达到 40:60,粗蛋白质占日粮干物质的 12%,日采食干物质 7kg。日增重一般可达 0.8～1kg。

第二阶段为增肉期(50～60d)。此期牛完全适应各方面的条件,采食量增加,增重速度快。日采食饲料干物质 8～9kg,精粗比为 60:40,日粮中粗蛋白质含量为 11%。

第二阶段的精饲料参考配方为玉米 70%、饼类 20%、麦麸 10%、每头牛每天食 20g 食盐、100g 预混料。日增重可达 1.3kg 左右。精饲料喂量为体重的 1.5%～2%,饲草喂量为 10～15kg。

第三阶段为催肥期（20～30d）。此期牛的采食量减少，应多喂精饲料，并加入适量的香味剂和糖蜜，增加饲喂次数，使干物质采食量达10kg，精饲粗比为70∶30，日粮中粗蛋白质含量为10%。此期主要是增加脂肪沉积数量，改善肉的品质。在精饲料组成中，可增加大麦喂量，进一步改善牛肉品质。

第三阶段精饲料的参考配方为玉米65%、大麦20%、饼类10%、麦麸5%，每头牛每日食30g食盐、100g预混料。日增重1.5kg左右。体重超过500kg即可出售。

在喂高精饲料日粮时，为防止酸中毒，提高增重效果，每头牛每天可添加3～5g商品瘤胃素（即莫能霉素，每克商品瘤胃素含纯品60mg）或按精饲料量的1%～2%添加碳酸氢钠、0.4%～0.7%氧化镁。

在整个育肥过程中，可根据当地资源选用粗饲料，如以玉米青贮为主，或以酒糟为主，或以其他氨化秸秆为主。饲喂青干草时，喂量参照干玉米秸的采食量。精饲料也应因地制宜，口粮配方可按肉牛饲养标准配制。

架子牛不同体重阶段配方与采食量如表5.15所示。

表5.15 架子牛不同体重阶段配方与采食量

| 体重阶段/kg | 采食量/（kg/d） | | | | | | | |
|---|---|---|---|---|---|---|---|---|
| | 配方1 | | 配方2 | | | 配方3 | | |
| | 精饲料 | 青贮玉米 | 精饲料 | 酒糟 | 玉米秸 | 精饲料 | 玉米秸 | 干酒糟 |
| 300～350 | 5.2 | 15 | 4.1 | 11 | 1.5 | 4.8 | 3.6 | 0.5 |
| 350～400 | 5.6 | 15 | 7.6 | 11.3 | 1.7 | 5.4 | 4 | 0.3 |
| 400～450 | 6.1 | 15 | 7.5 | 12 | 1.8 | 6 | 4.2 | 0.3 |
| 450～500 | 8 | 15 | 8.2 | 13.1 | 1.8 | 6.7 | 4.6 | 0.3 |

3. 架子牛管理

（1）加强运输管理，减少应激

运前2～3d为架子牛注射维生素A 25万～100万IU，运前2h让其口服2000～3000mL补液盐溶液。配方为3.5g氯化钠、1.5g氯化钾、2.5g碳酸氢钠、20g葡萄糖，加凉开水至1000mL。

（2）合理分群、及时编号

采用圈群散养时，一般以15～20头一群为宜。

（3）定期称重

一般在育肥开始与结束各称重1次，育肥期间每隔1～2个月称重1次。对于缺乏称重条件的养牛场，可估测体重。估测公式为

$$体重（kg）=胸围（m）^2×体长（m）×100$$

（4）加强防疫消毒、驱虫健胃工作

育肥前必须对架子牛进行消毒、驱虫、健胃、补铁，用百毒杀等安全消毒剂对其进行全身消毒。每50kg体重用有效成分10mg的阿维菌素或

伊维菌素驱虫，若驱除肝片吸虫可用 10mg/kg 丙硫咪唑。一般在驱虫 3d 后用健胃散或温脾散（5～7d）、大黄苏打片、人工盐健胃。

（5）注意牛的采食习性

牛有争食的习性，群饲时采食量大于单槽饲养。因此，有条件的育肥场应采用群饲方式喂牛。投料时少给勤添，使牛总有不足之感，争食而不厌食、不挑食。但因牛早上采食量大，少给勤添时要注意第一次添料要多些，否则容易引起牛争料而顶撞斗架；晚上最后一次添料也要多一些，以供牛夜间采食。

（6）把握好饲料更换

随着牛体重的增加，各种饲料的比例会有所调整，在牛的育肥饲养中，饲料更换常会发生。但应采取逐渐更换饲料的办法，绝不可骤然改变，以免打乱牛原有的采食习惯。更换饲料应有 3～5d 的过渡期，逐渐让牛适应新更换的饲料。在饲料更换期间，饲养人员要勤观察，发现异常应及时采取措施处理，减少饲料更换造成的损失。

（7）坚持"四定"原则

整个育肥期要坚持定时上下槽、定精粗比、定牛位、定时刷拭。

（8）保证饮水

饮水不足，影响育肥牛的生长发育；饮水充足，牛精神饱满，被毛有光泽，食欲好，采食量大。最好采用自由饮水装置。若因条件限制而采用定时饮水，则每天至少 3 次。

（9）限制运动

小围栏或拴系饲养，缰绳要短，长度为 50～60cm，以牛能卧下为宜，以减少牛的活动量，降低损耗，提高育肥效果。

（10）及时出栏

经 3～4 个月育肥，体重达 500kg 以上，此时牛被毛光亮，皮肤无皱褶，肌肉丰满，脊背两侧肌肉高出脊背，臀部呈圆形，采食量明显下降。此时要及时出栏。若继续饲养，则增重速度减慢，效益会降低。

4. 肉牛最佳出栏时间

（1）根据采食量判断

肉牛日采食量随着肥度的增加而下降，如下降量达正常量的1/3或更少，或者日采食量小于活重的 1.5%即可屠宰。

（2）根据肥度指数判断

肥度指数=活重/体高，指数越大，肥度越好。阉牛的肥度指数以 526 为最佳。

（3）根据肉牛的体型外貌判断

通过观察皮下、下颌部、胸垂部、肋腹部、腰部、坐骨端和下肷部等几个重要部位的脂肪沉积程度来判断。当这些部位沉积的脂肪较多时，即已达到最佳出栏时间。

### 同步测试 5-6

1. 肉牛生长强度最大的阶段是（　　）。
   A. 0～6 月龄　　　　　　　　　B. 6～12 月龄
   C. 12～18 月龄　　　　　　　　D. 胚胎期

2. 在肉牛各类体组织中，最早停止生长的是（　　）。
   A. 肌肉　　　B. 脂肪　　　C. 骨骼　　　D. 内脏

3. 在喂高精饲料日粮时，为防止酸中毒，提高增重效果，日粮中须添加（　　）。
   A. 能量饲料　　　　　　　　　B. 蛋白质饲料
   C. 矿物质饲料　　　　　　　　D. 碳酸氢钠

4. 为了降低能耗，提高育肥效果，生产上肉牛最好采用（　　）。
   A. 放牧饲养　　B. 舍内散放　　C. 拴系饲养　　D. 舍饲饲养

5. 在生产高档牛肉时最好选择（　　）。
   A. 公牛　　　B. 母牛　　　C. 阉牛　　　D. 犊牛

# 任务六　牛场保健

课件 5-6　牛场
保健

案例导入

　　某村民从外地购入 50 多只架子牛，在自家山上进行放养，购入后未进行任何保健处理。经过半年早出晚归放牧，该村民发现牛只瘦弱，被毛凌乱，常有腹泻发生，看上去没怎么生长。你认为这些牛的问题在哪里？这个案例说明什么？本任务将介绍牛场保健相关知识。

## 一、牛场消毒技术

### （一）消毒剂选择

消毒剂应选择对人、奶牛和环境比较安全、没有残留毒性，对设备没有破坏和在牛体内不产生蓄积的消毒剂。可选用的消毒剂有石炭酸（酚）、煤酚、双酚类、有机碘混合物（碘伏）、过氧乙酸、生石灰、氢氧化钠（火碱）、高锰酸钾、硫酸铜、新洁尔灭、松油、酒精和来苏尔等。

### （二）牛场消毒方法

#### 1. 环境消毒

牛舍周围环境（包括运动场）每周用 2%火碱消毒或撒生石灰 1 次；

牛场周围及场内污水池、排粪坑和下水道出口，每月用漂白粉消毒 1 次。在大门口和牛舍入口设消毒池，用 2%火碱或煤酚溶液进行消毒。

### 2. 人员消毒

在人员入口处设紫外线灯，外来人员进入场区应彻底消毒，更换场区工作服和工作鞋，并遵守场内防疫制度。工作人员进入生产区应更换衣物和进行紫外线消毒，工作服不应穿出场外。用一定浓度的新洁尔灭、有机碘混合物或煤酚的水溶液洗手、洗工作服或胶靴。

### 3. 牛舍消毒

牛舍在每群牛只下槽后应彻底清扫干净，定期用高压水枪冲洗，并用一定浓度的次氯酸盐、有机碘混合物、过氧乙酸、新洁尔灭、煤酚等通过喷雾装置进行喷雾消毒或熏蒸消毒。

### 4. 用具消毒

定期对饲喂用具、料槽和饲料车等进行消毒，可用 0.1%新洁尔灭或 0.2%~0.5%过氧乙酸消毒。日常用具（如兽医用具、助产用具、配种用具、挤奶设备和奶罐车等）在使用前后应进行彻底消毒和清洗。

### 5. 带牛环境消毒

定期用 0.1%新洁尔灭、0.3%过氧乙酸或 0.1%次氯酸钠进行带牛环境消毒，有利于减少环境中的病原微生物，避免传染病和蹄病等发生。带牛环境消毒应避免消毒剂污染牛奶。

### 6. 牛体消毒

挤奶、助产、配种、注射治疗及任何对奶牛进行接触操作前，应先将牛有关部位如乳房、乳头、阴道口和后躯等进行消毒擦拭，以降低牛乳的细菌数，保证牛体健康。

**即问即答 5-13**：为了方便，能否把消毒药剂一次性配好慢慢使用呢？

## 二、牛场免疫技术

### （一）奶牛场免疫程序

1）口蹄疫疫苗。每年春、秋两季各注射 1 次或按免疫时间注射。成年牛 3~5mL/头，犊牛 2mL/头，肌肉注射。瘦弱、生病、临产前 1.5 个月、怀孕初期（3 个月内）的牛和 4 月龄以下的犊牛禁用。近两年发生过口蹄疫的地区实行每年 4 次免疫，每次免疫 1 个月后再注射 1 次加强免疫，推广使用浓缩的口蹄疫疫苗。

2）乙脑疫苗。春、秋两季各 1 次，每次皮下注射 1 头份。

3）产气荚膜梭菌病多价浓缩苗（猝死症疫苗）。春、秋两季各注射 1 次，成年牛 2mL，犊牛 1.5mL，皮下注射。

4）乳房炎疫苗。分娩前 2 个月，皮下注射 5mL，15d 后再注射 5mL，每年加强免疫。

5）牛流行热灭活疫苗。颈部皮下注射，成年牛第一次注射 4mL，间隔 21 天，再注射 4mL；6 月龄以下犊牛，注射剂量减半。

（二）肉牛场免疫程序

1）肉牛瘟疫苗。犊牛 21～25 日龄第一次注射 2 头份，60～70 日龄进行第二次，注射 4 头份；后备母牛在第一次交配前 30d 注射 4 头份；生产母牛在每胎断奶当天注射 4 头份，但不可给已孕肉母牛注射；种公牛每年春季 1 次注射 4 头份。

2）肉牛丹毒肺疫二联苗。犊牛在 60 日龄时注射 2 头份；后备公、母牛在第一次配种前 30d 注射 3 头份；生产母牛每胎断奶当天注射 3 头份；种公牛每年 3 月、9 月各注射 1 次，每次 3 头份。

3）犊牛副伤寒苗。21～25 日龄注射 1.5 头份。

4）口蹄疫苗。犊牛 35～45 日龄第一次注射 1mL，70～80 日龄进行第二次，注射 2mL；后备牛在配种前 20d 注射 2mL；生产肉母牛分娩前 45d 注射 2mL。

5）传染性萎缩性鼻炎苗。犊牛 35 日龄注射 2mL；生产母牛产前 30d 注射 2mL；种公牛每年 3 月、9 月各注射 1 次，每次 2mL。

6）链球菌苗。犊牛 7 日龄注射 1.5 头份，70 日龄再注射 2 头份；生产母牛和种公牛每年 3 月、9 月各注射 1 次，每次 2 头份。

7）乙脑细小病毒二联苗。后备种牛首次配种前 15d、30d 各注射 1 次，每次 2mL；生产母牛产后 20d 注射 2mL；生产母牛和种公牛每年 3 月、9 月各注射 1 次，每次 2mL。

8）伪狂犬病苗。后备牛首次配种前 1～2 月分别免疫 1 次；生产母牛产前 30d 注射 1 次；种公牛在春、秋两季各免疫 1 次。

**即问即答 5-14**：你听说过牛结节性皮肤病吗？为什么可以用羊痘疫苗免疫呢？

### 三、牛场驱虫技术

牛场要建立系统的驱虫制度，从外地引进的牛要进行检疫和驱虫后再并群，牛场内应消灭老鼠、蚊蝇及吸血昆虫。一般每年春、秋两季各进行一次全群牛的预防性驱虫，平常结合转群时实施。犊牛 1 月龄和 6 月龄各驱虫 1 次。

（一）常用驱虫药

每千克体重 5～10mg 丙硫咪唑，可驱牛新蛔虫、胃肠线虫、肺线虫等；每千克体重 30～50mg 吡喹酮，可驱血吸虫等；每千克体重 40～50mg 别丁，可驱肝片吸虫等；每千克体重 3～5mg 贝尼尔，配成 5%～7%溶液，深部肌注，可驱伊氏锥虫、梨形虫和牛泰勒虫等；敌百虫溶液喷于患部，可杀死牛皮蝇蛆和牛螨。

（二）驱虫方法

驱虫前，需要挑选干奶牛、后备牛各 1 头，分别按剂量用药，待观察安全、有效、无明显副作用后，再进行大群投药驱虫。

驱虫时，将驱虫药物人工研碎后单独、逐头撒入饲料或直接人工灌服，目的是确保每头牛饲喂到位，谨防过多或过少，保证驱虫效果。每次应使用正规厂家生产的新驱虫药物，以防耐药性。对于须用溶液稀释的驱虫药要现用现配。针对断奶前后的犊牛，若开食料中有驱虫药物，则可以暂不驱虫。为了充分发挥药效，驱除胃肠道寄生虫，须根据实际情况配合用药，可以在上午饲喂前驱虫，并在用药后或同时用盐类泻药，以便使麻痹的虫体和残留在胃肠道内的驱虫药排出，收到更好的效果。严格按照驱虫药使用说明进行用药。

驱虫后，必须对驱虫过的牛跟踪 48h，同时备有必要的防过敏措施和急救方案。驱虫药使用后要备足清洁、适量的饮水，这也是日常必须做的工作之一，尤其夏季必须防止昆虫、蚊虫等虫卵进入饮水池，导致牛只间接感染。奶牛驱虫后将有虫卵等滞留在粪便中，所以须对奶牛用药后的粪便、垫料等进行堆积发酵或无害化处理，栏舍要彻底清扫消毒，减少虫卵存留、环境污染等。

要注意严格控制驱虫药物使用量，防止使用过多药物造成中毒或流产、早产等，保证牛只安全。所有泌乳牛或即将泌乳的牛禁止驱虫，保证牛乳质量安全；部分泌乳期的牛可以使用的驱虫药物，应按照国家相关法规进行使用。

## ▌知识拓展

### 一种新型的犊牛培育方式

长期以来，哺乳期犊牛一般饲喂巴氏杀菌奶，采用定时、定人、定量、定温饲喂，这种传统方式存在费时、费工及成本高的问题。随着奶牛养殖规模化、设施化、智能化，先进的犊牛饲养管理技术也在不断推进。其中，采用自动喂奶器分群自由采食酸化奶是一种新型的犊牛喂奶方式。

酸化奶就是以牛奶或代乳粉为原料，先经巴氏消毒后降温到 10℃以下（4℃左右），再添加食品级酸化剂（如甲酸、柠檬酸、乙酸、丙酸等，以甲酸为好）酸化 10h，使牛奶 pH 值降至 4～4.5，达到抑制或杀灭牛奶中细菌的效果，延长牛奶常温存放、保鲜时间的犊牛奶品。犊牛灌服初乳后第 2 天即可饲喂酸化奶，按 6～10 头/圈分群后，将酸化奶加温至 38℃

左右，采用乳头式自动喂奶器（图 5.7）供犊牛自由采食。

图 5.7　乳头式自动喂奶器

与传统培育方式相比，酸化奶保存时间长，犊牛可以分群饲养，自由采食；可以解决集中产犊时，饲养密度过大、人员不足、饲喂困难等问题；可以抑制或杀灭细菌，对设备卫生要求不高，节省人力，降低了劳动强度；可以改善犊牛生长，避免犊牛腹泻等疾病发生。

## ▌实践操作

### 技能训练一　鲜乳验收

1．技能训练目标

通过本次技能训练，学生应掌握鲜乳采样及验收的方法，能进行鲜乳的杯碟实验、密度测定、酸度测定和冰点测定的方法等；熟练使用牛乳分析仪。

2．技能训练材料

鲜乳 10kg、乳房炎乳 500mL、加水乳 500mL、掺假乳 500mL、碳酸氢钠适量、蒸馏水 10L、68%～72%酒精、0.1mol/L 氢氧化钠 100mL、酚酞指示剂（1g 酚酞溶于 100mL 95%酒精溶液）、玫瑰红指示剂（0.2g 玫瑰红溶于 100mL95%酒精溶液）、甲烯蓝（次甲蓝、美蓝）溶液、牛乳分析仪、水浴锅各 1 台、碱式滴定管 10 套、10mL 试管 20 支、1～2mL 移液管 10 支、500mL 烧杯 5 个、黑色瓷碟 2 个、500mL 量筒 5 个、比重计 5 枚、电磁炉或电炉、滴定烧杯 10 个。

3．技能训练方法与步骤

（1）牛奶样品采样

采样时必须先将牛奶充分搅拌，采样的数量由采样的目的而定。若须对牛奶进行酸度、干物质、密度等项指标测定，则须采样 200mL。若进行乳脂率的测定，则须采样 50mL。

1）桶装牛奶采样。随机抽样，若超过 3 桶，则应在 3 桶中取样；若超过 10 桶，则应在不同位置随机抽取不少于 3 桶中取样 250mL。采样时，应用搅拌器先将牛奶充分搅拌后取样，在不易搅拌的牛奶槽或牛奶槽车中则应用金属采样管。自牛奶面插入牛奶深部，然后以拇指压紧采样管上口，将牛奶样移至消毒的细口瓶中。

2）瓶装牛奶采样。超过 1000 瓶可按每 50 瓶抽取 1 瓶抽取样品，瓶装牛奶不多的可按每 20 瓶取样 1 瓶抽取样品分析。抽样时利用消毒牛奶瓶反复倾倒数次后取样。

（2）牛奶感观鉴定

在进行牛奶的感观鉴定时可将牛奶注入清洁的玻璃容器内，先确定牛奶的色泽及组织状态，然后可尝试其滋味，鉴定其是否有缺陷或不正常的气味。

1）色泽。牛奶因脂肪或色素的含量不同，应当呈白色或淡黄色，但不得有其他色泽。

2）一致性。牛奶应当是均匀一致的，黏滑并不胶黏，也无絮状物。若有以上情况，则应视为有缺陷。

3）气味。牛奶应具有特殊的清香气味和令人愉快的甜味。

4）杯碟实验。取乳少许于黑色瓷碟上，使其流动，观察有无细小蛋白或黏稠絮状物。如果有，则为乳房炎乳；如果无，则不是乳房炎乳。

（3）牛奶新鲜度测定

1）牛奶的酸度。可用吸管吸取牛奶 10mL 于滴定烧杯中，加入 20mL 蒸馏水，再加入 3～4 滴酚酞指示剂。一边搅拌一边用滴定管慢慢加入 0.1mol/L 氢氧化钠溶液，直至淡红色在 1min 内不消失为止。用 °T 表示牛奶的酸度，必须将滴管中消耗的氢氧化钠溶液量乘以 10，将其换成 100mL 牛奶滴定时所消耗的氢氧化钠体积（mL），即是牛奶的总酸度。

2）牛奶酒精试验。在平皿中或试管中加入待检牛奶液 1～2mL，然后加入等量 68%酒精，充分混合，并使其在皿底流动，仔细观察是否有絮状物或小颗粒在皿底出现。如果有，则表示该牛奶样品酸度已超过 20°T。牛奶的酸度与絮状物大小的关系如表 5.16 所示。

表 5.16　牛奶的酸度与絮状物大小的关系

| 牛奶的酸度/°T | 蛋白质凝固特征 |
| --- | --- |
| 21～22 | 极微小的絮状 |
| 23～24 | 微小的絮状 |
| 25～26 | 中等大小的絮状 |
| 27～28 | 大的絮状 |
| 29～30 | 极大的絮状 |

3）牛奶的还原酶试验。在消毒过的 20mL 试管中加入 1mL 甲烯蓝溶液和 20mL 牛奶，用棉塞塞紧，并使其充分混合；将试管置于 35～40℃水浴中；隔 20min、2h、5.5h 观察甲烯蓝的颜色情况；根据褪色的速度确

定细菌玷污度和等级。甲烯蓝褪色速度与牛奶中细菌数的关系如表 5.17 所示。

表 5.17 甲烯蓝褪色速度与牛奶中细菌数的关系

| 甲烯蓝褪色速度 | 1mL 牛奶中细菌数 | 牛奶的等级 |
|---|---|---|
| ≥5.5h | ≤5×10$^5$ | 一级（良好的牛奶） |
| ≥2h | ≤4×10$^6$ | 二级（合格的牛奶） |
| ≥20min | ≤2×10$^7$ | 三级（坏的牛奶） |
| ≤20min | ≥2×10$^7$ | 四级（极坏的牛奶） |

4）煮沸试验。取 200mL 牛乳置于 500mL 烧杯中，加热煮沸后，观察有无黏稠絮状物。如果有，则说明酸度较大，蛋白质稳定性较差。

（4）牛奶密度测定

在 250mL 量筒中沿壁慢慢倒入待检牛奶 200～250mL；将干燥的牛奶密度计轻轻插入量筒内，使牛奶液面达密度 30 处时，手轻轻松开使其自由浮动，静待 1～2min，并以温度计量取牛奶的温度；在牛奶密度计与牛奶接触的最高液面上读取牛奶的密度；进行温度校正计算。

在一般情况下，可根据牛奶的密度判断其天然性。如果在牛奶中取出脂肪，则牛奶的密度增大；如果牛奶中掺水，则密度减小，每加水 10%，密度降低约 0.003。

在 10～25℃测量范围内，以 20℃为基准，每±1℃密度±0.0002。

（5）牛乳成分测定仪使用

接通电源，预热直到屏幕显示"优创科技"字样；标定；用功能键找到"检测原料奶"，测定乳脂率、乳蛋白、非脂固形物、密度、乳糖、含水量、冰点、灰分等。

4. 技能考核标准

鲜乳验收技能考核标准如表 5.18 所示。

表 5.18 鲜乳验收技能考核标准

| 考核内容 | 评分标准 | | 考核方法 | 掌握程度 | 时限 |
|---|---|---|---|---|---|
| | 分值 | 扣分依据 | | | |
| 牛奶样品采样 | 15 | 采样操作规范（10 分），采样数量符合要求（5 分） | 单人操作考核 | 熟练掌握 | 1.5h |
| 牛奶感观鉴定 | 15 | 感观鉴定操作（5 分），牛奶色泽、状态、气味鉴定（每项 2 分），杯碟实验（4 分） | | | |
| 牛奶酸度测定 | 10 | 牛奶酸度测定操作规范（7 分），测定结果正确性（3 分） | | | |

续表

| 考核内容 | 评分标准 | | 考核方法 | 掌握程度 | 时限 |
| | 分值 | 扣分依据 | | | |
|---|---|---|---|---|---|
| 牛奶酒精试验 | 15 | 牛奶酒精试验操作规范（10 分），结果判定正确性（5 分） | 单人操作考核 | 熟练掌握 | 1.5h |
| 牛奶还原酶试验 | 10 | 牛奶还原酶试验操作规范（7 分），结果判定正确性（3 分） | | | |
| 煮沸试验 | 10 | 煮沸试验操作规范（7 分），结果判定正确性（3 分） | | | |
| 牛奶密度测定 | 15 | 牛奶密度测定操作规范（10 分），结果判定正确性（5 分） | | | |
| 牛乳成分测定仪使用 | 10 | 牛乳成分测定仪使用正确（7 分），测定出相关数据（3 分） | | | |

## 技能训练二　牛的体尺测量、体重估测与年龄鉴定

**1. 技能训练目标**

通过本次技能训练，学生应掌握牛的体尺测量部位和测量方法，运用公式进行体重估测；根据牛门齿和角轮的变化规律，掌握年龄鉴定的基本方法与要领。

**2. 技能训练材料**

乳用牛、肉牛、兼用牛若干，测杖、圆形触测器和皮卷尺，外貌鉴定表、牛门齿挂图、牛门齿变化简表，牛门齿标本（或模型）和牛鼻钳等。

**3. 技能训练方法与步骤**

视频 5-11　牛体尺测量

（1）牛体尺测量

测量时牛站立自然且正直，场地平坦，光线充足，并事先校正测量器械。测量的目的不同，测量项目亦不同，一般奶牛要求至少测量三高、三围、三宽和三长。

1）体高：从鬐甲最高点至地面的垂直距离。

2）腰高：两腰角边线中点到地面的垂直距离，也称十字部高。

3）荐高：荐骨最高点至地面的垂直距离。

4）胸围：肩胛骨后缘处体躯垂直周径。

5）管围：左前肢掌骨上 1/3（最细）处的水平周径。

6）腹围：腹部最粗部分的垂直周径。

7）胸宽：两侧肩胛骨后缘处量取最宽处的水平距离。

8）腰角宽：两腰角外缘之间的距离，也称十字部宽。

9）髋宽：两侧髋关节之间的直线距离。

10）体斜长：从肩端前缘至坐骨结节后缘的距离，简称体长；估测体重时需要用软尺紧贴皮肤量取。

11）体直长：肩端前缘向下垂线至坐骨结节后缘向下垂线之间的水平距离。

12）尻长：腰角前缘至坐骨结节后缘的直线距离。

（2）牛体重估测

测定牛体重最准确的方法是直接用地磅称重。在缺乏直接称重条件时，可利用测量的体尺进行估算，计算公式为

6～12月龄奶牛体重（kg）=[胸围$^2$（m）×体斜长（m）]×98.7

12～18月龄奶牛体重（kg）=[胸围$^2$（m）×体斜长（m）]×87.5

成年奶牛、乳肉兼用牛体重（kg）=[胸围$^2$（m）×体斜长（m）]×90

成年肉牛、肉乳兼用牛体重（kg）=[胸围$^2$（m）×体斜长（m）]×100

（3）牛年龄鉴定

根据母牛配种繁殖记录和牛的卡片，可以准确确定其年龄。在牛场缺乏记录的情况下，可根据牙齿、角轮的情况，大致鉴定牛的年龄。

视频 5-12　牛年龄鉴定

1）牙齿鉴定法。根据牙齿鉴定牛的年龄，通常以牙齿更换和磨损过程中所呈现的规律性变化为依据。鉴定时，首先观察牛的外貌，对牛的年龄有大概的印象。然后鉴定人员从牛右侧前方慢慢接近牛只，左手托住牛的下颌，右手迅速捏住牛鼻中隔最薄处，并顺势抬起牛头，使其呈水平状态，随后迅速把左手4指并拢插入牛的右侧口角，通过无齿区，将牛舌抓住，顺手一扭，用拇指尖顶住牛的上颚，其余4指握住牛舌，并轻轻将牛舌拉向右口角外边，观察牛门齿更换及磨损情况，按标准判定牛的年龄。牛门齿变化简表如表5.19所示。

表 5.19　牛门齿变化简表

| 年龄 | 牙齿变化的特征 |
| --- | --- |
| 初生 | 第1～2对或第3对乳齿长出 |
| 2周龄左右 | 全部乳门齿长出 |
| 1.5～2岁 | 第1对乳门齿脱落，换成永久齿并长齐 |
| 2.5～3岁 | 第2对乳门齿脱落，换成永久齿并长齐 |
| 3.5～4岁 | 第3对乳门齿脱落，换成永久齿并长齐 |
| 4.5～5岁 | 第4对乳门齿脱落，换成永久齿并长齐 |
| 6岁 | 第1对永久齿磨损较严重，齿面由长方形变成三角形 |
| 7岁 | 第2对永久齿磨损较严重，齿面呈三角形 |
| 8岁 | 第3对永久齿磨损较严重，齿面呈三角形 |
| 9岁 | 第4对永久齿磨损较严重，齿面呈三角形 |
| 10岁 | 第1对永久齿出现圆形的齿星 |
| 11岁 | 第2对永久齿出现圆形的齿星 |
| 12岁 | 第3对永久齿出现圆形的齿星 |
| 13岁 | 第4对永久齿出现圆形的齿星 |

　　牛门齿的变化情况因牛类型的不同而存在一定的差异。一般早熟肉牛比奶牛成熟早 0.5 年左右，黄牛比奶牛晚 0.5～1 年，水牛比黄牛晚 1 年。

　　2）角轮鉴定法。角轮是牛角表面的凹陷形成的环形痕迹，从角的基部开始逐渐向角尖方向形成。角轮是因营养不足，角部周围组织未能充分发育而形成的。

　　母牛每产犊一次即出现一个角轮，故由角轮的数目便可判断母牛的年龄，一般计算公式为

　　　　　　母牛年龄（岁）=第一次产犊年龄+角轮数目

　　通常母牛多在 2.5 岁或 3 岁首次产犊，故将角轮的总数加 2.5 或 3（早熟牛加 2.5，晚熟牛加 3），即得出该牛的实际年龄。

　　在种公牛和阉牛的角上一般没有角轮，但在营养条件差时也会出现角轮，而且多出现在冬季。牛角不是一出生就有的，故其计算方式为

　　　　　　公（阉）牛年龄（岁）=角轮数+1

　　但这种计算并不十分准确可靠，由于母牛流产、饲料不足、空怀及疾病等因素，角轮的深浅、宽窄会不一样。因此，在鉴定时，不仅要用眼观察角轮的深浅与距离、用手摸角轮的数目，还要根据角轮的具体情况判断该牛的年龄。故用此法误差较大，只能作为参考。

　　4. 技能考核标准

　　牛的体尺测量、体重估测与年龄鉴定技能考核标准如表 5.20 所示。

表 5.20　牛的体尺测量、体重估测与年龄鉴定技能考核标准

| 考核内容 | 评分标准 | | 考核方法 | 掌握程度 | 时限 |
| --- | --- | --- | --- | --- | --- |
| | 分值 | 扣分依据 | | | |
| 牛的体尺测量 | 40 | 正确保定牛（4 分），12 个测量项目每个项目 3 分（其中操作 2 分，结果 1 分） | 单人操作考核 | 熟练掌握 | 1.5h |
| 牛的体重估测 | 10 | 正确选用估测公式（5 分），计算结果（5 分） | | | |
| 牛年龄牙齿鉴定法 | 35 | 操作正确（10 分），观察 5 头牛的门齿更换及磨损情况，能正确鉴定牛年龄（每头牛 5 分） | | | |
| 牛年龄角轮鉴定法 | 15 | 正确识别角轮（5 分），观察 5 头牛的角轮情况，能正确鉴定牛年龄（每头牛 2 分） | | | |

视频 5-13　乳牛体型线性评定

## 技能训练三　乳牛体型性状的线性评定

1. 技能训练目标

通过本次技能训练，学生应熟悉乳牛体型性状的线性评定项目，掌握乳牛体型性状的线性评定方法。

2. 技能训练材料

2～5 泌乳月龄母牛若干头、乳牛体型性状的线性评分标准、测杖、卷尺、圆形触测器和量角器等。

3. 技能训练方法与步骤

主要对母牛进行体型鉴定，也可应用于公牛。母牛在 1～4 个泌乳期，每个泌乳期在泌乳 60～150d 挤奶前进行鉴定，用最好胎次成绩代表该个体水平。公牛在 2～5 岁，每年评定 1 次。

（1）个体性状识别与评定

1）体高。体高根据腰高（十字部高度）评分。腰高 140cm 者属于中等，得 25 分，低于 130cm 评 1～5 分，高于 150cm 评 45～50 分，在此范围内每增减 1cm，线性分增减 2 分。通常认为，当代奶牛的最佳体高段为 145～150cm。体高评定图如图 5.8 所示。

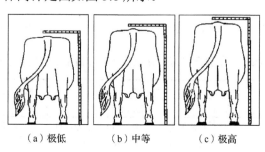

（a）极低　　　（b）中等　　　（c）极高

图 5.8　体高评定图

2）胸宽。胸宽是指前肢正确站立的宽度。极端纤弱窄缩的个体评为 1～5 分，强健结实度中等的个体评为 25 分，极强健结实的个体评为 45～50 分。通常认为，楞角鲜明、偏强健结实的体型是当代奶牛的最佳体型结构。从等级评分看，以 30～40 分为最佳。胸宽评定图如图 5.9 所示。

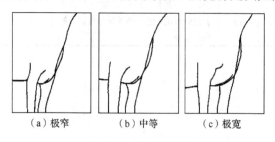

（a）极窄　　　（b）中等　　　（c）极宽

图 5.9　胸宽评定图

3）体深。体深用胸深率（即胸深与体高之比）表示。当胸深率为 50% 时属于中等，评为 25 分，极深的评为 45～50 分，极浅的评为 1～5 分，在此范围内每增减 1%，增减 3 个线性分。此外，体深还须考虑肋骨开张度，最后两肋间不足 3cm 的扣 1 分，超过 3cm 的加 1 分，以左侧为准。体深评定图如图 5.10 所示。

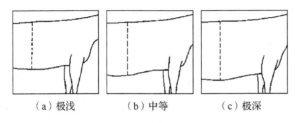

图 5.10 体深评定图

4）楞角性。一般认为，轮廓非常鲜明的体型是当代奶牛的最佳体型结构。评定时，鉴定员可观察奶牛整体乳用特征是否明显，背部、侧面和正面 3 个三角形是否明显、清秀，第 12、13 肋骨（最后两肋）开张程度和间距大小。不足两指宽为极粗重，两指半宽为清秀，三指及以上宽为极清秀。楞角性评定图如图 5.11 所示。

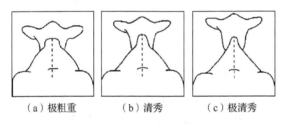

图 5.11 楞角性评定图

5）尻角度。尻角度为腰角至坐骨端的倾斜度，即坐骨端与腰角的相对高度。一般腰角低于坐骨端 4cm 为极高，评为 1～5 分；腰角高于坐骨端 4cm 为中等，评为 25 分；腰角高于坐骨端 12cm 为极低，评为 45～50 分。尻角度评定图如图 5.12 所示。

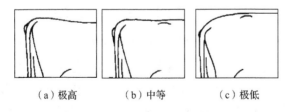

图 5.12 尻角度评定图

6）尻宽。尻宽为两坐骨端外缘间的宽度，主要依据髋宽、腰角宽和坐骨宽进行线性评分。通常认为，尻极宽的体型是当代奶牛的最佳体型结构。小于 15cm 为极窄，评为 1～5 分；以 20cm 为中等，评为 25 分；大于 24cm 为极宽，评为 45～50 分。尻宽评定图如图 5.13 所示。

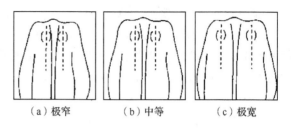

（a）极窄　　　（b）中等　　　（c）极宽

图 5.13　尻宽评定图

7）后肢侧视。飞节角度过大、过小的奶牛均不具有最佳侧视姿势，只有适度弯曲的体型（飞节角度为 145°）才是当代奶牛的最佳体型结构，而且偏直一点的奶牛耐用年数长。后肢一侧伤残时，应看健康的一侧。

飞节角度大于 155° 为直飞，评为 1～5 分；飞节角度为 145° 为中等，评为 25 分；飞节角度小于 135° 为曲飞，评为 45～50 分。后肢侧视评定图如图 5.14 所示。

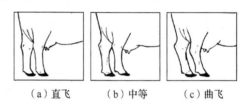

（a）直飞　　　（b）中等　　　（c）曲飞

图 5.14　后肢侧视评定图

8）蹄角度。蹄角度为蹄前缘与蹄底的角度。适当的蹄角度（55°）是当代奶牛的最佳体型结构。蹄的内外角度不一致时，应看外侧的角度。小于 25° 为极小蹄角度，评为 1～5 分；45° 为中等蹄角度，评为 25 分；大于 65° 为极大蹄角度，评为 45～50 分。蹄角度评定图如图 5.15 所示。

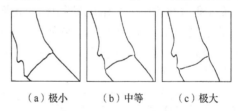

（a）极小　　　（b）中等　　　（c）极大

图 5.15　蹄角度评定图

9）前乳房附着。前乳房附着为乳房侧韧带与腹壁构成的角度。连接附着偏于紧凑的体型是当代奶牛的最佳体型结构。乳房损伤或患乳房炎时，应看不受影响或影响较小的一侧。小于 90° 为松弛，评为 1～5 分；110° 为中等，评为 25 分；大于 130° 为紧凑，评为 45～50 分。前乳房附着评定图如图 5.16 所示。

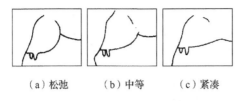

（a）松弛　　（b）中等　　（c）紧凑

图 5.16　前乳房附着评定图

10）后乳房高度。后乳房高度为乳腺组织上缘与阴门基部的距离。乳汁分泌组织的顶部极高的体型是当代奶牛的最佳体型结构。大于 40cm 为极低，评为 1～5 分；30cm 为中等，评为 25 分；小于 20cm 为极高，评为 45～50 分。后乳房高度评定图如图 5.17 所示。

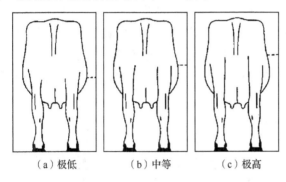

（a）极低　　（b）中等　　（c）极高

图 5.17　后乳房高度评定图

11）后乳房宽度。后乳房宽度为后乳房左右两个附着点间的距离。后乳房极宽的体型是当代奶牛的最佳体型结构。刚挤完奶时，可依据乳房皱褶多少，加 5～10 分。后乳房宽度小于 7cm 为极窄，评为 1～5 分；15cm 为中等，评为 25 分；大于 23cm 为极宽，评为 45～50 分。后乳房宽度评定图如图 5.18 所示。

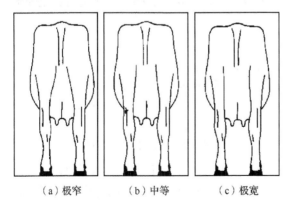

（a）极窄　　（b）中等　　（c）极宽

图 5.18　后乳房宽度评定图

12）悬韧带。悬韧带为后乳房纵沟的深度。强度高的悬韧带是当代奶牛的最佳体型。评定时，通常为提高评定速度，可依据后乳房底部悬韧带处的夹角深度进行评定。无角度向下松弛呈圆弧的为极弱，评为 1～5 分；

呈钝角（3cm）的为中等，评为 25 分；呈锐角（大于 6cm）的为极强，评为 45～50 分。悬韧带评定图如图 5.19 所示。

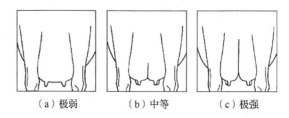

（a）极弱　　　　　（b）中等　　　　　（c）极强

图 5.19　悬韧带评定图

13）乳房深度。适宜的乳房深度是当今奶牛的最佳体型结构，即初产牛应在 30 分以上，而 2～3 胎牛的以大于 25 分为好，4 胎牛的以大于 20 分为好。对该性状的评定要求严格，乳房底在飞节上评 20 分，稍低于飞节评 15 分。低于飞节 5cm 以上为极深，评为 1～5 分；高于飞节 5cm 为中等，评为 25 分；高于飞节 15cm 为极浅，评为 45～50 分。乳房深度评定图如图 5.20 所示。

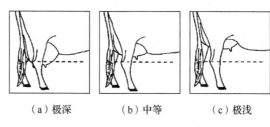

（a）极深　　　　　（b）中等　　　　　（c）极浅

图 5.20　乳房深度评定图

14）乳头位置。乳头位置为前后乳头在乳房基部的位置，主要根据后视前乳区乳头的分布情况进行评分。极宽位置的评为 1～5 分；中等位置的评为 25 分；极近位置的评为 45～50 分。乳头位置评定图如图 5.21 所示。

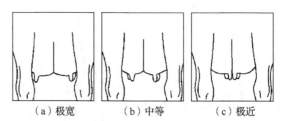

（a）极宽　　　　　（b）中等　　　　　（c）极近

图 5.21　乳头位置评定图

15）乳头长度。当代奶牛的最佳前乳头长度为 6.5～7cm。最佳乳头长度因挤奶方式不同而有所变化，手工挤奶乳头长度可偏短，而机器挤奶则以 6.5～7cm 为最佳长度。小于 3cm 为极短，评为 1～5 分；6cm 为中等，评为 25 分；大于 9cm 为极长，评为 45～50 分。乳头长度评定图如图 5.22 所示。

（a）极短　　　　（b）中等　　　　（c）极长

图 5.22　乳头长度评定图

（2）线性分转换为功能分

个体性状的线性分只有转换为功能分，才可用来计算特征性状的评分和整体评分。线性分与功能分的转换关系如表 5.21 所示。

表 5.21　线性分与功能分的转换关系

| 线性分 | 功能分 | | | | | | | | | | | | | | |
| --- | --- | --- | --- | --- | --- | --- | --- | --- | --- | --- | --- | --- | --- | --- | --- |
| | 体高 | 胸宽 | 体深 | 楞角性 | 尻角度 | 尻宽 | 后肢侧视 | 蹄角度 | 前乳房附着 | 后乳房高度 | 后乳房宽度 | 悬韧带 | 乳房深度 | 乳头位置 | 乳头长度 |
| 1 | 51 | 51 | 51 | 51 | 51 | 51 | 51 | 51 | 51 | 51 | 51 | 51 | 51 | 51 | 51 |
| 2 | 52 | 52 | 52 | 52 | 52 | 52 | 52 | 52 | 52 | 52 | 52 | 52 | 52 | 52 | 52 |
| 3 | 54 | 54 | 54 | 53 | 54 | 54 | 53 | 53 | 53 | 54 | 53 | 53 | 53 | 53 | 53 |
| 4 | 55 | 55 | 55 | 54 | 55 | 55 | 54 | 55 | 54 | 56 | 54 | 54 | 54 | 54 | 54 |
| 5 | 57 | 57 | 57 | 55 | 57 | 57 | 55 | 56 | 55 | 58 | 55 | 55 | 55 | 55 | 55 |
| 6 | 58 | 58 | 58 | 56 | 58 | 58 | 56 | 58 | 56 | 59 | 56 | 56 | 56 | 56 | 56 |
| 7 | 60 | 60 | 60 | 57 | 60 | 60 | 57 | 59 | 57 | 61 | 57 | 57 | 57 | 57 | 57 |
| 8 | 61 | 61 | 61 | 58 | 61 | 61 | 58 | 61 | 58 | 63 | 58 | 58 | 58 | 58 | 58 |
| 9 | 63 | 63 | 63 | 59 | 63 | 63 | 59 | 63 | 59 | 64 | 59 | 59 | 59 | 59 | 59 |
| 10 | 64 | 64 | 64 | 60 | 64 | 64 | 60 | 64 | 60 | 65 | 60 | 60 | 60 | 60 | 60 |
| 11 | 66 | 65 | 65 | 61 | 65 | 65 | 61 | 65 | 61 | 66 | 61 | 61 | 61 | 61 | 61 |
| 12 | 67 | 66 | 66 | 62 | 66 | 66 | 62 | 66 | 62 | 66 | 62 | 62 | 62 | 62 | 62 |
| 13 | 68 | 67 | 67 | 63 | 67 | 67 | 63 | 67 | 63 | 67 | 63 | 63 | 63 | 63 | 63 |
| 14 | 69 | 68 | 68 | 64 | 69 | 68 | 64 | 67 | 64 | 67 | 64 | 64 | 64 | 64 | 64 |
| 15 | 70 | 69 | 69 | 65 | 70 | 69 | 65 | 68 | 65 | 68 | 65 | 65 | 65 | 65 | 65 |
| 16 | 71 | 70 | 70 | 66 | 72 | 70 | 67 | 68 | 66 | 68 | 66 | 66 | 66 | 67 | 66 |
| 17 | 72 | 72 | 71 | 67 | 74 | 71 | 69 | 69 | 67 | 69 | 67 | 67 | 67 | 69 | 67 |
| 18 | 73 | 72 | 72 | 68 | 76 | 72 | 71 | 69 | 68 | 69 | 68 | 68 | 68 | 71 | 68 |
| 19 | 74 | 72 | 72 | 69 | 78 | 73 | 73 | 70 | 69 | 70 | 69 | 69 | 69 | 73 | 69 |
| 20 | 75 | 73 | 73 | 70 | 80 | 74 | 75 | 71 | 70 | 70 | 70 | 70 | 70 | 75 | 70 |
| 21 | 76 | 73 | 73 | 72 | 82 | 75 | 78 | 72 | 72 | 71 | 71 | 71 | 71 | 76 | 72 |
| 22 | 77 | 74 | 74 | 73 | 84 | 76 | 81 | 73 | 73 | 72 | 72 | 72 | 72 | 77 | 74 |
| 23 | 78 | 74 | 74 | 74 | 86 | 76 | 84 | 74 | 74 | 74 | 73 | 73 | 73 | 78 | 76 |
| 24 | 79 | 75 | 75 | 76 | 88 | 77 | 87 | 75 | 75 | 75 | 74 | 74 | 74 | 79 | 78 |
| 25 | 80 | 75 | 75 | 76 | 90 | 78 | 90 | 76 | 76 | 75 | 75 | 75 | 75 | 80 | 80 |
| 26 | 81 | 76 | 76 | 76 | 88 | 78 | 87 | 77 | 76 | 76 | 76 | 76 | 76 | 81 | 83 |
| 27 | 82 | 77 | 77 | 77 | 86 | 79 | 84 | 79 | 77 | 76 | 77 | 77 | 77 | 81 | 85 |

续表

| 线性分 | 功能分 | | | | | | | | | | | | | | |
|---|---|---|---|---|---|---|---|---|---|---|---|---|---|---|---|
| | 体高 | 胸宽 | 体深 | 楞角性 | 尻角度 | 尻宽 | 后肢侧视 | 蹄角度 | 前乳房附着 | 后乳房高度 | 后乳房宽度 | 悬韧带 | 乳房深度 | 乳头位置 | 乳头长度 |
| 28 | 83 | 78 | 78 | 84 | 80 | 81 | 81 | 78 | 77 | 78 | 78 | 78 | 79 | 82 | 88 |
| 29 | 84 | 79 | 79 | 79 | 82 | 80 | 78 | 83 | 79 | 77 | 79 | 79 | 82 | 82 | 90 |
| 30 | 85 | 80 | 80 | 80 | 80 | 81 | 75 | 85 | 80 | 78 | 80 | 80 | 85 | 83 | 90 |
| 31 | 86 | 82 | 81 | 81 | 79 | 82 | 74 | 87 | 81 | 78 | 81 | 81 | 87 | 83 | 89 |
| 32 | 87 | 84 | 82 | 82 | 78 | 82 | 73 | 89 | 82 | 79 | 82 | 82 | 89 | 84 | 88 |
| 33 | 88 | 86 | 83 | 83 | 77 | 83 | 72 | 91 | 83 | 80 | 83 | 83 | 90 | 84 | 87 |
| 34 | 89 | 88 | 84 | 84 | 76 | 84 | 71 | 93 | 84 | 80 | 84 | 84 | 91 | 85 | 86 |
| 35 | 90 | 90 | 85 | 85 | 75 | 85 | 70 | 95 | 85 | 81 | 85 | 85 | 92 | 85 | 85 |
| 36 | 91 | 92 | 86 | 87 | 74 | 86 | 68 | 94 | 86 | 81 | 86 | 86 | 91 | 86 | 84 |
| 37 | 92 | 94 | 87 | 89 | 73 | 87 | 66 | 93 | 87 | 82 | 87 | 87 | 90 | 86 | 83 |
| 38 | 93 | 91 | 88 | 91 | 72 | 88 | 64 | 92 | 88 | 83 | 88 | 88 | 89 | 87 | 82 |
| 39 | 94 | 88 | 89 | 93 | 71 | 89 | 62 | 91 | 90 | 84 | 89 | 89 | 87 | 87 | 81 |
| 40 | 95 | 85 | 90 | 95 | 70 | 90 | 61 | 90 | 92 | 85 | 90 | 90 | 85 | 88 | 80 |
| 41 | 96 | 82 | 89 | 93 | 69 | 91 | 60 | 89 | 94 | 86 | 90 | 91 | 82 | 88 | 79 |
| 42 | 97 | 79 | 88 | 91 | 68 | 93 | 59 | 88 | 95 | 87 | 91 | 92 | 79 | 89 | 78 |
| 43 | 95 | 78 | 87 | 89 | 67 | 95 | 58 | 87 | 94 | 88 | 91 | 93 | 77 | 89 | 77 |
| 44 | 93 | 78 | 86 | 87 | 66 | 97 | 57 | 86 | 92 | 89 | 92 | 94 | 76 | 90 | 76 |
| 45 | 90 | 77 | 85 | 85 | 65 | 95 | 56 | 85 | 90 | 90 | 92 | 95 | 75 | 90 | 75 |
| 46 | 88 | 77 | 82 | 82 | 62 | 93 | 55 | 84 | 88 | 91 | 93 | 92 | 74 | 87 | 74 |
| 47 | 86 | 76 | 79 | 79 | 59 | 91 | 54 | 83 | 86 | 92 | 94 | 89 | 73 | 84 | 73 |
| 48 | 84 | 76 | 77 | 77 | 56 | 90 | 53 | 82 | 84 | 94 | 95 | 86 | 72 | 81 | 72 |
| 49 | 82 | 75 | 76 | 76 | 53 | 89 | 52 | 81 | 82 | 96 | 96 | 83 | 71 | 78 | 71 |
| 50 | 80 | 75 | 75 | 75 | 51 | 88 | 51 | 80 | 80 | 97 | 97 | 80 | 70 | 75 | 70 |

（3）整体评分及特征性状的构成

整体评分及特征性状的构成如表 5.22～表 5.26 所示。

表 5.22　体躯容积性状的构成

| 具体性状 | 体高 | 胸宽 | 体深 | 尻宽 |
|---|---|---|---|---|
| 权重/% | 20 | 30 | 30 | 20 |

表 5.23　乳用特征性状的构成

| 具体性状 | 楞角性 | 尻角度 | 尻宽 | 后肢侧视 | 蹄角度 |
|---|---|---|---|---|---|
| 权重/% | 60 | 10 | 10 | 10 | 10 |

表 5.24　一般外貌性状的构成

| 具体性状 | 体高 | 胸宽 | 体深 | 尻角度 | 尻宽 | 后肢侧视 | 蹄角度 |
|---|---|---|---|---|---|---|---|
| 权重/% | 15 | 10 | 10 | 15 | 10 | 20 | 20 |

表 5.25　泌乳系统性状的构成

| 具体性状 | 前乳房附着 | 后乳房高度 | 后乳房宽度 | 悬韧带 | 乳房深度 | 乳头位置 | 乳头长度 |
|---|---|---|---|---|---|---|---|
| 权重/% | 20 | 15 | 10 | 15 | 25 | 7.5 | 7.5 |

表 5.26　整体评分构成

| 特征性状 | 体躯容积 | 乳用特征 | 一般外貌 | 泌乳系统 |
|---|---|---|---|---|
| 权重/% | 15 | 15 | 30 | 40 |

（4）整体评分中 15 个性状的权重系数

整体评分中 15 个性状的权重系数如表 5.27 所示。

表 5.27　整体评分中 15 个性状的权重系数

| 性状 | 体高 | 胸宽 | 体深 | 楞角性 | 尻角度 | 尻宽 | 后肢侧视 | 蹄角度 | 前乳房附着 | 后乳房高度 | 后乳房宽度 | 悬韧带 | 乳房深度 | 乳头位置 | 乳头长度 | 合计 |
|---|---|---|---|---|---|---|---|---|---|---|---|---|---|---|---|---|
| 权重/% | 7.5 | 7.5 | 7.5 | 9 | 6 | 7.5 | 7.5 | 7.5 | 8 | 6 | 4 | 6 | 10 | 3 | 3 | 100 |

（5）母牛的等级评定

根据母牛的整体评分，大多数评分系统将母牛分成 6 个等级，即优（90～100 分）、良（85～89 分）、佳（80～84 分）、好（75～79 分）、中（65～74 分）、差（64 分以下）。

4. 技能考核标准

乳牛体型性状的线性评定技能考核标准如表 5.28 所示。

表 5.28　乳牛体型性状的线性评定技能考核标准

| 考核内容 | 评分标准 | | 考核方法 | 掌握程度 | 时限 |
|---|---|---|---|---|---|
| | 分值 | 扣分依据 | | | |
| 个体性状识别与评定 | 60 | 正确进行个体 15 个性状的识别与评定，每个性状 4 分（其中操作 3 分，结果 1 分） | 单人操作考核 | 熟练掌握 | 4h |
| 线性分转换为功能分 | 15 | 正确把线性分转换成功能分（每个性状 1 分） | | | |
| 特征性状评分 | 12 | 正确对体躯容积性状、乳用特征性状、一般外貌性状、泌乳系统性状进行评分（每项 3 分） | | | |
| 整体评分 | 8 | 根据 15 个性状的权重系数正确进行整体评分（8 分） | | | |
| 母牛等级评定 | 5 | 根据整体评分对母牛进行等级评定 | | | |

———**单元测验**———

## 一、单项选择题

1. 就荷斯坦奶牛而言，比较适宜的环境温度一般为（　　）℃。
   A. 0～20　　　　　　　　　B. −10～10
   C. 20～30　　　　　　　　　D. 25～35

2. 牛奶中乳脂率高低与（　　）产量有关。
   A. 甲酸　　　B. 乙酸　　　C. 丙酸　　　D. 丁酸

3. 牛的年龄鉴定，若第4对乳门齿脱落，换成永久齿并长齐，此时牛大约为（　　）岁。
   A. 3　　　　　B. 4　　　　　C. 5　　　　　D. 6

4. 手工挤奶要求用力均匀，动作熟练，且掌握好速度，一般要求每分钟压榨（　　）次。
   A. 80～90　　B. 80～100　　C. 80～120　　D. 120～150

5. 犊牛出生后要尽快饲喂初乳的原因是（　　）。
   A. 不然犊牛会饿死
   B. 初乳放久了会变质
   C. 犊牛吃了初乳会感到暖和
   D. 初乳中含有抗体等初生犊牛所必需的特殊物质

## 二、判断题

1. 初乳较黏稠，酸度较高，可以防止细菌侵入血液中，从而提高对疾病的抵抗力。　　　　　　　　　　　　　　　　　　（　　）
2. 初生犊牛具有主动免疫能力。　　　　　　　　　　　（　　）
3. 初乳中含有较多的镁盐，容易使犊牛腹泻。　　　　　（　　）
4. 犊牛去角有电动烧烙去角法、固体苛性钠去角法两种方法。
   　　　　　　　　　　　　　　　　　　　　　　　　　（　　）
5. 产后母牛应立即补喂大量优质精饲料，以满足大量泌乳的需要，从而减缓体重的下降速度。　　　　　　　　　　　　　（　　）
6. 为了预防产后瘫痪，产后最初几天不可以把牛奶挤净。（　　）
7. 奶牛的干乳期不得小于6周。　　　　　　　　　　　（　　）

## 三、问答题

1. 某奶牛经测量其体高为145cm，体长为175cm，胸围为180cm，该牛体重为多少？
2. 影响肉牛生产性能的因素主要有哪些？
3. 如何挑选架子牛？

## 项目小结

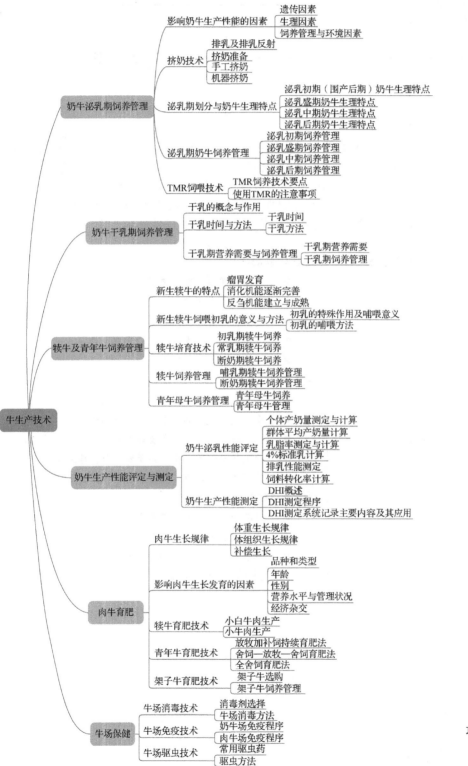

- 牛生产技术
  - 奶牛泌乳期饲养管理
    - 影响奶牛生产性能的因素
      - 遗传因素
      - 生理因素
      - 饲养管理与环境因素
    - 挤奶技术
      - 排乳及排乳反射
      - 挤奶准备
      - 手工挤奶
      - 机器挤奶
    - 泌乳期划分与奶牛生理特点
      - 泌乳初期（围产后期）奶牛生理特点
      - 泌乳盛期奶牛生理特点
      - 泌乳中期奶牛生理特点
      - 泌乳后期奶牛生理特点
    - 泌乳期奶牛饲养管理
      - 泌乳初期饲养管理
      - 泌乳盛期饲养管理
      - 泌乳中期饲养管理
      - 泌乳后期饲养管理
    - TMR饲喂技术
      - TMR饲养技术要点
      - 使用TMR的注意事项
  - 奶牛干乳期饲养管理
    - 干乳的概念与作用
    - 干乳时间与方法
      - 干乳时间
      - 干乳方法
    - 干乳期营养需要与饲养管理
      - 干乳期营养需要
      - 干乳期饲养管理
  - 犊牛及青年牛饲养管理
    - 新生犊牛的特点
      - 瘤胃发育
      - 消化机能逐渐完善
      - 反刍机能建立与成熟
    - 新生犊牛饲喂初乳的意义与方法
      - 初乳的特殊作用及哺喂意义
      - 初乳的哺喂方法
    - 犊牛培育技术
      - 初乳期犊牛饲养
      - 常乳期犊牛饲养
      - 断奶期犊牛饲养
    - 犊牛饲养管理
      - 哺乳期犊牛饲养管理
      - 断奶期犊牛饲养管理
    - 青年母牛饲养管理
      - 青年母牛饲养
      - 青年母牛管理
  - 奶牛生产性能评定与测定
    - 奶牛泌乳性能评定
      - 个体产奶量测定与计算
      - 群体平均产奶量计算
      - 乳脂率测定与计算
      - 4%标准乳计算
      - 排乳性能测定
      - 饲料转化率计算
    - 奶牛生产性能测定
      - DHI概述
      - DHI测定程序
      - DHI测定系统记录主要内容及其应用
  - 肉牛育肥
    - 肉牛生长规律
      - 体重生长规律
      - 体组织生长规律
      - 补偿生长
    - 影响肉牛生长发育的因素
      - 品种和类型
      - 年龄
      - 性别
      - 营养水平与管理状况
      - 经济杂交
    - 犊牛育肥技术
      - 小白牛肉生产
      - 小牛肉生产
    - 青年牛育肥技术
      - 放牧加补饲持续育肥法
      - 舍饲—放牧—舍饲育肥法
      - 全舍饲育肥法
    - 架子牛育肥技术
      - 架子牛选购
      - 架子牛饲养管理
  - 牛场保健
    - 牛场消毒技术
      - 消毒剂选择
      - 牛场消毒方法
    - 牛场免疫技术
      - 奶牛场免疫程序
      - 肉牛场免疫程序
    - 牛场驱虫技术
      - 常用驱虫药
      - 驱虫方法

项目五　答案

# 项目 六

## 羊生产技术

### 导入语

随着养羊业的发展，传统养殖经验已无法适应现代养羊生产的需要，只有不断了解新品种、新技术，才能促进羊生产的持续、健康、高效发展。本项目主要介绍肉羊育肥（包括肉羊放牧育肥、肉羊舍饲育肥和肉羊管理技术）、奶山羊饲养管理、毛用羊饲养管理、羊产品鉴定、羊场保健技术等。

视频 6-0 导学

**教学目标**

【知识目标】
- 了解肉羊放牧育肥要点。
- 了解肉羊舍饲育肥要点。
- 了解肉羊管理要点。
- 了解奶山羊、毛用羊饲养管理要点。
- 了解羊产品鉴定要点。

【技能目标】
- 会正确进行不同类型羊的放牧饲养。
- 会正确开展不同类型羊的舍饲饲养。
- 会正确鉴定羊毛、羊皮等产品。
- 会熟练地进行剪毛、羔羊断尾与去势工作。
- 能正确开展消毒、免疫和驱虫等保健工作。

【素养目标】
- 培养科学严谨的职业素养。
- 养成自主学习的能力和勇于探索的精神。
- 养成珍惜生命、爱护动物的职业素养。
- 提升团队协作能力。

1. 以生产"马海毛"为代表的山羊品种是什么？
2. 中国羊毛的主产区在哪里？

# 任务一 肉羊育肥

视频6-1 肉羊放牧管理

课件6-1 肉羊育肥

**案例导入**

千百年来，内蒙古草原牧区羊的繁殖规律是冬春季产羔，经过一个夏秋青草期的生长，到初冬时一般可长到30～40kg，产肉10～15kg。牧民们认为谁拥有更多牲畜，谁就拥有更多财富。在此传统观念的影响下，一些牧民往往会惜售羔羊，一只羊往往要养三四年才出栏，因此大量羊只需要过冬，这给冬春枯草期草场带来沉重压力；同时，肉羊集中出栏，造成短时供大于求的局面。在这种情况下，出现牧民养羊的经济效益不高、草畜矛盾加剧、枯草期对生态植被破坏过大等现象。这些现象说明什么问题？如何提高牧民养羊的经济效益？本任务将介绍肉羊育肥技术相关知识。

## 一、肉羊放牧育肥

放牧育肥不仅符合羊的生物学特性，还可充分利用天然草场、人工草地或秋季茬地等天然植物资源，较好地满足羊的营养需要，而且节省劳力、降低养羊生产成本。同时，放牧羊只运动量增加，并接受阳光紫外线照射，有利于羊只生长发育和健康。但其育肥效果往往不稳定，会受到气候和草场等因素的干扰和影响。因此，掌握科学的放牧技术，充分、合理、持续、经济地利用草场资源，是取得良好放牧育肥效果的关键，也是实现我国养羊业可持续发展的重要保障。

（一）放牧前准备

1. 合理组织放牧羊群

羊群的组织应根据草场条件和羊的类型、数量、品种、性别、年龄、体况等综合考虑，也可根据生产和科研的特殊需要组织羊群。羊数量较多时，同一品种可分为种公羊群、试情公羊群、成年母羊群、育成公羊群、育成母羊群、羯羊群和育种母羊核心群等。羊数量较少时，不宜组成太多的羊群，应将种公羊单独组群（非种用公羊应去势），母羊可分成繁殖母羊群和淘汰母羊群。为确保羊群安全越冬度春，每年秋末冬初，应根据冬季放牧场的载畜能力、饲草饲料储备等情况，淘汰老龄羊、瘦弱羊及品质较差的羊，确定羊的饲养量，做到以草定畜。

放牧羊群的规模受放牧场地影响而差别较大，牧区草场面积大，羊只组群可大些。例如，繁殖母羊群牧区可达 250～500 只/群，半农半牧区可达 100～150 只/群，山区、农区由于草地面积有限，分别以 50～100 只/群、30～50 只/群为宜；育成公羊和母羊可适当增加，核心群母羊可适当减少；成年种公羊以 20～30 只为宜，后备种公羊以 40～60 只为宜。

2. 选好放牧草场

选择牧场应根据羊的习性，选择地势干燥、草质柔嫩的平地、山坡、丘陵及渠道两旁、田埂等地。不同生长阶段的羊只应选择适宜的草场进行放牧，幼龄羊适于在豆科牧草较多的草场放牧育肥，因为羔羊的增重主要靠蛋白质的增加来实现；而成年羊宜在以禾本科牧草为主的草场放牧育肥，因为成年羊和老年淘汰羊的活重增加主要取决于脂肪组织的沉积。人工灌溉的草场上，第 1～3 年的草场宜放牧羔羊；多年生的人工草场上，则因禾本科牧草比例增加而不适宜放牧羔羊。

放牧前应对牧地分布、植被生长状况及水源设施等有所了解。不要在低洼、潮湿、沼泽和生长毒草、茅草、苍耳草的地方放牧。低洼湿地放羊，容易使羊感染寄生虫病或腐蹄病。茅草、苍耳草针多，容易钻进毛被中，一方面，可能刺伤羊的皮肤和肌肉，引起皮肤感染；另一方面，会形成草刺毛，影响羊毛的品质及其工艺价值。农区放牧应避开打过农药的作物地，以防羊中毒。

（二）放牧方式

1. 固定放牧

固定放牧是指羊群一年四季在一个特定区域内自由放牧采食，这是一种原始的放牧方式。此方式不利于草场的合理利用与保护，载畜量低，单位草场面积提供的畜产品数量少，每个劳动力所创造的价值不高。这是现代养羊业应该摒弃的一种放牧方式。

2. 围栏放牧

围栏放牧是指根据地形把放牧场围起来，在一个围栏内，根据牧草所提供的营养物质数量结合羊的营养需要量，安排一定数量羊只放牧。此方式能合理利用和保护草场，对固定草场使用权也起着重要的作用。

3. 季节轮牧

季节轮牧是指根据自然地形、气候变化、草场情况及水源等，将天然牧场划分为春、夏、秋、冬四季牧场，冬、夏、春秋三季牧场，冬春、夏秋两季牧场。在一个季节性牧场放牧几个月后，就有目的地转移到另一个牧场，形成季节性的轮流放牧。这是我国牧区目前普遍采用的放牧方式，既可提高载畜量，又能较合理地利用草场。

**即问即答 6-1**：如何选择四季牧场？

4. 小区轮牧

小区轮牧又称分区轮牧，是指在划定季节牧场的基础上，根据牧草的生长、草地生产力、羊群营养需要和寄生虫侵袭动态等，将牧地划分为若干个小区，羊群按一定的顺序在小区内进行轮回放牧。

（1）划定草场，确定载畜量

根据草场的地形、地势、水源、草质、草量和羊群情况，分别定出作物栽培地、饲草饲料地、人工牧草地、各季放牧场地等，再结合羊的日采食量和放牧时间，确定载畜量。

（2）适宜放牧时间和牧后牧草剩余高度

始牧时间的确定，应考虑草地牧草发育阶段的营养价值和营养物质积累动态。过早、过迟利用都不好。一般牧草返青后 12～18d 是草地适宜的始牧期。此时放牧，牧草幼嫩多汁、营养丰富，又不影响牧草再生。秋季终牧期，主要考虑牧草的越冬和来年的再生及其产量。一般北方在霜降前30d 左右终牧较好，因为这时牧草有较充裕的时间来积累贮藏营养物质，保证越冬和明年再生时对营养物质的需要。

放牧后牧草的剩余高度对草地再生和产草量影响较大。留茬过低影响再生，太高影响牧草利用率。放牧后牧草适宜的留茬高度为：高草为 4～5cm，低草为 2～3cm，播种的多年生牧草为 5～6cm。

（3）确定放牧周期

放牧周期是指每个小区轮回 1 次所需的时间，即同一小区相近 2 次放牧间隔时间。放牧周期主要由牧草再生速度决定，一般认为再生草长到8～20cm 时就可以再次放牧。在我国北部地区，不同草原类型的放牧周期是：干旱草原放牧周期为 30～40d，湿润草原放牧周期为 30d，高山草原放牧周期为 35～45d。一般以 30d 左右为一放牧周期。

（4）划分小区

根据放牧羊群的数量和放牧时间及牧草再生速度，划分每个小区的面积和轮牧一次的小区数。小区数=放牧周期/每小区放牧天数，每小区的放牧天数一般以 3～6d 为宜，轮牧一次一般划定为 6～8 个小区。

（5）确定放牧频率

放牧频率是指在 1 个放牧季节内，每个小区轮回放牧的次数。放牧频率与放牧周期关系密切，主要取决于草原类型和牧草再生速度。在我国北方地区，不同草原类型的放牧频率是：干旱草原为 2～3 次，湿润草原为2～4 次，森林草原为 3～5 次，高山草原为 2～3 次，荒漠和半荒漠草原为 1～2 次。

**即问即答 6-2**：小区轮牧有哪些优点？

（三）放牧技术

1. 放牧队形与控制

放牧队形主要根据牧地的地形地势、草生状况、放牧季节和羊群饥饱状况而变换，目的是既使羊采食均匀，吃饱吃好，又能充分利用牧地资源。选用适当的放牧形式，有利于羊的抓膘。

（1）一条鞭

一条鞭是指放牧时，让羊群排列成"一"字形的横队。放牧员在羊群前面挡住强羊，控制羊群前进的速度，使羊群缓缓前进，并随时命令离队的羊只归队。若有助手，则可在羊群后面防止少数羊只掉队。出牧初期是羊采食高峰期，应控制头羊，使其放慢前进速度；当放牧一段时间，羊快吃饱时，前进的速度可适当快些；待到大部分羊只吃饱后，羊群出现站立不采食或躺卧休息时，放牧员在羊群左右走动，不让羊群前进；羊群休息反刍结束，再继续放牧。这种队形适宜在牧草生长中等且均匀的牧地上放牧，羊吃食匀，又可驱散蚊蝇。冬、春季队形稍紧，以利保暖；夏季稍松，有利于风凉。早上紧，晌午松；草厚紧，草薄松。

（2）满天星

满天星是指放牧员站在高处或羊群中间，将羊群控制在牧地的一定范围内让羊只自由散开采食，当羊群采食一定时间后，再移动更换牧地。散开面积主要取决于牧草的密度。牧草密度大、产量高的牧地，羊群散开面积小，反之则大。此种队形适用于任何地形和草原类型的放牧场地。牧草优良、产草量高的优良牧场或牧草稀疏、覆盖不均匀的牧场均可采用这种队形。夏季炎热时也常用这种队形。

**即问即答 6-3**：请指出图 6.1 和图 6.2 采用的放牧队形。

图 6.1　放牧队形 1　　　　　　　图 6.2　放牧队形 2

2. 放牧技术要点

（1）多吃少走

放牧羊群在草场上的吃草时间应超过游走时间，超过幅度越大，吃的草越多，走路消耗越少。多吃少走的内容可用"走慢、走少、吃饱、吃好" 8 个字概括，走是措施，吃是目的，走慢是关键。

（2）四勤、三稳

四勤是指放牧人员腿勤、手勤、嘴勤、眼勤。腿勤是指每天放牧时，放牧员一边放羊一边找好草，不能让羊满地乱跑，也要防止羊损害庄稼。因此，放牧员应多走路，随时控制羊群，使之吃饱吃好。手勤是指放牧员不离鞭，以便随时控制羊群，放牧场地有烂纸、塑料布等时应随手拾起，以免羊食后造成疾病；遇有毒草、带刺植物等，要随手除掉；发现羊的蹄甲过长、羊毛掩眼、被毛挂有钩刺时，应及时处理。嘴勤是指放牧员应随时吆喝羊群，使全群羊能听使唤，放牧中遇有离群或偷吃庄稼的羊，都应先吆喝，后打鞭或投掷土块，以免伤羊。眼勤是指放牧员要时常观察羊的举动，观察羊的粪尿有无异常变化，观察羊的吃草和反刍情况，发现病情时应及时治疗。配种季节，应观察有无母羊发情，以做到适时配种。产羔季节，要观察母羊有无临产症状，以便及时进行处理。

三稳是指放牧稳、出入圈稳、饮水稳。放牧时只有稳住羊群才能保证羊多吃少走，吃饱吃好，才能抓膘。出入圈稳的目的是不让羊群拥挤，以免造成妊娠母羊流产或难产。饮水稳的目的是防止羊急饮、抢水呛肺或因拥挤而掉入水中。

（3）领羊、挡羊相结合

放牧羊群应有一定队形，放牧员领羊前进，掌握行走速度与方向，同时挡住走出群的羊，控制羊群慢走多吃，队形不乱。为了控制好羊群，平时要训练头羊，俗话说："放羊打住头（即头羊），放得满肚油；放羊不打头，放成瘦子猴。"头羊最好选择体质健壮的阉山羊，山羊走路昂首阔步，便于眼观四方；绵羊走路常低看，盲从性大，一般不宜作头羊。训练时要用羊喜欢吃的饲料做诱导，先训练来、去、站住等简单的口令和它的代号，再逐渐训练其他如向左、向右、阻止乱跑等口令，使头羊识人意，听从人的召唤。

（4）饮水

羊的饮水量因季节、天气凉热和牧草生长状况而不同。一般天凉时饮水 2～3 次，炎热时饮水 3～5 次，以泉水、井水、流动河水为宜，切忌饮浑水、污水、死水。羊接近水源时，应先停留片刻，待喘息缓和后再饮水。发现羊饮水过猛时，可向水中投石子，羊多抬头观望，可暂缓饮水速度。饮井水时应随打随喝，饮流水时应从下游向上游方向行走，先喝水的羊在下游，后喝水的羊在上游，这样既可避免羊喝浑水，又可避免其被水呛。羊圈和运动场内应设有水槽，水槽应高出地面 20～30cm，以防止粪土污染。水槽内随时装有清水，保证羊在出牧前和归牧后能及时饮到水。

（5）补盐

给羊补盐能增强其食欲，促进其健康。补盐方法：一是将食盐直接拌入精饲料中，每日定量喂给，种公羊每天喂 8～10g，成年母羊每天喂 5～8g。一般应占日粮干物质的 1%。二是自由舔食，将盐块或盐水放入食槽内，让羊舔食。三是用食盐、微量元素及其他辅料制成固体盐砖，让羊自由舐食，这样既能补充食盐，又能补充微量元素，效果较好。羊食盐供给不足可导致食欲下降，体重减轻，产奶量下降和被毛粗糙脱落等，适当补盐可提高其食欲，促进采食和增重。

### 3. 四季放牧

（1）春季放牧（3月至5月中旬）

1）放牧任务。羊群经过漫长的冬季，营养水平下降，膘情差、体质弱。繁殖母羊正处在妊娠后期或产羔育羔的重要时刻，对营养的需求增加。然而，春季气温变化较大，天然草场青黄不接，是羊体内营养供求矛盾最突出的时期，此时放牧的主要任务是恢复羊的体况。

2）草场选择。春季牧场宜选择在气候较温暖、雪融较早、牧草返青早的平原、川地、盆地或丘陵地区及冬季未能利用的阳坡。

3）放牧技术。出牧宜迟，归牧宜早，中午不回圈，让羊多吃草；放牧宜慢，防止"跑青"，采用一条鞭的放牧队形；在选择草场时，每日要先放阴坡后放阳坡，先放黄枯草后放青草。

4）注意事项。一是春季青草萌发早，羊群因急于吃青而易误食毒草，引起中毒，须注意观察草场情况及羊只表现，一旦发现有中毒的羊应及时处理；二是为减少羊的腐蹄病及瘤胃臌气，应在露水消失后出牧；三是春季应注意羊群的驱虫工作。

（2）夏季放牧（5月下旬至8月底）

1）放牧任务。夏季是牧草生长的旺盛时期，此时牧草处于抽茎开花阶段，营养价值高，所以要抓住时机，抓好肉膘。

2）草场选择。我国夏季气温较高，降水量较多，牧草丰茂但含水量较高，特别是炎热潮湿的气候对羊体健康不利。夏季放牧场应选择气候凉爽、蚊蝇少、牧草丰茂且有利于增加羊只采食量的高山地区。

3）放牧技术。早出牧，晚归牧，尽量延长放牧时间（12h以上），做到"四饮、三饱、两休息"；上午放阳坡、顺风放，下午放阴坡、逆风放；远放牧，尽量利用偏远草场。

4）注意事项。一是夏季绵、山羊需水量增多，每天应保证其充足的饮水；二是气候炎热羊出汗多、容易缺盐，应注意为其补充食盐和其他矿物质；三是夏季雷雨多，遇到大雨应将羊群赶至有遮挡的地方避雨，以防羊感冒；四是伏天的羊一般多在羊圈运动场内过夜，因地面热，上面凉，久卧对羊不利，夜间要抄圈2~3次，让羊站起来抖抖毛、拉拉屎再卧下。每次抄圈不可一哄而起，否则会惊动羊群，踏伤羔羊，使羊群久久不能平静，而应用羊鞭将羊一只一只地轻轻敲起。每次抄圈都要检查羊群，如果发现异常情况，则便于及时处理。

（3）秋季放牧（9~11月）

1）放牧任务。秋季气候适宜，秋高气爽，牧草结籽，营养价值很高，是羊群抓膘的黄金季节，故此时的放牧任务是抓油膘，使羊体充分蓄积脂肪，力求达到满膘。

2）草场选择。秋季放牧可选择比夏季牧场地势低而冬季又无法利用的牧草丰盛的山腰或平川地带。此外，还可利用割草后的再生草地和农作物收割后的茬子地放牧抓膘。

3）放牧技术。早秋无霜时早出晚归，中午可以不休息，尽量延长放牧时间；霜降之后，可适当晚出牧，以防妊娠母羊采食霜冻草而引起流产；对刈割草场或农作物收获后的茬子地，可进行抢茬放牧，以便羊群利用茬子地遗留的茎叶和籽实及田间杂草。

4）注意事项。一是豆科草地不宜放牧过久，以防发生瘤胃臌气；二是秋季也是绵、山羊母羊的配种季节，要做到抓膘、配种两不误。

（4）冬季放牧（12月至翌年2月）

1）放牧任务。冬季气候寒冷，保膘、保胎，安全越冬。

2）草场选择。冬季严寒而漫长，牧草枯黄，营养价值低，此时育成羊处于生长发育阶段，妊娠母羊正处在妊娠后期或产冬羔期。因此，冬季牧场应选择在背风向阳、地势较低、水源好的丘陵、山谷或盆地。

3）放牧技术。出牧不宜太早，归牧时间不宜太晚；顶风出牧、顺风归牧；节约牧场，先远后近，先阴坡后阳坡，先高处后低处，先沟壑后平地。

4）注意事项。一是冬季放牧应注意天气预报，以避免风雪袭击；二是对妊娠母羊放牧前进速度宜慢，不跳沟、不惊吓，出入圈舍严防拥挤，归牧后应给予适当补饲，杜绝空腹饮冰碴水，以利于羊群保胎；三是在羊舍附近划出草场，以备大风雪天或产羔期利用。

**同步测试 6-1**

1. 羊群放牧队形名称甚多，其基本队形主要有＿＿＿＿和＿＿＿＿两种。

2. 牧场放牧方式主要有＿＿＿＿、＿＿＿＿、＿＿＿＿和＿＿＿＿4种形式。

## 二、肉羊舍饲育肥

（一）育肥前准备工作

1. 根据肉羊来源、大小和品种类型制定育肥进度和强度

对羔羊进行育肥，一般细毛羊及其杂种羔羊在 8～8.5 月龄结束，半细毛羊在 7～8 月龄结束，肉用羔羊在 6～7 月龄结束，专门用于肥羔生产的杂交羔羊在 5～6 月龄结束。成年羊育肥应根据羊的体况和脂肪沉积状况而定，一般育肥时间不超过 3 个月。

2. 根据育肥方案科学配制日粮

根据羊的品种、个体大小及体况等，科学配制日粮，育肥全期应保证不轻易变更饲料。一般舍饲育肥日粮以混合精饲料占 45%、粗饲料和其他

饲料占55%为宜。如果要求育肥强度大些，则混合精饲料的含量最高可增加到60%，含量过高容易引起肠毒血症，或钙磷比例失调引起尿结石症等。育肥羊舍饲时的饲喂次数取决于日粮组成，白天应以精饲料和多汁饲料为主，夜晚则喂粗饲料。

### 3. 组织好育肥羊群

育肥羊分为羔羊和大羊，除年龄不同外，还有性别和品种的差别。在育肥前，只有先按年龄、性别、品种分群，才能使各类羊获得较好的育肥效果和经济效益。

### 4. 备足饲草料

按育肥方案，储备充足的饲草料，以满足育肥需求，避免因草料准备不足而经常更换草料，影响育肥效果。舍饲育肥时，在整个育肥期每只羊每天要准备青干草1kg左右，或青贮饲料2kg左右，精饲料每天0.5～1kg。

### 5. 加强管理

育肥羊在投入育肥之前，应根据情况做好断尾、去势、驱虫、药浴、防疫注射、修蹄及羊舍和设备的清洁消毒等管理工作，以确保羊只健康，使育肥工作顺利进行。

**即问即答6-4：早期断奶羔羊育肥和断乳羔羊育肥相比，你认为哪种方法更好？**

### （二）羔羊育肥

肥羔是指从羔羊断奶到12月龄以内，经育肥饲养，出栏体重达到35kg以上的商品肉羊。肥羔生产不但可充分利用羔羊生长发育最快的时期，具有饲料报酬高、成本低等特点，而且肥羔肉几乎无膻味，瘦肉多，幼嫩多汁，适口性好。羔羊当年屠宰，缩短了生产周期，加快了羊群周转速度，提高了出栏率、产肉量和经济效益，对我国养羊业快速发展有重要的促进作用。

### 1. 早期断奶

为使羔羊早期育肥，母羊早期发情配种，应采用羔羊早期断奶技术。国外早期断奶一般在羊出生后45～50d。在新西兰，羔羊4～6周龄就断奶，经快速育肥，至4月龄出栏，可获得12～15kg胴体。哺乳期过长会使羔羊过分依赖母乳，不能充分采食植物饲料，羔羊的生长潜力不能发挥。研究表明，羔羊的断奶安排在8周龄比较合理。

### 2. 科学饲养

为了充分利用羔羊生长快的特点，应采用当年羔羊快速育肥技术。肥羔生产应根据羔羊的生长需要配制饲料，研制羔羊饲料添加剂，开发羔羊饲料产品，采取配合饲料饲养技术。参考精饲料配方为玉米 55%～75%、麦麸 5%～15%、豆粕（饼）10%～25%、石粉 0.5%～1.5%、食盐 1%～1.5%、预混料 0.5%～1%、含硒微量元素和维生素 A、维生素 $D_3$ 等按说明书添加。粗饲料以玉米秸青贮、玉米秸和花生蔓或地瓜蔓等为主，有条件的地区可以补加苜蓿、野干草和青绿多汁饲料等。育肥期第 1 个月混合精饲料占 60%，粗饲料占 40%，以后精粗比为 1∶1。

### 3. 经济杂交

为促进羔羊生长，降低饲料成本，应采用杂交优势繁育方法。实践证明，以国外肉用绵羊品种作父本，选择性早熟、多胎、高产的地方品种如小尾寒羊、湖羊作母本生产的杂交肥羔羊，具有生长速度快、饲料报酬高、胴体品质与风味好等特点。

### 4. 适时屠宰

目前，肥羔生产一般以 4～6 月龄出栏为宜。例如，小尾寒羊在中等以上营养水平，最佳育肥期为 5～6 月龄，平均日增重 200g 以上，胴体重达 16～18kg。羔羊含蛋白质 17%、脂肪 7%，肉质细嫩。

### （三）成年羊育肥

**即问即答 6-5**：当牧民或养殖场淘汰种羊时，如何处理才能获得最大的经济效益？

成年羊育肥主要是指对年龄在 1.5～2 岁，不作种用的公、母羊和淘汰的老、弱、残羊等进行育肥。整个育肥期分为适应期（15d）、过渡期（25d）和正式育肥期（30～50d）3 个阶段。适应期和过渡期的主要任务是让羊只适应新的环境和饲料、饲养方式转变，并完成健康检查、注射疫苗、驱虫、分群等生产操作。这两个时期应以粗饲料为主，适当搭配精饲料，并逐步将精饲料的比例提高到 40%。正式育肥期精饲料的比例可提高到 60%，其玉米、大麦、燕麦等籽实类能量饲料可占 80%左右。

### 1. 利用肉用品种或杂交品种

优质肉用绵、山羊品种具有早熟、生长快、饲料报酬高、繁殖力强、胴体品质好、产肉量多等特点；而国内的地方品种虽然适应性强、抗逆性强、耐粗饲，但往往生长慢、生产性能低下。因此，利用地方品种和引入良种杂交，既利用了杂种优势，也保存了当地品种的优良特性，这种育肥羊有良好的增重潜力，饲料报酬高。

### 2. 科学搭配日粮

育肥羊日粮中的粗饲料应占 40%～60%，即使到育肥后期，也不应低于 30%，或粗纤维含量不低于 8%。在上述饲料条件下，应尽量设法改善粗饲料品质，日粮中精饲料或粗饲料应多样化，增加适口性，提高羊对干物质的采食量。不同品种羊在育肥期对营养物质的需要量是有差异的，一般非肉用品种所需要的营养物质高于肉用品种。不同生长阶段羊所需的营养水平也不同，羔羊增重主要部分为肌肉、内脏和骨骼，所以饲料中蛋白质含量应该高些；成年羊在育肥期增重部分主要为脂肪，饲料中蛋白质含量可以低些，能量则应高些。由于增重成分不同，每单位增重所需营养物质以羔羊最少，成年羊最多。

### 3. 创造适宜环境

环境温度对育肥羊的营养需要和增重影响很大。当温度低于 7℃时，羊体产热量增加，采食量也增加。但由于低温增加热能散失量，饲料的增重效率随之降低。低温环境育肥肉羊只有相应增加营养水平，才能维持较高的日增重。若空气湿度高并有大风天气，则更会加剧低温对羊的不利影响。当气温高于 32℃时，羊的呼吸和体温随气温上升而增高，采食量减少。温度过高时，羊的食欲下降甚至停食，严重时会中暑死亡。另外，保持安静环境和减少羊只活动，可以使营养物质消耗减少，从而提高育肥效果。

### 4. 合理使用育肥添加剂

羊的育肥添加剂包括营养性添加剂和非营养性添加剂，其功能是补充或平衡饲料营养成分，提高饲料适口性和利用率，促进羊的生长发育，改善代谢机能，预防疾病，防止饲料在贮存期间质量下降，改进畜产品品质，提高生产性能等。正确使用饲料添加剂，可提高羊育肥的经济效益。

（1）非蛋白氮

非蛋白质含氮物质包括蛋白质分解的中间产物——氮、酰胺、氨基酸，还有尿素、缩二脲和一些胺盐等，其中最常见的是尿素。这些非蛋白质含氮物质可为瘤胃微生物提供合成蛋白质的氮源。因此，用尿素等非蛋白质含氮物质代替部分蛋白质饲料，既能促进羊只快速生长，又能降低饲料成本。

使用尿素时日粮蛋白质水平不应超过 12%，添加量为日粮干物质的1%或混合精饲料的 2%，且只能替代所需日粮蛋白质的 20%～35%。另外，还须注意以下几点：一是用量一般为羊体重的 0.02%～0.03%，即每 10kg 体重，日喂尿素 2～3g；二是有一个适应过程，用量渐增，10d 后达到规定剂量；三是先将定量的尿素溶入水中，然后喷洒在干料上或拌入精饲料中喂给；四是与其他饲料混匀，分 2～3 次饲喂，切忌一次性投喂；五是配合含糖饲料饲喂会有理想的效果，可配合使用含碳水化合物较多的精饲料，如蜜糖、玉米面、瓜干粉等；六是日粮中补充适量的硫、磷等矿物元素，能提高尿素利用率；七是日粮中不应有生豆饼或生豆类饲料，因其含脲酶；八是不允许将尿素溶于水中直接饮用，且喂后 0.5h 后再饮水；九是控制饲喂时机，病羊和体质瘦弱的羊不宜饲喂尿素，在羊过度饥饿时不要立刻喂其尿素；十是必须持续使用，瘤胃微生物对尿素的利用有一个适应过程，只有持续使用，才能达到理想的效果。如果因故中断，则再喂时仍须慢慢适应。

（2）矿物质与微量元素

矿物质与微量元素是育肥羊不可缺少的营养物质，它们可以调节机体能量、蛋白质和脂肪的代谢，提高羊的采食量，促进营养物质的消化利用，刺激生长，调节体内酸碱平衡等。羊体内缺少某些矿物质元素，将会出现代谢病、贫血病、消化道疾病等，造成生长力下降。

矿物质与微量元素应按照羊的营养需要添加。可将微量元素制成预混料，均匀混于精饲料中饲喂；或将矿物质、微量元素制成盐砖，让羊自由舔食；还可以选用稀土、膨润土等添加剂，一般作为饲料添加剂的稀土类型有硝酸盐稀土、氯化钙稀土、维生素 C 稀土和有机酸稀土。膨润土是一种有层状结晶构造的含水铝硅酸盐矿物质，含有羊生长必需的有益矿物质元素，可吸附羊体内的有害毒物、肠道中的病菌等，有利于机体的健康，提高羊的生产性能。

（3）维生素添加剂

瘤胃微生物能够合成 B 族维生素和维生素 K、维生素 C，不必另外添加。日粮中应提供足够的维生素 A、维生素 D 和维生素 E，以满足育肥羊的需要。在饲料中维生素不足的情况下，应适量添加。添加过量，不仅造成浪费，还可造成中毒。例如，维生素 A 过量表现为食欲不振、皮肤发痒、关节肿痛、骨质增生、体重下降；维生素 D 过量，可引起血钙增高、骨质疏松。

（4）瘤胃素

瘤胃素又称莫能菌素，有"肉羊软黄金"之称，是一种聚醚类离子载体类抗生素，其主要作用是控制和提高瘤胃发酵效率。在进行高精饲料育肥时应用瘤胃素，能增加丙酸的产生量，减少饲料中蛋白质在瘤胃中的降解，增加过瘤胃蛋白质的总量，增加净能及氮的利用率，从而提高增重速率和饲料转化率。瘤胃素的添加量为 25～30mg/kg 日粮，最初喂量可少些，逐渐加至规定量。用瘤胃素喂舍饲育肥羊，可显著提高日增重与饲料转化率。

（5）缓冲剂

肉羊快速育肥必须供给较多的精饲料，但精饲料过多会形成过多的酸性产物，导致瘤胃酸度过高，pH 值下降，使瘤胃微生物活动受到抑制，造成胃肠对饲料的消化能力减弱。为改善瘤胃发酵，增强食欲，防止酸中毒，提高饲料消化率，可在高精饲料日粮中适当添加缓冲剂。比较理想的缓冲剂是碳酸氢钠和氧化镁。碳酸氢钠用量一般占混合精饲料的 1.5%～3%，氧化镁用量占精饲料的 0.75%～1%或占整个日粮的 0.3%～0.5%，两者联合使用效果更好。碳酸氢钠与氧化镁的比例以（2∶1）～（3∶1）为宜。

（6）酶制剂

酶是活体细胞产生的具有特殊催化能力的蛋白质，是一种生物催化剂，对饲料养分消化起重要作用。育肥羊常用酶制剂主要有纤维素酶、蛋白酶、脂肪酶、果胶酶、淀粉酶、植酸酶、尿素分解阻滞酶等。添加酶制剂可促进蛋白质、脂肪、淀粉和纤维素的水解，提高饲料利用率，促进动物生长。

（7）益生素

乳酸杆菌剂、双歧杆菌剂、枯草杆菌剂等益生素能激发自身菌种的增殖，改善动物肠道内微生物环境，抑制别种菌系的生产，能产生酶、合成B族维生素，提高机体免疫功能，促进食欲，减少胃肠疾病的发病率，还具有催肥作用。

**同步测试 6-2**

1. 成年羊育肥选择在（　　　）岁进行。
   A. 0.5～1　　　B. 1.5～2　　　C. 2～2.5　　　D. 1

2. 成年羊育肥的育肥期以（　　　）d 为宜。
   A. 40～55　　　B. 55～70　　　C. 70～100　　　D. 100～150

3. 成年羊育肥的日粮应以（　　　）为主。
   A. 干草　　　B. 青贮饲料　　　C. 精饲料　　　D. 青饲料

## 三、肉羊管理技术

### （一）肉羊去势

凡不作种用的公羔或公羊一律去势。去势后的公羔或公羊，性情温驯，管理方便，节省饲料，肉无膻味，且较细嫩。去势的羊通称为羯羊。去势的时间以公羔出生后 2～3 周为宜，若遇天冷或体弱羔羊，则可适当推迟。

#### 1. 去势钳法

利用去势钳刃口压力隔着阴囊对精索、血管、韧带等组织进行挫断，经过 7～15d 便会坏死、枯萎脱落，从而达到公羊去势的目的。此方法简单、快捷，因不切伤口，无失血、无感染的风险，但容易出现阉割不彻底，需要重新进行手术去势。

#### 2. 刀切法

刀切法常需两人配合，一人将公羔或成年公羊半仰半蹲地保定在木凳上，用 3%石炭酸或碘酒对其阴囊外部进行消毒。消毒后，术者一手握住阴囊上方，以防羔羊的睾丸缩回腹腔内，另一手用消过毒的手术刀在阴囊侧面下方切开一小口，长度约为阴囊长度的 1/3，以能挤出睾丸为度，下端切口应达到阴囊底部。切开后把睾丸连同精索拉出撕断，撕断的上端精索就抽回去。一般不用剪刀剪或刀割。一侧的睾丸取出后，依法取另一侧的睾丸。有经验的人会把阴囊的纵膈切开，把另一侧的睾丸挤过来摘除。睾丸摘除后，把阴囊的切口对齐，涂碘酒消毒，并撒上消炎粉。过 1～2d

可检查一次。如果阴囊收缩，则为安全的表现；如果阴囊肿胀，则可挤出其中的血水，再涂抹碘酒和消炎粉即可。

### 3. 结扎法

将睾丸挤在阴囊里，从精索部位连同阴囊用橡皮筋紧紧地结扎住，断绝血液流通，待 20～30d 后阴囊和睾丸萎缩干枯，便自然脱落，脱落后涂抹碘酒进行消毒。

**即问即答 6-6：** 为什么要对肉羊进行去势？

### （二）羔羊断尾

为了便于配种及保持羊被毛的清洁，常对长瘦尾羊，如纯种细毛羊、半细毛羊及其高代杂种羊进行断尾。断尾时间一般选择在羔羊出生后 1 周左右，对于体弱的羔羊或天气过冷时，可适当延后。断尾时应选择在晴天，最好在早上开始，以便有全天的时间照护羔羊。断尾和去势可同时进行，以便节省劳力。

### 1. 热断法

采用热断法时需要两个人配合，一人保定羔羊，即两手分别握住羔羊的前后肢，把羔羊的背贴在保定人的胸前，人骑在一条长板凳上，正好把羔羊蹲坐在两面钉有铁皮的木板上。断尾的人在离羔羊尾根 4cm 处（第三、第四尾椎之间），用钉有铁皮并带有半月形缺口的木板，把尾巴紧紧地压住。把灼热的断尾铲取来（最好用两个断尾铲，轮换烧热使用），稍微用力在尾巴上往下压，即将尾巴断下，切的速度不宜过急，否则往往止不住血。断下尾巴后，若仍出血，则可再用热铲烫一烫，即可止住，然后用碘酒消毒。热断法的优点是速度快，操作简便，失血少；缺点是伤口愈合慢。

### 2. 结扎法

结扎法的操作原理同去势结扎法，即用橡胶圈在羔羊尾巴适当的位置（第三、第四尾椎之间）紧紧扎住，断绝血液流通，下端的尾巴约 10d 左右自行脱落。

**同步测试 6-3**

1. 结扎法断尾是用橡皮圈在（　　）尾椎之间紧紧扎住。
   A. 第三、第四　　　　　　　B. 第一、第二
   C. 第二、第三　　　　　　　D. 第四、第五
2. 羔羊断尾一般应在羔羊出生后（　　）周左右进行。
   A. 4　　　　　B. 3　　　　　C. 2　　　　　D. 1

3. 羊断尾的目的是防止粪便污染羊后躯，提高羊毛品质，并且断尾后有利于配种，下列羊中需要断尾的是（　　　）。

　　A. 肉用羊　　　B. 细毛羊　　　C. 乳用羊　　　D. 皮用羊

（三）羊的编号

羊的编号分为群号、等级号和个体号 3 种。群号是指在同一群羊、羊体上的同一部位所做的同一种记号，以期与其他羊群相区别。编号方法一般由放牧人员自定。等级号一般用于羊的等级鉴定。个体号常用的编号方法有耳标法、剪耳法、墨刺法和烙角法。

1. 耳标法

耳标用金属或塑料制成，形状有圆形、长条形和凸形几种。耳标可在使用前按照规定统一编号，通常的编号方法是：第一、第二位分别取父本和母本品种的第一个汉字或汉语拼音的第一个大写字母；第三位表示出生年份，取公历年份的最后一位数字；第四位至第六位表示个体号；尾数为奇数的代表公羔，尾数为偶数的代表母羔，如系双羔，则可在编号后加"－"标出 1 或 2。例如，某母羊 2007 年出生，双羔，其父本为边区莱斯特羊（用 B 表示），母本为青海高原半细毛羊（用 Q 表示），个体号为 828，则该羊完整的编号为 BQ7828－1。

佩戴耳标应在出生后 15d 左右进行，佩戴时用耳号钳在羊耳上缘血管少处穿孔，同时用碘酒在穿孔处消毒，然后将编号的耳标穿入并固定。

2. 剪耳法

剪耳法是用特制的钳子将耳朵剪上缺口或打上圆孔，以代表号码，其规定是，左耳为个位数，右耳为十位数。耳的上缘剪 1 缺口代表 3，在左耳为 3 号，若在右耳，则为 30 号；耳的下缘剪 1 缺口代表 1，即在左耳时为 1 号，在右耳时则为 10 号。这种方法简便易行，一般适用于养羊专业户。

3. 墨刺法

采用墨刺法时用特制的刺墨钳（上边有针制的字钉，可随意置换排列号码）蘸墨汁把号码打在羊耳朵里边。此方法简便经济且不掉号；缺点是有时字迹模糊，不易辨认。

4. 烙角法

采用烙角法时用烧红的钢字把号码烙在角上，一般右角烙个体号，左角烙出生号。此法仅适用于有角的公母羊，可用作辅助编号。

**同步测试 6-4**

1. 羔羊编号的目的是选种、选配和进行科学的饲养管理。（　　　）

2. 用剪耳法进行羔羊编号的缺点是羊数量多了不适用，缺口太多容

易识错，耳缘外伤也会造成缺口混淆不清。                    （    ）

3. 绵羊编号的方法甚多，主要有____、剪耳法、墨刺法、烙角法。

（四）去角

为了防止有角羊在相互角斗时造成伤亡和流产，一般应在羔羊出生后5～10d，通过破坏角芽成角细胞的再生长来实现去角。

1. 化学去角法

采用化学去角法去角时先剪去角基周围的羊毛，同时涂凡士林，以防药液流入羔羊的眼睛。取棒状氢氧化钠（或氢氧化钾）1支，一端用纸包好，以防止灼伤手指，另一端蘸水后在角蕾处由内到外、由小到大反复涂擦，直至涂擦部位稍微出血为止。涂擦时位置要准确，磨面要略大于角基部。如果涂擦面过小或位置不正，则会出现片状短角；如果摩擦面过大，则会造成凹痕和眼皮上翻。

2. 烧烙去角法

采用烧烙去角法去角时将羔羊夹在操作人员的两腿中间，给角基周围的皮肤涂凡士林以防止烧伤皮肤。去角人员手持丁字形烙铁或空心电烙铁，待温度升高烙铁变红时，用力将烙铁压在角蕾上并保持10～15s，即可达到去角的目的。此法速度快，出血少，安全可靠，经济实用。

（五）药浴

药浴的目的是预防和治疗羊体外寄生虫病，如羊疥癣、羊虱等。根据药液利用方式，可分为池浴、淋浴和喷浴3种药浴方式。药浴的时间可根据具体情况而定，在有疥癣病发生的地区，对羊只1年可进行2次药浴：一次是治疗性药浴，在春季剪毛后7～10d进行；另一次是预防性药浴，在夏末秋初进行。每次药浴最好间隔7d重复一次。冬季对发病羊只，可选择暖和天气进行擦浴。

药浴时应选用高效、低毒的药物，并稀释到合理的浓度，常用的药浴液有0.1%～0.2%杀虫脒溶液、0.05%辛硫磷溶液、0.5%～1%敌百虫水溶液等。药浴液的温度一般以20～25℃为宜。

药浴时要注意以下几点：药浴应选择在晴朗暖和天气的上午进行，以便在中午时羊毛能干燥；药浴前5～8h停止喂料，给羊饮足水，以防止其口渴误饮药液；先选用品质较差的3～5只羊进行试浴，确定药液安全后再按计划组织药浴；先浴健康羊，后浴病弱羊，有外伤的羊只暂不药浴；药浴持续时间为1～2min，要保证药液浸满全身；药浴后让羊在阴凉处休息1～2h，即可放牧，但遇风雨时应及时将羊赶回羊舍，以防感冒；在药浴期间，为防止人员中毒，药浴人员应佩戴口罩和胶皮手套；用完的药液不能乱倒，以防牲畜误食中毒。

# 任务二　奶山羊饲养管理

课件 6-2　奶山羊饲养管理

案例导入

　　某萨能奶山羊场现有成年母羊 600 头，其中泌乳母羊 495 头，每头羊平均日泌乳量达 6.5kg。2011 年 3 月，牧场来了 4 个实习生，此时正值牧场人手紧缺之际，于是将挤奶工作安排给了实习生。可是奶山羊的产奶量出现了明显下降，每头羊平均日泌乳量降到 4.8kg 左右。一段时间后，有近 50 头羊出现了乳房炎症状。这个案例说明了什么问题？是什么造成羊场产奶量下降和乳房炎发生的呢？本任务将介绍奶山羊饲养管理相关知识。

## 一、奶山羊饲养

### （一）种公羊饲养

　　种公羊在饲养管理上要求比较精细，要求常年保持中上等膘情，健壮、活泼、精力充沛，性欲旺盛。过肥过瘦都不利于配种。

　　种公羊日粮要求营养丰富，富含蛋白质、维生素和无机盐，易消化，品质佳，适口性好。理想的粗饲料有苜蓿干草、三叶草干草和青莜麦干草等，冬季补饲含维生素丰富的青贮饲料。精饲料以燕麦、大麦、玉米、高粱、豌豆、黑豆、豆饼等为主，其中玉米的比例不可过高，要保证有充足的富含蛋白质的豆饼类饲料。小米能改善性腺活动，提高精液品质，但不宜多喂，喂量过多易使羊肥胖，用量只能占精饲料量的 50% 以下。此外，应选用好的多汁饲料，如胡萝卜、甜菜等。

　　对常年放牧的种公羊，非配种期冬季一般每日补混合精饲料 0.3～0.5kg，干草 2～3kg，胡萝卜 0.5kg，食盐 5～10g，骨粉 5～10g。春、夏季以放牧为主，另补混合精饲料 500g，每日喂 3～4 次，饮水 1～2 次。配种期分为配种预备期（1～1.5 个月）、配种期（2.5～3 个月）及配种复壮期（1～1.5 个月）3 个阶段。配种预备期应按配种期喂量的 60%～70% 给饲，从每天补给混合精饲料 0.3～0.5kg 开始，逐渐增加到配种期的饲养水平。配种期除放牧外，每日另补混合精饲料 1～1.2kg，苜蓿干草 2kg，胡萝卜 0.5～1.5kg，食盐 15～20g，骨粉 5～10g，血粉或鱼粉 5g。随着配种任务的增加，还要另加鸡蛋 3～4 个，牛奶 0.5～1kg。配种复壮期，配种任务逐渐减少，要将饲养水平逐渐降低，以适当恢复体质为目的。

　　对舍饲饲养的种公羊，在非配种期每日每只喂优质干草 2～2.5kg，多汁饲料 1～1.5kg，混合精饲料 0.8～1.2kg。在配种期，每日每只喂青绿饲料 1～1.3kg，混合精饲料 1～1.5kg。采精次数多时，每日再补鸡蛋 2～3 个或牛奶 1～2kg。配种期的公羊应远离母羊舍，并单独饲养，以减少发情母羊和公羊之间的相互干扰。对当年的公羊与成年公羊也要分开饲养，以免互相爬跨，影响发育。

（二）泌乳期母羊饲养

1. 泌乳初期

母羊产后 20d 内为泌乳初期，也称恢复期，它是由产羔向泌乳高峰过渡的时期。母羊产后，体力消耗很大，体质较弱，腹部空虚且消化机能较差；生殖器官尚未复原，乳腺及血液循环系统机能低下，部分羊乳房、四肢及腹下水肿仍未消失。因此，这一阶段饲养目的应以恢复体力为主。饲养上，产后 5～6d 给以易消化的优质幼嫩干草，饮用温盐水、小米或麸皮汤，并给以少量的精饲料。6d 以后逐渐增加青贮饲料或多汁饲料的喂量，15d 以后将精饲料增加到正常喂量。

在泌乳母羊日粮中，粗蛋白质含量以 12%～16% 为宜，粗纤维含量以 16%～18% 为宜，干物质采食量按体重的 3%～4% 供给。青绿多汁饲料、精饲料、豆饼水有催奶作用，给得过早过多，奶量上升较快，但会影响体质和生殖器官恢复，还容易发生消化不良，重则引起拉稀，影响产奶量。

2. 泌乳高峰期

产后 20～120d 为泌乳高峰期，其中以产后 40～70d 奶量最高。此期产奶量约占全泌乳期奶量的 1/2，其奶量高低与本胎次奶量密切相关。因此，本阶段的饲养任务主要是设法提高产奶量。泌乳高峰期的母羊，尤其是高产母羊，营养上入不敷出，产奶所需能量很多，母羊体重下降，因此，饲养要特别细心，营养要完全，并给以催奶饲料。

在生产中常采用以下方法进行催奶，即从产后 20d 开始，在原来精饲料喂量（0.5～0.75kg）的基础上，每天增加 50～80g 精饲料，只要奶量不断上升，就继续增加。当增加至每产 1kg 奶给 0.35～0.4kg 精饲料，奶量不再上升时，停止加料，并将该料量维持 5～7d，然后按泌乳羊饲养标准供给。催奶时要前边看食欲（是否旺盛），中间看奶量（是否继续上升），后边看粪便（是否拉软粪），要时刻保持羊只旺盛的食欲并防止过食拉稀。食欲不好，拉软粪，粪便上有精饲料颗粒，就是消化不良的象征。此时，精饲料给量就要控制或减少。

3. 泌乳稳定期

产后 120～210d 为泌乳稳定期，此期产奶量稳中有降，但下降较慢。这一阶段正处在 6～8 月，北方天气干燥炎热，南方阴雨湿热，尽管饲料较好，不良的气候对产奶量也会有一定影响。在饲养上要尽量避免饲料、饲养方法及工作日程的改变，尽一切可能使高产奶量稳定地保持一个较长时期，因为此期奶量如果下降则不容易上升。为了防暑降温，要多给青绿多汁饲料，保证清洁饮水，每产 1kg 奶须饮水 2～3kg，日需水量 6～8kg。

### 4. 泌乳后期

产后 210d 至干奶这段时期为泌乳后期，此时正值 9～11 月，由于气候、饲草饲料的转变，尤其是发情与怀孕的影响，产奶量显著下降，饲养上要设法使产奶量下降得慢一些。在泌乳高峰期，精饲料量的增加要早于奶量上升，而精饲料的减少要迟于奶量下降，这样会减缓奶量下降速度。泌乳后期的 3 个月，也是怀孕的前 3 个月，胎儿虽增重不多，但要注意妊娠前期的营养供给。

### （三）干奶期母羊饲养

从停止产奶到下胎产羔以前这段时间为干奶期。妊娠母羊必须在产羔前 2 个月干奶，而且要求妊娠后期的体重比泌乳盛期高 20%以上，否则不仅影响羔羊生长发育，还会因母羊体质瘦弱而影响下一胎的产奶量。

干奶前期即干奶之日至泌乳活动完全休止，乳房恢复松软正常为止，一般需 1～2 周。在满足干奶羊营养的前提下，使其尽早停止泌乳活动，最好不用多汁饲料，少用精饲料，以青、粗饲料为主。如果母羊膘情欠佳，则仍可用产奶羊料。精饲料喂量视青、粗饲料的质量和母羊膘情而定，对膘情良好的母羊，一般仅充分喂给优质干草即可。

干奶前期结束后至分娩前为干奶后期，要求母羊特别是膘情稍差的母羊有适当增重，至临产前体况丰满度处于中上水平，健壮又不过肥。饲料应以优质青干草为主，同时饲料中应富含蛋白质、维生素和矿物质。进行日粮配合时，优质青干草如苜蓿、野青干草、甘薯蔓、花生秧等应占 2/3，青贮或多汁饲料如甘薯、胡萝卜、甜菜、南瓜、马铃薯等占 1/3，骨粉 10～20g。但在产前 20d 要增加精饲料喂量，适当减少粗饲料给量。一般 60kg 体重的母羊给混合精饲料 0.6～0.8kg。

干奶期应注意不能喂发霉、冰冻、腐败、体积过大、不易消化及容易发酵的饲料，也不能让羊饮用冰凉的水，要注意钙、磷和维生素的供给，可让羊自由舔食骨粉、食盐，并要严防惊吓，避免远牧。

## 二、奶山羊管理

### （一）种公羊管理

保证每日刷拭，及时修蹄，不忘防疫，定期称重，合理利用。奶山羊属于季节性利用家畜，配种季节性欲旺盛，神经兴奋，不思饮食，因此，配种季节管理要特别精心。配种期的公羊应远离母羊舍，最好单独饲养，以减少发情母羊和公羊之间的干扰,特别是当年的公羊与成年公羊要分开饲养,以免互相爬跨,影响休息和发育。

奶山羊公羊性反射强而快,所以必须定期采精或交配,如果长期不配种,则会出现自淫、性情暴躁、顶人等恶癖。对小公羊,应坚持睾丸按摩。3月龄时要进行生殖器官的检查,对小睾丸、短阴茎、附睾不明显者应予以淘汰。6～7月龄时要进行精液品质检查,对无精、死精的个体要予以淘汰。性情暴躁的公羊、长期拴系和配种季节长期不用的公羊,多有顶人的恶习,应予以提防。

（二）产奶母羊管理

1. 挤奶

对奶山羊而言,挤奶是日常工作中的一项重要技术,挤奶技术的好坏对产奶量和乳品质影响很大。

（1）人工挤奶

人工挤奶有拳握式（压榨法）和指挤式（滑榨法）两种,以双手拳握式为佳。采用拳握式时,先用拇指和食指握紧乳头基部,以防乳汁倒流,然后其他手指依次向手心紧握,压榨乳头,把乳挤出。指挤式适用于乳头短小者,一般用拇指和食指指尖捏住乳头,由上向下滑动,将乳汁挤出。挤奶时两手同时握住两乳头,一挤一松,交替进行,动作要轻巧、敏捷、准确,用力均匀。

奶山羊每天挤奶次数应视产奶量而定,一般每日2次,即早、晚各1次。例如,日产奶量5～8kg者,应日挤3次;产奶8kg以上者,应日挤4次,每次挤奶间隔时间应大致相等。挤奶速度每分钟80～120次。

挤奶前要洗净母羊后躯上的血痂、污垢,剪去乳房上的长毛。挤奶时要用45～50℃热水擦洗乳房,先用湿毛巾擦洗污染物,然后用干毛巾将乳房擦干。随后按摩乳房,挤奶前、中间和快挤完时各按摩1次,先左右对揉,然后由上而下按摩,动作要柔和舒畅,不可强烈刺激。按摩乳房可使乳房膨胀,有促进排乳的作用,这样不仅便于挤奶,还可提高产奶量和乳脂率。用热水擦洗乳房,不仅卫生,还能促进血液循环,加强乳脂的合成,增加产奶量。由于乳脂肪比重小,在奶的上层浮着,挤净能提高乳脂率。如果挤不净,则不仅影响产奶量、乳脂率,还易发生乳房炎。奶的排出受神经与激素调节,挤奶过程应在羊的排乳反射时间（5min）之内完成。挤奶场所要干净,不能在圈内挤,挤奶容器要卫生,每天要用热碱水刷洗,并用蒸汽消毒。挤奶过程是一个条件反射过程,影响条件反射就会影响产奶量,所以挤奶时间不能忽早忽晚,应做到定时挤奶,挤奶场所和人员也不能经常变动。

（2）机器挤奶

大型奶山羊场一般实行机器挤奶（图6.3）,因为它不仅可以减轻挤奶员的体力劳动，还可以提高劳动生产率和乳的质量。因此，机器挤奶是促进奶山羊生产向规模经营发展的一个重要方面。

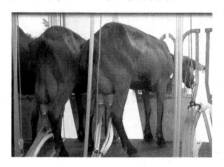

图 6.3　羊的机器挤奶

**即问即答 6-7：** 在本任务的案例导入中，羊场产奶量下降、乳房炎症状增多的主要原因是什么？

**2. 刷拭**

经常刷拭羊体，能促进血液循环，提高新陈代谢能力和机体对外界有害因素的抵抗能力，保证羊体和乳品清洁，保护皮肤、消灭外表寄生虫，使羊性情温驯。特别是夏季刷拭更具有重要的意义，可清除皮肤污垢，舒畅毛孔，调节体温，加快散热，减少高温的不良影响。刷拭时最好用硬草刷或鬃刷自上而下、从前而后，刷掉皮毛上的粪草及皮肤残屑等杂物，使体毛光顺、皮肤清洁。刷时要从头至尾刷完一侧再刷另一侧，刷时要轻重一致，全身刷遍。若遇不易刷掉的粪便等物，则可先用清水冲洗，然后擦干后拭。

**（三）干奶母羊管理**

对于产奶量低、营养差的母羊，在泌乳 7 个月左右配种，怀孕 1～2 个月以后奶量迅速下降而自动停止产奶，即自然干奶。

对于产奶量高、营养条件好的母羊，较难自然干奶，需要进行人工干奶。人工干奶分为逐渐干奶法和快速干奶法两种。逐渐干奶法是通过改变生活习惯，如逐渐减少挤奶次数（甚至对难停奶的羊隔日挤 1 次）、饲喂次数，打乱挤奶时间，改变日粮（如减少多汁饲料、适当降低精饲料、多用干草等），限制饮水，加强运动，以抑制乳分泌活动，使羊在 7～14d 逐渐干奶。生产中一般采用快速干奶法，即在预定干奶之日，认真按摩乳房，将乳挤净，然后擦干乳房，用 2%碘液浸泡乳头，再给乳头孔注入青霉素或金霉素软膏，并用火棉胶予以封闭，之后就停止挤奶，7d 内乳房积乳逐渐被吸收，乳房收缩，干奶工作即安全结束。

在正常情况下，干奶一般从怀孕第 90d 开始，即干奶 60d 左右。干奶天数要根据母羊的营养状况、产奶量高低、体质强弱、年龄大小来决定，一般在 45～75d。

干奶初期，要注意圈舍、垫草和环境的卫生，以减少乳房的感染概率。此时最容易感染虱病和皮肤病，要加强奶山羊的刷拭工作。怀孕中期，最好驱除一次体内外寄生虫。怀孕后期要注意保胎，严禁拳打脚踢和惊吓羊只，出入圈舍谨防拥挤，严防滑倒和角斗。要让羊坚持运动，但不能过于剧烈。对腹部过大、乳房过大而行走困难的羊，可暂时停止驱赶运动，任其自由运动。一般情况下不能停止运动，因为适量运动对预防难产有着十分重要的作用。产前 1～2d，让母羊进入分娩栏，做好接产准备。

**同步测试 6-5**

1. 泌乳初期母羊日粮中青绿多汁饲料、精饲料、豆饼水等催乳性饲料，若添喂过早过多，则容易发生消化不良，重则引起拉稀，影响产奶量。
（　　）

2. 泌乳高峰期催奶时，要前边看粪便（是否拉软粪），中间看奶量（是否继续上升），后边看食欲（是否旺盛），这样才能保持羊只旺盛的食欲并防止过食拉稀。
（　　）

3. 当年留种公羊与成年公羊要分开饲养，以免互相爬跨，影响休息和发育。
（　　）

4. 对于产奶量高、营养条件好的母羊，适宜采用自然干奶。（　　）

# 任务三　毛用羊饲养管理

某羊场现有新疆细毛羊、美利奴羊等 1000 余只，采用舍饲自配料方式饲养。然而，多年来产毛量始终不高，羊毛品质欠佳，经济效益较低。去年 10 月因羊群发病，经专家分析诊断后发现是羊场的饲料出现问题。是什么饲料问题会影响产毛性能的呢？本任务将介绍毛用羊饲养管理相关知识。

课件 6-3　毛用羊饲养管理

## 一、毛用羊饲养

（一）毛用羊营养需要特点

蛋白质品质对羊毛生长有影响，其中含硫氨基酸即胱氨酸和蛋氨酸对羊毛生长的影响更明显。如果在绵羊日粮中直接补饲胱氨酸，同时供给足量的蛋白质饲料，则对提高产毛量有良好效果。日粮中饲喂尿素等非蛋白氮时，应注意硫的补充，以使微生物有足够的硫合成含硫氨基酸。

产毛的能量需要约为维持需要的 10%。能量水平对产毛数量和质量有很大影响。能量水平提高时，产毛量增加，毛直径也增大；而能量水平下降时，产毛量即减少，毛直径缩小。

羊毛是一种由 18 种氨基酸组成的角化蛋白质，富含含硫氨基酸，其中胱氨酸含量可占角蛋白总量的 9%～14%。瘤胃微生物可利用饲料中的无机硫合成含硫氨基酸，以满足羊毛生长的需要，提高羊毛产量，改善羊毛品质。绵羊的硫代谢水平较高，需硫量大于其他家畜，在日粮干物质中氮、硫比例以保持（5∶1）～（10∶1）为宜。

铜与羊产毛关系密切，缺铜时羊表现为贫血、瘦弱和生长发育受阻，羊毛弯曲变浅，被毛粗乱，严重时会造成毛纤维弯曲消失，直接影响羊毛的产量和品质。但绵羊对铜的耐受力非常有限，每千克饲料干物质中铜含量达 5～10mg 就能满足羊的需要；超过 20mg 就会造成铜中毒。

维生素 A 对羊毛生长和羊皮肤健康十分重要。当维生素 A 缺乏时，会导致表皮及毛囊过度角质化，汗腺和皮脂腺机能失调，分泌减少，皮肤粗糙，影响毛的正常生长。夏秋季绵羊可采食大量青草，获取丰富的胡萝卜素，一般不易缺乏，而冬春季则应适当补充。主要原因是牧草枯黄后，维生素 A 已基本上被破坏，不能满足羊的需要。对以高粗饲料日粮或舍饲饲养为主的羊，应提供一定的青绿多汁饲料或青贮饲料，以弥补维生素的不足。产毛量高的绵羊对维生素需要量较多，更应及时补喂。

（二）种母羊饲养

依据母羊生理状态和生产阶段，种母羊可分为空怀期、妊娠期、哺乳期等阶段，不同生理阶段的母羊具有不同生理特征，饲养管理要求也不同。

1. 空怀期母羊饲养

种母羊性成熟后至配种成功前的一段时间或产羔到下次配种成功的间隔时间为空怀期。种母羊配种繁殖因气候不同而有很大的差异，北方地区羊的繁殖季节性明显，配种多集中在 9～11 月。母羊经过春、夏季节饲养，体况恢复较好。体况较差的母羊，可在配种开始前 1～1.5 个月进行催肥抓膘。每天可适当增加优质粗饲料喂量或适当补喂混合精饲料（0.3～0.5kg），使其迅速恢复体况，实现正常的配种繁殖。为保持种母羊良好的配种体况，要尽可能做到全年均衡饲养，尤其应做好母羊的冬春补饲。

2. 妊娠期母羊饲养

（1）妊娠前期

母羊配种受孕后的前 3 个月，胎儿发育非常缓慢，种母羊对能量、粗蛋白质的需求与空怀期相似，但要保证提供一定量的优质蛋白质，以满足胎儿生长发育和组织器官分化的需要。初配母羊本身仍在发育，需要较多营养，其饲料营养水平应略高于成年母羊。

（2）妊娠后期

妊娠后期胎儿增重明显加快，母羊自身也须贮备大量营养，为产后泌乳做准备。做好妊娠后期母羊的饲养，除提高日粮营养水平，还须增加精饲料供给量。能量和可消化蛋白质分别较前期提高 20%～30% 和 40%～60%，钙、磷增加 1～2 倍，钙磷比例可达（2：1）～（2.5：1）。在妊娠前期日粮精饲料比例 5%～10% 的基础上，产前 8 周日粮精饲料比例提高到 20%，产前 6 周日粮精饲料比例为 25%～30%，而在产前 1 周，要适当减少精饲料用量，以免因胎儿体重过大而造成难产。妊娠后期尽量不喂或少喂青贮饲料等酸度较高的饲料，以免影响钙吸收。

对处于妊娠后期的母羊管理要细心、周到，以防造成流产。在进出圈舍时，要控制羊群，避免拥挤或急驱猛赶；补饲、饮水时要防止拥挤和滑倒；要防止羊只间的争斗；特别注意不得饲喂霉变饲料；除遇暴风雪天气外，母羊补饲和饮水均可在运动场内进行，干草或鲜草用草架投喂，以增加母羊户外活动时间。产前 1 周左右，夜间应将母羊放于待产圈中饲养和护理。

3. 哺乳期母羊饲养

（1）哺乳前期

羔羊出生后 2 个月内，母乳是羔羊营养的主要来源。母羊产羔后泌乳量迅速上升，在 4～6 周内达到泌乳高峰，10 周后逐渐下降（乳用品种可维持较长时间）。随着泌乳量的不断增加，母羊养分需要也相应增加，当日粮中所提供的营养不能满足其需要时，母羊会动用大量体内贮备的养分来弥补，所以，在生产中常见泌乳性能好的母羊往往比较瘦弱。此阶段母羊饲养管理要根据母羊产羔多少和泌乳量高低，做好母羊补饲。母羊产后 1～3d 可不补喂精饲料，3d 后逐渐增加精饲料用量，同时给母羊饲喂一些优质青干草和青绿多汁饲料，可促进母羊泌乳机能的恢复。正常饲喂时，除保证粗饲料喂量外，带单羔的母羊，每天补喂混合精饲料 0.3～0.5kg；带双羔或多羔的母羊，每天应补饲 0.5～1.5kg。冬季要让母羊喝温水。对奶水太多的母羊，应将剩奶挤出，或调减精饲料喂量，以减少产奶量，防止母羊发生乳房炎、羔羊因过饱而消化不良的现象。

（2）哺乳后期

哺乳后期羔羊已具备一定采食和利用植物性饲料的能力，对母乳的依赖程度减小，而此时母羊的泌乳量下降，即使加强母羊补饲，也不能继续维持高泌乳量。泌乳后期要逐渐减少母羊精饲料补饲量，到羔羊断奶后母羊可完全采用粗饲料饲喂；但对体况下降明显的瘦弱母羊，须进行适当补喂，使其在下一个配种期到来时能保持良好体况。

（三）羔羊饲养

羔羊阶段是羊一生中生长发育强度最大、抵抗能力最弱、最难饲养的阶段。哺乳前期羔羊主要依赖母乳获取营养，母乳充足，则羔羊发育好、

视频 6-2 羔羊
饲养管理

增重快、健康活泼。母羊初乳浓度大，养分含量高，尤其是含有大量的抗体球蛋白和丰富的矿物质元素，可增强羔羊抗病力，促进胎粪排出，应保证羔羊在产后 15～30min 吃到初乳。早期补饲是羔羊培育的一项重要工作。一般羔羊出生后 7～10d，跟随母羊，模仿母羊行为，采食一定草料，可将大豆、蚕豆、豌豆等炒熟，粉碎后撒于饲槽内对羔羊进行诱食。补饲初期，每只羔羊每天喂 10～50g，羔羊习惯以后逐渐增加补喂量。当羔羊采食量达到 100g 左右时，可用含粗蛋白质 24%左右的混合精饲料进行补饲。哺乳后期羔羊白天可单独组群，喂给优质青绿饲料，并适当补饲混合精饲料，优质青干草可投放在草架上任其自由采食，以禾本科和豆科青干草为好。羔羊应尽早补饲，饲料要多样化、易消化、营养好，饲喂时要少喂勤添，做到定时、定量、定点，保证补饲饲槽和饮水器具的清洁卫生。

（四）育成羊饲养

育成前期（4～8 月龄）的羊刚刚断奶，前 3～4 个月生长发育迅速，增重强度高，此时羊的瘤胃容积有限且机能不完善，对粗饲料利用能力较弱，所以，育成前期对饲养条件要求较高。这一阶段饲养的好坏直接影响羊成年后的体型、体格大小和生产性能，必须引起高度重视。育成羊应按性别、体重分别组群饲养，日粮以精饲料为主，补喂优质青干草和青绿多汁饲料，日粮中粗纤维含量以 15%～20%为宜。8 月龄后羊的生长发育强度逐渐下降，到 1.5 岁时生长基本结束。育成后期（8～16 月龄）的羊瘤胃消化机能基本完善，可以采食大量牧草和农作物秸秆，此时应以饲喂青、粗饲料为主，补饲少量的混合精饲料或优质青干草，但未经加工的粗劣秸秆不宜大量用来饲喂育成羊，一般在日粮中比例不超过 20%～25%，秸秆须经加工后再饲喂。

## 二、毛用羊管理

（一）剪毛

视频 6-3　剪毛

细毛羊、半细毛羊及生产同质毛的杂种羊，一般每年仅在春季剪毛一次。粗毛羊和生产异质毛的杂种羊，可在春、秋季各剪毛一次。剪毛时间应根据当地气候和羊群膘情而定，宜在气温较高且环境条件稳定时进行。细毛羊一般在春季 5～6 月剪毛，粗毛羊可在秋季 9～10 月再剪一次，一般按羯羊、公羊、育成羊和带羔母羊的顺序安排剪毛。

1. 剪毛前准备

剪毛前要拟订剪毛计划，包括剪毛的组织领导、剪毛人员及其物品准备，如剪子、磨刀石、席子、秤、碘酒、记录本、剪毛机械等。剪毛应选择晴天的上午进行，剪毛时羊只应空腹，剪毛后再饲喂。剪毛场地应视羊群大小而定：当羊少露天剪毛时，场地要打扫干净，要特别注意防止杂物混入羊毛；当羊群大时，可专设一剪毛室，室内要光线好、宽敞、干净。

羊群在剪毛前 12h 停止放牧、喂料和饮水，以免在剪毛过程中粪尿沾污羊毛和因饱腹在翻转羊体时引起胃肠扭转事故。剪毛前使羊群拥挤在一起，促进羊体油汗溶化，便于剪毛。雨后因羊毛潮湿不应立即剪毛，否则剪下的羊毛包装后易引起霉烂。

2. 剪毛方法

剪毛方法有手工剪毛（图 6.4）和机械剪毛（图 6.5）两种。手工剪毛是用一种特制的剪毛剪进行剪毛，劳动强度大，一人一天能剪 20～30 只羊；机械剪毛是用一种专用剪毛机进行剪毛，速度快，质量好，效率比手工剪毛可提高 3～4 倍。

图 6.4　手工剪毛　　　　图 6.5　机械剪毛

剪毛可从羊毛品质较差的绵羊开始。在不同品种中，可先剪异质毛羊，后剪基本同质毛羊，最后剪细毛羊和半细毛羊；在同一品种中，剪毛顺序为羯羊、试情公羊、育成公羊、母羊和种公羊。这样可利用价值较低的羊只，让剪毛人员熟练技术，减少损失。

剪毛时，先将羊左侧前后肢捆在一起，使羊左侧卧地，先由羊后肋向前肋直线开剪，然后按与此平行方向剪腹部及胸部毛，再剪前后腿毛，最后剪头部毛，一直将羊的半身毛剪至背中线，再用同样方法剪另一侧毛。翻羊时最好以背上位翻转，防止发生胃肠异位等。剪毛时要尽可能避免剪破皮肤，防止皮肤感染，一旦发生剪伤，切不可用土敷伤口，可用 5%碘酒涂抹，也可用烟灰敷于伤口上以防感染。剪毛的留茬高度应在 0.3～0.5cm，剪毛时切忌剪二刀毛。对于皱褶多的羊只，可拉紧皮肤后用剪子平对着皱褶横向开剪，防止剪伤皮肤。为细毛羊及其杂种羊剪毛时，应尽量保持套毛的完整，以利于工厂选毛。

剪完一只羊后，须仔细检查，若有伤口，则应涂上碘酒，以防感染。剪毛后防止绵羊暴食。牧区气候变化大，绵羊剪毛后，几天内应防止雨淋和烈日暴晒，以免引发疾病。

**即问即答 6-8**：绵羊剪毛时皮肤被剪破该如何处理？

（二）山羊梳绒

山羊梳绒时间依各地气候条件不同而异。春季气候转暖，绒纤维开始脱落。脱绒顺序是从头部开始，逐渐向颈、肩、背、腰和股部推移。当发现绒山羊头部，如耳根和眼圈周围绒毛开始脱落，拨开毛被，见到羊绒根部已部分脱离时，这是第一次梳绒最适宜的时期。为减少绒毛丢失，在第一次梳绒后间隔 10～20d 再梳一次绒。

### 1. 手工梳绒

梳绒工具为金属梳子，俗称"抓子"。梳子有两种，一种为稀梳，由 7～8 根钢丝组成，钢丝间距为 2～2.5cm，此梳用于顺毛梳掉羊毛外的杂质及脱落的粗毛等；另一种为密梳，由 12～14 根钢丝组成，钢丝间距为 0.5～1cm，钢丝直径为 0.3cm，此梳用于逆毛梳绒，顶端呈秃圆形。

梳绒前 12h 羊只停止放牧和饮水。梳绒时，梳左侧捆住两右肢，梳右侧捆住两左肢，将羊卧倒。当站立梳绒时，将羊头拴在木桩上，夹住羊体，轻轻用梳子梳绒。梳绒时，先用稀梳顺着毛的方向由颈、肩、胸、背、腰及股部各部位自上而下，将沾在羊身上的碎草、粪块等污物梳掉，再用密梳逆着毛的方向，按股、腰、背、肩、颈的顺序梳绒，直到将脱落的绒纤维梳净为止。梳绒时，梳子要贴近皮肤，用力均匀，切不可用力过猛，以免抓破皮肤。

若梳绒和剪毛同时进行，则梳绒和剪毛地点要分开，先梳绒，后剪毛，以免绒、毛混杂。对怀孕母羊，要特别细心，避免造成流产。一般是成年羊先梳，育成羊后梳；健康羊只与患有皮肤病的羊只分开梳，健康羊先梳，病羊后梳；白色山羊和有色山羊应分开梳，白色羊先梳，有色羊后梳。羊梳绒后，要特别注意气候变化，防止羊只感冒。

### 2. 机械梳绒

山羊手工梳绒（图 6.6）劳动强度大，每人每天只能梳 10 只左右。谷雨季节是梳绒的黄金季节，时间短，一般为 10～15d。梳绒若不及时，则往往造成山羊绒浪费。为了减轻梳绒劳动强度，提高梳绒效率，我国先后研制出 9RZ-84 山羊梳绒机和 9RSH-88 中频梳绒机。

图 6.6　手工梳绒

同步测试 6-6

1. 秋季剪毛大多在（　　）月进行。

   A. 9　　　　　B. 10　　　　　C. 11　　　　　D. 4

2. 剪毛应从（ ）羊开始。

  A. 高价值  B. 低价值  C. 无所谓  D. 中等价值

3. 剪毛前，绵羊应空腹（ ）h，以免在翻转羊体时引起胃肠扭转事故。

  A. 24   B. 18   C. 12   D. 36

4. 山羊梳绒一般在每年（ ）月进行。

  A. 1～2  B. 4～5  C. 7～8  D. 11～12

5. 下列关于梳绒时的说法不正确的是（ ）。

  A. 成年羊先梳，育成羊后梳

  B. 健康羊先梳，病羊后梳

  C. 白色羊先梳，有色羊后梳

  D. 若梳绒和剪毛同时进行，则先剪毛后梳绒

# 任务四　羊产品鉴定

课件 6-4　羊产品鉴定

案例导入

  张某以低于市场的价格从别人处收购了一批山羊绒，欲将其加工成高档羊绒纺织品。然而经过专家初步鉴定，发现这批山羊绒中大部分是价值较低的绵羊毛，属于典型的掺假山羊绒。这笔生意让张某损失了40 余万元。在掺假手段越来越复杂的今天，应如何鉴别皮毛产品？本任务将介绍羊产品鉴定相关知识。

## 一、羊毛鉴定

  羊毛是用途极广的毛纺原料，根据来源可分为绵羊毛和山羊毛两大类，在生产上主要指绵羊毛。

### （一）羊毛构造

  从羊毛纤维的组织学结构来看，有髓毛可分为鳞片层、皮质层和髓质层，无髓毛和部分两型毛只有鳞片层和皮质层。

#### 1. 鳞片层

  鳞片层是毛纤维的最外层，由扁平、无核、角质化的细胞所组成。鳞片的一端附着于毛干上，另一端伸向纤维的顶端呈游离状，边缘似锯齿状，鳞片的排列和形状因纤维类型不同而有所不同。

  鳞片形状可分为环形鳞片和非环形鳞片两种，如图 6.7 所示。环形鳞

片的每个鳞片像一个环圈覆盖于毛干之上，上面一个环圈的下端伸入下面一个环圈的上端之内，每个环状鳞片都完整无缝，而且边缘互相覆盖，这是细羊毛（尤其是美利奴羊毛）的典型特征。非环形鳞片以覆瓦状或鱼鳞状排列，下端附着在毛干上，一般有髓毛或两型毛具有此类型鳞片。

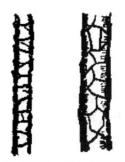

（a）环形鳞片　（b）非环形鳞片

图6.7　毛纤维鳞片形状

### 2. 皮质层

皮质层位于鳞片层之内，是毛纤维的重要组成部分，占毛纤维总重的90%左右，它决定着毛纤维的物理和机械特性。皮质层由两部分组成，即皮质细胞和细胞间质。

### 3. 髓质层

髓质层是有髓毛的主要特征，位于毛纤维中央。髓质层为海绵状角质，由不规则的薄壁空心细胞组成，细胞直径平均为1～7μm。它与其他各层不同，内含大量空气，因此，它是极为松软的多孔性组织。髓质层发达的纤维往往机械性能较差，强度、伸度、弹性等下降，纤维易于拉断，不易伸长且难以染色。

**即问即答 6-9：**丝光羊毛破坏了羊毛的哪一层呢？

（二）羊毛纤维类型和羊毛种类

### 1. 羊毛纤维类型

用肉眼或借助显微镜观察，主要根据羊毛纤维的表观形态（包括其长短、弯曲形状等）、细度及组织学构造和其他条件，将羊毛纤维分为有髓毛、无髓毛、两型毛、刺毛4种类型。

（1）有髓毛

1）发毛。发毛是一种粗、长而无弯曲或少弯曲的羊毛纤维，它较其他类型的纤维长，因而组成了突出于被毛表面的外层毛。有髓毛的工艺价值低于无髓毛，含有有髓毛的羊毛一般只能用以织造粗纺织品，如毛毯、地毯和毡制品等。

2）干毛。纤维上端粗硬、较脆、缺乏光泽，羊毛纤维干枯。干毛多见于毛的上端，整个毛纤维变干的少见。干毛的工艺价值很低，被毛中存在的干毛越多，羊毛品质越差。干毛是毛纺工业上的疵毛。

3）死毛。死毛是指羊只被毛中那些粗、短、硬、脆、无规则弯曲，而且呈灰白色的纤维，其细度为60～140μm，更粗者可达200μm。这种纤维易折断，少光泽，不能染色。死毛完全丧失了纺织纤维应有的主要技术特征，如强度、伸度、光泽和对染料的亲和能力等，因此含有死毛的羊毛，其品质会大大降低。

（2）无髓毛

无髓毛又称绒毛，从表观上看，一般较细、较短、弯曲多而整齐，其细度为15～30μm，长度为5～18cm。无髓毛是最有价值的纺织原料。

（3）两型毛

两型毛又称中间型毛，它比无髓毛粗而比有髓毛细，细度为30～50μm，长度变化较大，大部分长度很难与无髓毛或较短的有髓毛加以区别。两型毛在组织学构造上接近无髓毛，工艺价值较有髓毛佳，其细度越接近无髓毛，工艺价值越高。

（4）刺毛

刺毛又称覆盖毛，着生于羊只面部和四肢下部，其特点是粗、短、硬、微呈弓形。由于刺毛短，加之着生部位特殊，剪毛时不剪。在毛纺工业中，刺毛无利用价值。

**看图说话 6-1：**仔细观察图 6.8，你认为有髓毛、无髓毛、两型毛分别是哪个？

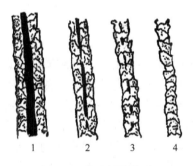

1　2　3　4

图 6.8　羊毛纤维类型

2. 羊毛种类

羊毛种类针对羊毛纤维集合体的毛被或套毛而言，按其所含纤维类型分为两大类，即同质毛和异质毛。

（1）同质毛

同质毛也称同型毛，是指一个套毛上的各毛丛基本上由同一类型的纤维所组成的羊毛。细毛羊、半细毛羊及其高代杂种的羊毛都属于这一类。在同质毛内，又可根据羊毛细度将其分为超细毛、细毛和半细毛3类。

1）超细毛。超细毛是指平均细度不大于18μm、品质支数在70支以上的同质细毛。它是生产轻薄、温暖而美观高档精纺产品的理想原料。在世界上只有少量澳洲美利奴羊具有这种超细毛，价格高出一般细毛数倍。

2）细毛。细毛是指品质支数为 60～70 支、毛纤维平均直径为 18.1～25μm 的同质毛。它由同一类型的无髓毛组成。细毛主要来源于细毛羊及其与粗毛羊杂交的高代杂种羊被毛。细毛是毛纺工业中的优良原料，可织制华达呢、凡立丁等高级精纺制品。

3）半细毛。半细毛是指品质支数为 32～58 支，毛纤维平均直径为 25.1～67μm 的同质羊毛。半细毛一般较细毛长，弯曲稍浅，但整齐而明显，油汗较细毛少。半细毛是良好的纺线原料，亦可制造毛毯、呢绒、工业用呢和工业用毡等，在化工和轮胎制造等方面也有广泛的用途。

（2）异质毛

异质毛又称混型毛，是指一个套毛上的各毛丛由两种以上不同纤维类型毛纤维所组成的羊毛，其毛纤维的细度和长度不一致，弯曲和其他特征也显著不同，多呈毛辫结构。

粗毛是指从粗毛羊身上剪取的羊毛，属于异质毛，它由几种纤维类型的毛纤维混合组成。底层为无髓毛，上层为两型毛和有髓毛，也有的混有干毛和死毛。粗毛这一概念并不是说羊毛都是粗的，而是说明异质性。一般讲，粗毛是织造地毯的好原料，也可用于粗纺工业。

**即问即答 6-10：蒙古羊的羊毛属于哪一类？**

（三）羊毛品质评定

1. 细度

细度是指羊毛的粗细程度，用羊毛纤维横切面直径的大小表示，以微米为单位。在羊毛工业上，也常用品质支数表示羊毛细度，即 1kg 净梳毛能纺成 1000m 长度的毛纱数，就称多少支，用 s 表示。羊毛越细，单位重量内羊毛根数越多，能纺成的毛纱越长，品质支数就越高。

细度是确定羊毛品质和使用价值最重要的物理指标之一，它还决定着毛纱细度和织物厚度与品质。影响羊毛细度的因素主要有品种、性别、年龄、部位、营养条件等。

**即问即答 6-11：60 支与 40 支的羊毛相比哪个更细？**

2. 长度

羊毛是具有天然弯曲的纤维，所以其长度可分为自然长度和伸直长度两种。自然长度是指毛丛在自然弯曲状态下两端间的直线距离，实指羊体上毛丛的自然垂直高度，一般在剪毛前，羊毛长足 12 个月时量取。这种长度主要用于养羊实际生产、商业收购标准和羊毛工业分级。伸直长度是指将羊毛纤维拉伸至弯曲刚刚消失时两端的直线距离，又称真实长度，其准确度要求达到 1mm。这种长度主要用于毛纺工业，在养羊业中主要用其评价羊毛品质。

从品质上看，在细度相同的情况下，羊毛越长，纺纱性能越好，成品品质越好。在养羊生产中，羊毛长度直接影响羊的产毛量，在其他条件相同的情况下，羊毛越长，产毛量越高。

### 3. 弯曲

羊毛纤维在自然状态下并不是直的，而是沿着长度方向，呈有规则或无规则的周期性弧形，称为羊毛弯曲，又称羊毛卷曲。单位羊毛纤维长度内具有的弯曲数称为弯曲度，又称卷曲度。羊毛越细，弯曲数越多；羊毛越粗，弯曲数越少。羊毛弯曲形状与毛纺工艺有着密切的关系，在毛纺工业上羊毛弯曲被认为是极宝贵的技术性能。

**想一想 6-1**：羊绒的弯曲明显吗？

### 4. 强度和伸度

（1）强度

强度是指拉断羊毛纤维时所需用的力，即羊毛纤维的抗断能力，是评定羊毛机械性能的重要指标之一。强度可决定羊毛的生产用途，如果强度不够，一般不作精梳毛用，或只能用作纬纱。强度小且有疵点的羊毛，绝不可能织造出高品质织物。羊毛强度的表示方法有两种，即绝对强度和相对强度。绝对强度是指拉断单纤维或束纤维所需用的力，用 g 或 kg 表示。相对强度是指拉断羊毛纤维时在单位横切面积上所用的力，通常用 $1mm^2$ 面积上的千克数来表示。羊毛相对强度的计算公式为

$$H=P/Q$$

式中，$H$ 为纤维的相对强度（$kg/mm^2$）；$P$ 为纤维的断裂负荷（kg）；$Q$ 为纤维横切面积（$mm^2$）。

在各方面相同的条件下，羊毛纤维直径与其绝对强度成正比，即纤维越粗，绝对强度越大。但有髓毛中髓质层越粗，其抗断能力越差，脆而易断。

（2）伸度

伸度是指将已经拉到伸直长度的羊毛纤维，再拉伸到断裂时所增加的长度占原来伸直长度的百分比。它是决定羊毛纤维机械性能的重要指标之一，也是决定织品结实性的重要指标。因为用伸度较好的羊毛制成的织品，耐穿结实，所以在毛纺工业上要求具有良好伸度的羊毛，以提高织品品质。

### 5. 光泽

光泽是指洗净的羊毛对光线的反射能力，其与纤维表面形状及结构有关。任何一种羊毛均有其固有的光泽特点。在生产实践中，根据羊毛对光线反射的强弱，可将羊毛分为全光毛、半光毛、银光毛和无光毛。

1）全光毛。绵羊中的林肯羊毛和山羊中的安哥拉山羊毛（马海毛）均属这一类，其特点是羊毛粗，鳞片紧贴在毛干上，因此光泽较强。

2）半光毛。罗姆尼羊毛、山羊毛、杂交种羊毛均属这一类，细度为31～40μm，光泽比全光毛稍弱。

3）银光毛。美利奴种细羊毛具有银光，它是银光毛的典型代表，其特点是羊毛细、单位长度上鳞片数多，鳞片上部翘起的程度大，因此光泽柔和。

4）无光毛。一些营养很差的细毛羊及大部分粗毛羊和低代杂种羊的羊毛多属这一类。另外，当羊毛上的鳞片被化学物质或细菌侵蚀损伤后，就会使光泽变得灰暗。

光泽虽不是羊毛最主要的物理特性，但它对毛织品的外观有一定的影响。强光泽能使织品色彩鲜艳；反之，织品就会显得灰暗无光。

6. 颜色

颜色是指毛纤维在洗净以后的天然色泽。羊毛颜色因羊品种不同而不同；在同一品种内，毛色亦因个体而异。羊毛根据颜色可分为以下几种。

1）白色毛。不带任何颜色，也不夹杂单根有色纤维的为白色毛。

2）黑色毛。带有各种色度黑色的为黑色毛，其中包括深褐色毛。

3）灰色毛。黑（深）白两种纤维混杂在一起的为灰色毛。根据这两类纤维在羊毛中所占数量的比例及毛色度的深浅，可分为浅灰色毛和深灰色毛。

4）杂色毛。除白色纤维外还含有各种色度的有色纤维，包括黑色纤维的为杂色毛。

除一些羔皮羊和裘皮羊品种具有天然有色毛外，羊毛以白色为最理想。因为在纺织加工中，可以将白色毛染成各种颜色，且光泽好看。所以在养羊业中，一般应注意选留白色个体，以提高羊毛品质。

7. 吸湿性与回潮率

吸湿性是指在自然状态下，羊毛吸收和保持水分的能力。羊毛吸收并保持的水分通常用回潮率来表示。羊毛吸水能力很强，一般原毛含水量可达15%～18%。当空气湿度大时，吸水可达其本身重量的40%以上。

回潮率又称吸湿率，是表示羊毛吸湿性大小的重要指标，指净毛中所含水分占其净毛绝干重量的百分比。羊毛回潮率的计算公式为

$$W = (G - G_o) / G_o \times 100\%$$

式中，$W$ 为羊毛回潮率（%）；$G$ 为羊毛重量（g）；$G_o$ 为羊毛的绝干重量（g）。

8. 弹性及回弹力

弹性是指对羊毛施加压力或伸延时变形，当除去外力时，仍可恢复其

原来形状和大小的特性。恢复原来形状和大小的速度被称为回弹力。因为羊毛具有良好的弹性，所以毛纺织品在穿着中可以经常保持原形。

### 9. 缩绒性

缩绒性又称毡合性，是指羊毛在湿热条件下，经机械外力作用，纤维集合体逐渐收缩紧密，并相互穿插纠缠、交编毡化的性能。在天然纺织纤维中，只有毛纤维具有这一特性。缩绒性是羊毛的一种重要工艺特性，将羊毛擀毡及制造呢织物的缩绒过程都利用了这一特性。

缩绒使毛织物在穿用中容易产生尺寸收缩和变形，这种变形不是一次完成的。每当洗涤织物时，收缩继续发生，只是收缩比例逐渐减少，因为在洗涤过程中，揉搓、水、温度及洗涤剂等都促进了羊毛的缩绒。因此，洗毛和洗涤毛织品时，切忌洗液过浓、温度过高和用力揉搓等，以免发生毡合或缩绒现象。

即问即答 6-12：羊毛缩绒性与羊毛构造中的哪一层有关系？

### （四）羊毛缺陷

凡在品质上有缺陷的羊毛统称为缺陷毛，又称疵点毛。在羊饲养管理及羊毛包装、储运、初步加工过程中，若人为处理不当，则会造成羊毛品质发生变化，产生疵点，使工艺性能显著降低。

### 1. 弱节毛

弱节毛也称"饥饿痕"羊毛，原因是在某段时间内，羊只营养不足或患有疾病、妊娠等，导致毛纤维直径部分明显变细，形成弱节。这种变细的部分不论长短，都是非常有害的。因为加工时都会断裂，增加短毛含量，影响梳绒。

### 2. 圈黄毛

凡被粪尿污染的羊毛统称为圈黄毛。这种毛常出现在羊腹部、四肢及大腿外侧。主要原因是饲养管理不当，如羊圈潮湿，垫草经久不换，以及由舍饲转入放牧时对羊只失去控制等。圈黄毛不能制成上等织物，其工艺性能降低。

### 3. 疥癣毛

凡从患疥癣病羊身上剪取的羊毛统称为疥癣毛，其特点是羊毛内混入由皮肤脱落的痂块和皮屑。这种毛细而短，强度小，品质差，羊毛干枯，工艺性能低。

### 4. 毡片毛

紧紧结合在一起，形似毡片的羊毛统称为毡片毛。毡片毛形成的主要原因是外界气候条件的影响或疾病造成大量脱毛、羊毛鳞片及弯曲发生交缠、羊体某些部位与外界紧压或摩擦及雨淋、尿浸等。毡片毛可分为活毡片毛和死毡片毛两种，活毡片毛可开松，死毡片毛很难撕开。毡片毛很难洗涤，经过开松处理后损伤较大，导致羊毛变短，强力下降，不能织造较好织品。

### 5. 打印毛

在养羊业中，为了识别羊只或羊群，常用一些有色物质在羊体上作出标记，这种因标记而染色的羊毛为打印毛（又称染色毛）。在工厂洗毛时不易洗掉，因而影响羊毛品质。所以，在给羊标记时，应选用日晒度好，抗磨损和抗雨水冲刷，易被碱皂溶液洗去，且不损伤羊毛品质的中性或酸性染料。打印时应选择羊毛价值低的部分（如头部、额部）打印，以免造成损失。

### 6. 重剪毛

重剪毛（二刀毛）主要是剪毛时剪毛员技术不熟练造成的。剪毛员不能一次紧贴皮肤将羊毛剪下，为了补救，重剪一次，并将短毛混入而形成重剪毛。为了避免产生重剪毛，剪毛时应严格按技术规程操作，一次将羊毛剪下，即使有残留短毛，也不重剪，以免造成损失。

### 7. 草刺毛

草刺毛夹杂有大量的植物质，这些植物质的来源有两个途径：一是补饲时落入羊毛中的草屑；二是放牧时混入羊毛的牧草茎叶和种子。

草刺分为活刺和死刺，活刺包括干草碎片、茎、叶等易除去的植物杂质夹杂物；死刺指植物性夹杂物带有锯齿形芒刺，坚实地钩住羊毛，如苍耳等，很难除去。

## 二、羊皮鉴定

绵、山羊屠宰后剥下的鲜皮，未经鞣制的统称为生皮，生皮分为毛皮和板皮两类。生皮带毛鞣制而成的产品叫作毛皮。鞣制时去毛仅用皮板的生皮叫作板皮，板皮经脱毛鞣制而成的产品叫作革。

毛皮又分羔皮和裘皮两种。凡从流产或出生后 1～3d 内宰杀的羔羊身上所剥取的毛皮统称为羔皮；而从出生后 1 个月龄以上的羊只身上所剥取的毛皮统称为裘皮。裘皮可分为二毛皮、大毛皮和老羊皮 3 种。二毛皮是指从出生后 35 天左右的羊身上剥取的毛皮；大毛皮是指从 6 月龄以上未剪毛的羊身上剥取的羊皮；老羊皮是指从超过 1 周岁以上剪过毛的羊身上剥取的羊皮。

**即问即答 6-13：**羔皮和裘皮在制作衣物时有什么区别？

（一）羔皮

1. 常见羔皮及特点

（1）卡拉库尔羔皮

卡拉库尔羔皮又称波斯羔皮，是世界上最珍贵的羔皮，其被毛颜色有黑色、灰色、棕色、粉红色、白色和苏尔色等多种，其中以着色均匀的中灰色为最珍贵的毛色。该羔皮被毛颜色正常，着色明显、均匀。被毛具有良好的丝性和亮而不刺眼的光泽，这是卡拉库尔羔皮的特征之一。该羔皮毛卷坚实、花案清晰。根据毛卷形状和结构可分为轴形卷（卧蚕形卷）、豆形卷、肋形卷、环形卷、半环形卷、豌豆形卷、平毛和变形卷等。轴形卷（卧蚕形卷）是代表卡拉库尔羔皮特征的一种理想毛卷，其卷曲的毛纤维由皮板上升，按同一方向扭转，毛尖向下向里紧扣，呈圆筒状，形似皮板上卧着的蚕。

（2）湖羊羔皮

湖羊羔皮又称小湖羊皮，其板皮薄而柔软，毛细短，毛根硬，富有弹力；毛色洁白如丝，炫耀夺目，花纹呈自然波浪状；卷曲明显紧贴皮板，虽加抖动，但毛也不会散乱；经硝制可染成各种颜色，制成各式妇女的长、短大衣或春秋时装，以及披肩、帽子、围巾等，美观大方，在国际市场上享有盛誉。

波浪花是代表湖羊品种特征的一种最美观的花纹，组成波浪花的毛纤维多为 2 个弯曲，但也有 1 个和 3 个弯曲者；正常的波浪花排列整齐，紧贴于皮板，经济价值极高，深受国内外消费者欢迎。湖羊羔皮花纹的美观性与毛股长度和波浪花纹宽度有密切关系。根据毛股长度把羔皮分为小毛、中毛和大毛 3 种：小毛的毛股长度在 2.5cm 以下，被毛紧贴皮板，构成的花纹紧密而美观；中毛毛股长度为 2.5～3.25cm，形成的花纹较宽，紧密程度较差；大毛是指毛股长度超过 3.25cm 者，由于毛股过长，形成的花纹宽大而不紧密，花纹不明显，美观性差。根据波浪花纹宽度，分为小花（0.5～1.25cm）、中花（1.25～2cm）和大花（大于 2cm）3 种。以品质而言，湖羊羔皮品质以小毛小花为最佳，中毛中花次之，大毛大花最差。

（3）济宁青山羊猾子皮

济宁青山羊猾子皮是指将出生后 1～3d 内的羔羊宰杀所剥取的毛皮，这种羔皮具有青色的波浪形花纹，非常美观，在国际市场上很受欢迎。

济宁青山羊猾子皮以黑毛和白毛相间生长而形成青色，被毛多呈银光和丝光，其中比较细的毛被光泽较好，粗糙的毛被光泽欠佳。毛皮的花型可分为波浪形花、流水形花、片花和隐暗花 4 种，其中以波浪形花最具有代表性。该羔皮被毛独特的色泽是人工不可染制的，广受消费者的欢迎，是值得我国大力挖掘的羔皮用品种。

### 2. 羔皮品质评定

在评定羔皮品质时，以毛绒花案为主，以皮板大小为辅。在方法上，主要凭眼看、手摸感观经验来决定，以眼看为主，以手摸为辅，相互参照，彼此印证。

（1）颜色和光泽

毛色要求因品种不同而不同，毛被颜色大多有白色、黑色、灰色、褐色、花色数种，一般以纯黑色或纯白色最受欢迎。羔皮光泽也很受人们重视，营养不良、病死羔羊皮大都缺乏光泽。如果保管不好，颜色和光泽都会发生变化，白色的逐渐变为淡黄色，黑色的逐渐发红，光泽也差。鉴别时，仔细观察毛根部，白色羔皮毛根部分洁白光润。

（2）花案卷曲

不同品种羔皮的花案卷曲各异，评定标准也随品种不同而不同，主要看各种花案卷曲式样是否合乎各品种特征。要求花案卷曲美丽、全面（周身全有花案卷曲）和对称（毛皮的前、后及背线两边的花案卷曲均匀一致）。标准花案卷曲所占整个皮张的面积越大，其加工利用率越大，价值亦越高。

（3）毛绒空足

空是指毛绒比较稀疏，足是指绒毛比较紧密。一般讲，毛绒足比毛绒空好，但适中为最理想。毛绒过足会显得笨重，厚实有余，灵活不足，不能算是上等品质。鉴定方法一般是用手把毛皮先抖几下，使羔皮的毛绒松散开来，然后用手戗着毛去摸，毛足的会有挡手之感，或者立即恢复原状；毛空的会感到稀薄或散乱，不顺。毛绒的空足与季节性有关。一般春、夏季生产的羔皮，毛绒较空疏；秋、冬季生产的羔皮，毛绒较厚足。此外，毛绒的空足程度与生产羔皮的品种、羔羊体质、发育及饲养管理均有关。

（4）板皮质地

板皮质地可分为3个等级：第一等级是皮板完好，厚薄适中，经得起鞣制的处理；第二等级是有轻微的伤残，鞣制以后，虽然仍有痕芥，但不影响利用；第三等级是有严重的伤残，经鞣制，皮板部分或整张被破坏，甚至失去利用价值。在鉴定皮板质量时，应抓住季节特点。一般来说，秋、冬季产的皮板比较厚实，春、夏季产的皮板比较薄弱。对皮板的要求是厚薄适中。

（5）完整程度

羔皮要求完整，羔皮任何部分都有利用价值，如头、尾、四肢等处被毛的品质虽然不同，但各有风格，具有不同的利用价值。

（二）裘皮

### 1. 常见裘皮及特点

（1）滩羊二毛皮

滩羊二毛皮是指滩羊出生后 1 个月龄左右时宰杀所剥取的毛皮。滩羊羊毛的生长速度很快，为其他绵羊品种所不及，生后 30d 的毛股长度达8cm 左右，毛股长而紧实，毛纤维细而柔软，有波浪形的花穗和良好的光泽，一般呈玉白色。串字花和软大花为其上等花穗，还有卧花、核桃花、笔筒花、蒜瓣花等。二毛皮由于毛股下部有无髓毛着生，有髓毛与无髓毛掺合比例适中，保暖性极好，不易毡结。该毛皮皮板弹性较好，致密结实。

（2）中卫沙毛皮

中卫沙毛皮是中卫山羊的主要产品，是指将出生后 35 日龄左右的羔羊宰杀所剥取的毛皮。中卫沙毛皮的颜色有黑、白两种，生产中以白者居多，但黑者油黑发亮，尤为美观。中卫沙毛皮具有优良裘皮的特性，其保暖、结实、轻便、美观、穿用不毡结等特点可与滩羊二毛皮相媲美。适时屠宰的沙毛皮的毛股长 7～8cm，毛股多弯曲，不同的弯曲形状则构成不同的花穗。弯曲的波形基本上有两种：一种是正常波形，其弧度均匀，形状整齐，毛梢闭合，毛股紧实，弯曲排列在一个水平上，构成优良花穗，如串字花、软大花；另一种是不均匀波形，其弧度不均匀，形状不规则，弯曲不在一个水平上，构成不规则的花穗，如头顶一枝花、笔筒花等。

沙毛皮与滩羊二毛皮的区别：一是沙毛皮近似方形，带有小尾巴，滩羊二毛皮近似长方形，带有大尾巴；二是沙毛皮的被毛密度较滩羊二毛皮稀，易见板底，手感没有滩羊二毛皮丰满和柔软；三是沙毛皮被毛光泽较好，与丝织品的光泽相似，滩羊二毛皮则呈玉白样的光泽。

2. 裘皮品质评定

裘皮主要用于制作皮板向外、毛丛向内的皮袄、大衣等御寒衣物，因此，裘皮品质的评定依据是保暖性、轻软性、擀毡性、美观性、皮张的面积和完整程度、结实性等。

（1）保暖性

裘皮保暖力的强弱，首先取决于绒毛和有髓毛的比例，绒毛多于有髓毛的，其保暖力强；其次是毛的密度和长度，毛密且长的，则保暖力强。皮板致密而厚实，可防止热气散发、冷气入侵。

（2）轻软性

裘皮要求皮板柔韧、有弹性、轻而致密。笨重的原因是皮板过重、毛股过长、毛过密。为了减轻重量和降低硬度，加工时可适当削薄皮板，剪短毛股，梳去部分过密的毛纤维，以达到轻裘的要求。

（3）擀毡性

裘皮擀毡，会失去保暖力和美观性，穿着也不舒适。凡裘皮的绒毛密且长，则擀毡性强；有髓毛密且长，则擀毡性弱，甚至不擀毡。因此，在选择裘皮时，为了防止擀毡并兼顾轻暖的要求，除注意皮板厚薄外，还应考虑毛绒的适当比例。

（4）美观性

毛股的弯曲形状、大小、多少、色泽和光亮等与裘皮的美观性有关。

我国一般以颜色全黑或全白、毛股弯曲多而整齐的为上品。

（5）皮张的面积和完整程度

羊皮张幅越大，利用价值越高。决定皮张尺码的因素主要是皮用羊的体长及其鲜皮的延伸率。体长及鲜皮的延伸率越大，其皮张尺码越大。皮张伤残应尽量少，要求主要部位应无伤残。

（6）结实性

裘皮要求皮板致密肥厚、柔韧有弹性，这样的裘皮结实耐穿，导热性差，保暖力强。

**即问即答 6-14：羔皮品质评定指标有哪些？**

### 三、羊奶鉴定

（一）色泽

新鲜羊奶呈乳白色的均匀胶态流体。乳的色泽由乳成分决定，白色是由脂肪球、酪蛋白酸钙、磷酸钙等对光的反射和折射所产生的，白色以外的颜色是由核黄素、胡萝卜素等物质决定的。如果羊奶色泽异常，呈红色、绿色或明显黄色，则不得收购加工。

（二）气味

山羊奶含有一种特殊气味，是山羊本身固有的（母羊皮脂腺分泌物的气味、奶中游离脂肪酸的含量），以及从周围环境中吸附的如羊粪、尿味、饲草、饲料等气味的综合表现，略带膻味。山羊奶脂肪的含量高于牛奶，其氯化物和钾的含量也高于牛奶，乳糖含量低于牛奶，所以其味道浓厚油香，而没有牛奶甜。如果有苦味、霉味、臭味、涩味或明显咸味，则是掺假、污染和保存不当所致。

（三）密度与比重

乳密度是指乳在 20℃时的质量与同容积水在 4℃时的质量比。羊奶的比重是在 15℃时的一定容积羊乳重量与同容积同温度水的重量之比。正常新鲜山羊奶在 15℃时的密度平均为 $1.034 \times 10^3 kg/m^3$。

乳密度随着乳成分和温度的改变而变化。乳脂肪增加时密度就降低，乳中掺水时密度也降低，每加 10%的水，密度约降低 0.003。在 10～25℃范围内，温度每变化 1℃，乳的密度就相差 0.0002。

（四）新鲜度、清洁度和杂质度

新鲜度表示羊奶受污染的程度。关于羊奶新鲜度的检验，目前没有较为快速、实用并得到国际公认的方法。羊奶随放置时间的延长，奶中乳酸菌就会大量繁殖，分解乳糖，使奶中酸度升高，而影响产品质量。

目前，在生产上常用的检验羊奶新鲜度的方法是借用牛奶的检验方法。酒精阳性反应法对羊奶灵敏度和特异性不强，因为酸度正常的初乳、乳房炎乳、盐平衡失调的乳同样会形成凝块，也不易区分低酸度酒精阳性乳。此法虽不理想，但检验速度快，简便易行，因此，在生产上仍在沿用。方法是用60%～70%酒精与等容积的羊奶均匀混合，若出现颗粒状或絮状沉淀，则为酒精阳性乳，这样的奶为不合格乳，一般不能用于加工。正常鲜奶的酸度为11～18°T。

新鲜羊奶应无沉淀、无凝块、无杂质，若发现有羊奶以外的物质，则是不新鲜、不清洁的表现。羊奶杂质度的检验方法是用吸管在奶桶底部取样，用滤纸过滤，若滤纸上有可见的杂质，则按有杂质处理，进行扣杂并降低收奶价格。

（五）卫生检验

乳的卫生检验是为了保证乳的卫生质量，方法如下：一是采用美兰还原试验，它可以检验乳的新鲜程度和细菌污染程度；二是采用平面皿法，它可以检查乳中细菌含量。按照国家对一级鲜奶的要求，新鲜羊奶细菌总数不得超过100万个/mm$^2$，大肠杆菌不得超过90个/100mm$^2$，不得检出致病菌。羊奶的卫生检验，还必须检验汞、铅、硝酸盐等有毒物质。另外，鲜奶中不得含有初乳、乳房炎乳，更不应含有防腐剂等。

（六）掺杂、掺假检验

据有关报道，奶中掺水可通过测定密度和冰点来检验；掺碱用溴麝香草酚蓝法检测；食盐可用试纸法和试剂法检验；用亚甲蓝显色法可检验奶中是否含洗衣粉；用碘试剂法可以检验奶中有无淀粉；豆浆可用碘溶液法和甲醛法来检测；掺硼酸、硼砂检查的适宜方法是姜黄试纸法；二乙酰法是检验奶中是否加入尿素的有效方法。

**同步测试 6-7**

1. 根据羊毛纤维表观形态、细度及组织学构造和其他条件，羊毛纤维可分为有髓毛、无髓毛、两型毛、刺毛等。 （　　）

2. 有髓毛的工艺价值高于无髓毛，含有无髓毛的羊毛一般只能用以织造粗纺织品，如毛毯、地毯和毡制品等。 （　　）

3. 在毛织品洗涤过程中，揉搓、水、温度及洗涤剂等都会造成羊毛缩绒。因此，洗毛和洗涤毛织品时，切忌洗液过浓、温度过低和用力揉搓等，以免发生毡合或缩绒现象。 （　　）

4. 卡拉库尔羔皮是世界上最珍贵的羔皮，其被毛具有良好的丝性和亮而不刺眼的光泽。 （　　）

5. 乳密度随乳成分和温度的改变而变化。 （　　）

# 任务五　羊场保健技术

课件 6-5　羊场
保健技术

## 一、羊场消毒技术

在规模化养殖中，定期清理和打扫圈舍，定期消毒圈舍，可以减少或消灭环境中的病原微生物。一旦发现疑似病例或发病羊只，需要及时采取隔离措施，并且对羊只生活过的场所进行彻底消毒。

### （一）进场消毒

饲养场门口要有消毒设施，人员及车辆只有进行严格消毒后才能进入场区。羊场大门入口处要设立消毒池（池宽同大门，长为机动车辆车轮一周半），内放 2%氢氧化钠液，每周更换 1 次，所有车辆都要经场区门口消毒池消毒后方可驶入。如果要进入羊舍，则必须进行二次消毒。建立消毒室，入场人员皆要在此用漫射紫外线照射 5～10min，不准带入可能染疫的畜产品或物品。进入生产区的工作人员必须更换场区工作服、工作鞋，通过消毒池进入自己的工作区域，严禁相互串圈。外来人员进入养殖区域前统一穿戴防疫服及一次性防疫鞋套，然后由消毒通道进入。

### （二）羊舍消毒

对羊舍先进行彻底清扫，然后使用 10%～20%石灰乳、5%～20%漂白粉溶液、2%～4%氢氧化钠溶液、5%来苏尔、20%草木灰及 4%福尔马林等消毒药将畜舍的天棚、墙壁、饲槽、地面喷洒均匀。规模羊场在圈舍门口设置消毒通道，配备紫外线灯、臭氧消毒机、洗手盆、更换用的鞋服等，进出人员必须严格消毒。羊场每 2d 清扫粪便 1 次，圈舍环境和带羊环境每 3d 消毒 1 次，环境每 2 周彻底消毒 1 次，产房在产前、产后及产羔高峰应进行多次消毒。

（三）地面土壤消毒

对羊舍和病羊停留过的土壤，应铲除表土，清除粪便和垃圾，集堆发酵，或予以焚烧（停放过炭疽病羊尸的场所）。小面积的土壤消毒，可用 2%～4%氢氧化钠溶液、10%～20%漂白粉溶液或 10%～20%石灰乳等。

（四）粪便和污水消毒

羊粪便消毒最实用的方法是生物热消毒，即在远离羊舍的地方，将羊粪堆积起来，上面覆盖 10cm 厚泥土，进行堆积发酵，一般经 3 个月即可用作肥料。对污水消毒的常用方法是将水引入污水处理池，加入消毒药（一般 1L 污水加 2～5g 漂白粉）。

（五）皮革和羊毛消毒

死于炭疽的羊尸禁止剥皮，应将尸体焚烧或深埋。对患口蹄疫、布氏杆菌病、羊痘、坏死杆菌病等的羊皮可使用环氧乙烷气体消毒。消毒时必须在密闭消毒室或良好的容器内进行。此方法对细菌（包括炭疽芽孢）、病毒、霉菌均有很好的消毒作用。

## 二、羊场免疫技术

在规模化养殖场中，应制订全面的免疫计划，科学的免疫能够提高羊只对疫病的抵抗能力。结合养殖地区疫病流行的实际情况科学制订免疫计划，定期预防注射疫苗是有效控制传染病发生和传播的重要措施。目前用于预防羊主要传染病的疫苗有以下几种，在生产中应根据当地羊群的流行病学特点有选择地进行预防注射。

1. 口蹄疫

当前羊口蹄疫免疫使用 O 型、A 型二价灭活疫苗，羔羊 28～35 日龄时进行初免，每只肌肉注射 1mL，初免后间隔 1 个月进行加强免疫 1 次，以后每隔 4 个月免疫 1 次。

2. 布氏杆菌病

使用布氏杆菌病活疫苗（S2 株），羔羊 35～45 日龄初免，可选择口服方式免疫，口服 1 头份，免疫期为 36 个月。

3. 小反刍兽疫

使用小反刍兽疫活疫苗，羔羊断奶后初免，用灭菌生理盐水稀释为每毫升含 1 头份，每只羊颈部皮下注射 1mL，免疫期为 36 个月。

### 4. 无毒炭疽芽孢苗

无毒炭疽芽孢苗预防绵羊炭疽。绵羊皮下注射 0.5mL，注射后 14d 产生免疫力，免疫期为 1 年。

### 5. 第 II 号芽孢苗

第 II 号芽孢苗预防绵羊、山羊炭疽。皮下注射 1mL，注射后 14d 产生免疫力，免疫期为 1 年。

### 6. 炭疽芽孢氢氧化铝佐剂苗

炭疽芽孢氢氧化铝佐剂苗一般称浓芽孢苗，系无毒炭疽芽孢苗或第 II 号炭疽芽孢苗的浓缩品。使用时，以 1 份浓苗加 9 份 20%氢氧化铝稀释剂，充分混匀即可注射。该疫苗的用途、用法与各自芽孢苗相同。使用该疫苗一般可减轻注射反应。

### 7. 破伤风抗毒素

破伤风抗毒素供羊紧急预防或治疗破伤风之用。皮下或静脉注射，治疗时可重复注射 1 次至数次。预防剂量为 1 万～2 万单位，治疗剂量为 2 万～5 万单位，免疫期为 2～3 周。

### 8. 羊快疫、猝狙、肠毒血症三联苗

羊快疫、猝狙、肠毒血症三联苗预防羊快疫、猝狙、肠毒血症。成年羊或羔羊一律皮下或肌肉注射 5mL，注射后 14d 产生免疫力，免疫期为 1 年。

### 9. 羔羊痢疾苗

羔羊痢疾苗预防羔羊痢疾。怀孕母羊分娩前 20～30d 第一次皮下注射 2mL，第二次于分娩后 10～20d 皮下注射 3mL，第二次注射后 10d 产生免疫力。免疫期母羊为 5 个月，经乳汁可使羔羊获得母源抗体。

### 10. 黑疫、快疫混合苗

黑疫、快疫混合苗预防羊黑疫和快疫。羊不论大小均皮下注射 3mL，注射后 14d 产生免疫力，免疫期为 1 年。

### 11. 羔羊大肠杆菌病苗

羔羊大肠杆菌病苗预防羔羊大肠杆菌病。3 月龄至 1 岁的羊，皮下注射 2mL；3 月龄以下的羔羊，皮下注射 0.5～1mL，注射后 14d 产生免疫力，免疫期为 6 个月。

### 12. 羊厌氧菌氢氧化铝甲醛五联苗

羊厌氧菌氢氧化铝甲醛五联苗预防羊快疫、羔羊痢疾、猝狙、肠毒血

症和黑疫。羊不论年龄大小均皮下或肌肉注射 5mL，注射后 14d 产生可靠免疫力，免疫期为 6 个月。

13. 肉毒梭菌（C 型）苗

肉毒梭菌（C 型）苗预防羊肉毒梭菌中毒症。绵羊皮下注射 4mL，免疫期为 1 年。

14. 山羊传染性胸膜肺炎氢氧化铝苗

山羊传染性胸膜肺炎氢氧化铝苗预防由丝状支原体山羊亚种引起的山羊胸膜肺炎。6 月龄以下的山羊，皮下注射 3mL；6 月龄以上的山羊，皮下注射 5mL，注射后 14d 产生免疫力，免疫期为 1 年。

15. 羊肺炎支原体氢氧化铝灭活苗

羊肺炎支原体氢氧化铝灭活苗预防绵羊、山羊由绵羊肺炎支原体引起的传染性胸膜肺炎。成年羊，颈部皮下注射 3mL，6 月龄以下幼羊，颈部皮下注射 2mL，免疫期可达 1.5 年以上。

16. 羊痘鸡胚化弱毒苗

羊痘鸡胚化弱毒苗预防绵羊痘，也可用于预防山羊痘。冻干苗按瓶签上标注的疫苗量，用生理盐水稀释，振荡均匀，不论羊大小，一律皮内注射 0.5mL，注射后 6d 产生免疫力，免疫期为 1 年。

17. 狂犬病疫苗

狂犬病疫苗预防狂犬病，皮下注射 10～25mL。羊如果被病畜咬伤，也可立即用本苗注射 1～2 次，两次间隔 3～5d，以做紧急预防。

18. 羊链球菌氢氧化铝苗

羊链球菌氢氧化铝苗预防羊链球菌病，绵羊及山羊不论大小，一律皮下注射 3mL，3 月龄以下羔羊第一次注射后 14～21d 重复注射 1 次，剂量相同。注射后 14～21d 产生免疫力，免疫期为 6 个月。

**即问即答 6-15**：目前养羊生产上主要预防注射的疫苗有哪些？

## 三、羊场驱虫技术

在养羊过程中经常会出现寄生虫病，寄生虫可以在羊体内，也可以在羊皮肤表面寄生。常见的羊寄生虫病包括消化道蠕虫病、疥螨病、脑包虫病等。一旦发生，会在羊群中迅速蔓延，给养殖户造成比较大的损失。

（一）驱虫场所与设施

羊场要选择宽敞、平坦、干燥、易观察和给药的驱虫药浴场地及药浴池、药淋装置。药浴池一般呈长方形水沟状，池深 1m 左右，长 10～15m，底宽 40～60cm，上宽 60～100cm。池入口为陡坡，出口一段用石、砖砌成或网围栏围成储羊圈，出口一段设滴流台，羊出浴后应在滴流台停留片刻，使身上药液回流池内。储羊圈和滴流台的大小可根据羊只数量确定，但应修成水泥地面。羊只数量较少的养殖户亦可按上述标准建一临时简易药浴池，上面铺上帆布进行药浴。羊群不大的养殖户可用大盆、大锅、大缸或制一小型药浴槽，一只只进行药浴。药淋装置：淋浴在特设的淋浴场进行，羊进入淋浴场后，即开动水泵将药液喷洒在羊身上进行淋浴。

（二）驱虫时机

1. 畜体驱虫

为达到良好的驱虫效果，在选择合适药物的前提下，应选择最佳的驱虫时机。驱虫时机选择应根据各地区羊寄生虫病种类、生活史、流行特点、季节动态规律及当地气象和环境因素等决定。以北方放牧羊群为例，一般进行年内 3 次驱虫，第一次在 2 月进行，不但能够制止羊主要寄生虫病（如胃肠道线虫）春季高潮的形成，而且是减少羊春乏死亡的重要途径之一；第二次驱虫应在 6～7 月进行，一方面可控制胃肠道线虫等夏季高峰的形成，另一方面可促进羊春乏期的营养，尤其对羔羊绦虫病的防治更为有利；第三次驱虫应在 11～12 月进行，目的是利于羊群安全越冬。3 次驱虫最关键的是 11～12 月，不但驱除了体内的寄生虫，减少春乏死亡，而且由于此时天气寒冷不利于虫卵发育，可以达到生物学自动灭虫的目的。

2. 环境杀虫

根据羊寄生虫发生发展规律，针对其生活史的薄弱环节，采取有力措施，控制和消灭外界环境中不同发育阶段的寄生虫病原体及其中间宿主和传播媒介，以达到防治的目的。羊螨虫病绝大多数通过粪便中的虫卵或幼虫散播病原而扩大蔓延。对放牧羊群粪便中的虫卵和幼虫，可利用有计划的轮牧达到生物学自动灭虫目的，即利用自然界的高温、寒冷或让侵袭性幼虫接触不到宿主而使幼虫自然灭亡。对于舍饲的羊只，粪便宜勤扫，圈舍宜勤垫，搞好清洁卫生，将粪便和垃圾运到堆肥场，高温堆肥发酵，利用生物热灭虫。对圈舍及周围环境，经常用杀虫及消毒药物进行灭虫消毒。例如，对圈舍蜱的杀灭，可切断其吸血传播焦虫的途径。对于需要中间宿主和传播媒介的羊寄生虫，可以采取物理和化学方法灭虫。以各类螺类为中间宿主的寄生虫防治，应在水中或其陆地栖息地点喷洒化学药物或饲养水禽加以消灭，同时消除污水坑和改良土壤，使陆生螺类无生存之地。以各种昆虫为传播媒介的寄生虫的防治，应在大面积草场上喷洒药物。例如，我国北方牧区草原上利用飞机超低空喷雾灭虫，有效地杀灭蚊、虻、蠓等吸血昆虫，切断某些寄生虫的传播途径。

（三）药物选择

选择广谱、高效、低毒、无残留、价格合适、使用方便的药物。以驱线虫为主的，应该选用左旋咪唑或丙硫苯咪唑，剂量为10mg/kg，口服；以驱绦虫为主的，应选择丙硫苯咪唑10mg/kg或氯硝柳胺80～100mg/kg口服；以肝片吸虫为驱杀对象的，应选择硝氯酚6mg/kg或丙硫苯咪唑15～20mg/kg口服；体外寄生虫（疥癣病、蜱）可用赛福丁0.2%浓度药浴；体内线虫和体表寄生虫混合感染时，可选用以伊维菌或阿维菌素类各剂型0.2mg/kg口服或皮下注射；绦虫、肝片吸虫、胃肠道线虫混合感染时，可选用丙硫苯咪唑15～20mg/kg口服。

**即问即答 6-16**：不知道羊体内有哪类寄生虫的情况下，该如何选择适宜的药物驱虫？

（四）防治疗程

不同地区的羊寄生虫病流行具有多样性，因此，各地在制定驱虫程序时，应根据本地区本场的实际情况进行，不可照搬照抄。一般情况下，羊的消化道线虫病，每年分别在2月、6～7月、11～12月驱虫3次；羊疥癣病应在春季剪毛或抓绒后1周进行药浴，秋季再药浴1次，并在每次药浴1周后，再选择其他广谱抗寄生虫药物强化驱虫1次；羊蝇蛆病宜在成蝇停止飞翔时进行防治，北方多在9～10月进行，成蝇飞翔产卵或幼虫时可用驱避剂；羊肝片吸虫病，北方可在11月及翌年3月实施2次驱虫，南方可在感染后2～3个月驱虫，以后每隔3个月进行1次，连续3次；羊绦虫病在每年8月、11～12月实施2次驱虫；羊绦虫蚴病应采取综合措施，侧重检出阳性病畜，无害化处理患病器官。

（五）注意事项

1）驱虫前应根据防治范围、寄生虫种类，注意选择驱虫药物、拟定剂量、剂型，以及给药途径与方法，同时对药物生产厂家、批号等一一加以记载。

2）进行大群驱虫前，应选出有代表性羊（5～10只）做小群实验，观察药物效果及安全性能。

3）驱虫前羊一般要禁食12h，早晨以空腹投药为宜，而药浴前要先让羊饮足水，以免其误饮药液导致中毒。

4）药浴驱虫应选择在晴朗天气进行，一般避开大风雨雪天气。

5）给药剂量一定要准确，逐只进行称重，驱虫前要将羊的来源、健康状况、年龄、性别、生产性能等情况分别记录。

6）给药前后1～3d应注意观察羊群状况，特别是驱虫后3～5h要注意给药后的反应，发现有中毒症状时立即抢救。

7）口服驱虫药时要防止误咽，并力争把一次给药量准确地投入羊胃内。

8）药浴时药液要当天配制，根据药液使用情况随时添加新的药液，保持有效浓度，药浴持续时间一般为 1min，压头 2～3 次。

9）使用喷淋设备时，先将羊赶入淋浴场后开动水泵喷淋 3min，再将羊赶入滤液栏内，经 3～5min 后放出。

10）注射驱虫时要准确把握剂量，固定好注射器螺旋，不打飞针，应确实注入药液。

11）羊驱虫后应加强饲养管理，有条件的地方可在驱虫后将羊固定在一个新牧场放牧 1 周，舍饲羊只驱虫后 5～7d 的粪便应及时清扫堆积，生物热发酵处理，同时组织有关人员对驱虫现场、圈舍等场所实施彻底消毒。

12）药浴驱虫时要注意个人安全防护，防护衣帽、口罩、手套、胶靴应穿戴整齐。

13）驱虫后要及时进行驱虫效果评定。

**同步测试 6-8**

1. 外来人员及车辆只有进行严格消毒后才能进入场区，而本场人员只需更换工作服、工作鞋后直接进入工作区域。　　　　　　　（　　）

2. 口蹄疫、布氏杆菌病等是国家强制免疫的，所有羊只需定期注射疫苗。　　　　　　　　　　　　　　　　　　　　　　（　　）

3. 在制定羊场免疫程序时，一般注射的疫苗种类越多，羊群抵抗力越强。　　　　　　　　　　　　　　　　　　　　　　（　　）

4. 各地区驱虫时机不一样，具体根据各地区羊寄生虫病种类、生活史、流行特点、季节动态规律及当地气象和环境因素等决定。　（　　）

5. 驱虫前羊一般要禁食 12h，要求早晨空腹投药；药浴前要先让羊饮足水，以免其误饮药液导致中毒。　　　　　　　　　　（　　）

**▎知识拓展**

**羊驼**

羊驼（图 6.9）是一种偶蹄目、骆驼科动物，因其长相像骆驼，也像绵羊而得名。羊驼因奇特的外形和呆萌的神情而成为一种深受人们喜爱的动物。近年来，不少动物园、公园、观光农场等景点养有羊驼，深受游客特别是小朋友的喜爱。

图 6.9　羊驼

羊驼体重 55～65kg，体长 1200～2250mm，尾长 150～250mm，肩高 900～1300mm。羊驼是单胎动物，妊娠期 11.5 个月，每胎产 1 只，春、夏季繁殖。目前，市场上主要有苏利羊驼、瓦卡亚羊驼及羊驼中的"熊猫"（黑白配羊驼）三大羊驼品种。

羊驼性情温驯，伶俐而通人性，胆小怕惊，听觉敏锐，不高兴时会像骆驼那样从鼻中喷出分泌物和粪便，或出现吐口水等应激反应。

羊驼是一种毛肉兼用型草食类动物，其日粮主要以青、粗饲料为主，适当补喂些精饲料、矿物质饲料，在生产上须注意饲料合理搭配。

## ▍实践操作

### 技能训练一　羊毛（绒）细度测定

**1. 技能训练目标**

通过本次技能训练，学生应掌握实验室测定细度的方法，便于对羊毛品质作出评定与分级。

**2. 技能训练材料**

显微镜、显微镜测微尺、显微镜投影仪、楔形测尺、剪刀、刀片、载玻片、盖玻片、玻璃棒、探针、滤纸、擦镜纸、尖头镊子等设备；四氯化碳或乙醚、石蜡油、甘油等药品。

**3. 技能训练方法与步骤**

（1）显微测微尺测定法

1）被测毛样处理。取被测毛样在乙醚（或四氯化碳）溶液中进行充分洗涤，至无油汗为止，然后取出，取出挤掉溶剂，再用清洁的滤纸吸干，置十几分钟后即可供分析用。

2）制片。将测试毛样用切片器在毛纤维的上 1/3 处切下 0.5mm 的短纤维，或用两枚保险刀片（中间夹有两片纸）在毛纤维中部轻轻切下要观察的毛段。用探针将短纤维拨在载玻片上，滴一小滴甘油，用镊子搅拌均匀，注意不要产生气泡，加盖盖玻片封固后即可镜检。在加盖盖玻片时，先将其一端接触载玻片，然后轻轻放下另一端。注意防止混有毛纤维的介质从盖片四周溢出。每个毛样须做 3 个短纤维标本片，分别作为试验、对照和备用样。前两个样品平均细度相差细羊毛不应超过 1.5μm，半细羊毛不超过 2.5μm，粗羊毛不超过 5μm。如果分析结果超标，则须做后备样测定，然后取两个接近的平均细度为测定结果。

3）校正接目测微尺的绝对值。目测微尺是一可装入目镜筒内的带有 100 个等分刻度的圆形玻璃片，其绝对值随不同显微镜和不同放大倍数而异；物测微尺是用来校正和确定目测微尺在特定显微镜和放大倍数下的绝对值。物测微尺中间有一个将 1mm 等分为 100 个小格的刻度线，在此刻度线上每一小格为 10μm。校正方法如下。

① 把物测微尺放在载物台上，在镜下找到刻度线，然后调整焦距使刻度线最清晰。

② 将目测微尺轻轻装入目镜筒内，移动物测微尺，使之与目测微尺的一端重合，而后找另一端的重合点。

③ 分别计算重合范围内目测微尺（细线条）和物测微尺（粗线条）的刻度格数，进而计算接目测微尺的绝对值（μm/格）。

④ 用同样方法在另一视野内重复一次，然后取两次结果的平均值。

例如，设目测微尺一格为 $x$（μm）。如图 6.10（a）所示，$40x=10\times10$μm，$x=2.5$μm；如图 6.10（b）所示，$32x=8\times10$μm，$x=2.5$μm。此目测微尺在该情况下的绝对值=（2.5+2.5）/2=2.5（μm/格）。

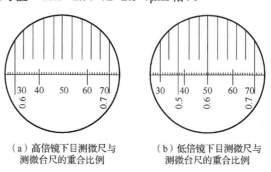

（a）高倍镜下目测尺与　　　　（b）低倍镜下目测尺与
　　测微台尺的重合比例　　　　　测微台尺的重合比例

图 6.10　目测微尺校正图

4）测定羊毛细度。置被测毛样短纤维标本片于载物台上，将标本片从上到下、从左向右逐根移入视野进行测量，随时调节焦距并移动目镜筒，精确计算每根纤维所占目测微尺格数（准确到 0.5 格），并填入实验作业表格内。每一样品的测定数量应视其细度的均匀性而定。一般规定同质毛不少于 400 根，异质毛不少于 600 根。

（2）显微投影仪测定法

显微投影仪的基本组成是 1 个倒置的显微镜，其原理是利用光的反射和折射将纤维标本片的显微图像放大，然后投射到屏幕上，再用特制的楔形尺对毛纤维的影像进行测量。此法测定毛细度准确而迅速。操作步骤如下。

1）毛样的处理及制片，同显微测微尺测定法。

2）置物测微尺于显微投影仪的载物台上，调整显微镜，使物测微尺经投影仪放大后影像每刻度为 0.5cm，则显微投影仪的放大倍数为 500 倍。

3）取下物测微尺，置短纤维标本片于显微投影仪载物台上。然后用楔形尺逐根测量从投影仪投射出来的纤维影像，测量时随时调整楔形尺的位置，使纤维刚好嵌在楔形尺上下两线中间，在二者宽度吻合处用铅笔画线。测定顺序、数量和原则与显微测微尺测定法相同。

4. 技能考核标准

羊毛（绒）细度测定技能考核标准如表 6.1 所示。

表 6.1 羊毛（绒）细度测定技能考核标准

| 考核内容 | 评分标准 | | 考核方法 | 掌握程度 | 时限 |
|---|---|---|---|---|---|
| | 分值 | 扣分依据 | | | |
| 被测毛样处理 | 15 | 正确进行毛样处理操作（10 分），处理结果（5 分） | 单人操作考核 | 熟练掌握 | 1.5h |
| 制片 | 20 | 正确进行制片操作（15 分），制片质量（5 分） | | | |
| 校正接目测微尺的绝对值 | 20 | 正确校正接目测微尺绝对值的操作（15 分），校正结果（5 分） | | | |
| 测定羊毛细度 | 15 | 正确进行羊毛细度测定操作（10 分），测定结果（5 分） | | | |
| 显微投影仪测定法 | 30 | 正确利用显微投影仪测定羊毛细度（25 分），测定结果（5 分） | | | |

## 技能训练二 羊毛长度测定

1. 技能训练目标

通过本次技能训练，学生应了解羊毛的生长情况。

2. 技能训练材料

黑绒布板、尖头镊子、小钢尺（30cm）、培养皿、计数器、载玻片、实习用毛样。

3. 技能训练方法与步骤

羊毛长度的测定方法分为现场测定法和实验室测定法。现场测定法主要用于绵羊调查及个体鉴定。种公羊及特一级公羊的测定部位为肩部、体侧部、股部、背部、腹部 5 个部位，母羊只测左侧鉴定部位。测定同质毛时，可在测定部位一手轻按毛丛，另一手将毛丛分开，然后测定未被拨乱的毛丛长度。长毛、半细毛还应测定自然环境中的羊毛伸直长度，即轻拉毛股，其弯曲消失时所测得的长度。异质毛应测毛股长度（粗毛长度）及绒层（细毛）高度。测定结果的准确度以 0.5cm 为单位，采用三进二舍制。

（1）自然长度的测定

自然长度是指羊毛在自然弯曲状态下，两端间的直线距离，在羊体上是指毛丛的自然垂直高度。一般在剪毛之前，羊毛生长足 12 个月时量取自然长度，以厘米为单位，精确到 0.5cm，测量部位通常以体侧部的毛丛高度为代表。实验室测定时，将已剪下的毛样平铺在实验台上，从其中随意选取有代表性的毛丛 10 个，不加任何张力，不拉伸，不洗涤，不破坏原毛自然弯曲形态，将其置于黑绒布板上，用钢尺按毛丛平行方向测量由根部到尖部的距离，读出 10 次数据，求平均数作为该毛样的自然长度。

（2）伸直长度的测定

伸直长度是指将羊毛纤维拉伸至弯曲刚刚消失时的两端的直线距离，也称真实长度。这种长度主要用于毛纺工业中，在养羊业中主要用于评价其羊毛品质。同质毛可直接测定；若为异质毛，则须按纤维类型分开后，再按不同类型量取。

1）测定时，先将毛样和小钢尺按顺直方向摆在黑绒布板上，然后用尖头镊子由毛丛根部一根一根抽出纤维，每抽出一根后，用镊子夹住纤维两端，拉到弯曲刚刚消失为止，并在小钢尺上量其长度，精确到 0.1cm，并记录测定结果。

2）测定时注意从毛样两侧各抽一半。

3）凡被拉断的纤维及过短纤维均不测量。

4）同质毛每个毛样测 150～200 根，异质毛每纤维类型测 100 根。

5）计算平均伸直率，其计算公式为

$$平均伸直率=(A-B)/B×100\%$$

式中，$A$ 为平均伸直长度；$B$ 为羊毛自然长度。

4. 技能考核标准

羊毛长度测定技能考核标准如表 6.2 所示。

表 6.2　羊毛长度测定技能考核标准

| 考核内容 | 评分标准 | | 考核方法 | 掌握程度 | 时限 |
| --- | --- | --- | --- | --- | --- |
| | 分值 | 扣分依据 | | | |
| 自然长度测定 | 40 | 正确进行自然长度的测定操作（30 分），结果处理（10 分） | 单人操作考核 | 熟练掌握 | 1.5h |
| 伸直长度测定 | 50 | 正确进行伸直长度的测定操作（40 分），每个环节 10 分，测定结果（10 分） | | | |
| 平均伸直率计算 | 10 | 正确计算平均伸直率（10 分） | | | |

## 技能训练三　剪毛

1. 技能训练目标

通过本次技能训练，学生应掌握正确的剪毛方法，以便在生产中提高羊毛产量与质量，并有利于羊群生长发育与健康。

2. 技能训练材料

电动剪毛机、剪毛剪、木板或苇席、实习用羊、标记颜料、台秤、常用防治药品。

3. 技能训练方法与步骤

剪毛操作方法如下。

1）使羊蹲坐在地上，剪毛员站在羊后，用两膝夹住羊背部两侧，左臂把羊头和右前肢夹在腋下，使羊左臀部着地，左手拉紧羊皮肤以保证剪毛顺利进行。先沿羊左侧腹部剪出一条线，依次向右，一直把腹毛剪完。剪公羊包皮附近时要注意须横向推进，母羊乳房后部的毛也应在此时剪掉。

2）用左手按住羊右肋部，同时把羊后腿内侧皮肤拉开。先从右后腿内侧向蹄部剪去，再由蹄部往回剪，沿两后腿内侧剪至左后蹄。

3）剪毛员后退，使羊呈半右卧姿势，用两腿夹住羊右前腿，用左肘部压住羊头。为了使羊左后腿伸直，避免剪伤，可用左手按住其左肋部，从绵羊的左后蹄剪至肋部，依次向后，剪至尾根。

4）剪毛员左腿后移，使羊前躯靠在剪毛员左腿上，后躯保持平直，左手按住羊腰部，从后向前，依次剪去羊左臂部的毛。

5）剪毛员把右腿放在羊的两腿之间，膝盖靠住羊的胸部，左手握住羊下颌并向后拉，使其颈部皮肤平直。先在羊胸部剪，然后从羊胸至羊下颌沿右缘剪开，依次剪完，最后剪去羊左前肢内、外侧及颈部左侧毛。

6）使羊右转，前躯下移，呈半右卧姿势。用右手按住羊头，开始剪左侧的毛。随着剪毛的进行，将右脚移出，放在羊两后腿之前，左脚放在羊两前肢之前，以便进行长行程剪毛。

7）当剪至羊背部时，再将右手移至羊两腿之后，把羊的两后腿往前压，右腿应在羊右后腿股部下面，同时用左腿把羊的两前腿往后压，使其背部皮肤平直，左手往后压羊头，剪到超过羊脊柱为止。

8）剪毛员把右腿后移至羊背部，两腿夹住羊，左手握住羊下颌用力拉起，把羊头按在两膝上，然后按脸、颈的顺序剪毛。在剪毛进行中，应将羊头推到两腿之后，用两腿夹住羊脖子。当剪至羊胸毛时，将右前腿放开，并随即剪去羊右前腿的毛。

9）剪毛员后退，把羊拉起，使羊左臂着地，呈半坐姿势。使羊左侧肩胛部靠在剪毛员的左腿上，左脚挡在羊的尾部，左手拉平剪毛部位的皮肤，依次剪去羊右侧腹、腰及后腿外缘的毛。

4. 技能考核标准

剪毛技能考核标准如表 6.3 所示。

表 6.3　剪毛技能考核标准

| 考核内容 | 评分标准 | | 考核方法 | 掌握程度 | 时限 |
| --- | --- | --- | --- | --- | --- |
| | 分值 | 扣分依据 | | | |
| 手工剪毛 | 100 | 剪毛技术操作规范性（每个步骤10分，9个步骤共90分），剪毛结果（10分） | 单人操作考核 | 熟练掌握 | 1.5h |

## 技能训练四　抓绒

1. 技能训练目标

通过本次技能训练，学生应掌握正确的抓绒技术，以便在养羊生产中提高绒毛产量和质量。

2. 技能训练材料

抓绒梳子、实习用羊。

3. 技能训练方法与步骤

1）让山羊侧卧，将其两前肢和一后肢捆在一起（梳左侧捆右肢，梳右侧捆左肢）。

2）用稀梳顺毛由前到后，将山羊被毛细心梳理顺当，并清理粘挂的草芥、粪块、土沙等。

3）用密梳逆毛而梳，抓绒顺序一般先从头颈部开始，然后从一侧胸部、向肩胛部、体侧部和后躯部梳理；再转向另一侧，按照相同顺序反复梳理，直到梳净为止。

4）抓绒人员应视梳子上绒毛聚集的情况，及时取下绒毛，放入专门的贮袋中。冬季抓绒，为了防止羊只感冒，从枕骨突沿颈部到脊椎，宽6～10cm 一线不宜抓绒。

4. 技能考核标准

抓绒技能考核标准如表 6.4 所示。

表 6.4　抓绒技能考核标准

| 考核内容 | 评分标准 | | 考核方法 | 掌握程度 | 时限 |
| --- | --- | --- | --- | --- | --- |
| | 分值 | 扣分依据 | | | |
| 保定 | 20 | 保定操作规范性（15分），保定效果（5分） | 单人操作考核 | 熟练掌握 | 1h |
| 抓绒准备 | 20 | 抓绒准备操作正确性（15分），准备效果（5分） | | | |
| 抓绒操作 | 60 | 抓绒操作规范性（每个部位5分，10个部位共50分），抓绒结果（10分） | | | |

## 技能训练五　羔羊断尾

1. 技能训练目标

通过本次技能训练，学生应掌握羔羊断尾的结扎法和热断法，以便于生产管理与配种。

2. 技能训练材料

橡皮圈、纱布、棉花、断尾铲或断尾钳、木板、铁皮、碘酒、磺胺粉、实习用羊。

3. 技能训练方法与步骤

（1）结扎法

1）结扎准备。用弹性强的橡皮圈，如废旧的自行车内胎等，剪成直径为 0.5～1cm 的胶圈（但不能过细）。

2）结扎方法。用酒精或新洁尔灭消毒，在羊的第三、第四尾椎骨中间，用手将此处皮肤向尾上端推后，即可用胶圈缠紧。

3）结扎时间。羔羊经 10d 左右，尾部便逐渐萎缩、自然脱落（不要剪割，以防感染破伤风）。

（2）热断法

1）工具准备。准备两块 20cm$^2$（厚 3～8cm）的木板，在一块木板下方挖一个半月形的缺口，木板两面钉上铁皮，另一块的两面钉上铁皮。

2）羔羊保定。助手用两手分别握住羔羊四肢，把羔羊背部贴在固定人员的胸前，让羔羊蹲坐在木板上。

3）断尾操作。操作者用带有半月形缺口的木板，在羊的尾根第三、第四尾椎骨中间（离尾根约 4cm 处），把尾巴紧紧地压住。用灼热的断尾铲紧贴木块稍用力下压，切的速度不宜过急，若有出血，则可用热铲再烫一下，然后用碘酒消毒。

4. 技能考核标准

羔羊断尾技能考核标准如表 6.5 所示。

表 6.5　羔羊断尾技能考核标准

| 考核内容 | 评分标准 | | 考核方法 | 掌握程度 | 时限 |
|---|---|---|---|---|---|
| | 分值 | 扣分依据 | | | |
| 结扎准备 | 20 | 准备操作（15 分），准备效果（5 分） | 单人操作考核 | 熟练掌握 | 1h |
| 结扎方法 | 20 | 结扎部位（10 分），结扎操作（10 分） | | | |
| 结扎断尾效果 | 10 | 结扎断尾效果（10 分） | | | |
| 热断工具准备 | 20 | 准备操作（15 分），准备效果（5 分） | | | |
| 羔羊保定 | 10 | 保定操作（5 分），保定效果（5 分） | | | |
| 热断操作 | 20 | 热断操作（15 分），断尾效果（5 分） | | | |

──**单元测验**──────

## 一、单项选择题

1. 出生后（　　）以上的羊只所剥取的毛皮称为裘皮。
   A. 1 日龄　　　B. 1 个月龄　　C. 6 个月　　D. 1 岁
2. 二毛皮是指从出生后（　　）d 左右的羊身上剥取的毛皮。
   A. 1　　　　　B. 20　　　　　C. 35　　　　D. 60
3. （　　）占毛纤维总重的 90% 左右，它决定着毛纤维的物理和机械特性。
   A. 鳞片层　　　B. 皮质层　　C. 髓质层　　D. 角质层

## 二、多项选择题

1. 羊常见的放牧方式有（　　）。
   A. 固定放牧　　B. 围栏放牧　　C. 季节轮牧　　D. 小区轮牧
2. 羔羊去势的方法有（　　）。
   A. 去势钳法　　B. 刀切法　　　C. 结扎法　　　D. 热断法
3. 羊个体号常用的编号方法有（　　）。
   A. 耳标法　　　B. 剪耳法　　　C. 墨刺法　　　D. 烙角法
4. 无髓毛包括（　　）。
   A. 鳞片层　　　B. 皮质层　　C. 髓质层　　D. 角质层

## 三、判断题

1. 不同生长阶段的羊只应选择适宜的草场进行放牧，幼龄羊适于在禾本科牧草较多的草场放牧育肥；而成年羊宜在以豆科牧草为主的草场放牧育肥。　　　　　　　　　　　　　　　　　　　　（　　）
2. 在羊进行高精饲料育肥时应用瘤胃素，能增加丙酸的产生，减少饲料中蛋白质在瘤胃中的降解，提高增重速率和饲料转化率。（　　）
3. 剪毛翻羊时最好以背上位翻转，防止发生胃肠异位等。（　　）
4. 当发现绒山羊的头部，如耳根和眼圈周围的绒毛开始脱落，即是第一次抓绒最适宜的时期。　　　　　　　　　　　　　　（　　）
5. 若梳绒和剪毛同时进行，则应先剪毛后梳绒。　　　　（　　）
6. 羊毛越细，品质支数就越低。　　　　　　　　　　　（　　）

## 四、问答题

1. 简述夏季放牧羊的放牧任务、草场选择、放牧技术与注意事项。
2. 简述尿素在肉羊日粮中使用的注意事项。
3. 简述羊毛品质评定的指标。

## 项目小结

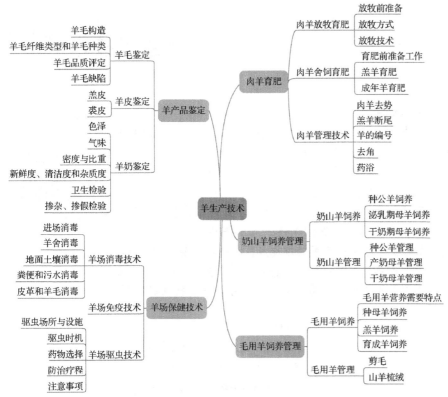

项目六　答案

兔生产技术

**导入语**

近年来，我国养兔业发展很快，兔饲养量和存栏量及兔产品出口量均居世界首位，但养兔整体水平与发达国家相比有很大差距，养殖技术及养兔生产发展极不平衡，养兔业抗市场风险能力低，这在一定程度上与兔生产技术有很大关系。因此，我们应加强兔饲养管理与兔场保健技术的研究与推广，学习国内外先进的养殖技术，提高养兔水平和经济效益，促进我国养兔业的可持续发展。本项目主要介绍兔皮和兔毛鉴定与初加工，家兔生物学特点，饲养管理一般原则，不同生产类型及不同季节的兔饲养管理，兔场保健技术等内容。

视频 7-0　导学

**教学目标** ☞

【知识目标】
- 了解兔皮、兔毛鉴定与初加工要点。
- 了解家兔生物学特点。
- 掌握各类家兔饲养管理和各生长阶段的管理方法要点。
- 了解兔场保健技术。

【技能目标】
- 能正确鉴定兔皮、兔毛并能对其进行初加工。
- 会进行各类兔的饲养管理。
- 能进行兔场的消毒、免疫与驱虫。

【素养目标】
- 培养创新思维、团队协作能力。
- 培养调查研究、收集资料、获取信息及信息处理能力。
- 提升综合分析、解决问题能力。

学前测试

1. 你见过兔子吗？白色、灰色、黑色等颜色的兔子是不是很可爱？

2. 你会把宠物兔作为自己的爱宠吗？

# 任务一　兔产品鉴定与初加工

> 2004 年，兔毛价格跌至每千克约 80 元。张某自认为进入低谷期，筹集 30 多万元，从浙江、四川等地收购兔毛约 5.5t，存放在家中，打算待涨价后出售。他将各地收购来的兔毛装入新购内衬薄膜的编织袋中，堆放在自认为干燥的二楼房内。因 2005 年、2006 年兔毛价格一直没有上升，张某一直未对所贮兔毛做再次处理。2007 年初，兔毛价格每千克已涨至 120 元左右，他想卖掉这批存放两年半的兔毛。于是叫来 3 个工人一起打开房门，将兔毛逐袋搬出、开袋检查。结果只有最上层的兔毛洁白、无明显变质，其余兔毛自上而下变质程度越来越重。这批兔毛只有 1t 左右没有明显变质，2t 左右变质兔毛低价出售，其余全部报废，亏损 20 多万元。这个案例说明了什么问题？如何鉴定兔毛品质？本任务将介绍兔产品鉴定相关知识。

课件 7-1　兔产品鉴定与初加工

## 一、兔皮鉴定与初加工

皮用兔是指以生产兔皮为目的的家兔，一般指獭兔，其皮毛短、细、密、平、美、牢，酷似珍贵的毛皮兽水獭，故而得名。獭兔皮绒毛短而丰满，具有绢丝般光泽，皮比普通家兔厚实，且拉力强、抗磨，是制作中高档毛皮大衣、帽子的优质原料。獭兔毛皮质量除受遗传因素、体型大小的影响，还受性别年龄、饲养管理、季节与光线、寄生虫与疾病、取皮时机、宰杀与剥皮、贮运方法、鞣制技术等的影响。兔皮质量的鉴定，一般应随机抽查检验 20%。

（一）兔皮鉴定项目

1. 兔皮质地

兔皮质地是相对皮板质量而言的，要求薄厚适中、质地坚韧、板面洁净、色泽鲜艳、被毛附着牢固。青年兔适时取皮，板质一般比较好，老龄兔板质比较粗糙。夏季取的皮皮板较薄、易破裂，绒毛也容易脱落。有的板质不好，是剥制或加工不当，晾晒、贮存或运输不当造成的。

## 2. 兔皮面积

兔皮面积关系到皮张的利用价值，通常以原干皮为标准，鲜皮、皱缩皮在评定时应正确测量，酌情伸缩，撑拉过大的皮张一律降级或做次皮处理。面积测量方法是从颈部缺口中间至尾根量其长度，选腰间中部位置量其宽度，长与宽相乘为该张兔皮面积。实践证明，一般活兔体重在 2.5kg 以上时，兔皮面积能达到 $1100cm^2$ 以上。

## 3. 兔皮绒毛密度

评定兔皮品质最重要的是绒毛丰厚度，丰厚度是指单位面积内着生的绒毛数量，以每平方厘米毛纤维的根数表示。密度越大，质量越好。

人工评定方法是：一吹，用嘴逆向吹被毛，兔毛呈旋涡状。如果露出皮肤面积小于 $4mm^2$（别针头大小），则为特密，一般在 3 万根以上。如果露出 $8mm^2$（大约火柴头大小），则为中密，一般在 2 万根左右。如果露出面积不超过 $12mm^2$（约 3 个别针头大小），则为基本合格。二摸，用手摸被毛，如果感到被毛厚实，就认为是密；如果感到被毛松软，就认为是稀。三测定，准确定量须用被毛密度测定仪、冰冻切片法测定。为防兔皮绒毛脱落和保证质量，獭兔应在第二次年龄性换毛前（南方 5.5 月龄、北方 6 月龄）屠宰、取皮。一般普通獭兔皮被毛密度仅为 9000～12 000 根/$cm^2$，而高档獭兔皮被毛密度在 18 000 根/$cm^2$ 以上。

## 4. 兔皮被毛长度

被毛长度对兔皮质量的影响十分明显，优质兔皮毛长仅为 1.2～1.3cm，绒毛平均细度为 16～18mm，直立而软，弹性好，不易脱落，保温力强。粗毛少、短，不突出毛面，整个毛面平滑整齐、凉爽丝滑、手感柔软、外观绚丽。目前，高档獭兔皮趋向无粗毛方向发展。例如，法系獭兔 6 月龄时粗毛率仅为 2.6%。

## 5. 兔皮被毛色泽和伤残程度

被毛色泽指兔被毛的颜色、色泽、亮光度，如白色兔皮洁白光亮是营养均衡的表现；色泽鲜艳、亮光度好则皮质优。伤残程度直接影响皮张的利用价值。鉴别伤残程度时，应区分软伤与硬伤，伤残数、面积、分散还是集中等，全面衡量影响皮张质量的程度。一张皮中的伤残面积、数量是衡量兔皮质量的依据，它主要是宰杀取皮、保存和饲养过程中兔相互打咬所致。

即问即答 7-1：在一年四季中，什么时候剥取的皮张最好？为什么？

（二）兔皮鉴定方法和分级

**1. 兔皮质量鉴定常用方法**

兔皮质量鉴定主要采用看、抖、摸、吹、量、测6种方法。一看：两手分别捏住皮的两端，观察被毛色泽、毛的粗细、板形、皮板厚度是否均匀，有无损伤、脱毛和淤血等。二抖：左手捏前部，右手捏后部并轻轻抖动，观察被毛长短、平整度及脱毛状况。三摸：手指触摸皮毛，检查被毛弹性、密度、有无伤疤和旋毛。四吹：逆毛吹开被毛，形成旋涡，根据露出的皮板面积评定被毛密度。五量：用尺子测量皮张面积，将尺子插入被毛，量其毛长。六测：以工业用游标卡尺，定宽在1cm处，与皮张背中线平行插入背中部，测量该部位的毛厚。毛越厚，说明被毛密度越大。

**2. 兔皮商品分级**

獭兔皮商品分级标准是鉴定兔皮品质的依据，也是商品使用价值的衡量标准。主要根据毛绒丰厚程度、色泽是否纯正、皮张面积是否符合规格、皮板质地优劣等因素进行综合评定。以《獭兔皮》（GH/T 1028—2002）为例，分级标准和规格要求如下。

1）特等皮：绒毛丰厚、平整、细洁、富有弹性，毛色纯正，色泽光润，无突出的针毛，无旋毛，无损伤；板质良好，厚薄适中，全皮面积在1400cm$^2$以上。

2）一等皮：绒毛丰厚、平整、细洁、富有弹性，毛色纯正，色泽光润，无突出的针毛，无旋毛，无损伤；板质良好，厚薄适中，全皮面积在1200cm$^2$以上。

3）二等皮：绒毛较丰厚、平整、细洁、有油性，毛色较纯正，板质和面积与一等皮相同；或板质和面积与一等皮相同，在次要部位可带少量突出的针毛；或绒毛与板质与一等皮相同，全皮面积在1000cm$^2$以上；或具有一等皮质量，在次要部位带有小的损伤。

4）三等皮：绒毛略稀疏，欠平整，板质和面积符合一等皮要求；或绒毛与板质符合一等皮要求，全皮面积为800cm$^2$以上；或绒毛与板质符合一等皮要求，在主要部位带小的损伤；或具有二等皮质量，在次要部位带有小的损伤。

注意：①等内皮的绒毛长度均应达到1.3～2.2cm，色型之间无比差。②老板皮（老龄兔的皮，皮板厚硬，板面粗糙，鞣制时不易鞣透而皮板发硬）和不符合等内皮要求者，均列为等外皮，等外皮按一般家兔皮规格按质论价。③等级比差：特等皮为140%，一等皮为100%，二等皮为70%，三等皮为40%。

（三）兔皮初加工

**1. 处死**

宰前断食 8～10h，只供给充足的饮水。常用的处死方法有颈部移位法、棒击法、电麻法、割颈法、打气法等。

**2. 剥（取）皮**

我国长期以来均采用先宰杀、后放血、再剥皮的传统方法。为了减少毛被的污染，目前大多采用先剥皮、再放血的方法。剥皮是一项繁重的劳动，有机械剥皮法、半机械化剥皮法及手工剥皮法。手工剥皮方法有如下两种。

（1）套（挂）剥法

采用套（挂）剥法时，一般先将兔用绳索拴起，一后肢倒挂在柱子或梯子、树上，使其头部朝下。截去兔前肢（腕关节）和尾巴，再用利刀切开其跗关节周围的皮肤，沿兔大腿内侧通过肛门平行挑开，将四周毛皮剥开翻转，用套腿法剥下毛皮，最后抽出前肢，剪除眼睛和嘴唇周围的结缔组织和软骨。注意不要损伤毛皮，不要挑破腿肌或撕裂胸腹肌。剥皮后割断兔体颈部的血管和气管放血，不能超过 2min，以提高兔肉品质。

（2）平剥法

采用平剥法时，将屠宰后的兔放在平台上，使其腹部朝上，在四肢中段将皮肤剪开环形切口，然后在腹部开一小口，沿腹中线将皮肤纵向切开，逐渐剥离即可。

剥下的鲜皮应立即理净油脂、肉屑、筋腱等，然后用利刀沿腹部中线剖开成开片皮，毛面向下，板面向上伸展铺平，置于通风处晾干或盐腌贮存。

**3. 放血**

目前常用的放血方法是颈部放血法，即将剥皮后的兔体侧挂在钩上，或者由他人帮助提举后腿，割断颈部的血管和气管放血。根据操作实践，倒挂刺杀的放血时间以 3～4min 为宜，不能少于 2min，以免放血不全，影响兔肉品质。放血充分的胴体，肉质细嫩，含水量少，容易贮存；放血不全的胴体，肉质发红，含水量高，贮存困难。

**4. 兔皮防腐**

鲜皮防腐是毛皮初步加工的关键，防腐的目的在于促使生皮形成一种不适于细菌作用的环境。目前常用的防腐方法主要有盐腌法、盐干法、干燥法和酸盐法。

（1）盐腌法

盐腌法即利用干燥食盐或盐水处理鲜皮，是防止生皮腐烂最普通、最可靠的方法。将皮平展于平台上，把盐均匀地撒抹在皮板面的各部位，皮张按板面对板面、毛面对毛面重叠堆放。用盐量一般为皮重的30%～50%。夏季24～36h后，冬季48～72h后，再进行第二次抹盐，尤其是第一次漏腌、少腌的要加抹食盐。或者用24%～26%食盐溶液浸泡鲜皮16～24h，取出甩干水，然后用鲜皮重的20%～25%食盐进行腌制和自然风干。采用这种方法防腐、贮存兔皮，方法简便、效果好、不生虫、成本低，一般可保存兔皮6个月以上。

（2）盐干法

盐干法是盐腌与干燥相结合的一种方法，即先进行盐腌，再置于通风干燥处自然干燥。在稍倾斜的木板或水泥地板上均匀擦上食盐，占皮重的30%～50%，逐张放至1.5m高处，使其出"水"，再进一步自然干燥6～8d即可。若长期保存，则可二次倒垛、撒盐，二次盐量为鲜皮重的15%～20%。该法所用的盐以精盐为好，因海盐尤其是未经煮过的日晒海盐纯度差、含菌多，不但防腐效果差，而且易出现盐斑和红斑，故不宜使用。这种方法的优点是防腐力强，并且避免了生皮在干燥过程中易发生的硬化、龟裂等缺陷。

（3）干燥法

1）板皮的淡干皮干燥法。将处理后的鲜兔皮贴在稍粗糙的墙上（要尽可能将其拉伸成长方形），四周贴紧在阴凉处自然干燥。注意揭皮时要顺势，不要揭破兔皮。将鲜皮向外，皮板朝里拉成长方形贴在席上；或者毛向里，把皮板拉成长方形，沿毛边缘缝在席上，在通风阴凉处自然干燥。注意皮板一般不要晒，日晒后易形成油浇板，不易浸水；也不能雨淋，否则易腐烂掉毛。

2）筒皮的淡干燥法。屠宰后的筒皮可将其毛朝里、板朝外装入废纸、破布等使其内鼓起；也可选用长120cm、宽3cm的竹条，弯成弓形，套在筒皮里将其撑起，皮张下端用夹子或小绳扎好，不卷边挂起晾干。

通过干燥，鲜皮中的含水量降至12%～16%，抑制细菌繁殖，达到防腐的目的。干燥法的优点是操作简单、成本低、皮板洁净、便于贮藏和运输；缺点是皮板僵硬、容易折裂、难于浸软，且贮藏时易受虫蚀。

（4）酸盐法

酸盐法即先用食盐85%，氯化铵、明矾各7.5%，配制成防腐粉剂，再将防腐粉剂均匀地撒布在毛皮肉面并稍加揉搓，然后毛面向外折叠起来堆放7d左右。

5. 兔皮贮存

经防腐处理后的兔皮，往往因种种因素不能立即鞣制，须入库贮存。如果贮存不当，即使防腐处理再好的兔皮也有腐败变质的可能。经防腐处理的兔皮必须按等级、色泽捆扎或装包分别存放。捆扎应毛面对毛面、肉面对肉面，头对头、尾对尾，叠置平放。同时，每隔2～3张皮放置适量樟脑丸以防虫蛀。贮存皮张的仓库应卫生、通风、干燥，最适温度为 10℃ 左右，最高不超过 30℃，相对湿度控制在 50%～60%，原料皮的水分应保持在 12%～20%。兔皮在贮存期间应注意防霉、防腐，库房应留有一定的空间以利翻垛、检查。皮张应放置在离地面 15cm 高的垫板上，堆与堆之间应有 35～40cm 的距离，人行道不能小于 1.5m。兔皮在贮存期间应每月翻堆检查 2～3 次。

**即问即答 7-2**：獭兔毛皮品质鉴定的依据是什么？特等皮与一等皮的主要差别在哪里？

## 二、兔毛鉴定与初加工

### （一）兔毛鉴定

我国目前执行的是《安哥拉兔（长毛兔）兔毛》（GB/T 13832—2009），该标准是目前安哥拉兔兔毛质量评定的国家标准。

**1. 兔毛的类型**

长毛兔被毛由混型毛组成。根据兔毛纤维的形态学特点，一般分为细毛、粗毛和两型毛 3 种。

1）细毛又称绒毛，是长毛兔被毛中最柔软纤细的毛纤维，呈波浪形弯曲，长度为 5～12cm，细度为 12～15μm，占被毛总量的 85%～90%。兔毛纤维质量在很大程度上取决于细毛纤维的数量和质量。细毛在毛纺工业中的价值很高。

2）粗毛又称枪毛或针毛，是兔毛中纤维最长、最粗的一种，直、硬、光滑、无弯曲，长度为 10～17cm，细度为 35～120μm，一般仅占被毛总量的 5%～10%，少数可达 15% 以上。粗毛耐磨性强，具有保护绒毛、防止结毡的作用。根据毛纺工业和兔毛市场的需要，目前粗毛率已成为长毛兔生产中的一个重要性能指标，直接关系着长毛兔生产的经济效益。

3）两型毛是指单根毛纤维上有两种纤维类型，纤维上半段平直无卷曲，髓质层发达，具有粗毛特征；纤维下半段则较细，有不规则的卷曲，由单排髓细胞组成，具有细毛特征。两型毛在被毛中含量较少，一般仅占 1%～5%。两型毛因粗细交接处直径相差很大，极易断裂，毛纺价值较低。

**2. 兔毛的特征**

1）兔毛细度是指单根兔毛纤维横切面直径的大小，一般以 μm 为单位。据测定，绒毛的细度为 7～30μm，粗毛的细度为 30～120μm。在商业上衡量兔毛粗细一般是指一批毛中粗毛和绒毛的含量。如果粗毛含量多，绒毛含量少，这批毛就较粗；如果绒毛含量多，粗毛含量少，这批毛就较细。

2）兔毛长度是指在自然状态下的长度和单根毛纤维拉直后卷曲消失

但未延伸的长度。前者称自然长度，后者称伸直长度。在收购兔毛时一般只测自然长度。兔毛粗毛尖梢比绒毛尖稍长，测定兔毛长度一般根据绒毛的主体长度来确定，不计算粗毛长度。兔毛长度随采毛间隔长短和采毛方法不同而异。在一定时间内，间隔时间越长，兔毛就越长。手拉毛比刀剪毛的长度长。测定兔毛质量时，一般把细度和长度相结合，在相同条件下，兔毛越长，纺织性能越好，毛织品越光滑。

3）兔毛卷曲度是指兔毛单位长度上的卷曲数及其大小。兔毛越细，卷曲越小，单位长度内的卷曲数越多（最多为 8 个）。兔毛的卷曲度可分为正常弯、浅弯和平弯。正常弯是明显的半圆形弯曲，兔毛中多数绒毛具有正常弯曲，其制品光亮而富有弹性，织品薄，品质优良。毛根部弯曲数较多，越向毛梢则越少。浅弯和平弯的弯曲弧度大，粗毛多具有浅弯和平弯，每厘米只有 2～4 个。具有浅弯和平弯的毛纤维品质较差。

4）兔毛强度又称拉力，即用强力仪器将单根兔毛纤维拉至断裂所用的力，用 g 表示。兔毛中绒毛纤维的拉力一般为 2.8～3g，粗毛为 9.9～11g。

5）兔毛伸度又称断裂伸长率，即在外力作用下，将兔毛纤维拉至断裂时的长度与原伸直长度的比率。一般来说，直径大的兔毛纤维强度大，纤维越柔软，伸度越大。

6）兔毛弹性是指兔毛受外力作用时产生变形，当外力消失后恢复到原来的形状和大小的特性。恢复到原来形状的力称为回弹力。测定兔毛的弹性时，可用手握紧一束兔毛，随即松开，如果兔毛能恢复到原来的体积，则说明弹性好，否则说明弹性差。

7）兔毛毡合性是指兔毛纤维在一定温度、湿度和压力影响下，毛纤维形成毡合状态的特性。兔毛纤维的毡合性比较强，细毛含量越高，越容易发生毡合；经常抓捕的部位的毛纤维容易结毡，所以在日常饲养管理中应尽量少抓捕，以防影响兔毛品质。

8）兔毛吸湿性是指兔毛从空气中吸收和保持水分的能力。

9）兔毛可塑性是指兔毛能够在一定湿度、温度条件下被赋予一定形状的能力。

10）兔毛光泽和毛色。光泽和毛色是两个不同的概念，但二者关系密切，一般将二者统称为色泽。光泽是兔毛纤维对光线的一种反射性能；毛色则是指毛纤维的天然色彩。长毛兔主要以白色为主，但也有其他颜色的兔毛。白色又可分为洁白色、纯白色、次白色等，以洁白色为最优色泽。

3. 兔毛品质指标

1）长：毛丛的自然长度，而不是伸直长度。一般粗毛长于细毛，测定兔毛自然长度时不计粗毛长度，而以细毛长度为准。兔毛纤维越长，则毛纺价值越高。所以，收购兔毛时常按兔毛长度分级定价。

2）白：兔毛的颜色和光泽。我国规定收购的兔毛应为纯白色。纯白色在相互对比时，其色泽也有差异。例如，洁白光亮者为洁白色，属于最佳色泽；色白略带微黄、微红、微灰等色泽者为较白色；次于较白色者为次白色。

3）松：兔毛的自然松散度，不是人为加工后的蓬松。人为加工的蓬松毛，毛型混乱，毛纤维鳞片层已受损伤，经贮存、运输过程中的挤压、摩擦等作用易重新缠结。所以，收购的优质兔毛不准带有缠结毛。

4）净：兔毛含水量、含杂质情况。因为兔毛受潮容易霉烂变质，所以要求环境干燥。所含杂质要尽可能除净，对掺杂作假者（棉花、皮块、化纤、草屑、麻丝等），应一律拒收，严格处理。

#### 4. 兔毛质量鉴定方法

通常采用一看、二抖、三拉、四剔、五定的方法来鉴定兔毛质量。

1）一看主要指目测。观察兔毛品质指标（长、白、松、净）是否达到要求，毛型是否清晰（剪毛有明显剪口，拔毛呈束状型）、有无杂质或掺假。观察兔毛的色泽及松散度，目测主体毛符合的等级要求。

2）二抖主要指手感。用手抖松兔毛，检测兔毛是否干燥。掺水受潮的兔毛很难弹开，手摸时有潮湿、冷涩的感觉；检查有无缠结毛或其他残次毛，是否掺有白色粉状物（石粉或尿素等）。

3）三拉主要是拉松兔毛。确定缠结毛的缠结程度。略带缠结不呈毡状，容易撕开，撕开后不影响其品质；缠结毛虽呈毡状，但较轻微，稍用力即可撕开，对兔毛品质稍有影响；结块毛缠结严重，不易撕开，对兔毛品质有明显影响。

4）四剔主要是剔除杂质、异色毛、各种残次毛及不符合等级要求的缠结毛和不符合长度要求的跳档毛。

5）五定主要指通过上述方法，结合兔毛收购标准，合理确定等级。

#### 5. 兔毛分级

目前，我国商品兔毛的收购规格主要按长度和质量分级定价。凡符合国家收购规格的兔毛均为等级毛，不符合国家收购规格的则为次毛或等外毛。我国现行商品兔毛的收购标准一般可分为 5 个等级毛和 2 个等外毛。

1）优（特）级毛：要求色泽洁白，有光泽，毛型清晰，全松。毛长度为 3.8～4.3cm 或 4.3cm 以上，平均 4.05cm 以上；或者长度为 5.08～6.35cm 的兔毛约占总量的 20%，长度为 3.81cm 以上的兔毛占总量的 80%。严禁混入长度为 2.54cm 以下的短松毛、残次毛及含杂毛。

2）一级毛：要求色泽洁白，毛型较清晰，全松。毛长度为 3.1～3.8cm 或 3.8cm 以上，平均 3.35cm 以上；或者长度为 3.8cm 左右的主体毛应占总量的 60% 以上，长度为 2.54～3.8cm 的兔毛不超过总量的 40%。严禁混入短松毛、次松毛、异色毛和结块毛。

3）二级毛：要求色泽洁白，毛型略乱、较松。毛长度为 2.5～3.1cm 或 3.1cm 以上，平均 2.75cm 以上；或者长度为 3.1cm 以上的毛应占总量

的 20%以上，长度为 2.5～3.1cm 的主体毛占总量的 80%以下，长度为
2.54cm 以下的兔毛不超过总量的 10%。严禁混入黄梢毛、残次毛和结
块毛。

4）三级毛：要求色泽较白，毛型较乱、略松。毛长度为 1.5～2.5cm
或以上，平均 1.75cm 以上；或者长度为 2.5cm 以上的毛占总量的 40%，
长度为 1.5～2.5cm 的主体毛占总量的 60%左右。严禁带入黄梢毛、异色
毛、残次毛和结块毛。

5）四级毛：要求色泽较白，毛型凌乱、略松。毛长度为 1.3～2.5cm，
平均 1.75cm 以下；或者以拉松毛为主，长度为 2.5cm 以上和色泽较白的
全松毛占总量的 10%左右。严禁混入二刀毛、异色毛和残次毛。

6）等外一级：除上述标准毛和结块毛、污染毛外的兔毛，尚有一定
的利用价值。

7）等外二级：大部分是结块毛、污染毛，利用价值不高。

（二）兔毛初加工

兔毛易缠结、受潮、虫蛀，日晒之后又易变脆。因此，采集兔毛后，
需要采取防压、防潮、防晒、防蛀及防鼠、防尘等保管措施，以防止因保
管不当而影响商品兔毛质量。

1）防压。兔毛具有毡合性，在水湿、温热和压力的影响下，容易相
互缠结毡合。因此，剪毛或收购后的兔毛，如果没有及时外运或销售，则
应装入专用的木柜或纸箱，避免重压。数量较大的兔场或收购站，应由专
用仓库保管，不宜多次翻动或用力揉搓，以免缠结。为保持兔毛的光洁度，
最好用塑料布或油光纸衬垫内壁。

2）防潮。兔毛的吸湿能力很强，阴雨、潮湿季节要注意防潮。如果
兔毛吸湿返潮，则有利于微生物的生长繁殖，使兔毛变色、腐败甚至霉烂
变质。所以，多雨潮湿季节，在贮存兔毛的仓库墙角和地面应经常撒布石
灰等吸水剂，以降低室内的湿度。

3）防晒。兔毛长期处于日晒或高温条件下，其纤维中的角蛋白易氧
化分解产生氨和硫化氢，使兔毛变色、变脆、降低品质。所以，兔毛切忌
在阳光下曝晒，即使受潮或霉变，也只能晾晒 1～2h，然后在阴凉通风处
晾干。

4）防蛀。兔毛属于天然蛋白质纤维，易受虫害，特别是吸湿受潮之
后，容易发生虫蛀。所以，要定期检查，夏季一般 10～15d 检查 1 次，冬
季 30～40d 检查 1 次。为防止兔毛虫蛀，可放置适量樟脑丸或其他防虫剂。
防虫剂应用纱布袋装，放在木柜、纸箱的四角和中心，切忌将防虫剂与兔
毛直接混放接触。

此外，保管兔毛还应注意防鼠、防尘。尘土污染兔毛后很难除净，会
明显影响兔毛色泽，降低其品质。

**同步测试 7-1**

1. 在毛纺工业中价值较高的兔毛类型是（　　　）。

　　A. 细毛　　　　B. 粗毛　　　　C. 两型毛　　　D. 针毛

2. 在收购兔毛时一般要求测量（　　　）。

　　A. 伸直长度　　B. 自然长度　　C. 粗毛长度　　D. 绒毛长度

3. 在收购商品兔毛时主要根据（　　　）给兔毛分级定价。

　　A. 细度　　　　B. 弯曲度　　　C. 长度　　　　D. 色泽

4. 我国现行商品兔毛的收购标准中，一级毛要求的长度是（　　　）。

　　A. 3.8～4.3cm 或 4.3cm 以上　　B. 3.1～3.8cm 或 3.8cm 以上

　　C. 2.5～3.1cm 或 3.1cm 以上　　D. 1.5～2.5cm 或 2.5cm 以上

# 任务二　各类兔饲养管理

课件 7-2　各类
兔饲养管理

　　温州王家兔场年初存栏种公、母兔 30 只，仔兔约 50 只。至 2004年 9 月底，存栏兔 1500 只左右，兔子健康、长势良好。可 10 月后兔子每天死亡几只到几十只不等，根据以往经验怀疑兔子患上了球虫病，故每天在饲料中加抗球虫药（氯苯胍、克球粉），但效果甚微。12 月 20日找专家咨询、诊治，专家发现主人除饲喂青草外，还日喂精饲料两餐，自由饮水。精饲料是用 60%煮熟的番薯干、10%统糠、10%麦麸、20%切短的鲜番薯藤配成。专家建议调整精饲料配方，将煮熟的番薯干先停用，后降为 20%，增加草粉等粗饲料 20%、食盐 0.5%。3d 后兔子停止死亡。至 12 月底兔子死亡 1000 余只。你知道这是什么原因吗？本任务将介绍各类兔饲养管理相关知识。

## 一、家兔生物学特点

　　家兔由野生穴兔驯化而来，虽然经过长期自然选择和人工选择，但家兔仍然保留着其祖先的许多习性。了解这些特点，对于更好、更科学地饲养管理家兔有着重要的指导作用。

　　（一）家兔生活习性

　　1. 昼伏夜动

　　在自由采食条件下，兔夜间采食量占日采食量的 70%左右，饮水量占60%左右。因此，晚餐饲料要多喂一些，在夜间 10 时左右还要加喂 1 次，以促使兔更好地生长发育。

2. 胆小怕惊

兔子胆子小，对外界环境非常敏感。一旦听到异常声响，遇到陌生人员或动物，就会表现出惊慌不安、前肢离地、抬头竖耳静听、张皇失措、在笼内奔跑和乱撞，有时足拍笼底，发出响声，警示全场，停止采食和饮水，俗称"惊群现象"。听到响声精神紧张，坐立不安；若是怀孕母兔，严重惊骚会造成流产；若在分娩时受惊，则会引起难产，甚至出现吞食仔兔的现象。因此，在生产上要保持兔舍安静。

3. 怕热耐寒

兔被毛浓密，抗寒能力比较强，但因其汗腺不发达，舍温超过35℃时，则其体温会升高，心跳加快，呼吸频率增加。据测定，当外界气温从20℃升高到35℃时，兔的呼吸频率从每分钟42次骤增到282次，食欲减退，繁殖能力降低，易中暑或死亡。因此，在夏季要加强防暑工作。

4. 喜干厌湿

潮湿污浊的环境，有利于球虫、疥癣螨虫等各种病原微生物的传播滋生，这是兔发病的主要原因。兔在干燥的环境下，皮毛疏松，体质健壮、生长迅速。因此，要采取各种措施保持兔舍清洁干燥。

5. 嗅觉灵敏

若遇代哺情况，则应设法将仔兔气味与代哺母兔气味一致，以免母兔将仔兔叼出窝外造成饿死或冻死。

6. 群居性差

两只或两只以上兔相遇常会引起争斗，特别是4月龄以上的公兔更易发生争斗，一般很难平息，甚至咬伤或咬死。因此，留种公兔一定要分笼饲养，不能合群饲养。

7. 喜欢饮水

兔除从饲草中吸收水分外，还得经常饮用清洁水。按照兔的体重，每天应喂体重1/5量的清洁水，饮水不足，会影响兔的正常发育，严重时会造成其脱水甚至死亡。

8. 啮齿行为

兔爱啃笼子，如果饲喂过迟、饲料中粗纤维不足或硬度不够，啃笼现象就会更为严重。因此，饲喂要定时定量，饲料中应含有足够的粗饲料，同时应喂一些硬质的秸秆类粗饲料，以防兔乱啃乱咬。颗粒饲料可以有效防止兔的啃咬。

**即问即答 7-3：兔场能养狗吗？如果养狗，则容易出现什么问题？**

（二）家兔食性和消化特性

1. 家兔食性

（1）草食性

家兔作为单胃草食性动物，主要采食各种饲草、菜叶、树叶等，最喜欢吃黑麦草、三叶草、苜蓿草、菊苣草等多叶类饲草。家兔不喜食鱼粉、骨粉等动物性饲料，故在全价日粮配合中动物性饲料的比例不宜过大，一般应控制在 5% 以内，否则影响家兔食欲。家兔对饲料的采食具有选择性，喜食素、甜、香、脆、硬等食物，在谷类饲料中喜食燕麦、大麦、小麦等。

（2）食粪习性

家兔排出的粪便分为两种：一种是白天排出的硬粪球；另一种则是夜间、清晨排出的来自盲肠的软粪团，其外面包被特殊光泽的薄膜。这种软粪一经排出便被家兔从肛门接到嘴里吃掉，食粪姿势多呈坐立式，两前肢离地竖起，两后肢呈八字形，口对肛门，边排边吃经咀嚼后吞下。家兔不吃落到地板上的粪便。家兔的这种习性是正常的生理现象，终生保持，但发病时停止。硬粪与软粪在营养成分上有很大差别，软粪中所含的蛋白质大大高于硬粪，软粪含粗蛋白质 28%，硬粪含粗蛋白质 9% 左右。家兔食粪对营养物质的再消化吸收有着重要意义，使饲料多次通过消化道，从而得到充分的消化吸收。家兔食粪除可获取大量蛋白质外，还可得到大量 B 族维生素。

（3）采食和饮水

家兔食草料和颗粒料，有扒槽习性，常用前肢扒出草架或食槽，有的甚至将食槽掀翻。家兔对料型、料质等有明显的选择性，喜欢吃有甜味的饲料和多叶鲜嫩的青草，喜欢吃颗粒饲料而不喜欢吃粉料。家兔是夜行性动物，夜间采食量为全天的 70% 左右，通常晚餐要多喂。在采食干饲料后饮水，青饲料供应充足时，饮水量较小，采食干料量随之下降。哺乳母兔、吃奶仔兔和生长兔在供水不足或青饲料不足的情况下，明显影响泌乳和生长发育，在环境温度较高的情况下更是如此。

**即问即答 7-4：哺乳仔兔有食粪性吗？它们什么时候开始出现食粪性？**

2. 家兔消化特性

（1）家兔消化器官发达，消化力强

家兔的消化道长达 500cm 左右，为体长的 10 倍以上，有较大容积。家兔口腔内有 4 对唾液腺，分别经导管入口腔，进行湿润、咀嚼和吞咽食物，使食物在口腔中进行初步消化。兔为单室胃，容积较大，为消化道容积的 30% 左右。家兔的盲肠较为发达，长 50cm 左右，容积为消化道总容积的 40%左右。盲肠在消化过程中,尤其是对粗纤维的消化起着重要作用。盲肠中存在大量微生物,能够发酵粗纤维,将其分解为挥发性脂肪酸,在盲肠和近侧结肠中被吸收。

（2）家兔粗纤维消化能力强

兔是草食动物,对粗纤维具有较强的消化能力,兔对粗纤维的消化率为 14%左右,兔对粗纤维的消化主要在盲肠中进行。粗纤维对兔的消化过程起着重要作用,有助于形成硬粪,在正常消化运转过程中起着一种物理作用。粗纤维在兔日粮中应占有一定比例。当饲料中缺乏粗纤维（低于5%）时,胃内容物通过消化道时间为正常的 2 倍,营养物质消化率降低,引起兔消化机能紊乱、采食量下降、腹泻,死亡率升高。如果粗纤维含量过高,则日粮中所有成分的消化率都下降。日粮中粗纤维适宜比例,一般哺乳仔兔为 10%~12%,幼年兔为 12%~14%,青、成年兔为 14%~16%。

（3）家兔能耐受日粮中的高钙比例

对日粮中的钙磷比例,家兔不像其他畜、禽要求那么严格（2∶1）,即使比例高达 12∶1,也能保持骨骼灰分的正常。如果日粮中钙含量升高,则血钙随之升高,尿钙也升高,可排出过量的钙。日粮中磷含量不宜过高,否则会影响适口性,降低采食量。据报道,家兔日粮中维生素 $D_3$ 的含量应低于 3250IU,否则将会引起家兔肾、心、血管、胃壁的钙化,影响生长和发育健康。

（三）家兔繁殖特性

1. 家兔繁殖规律

家兔属诱导排卵动物,母兔在公兔爬跨交配或注射性激素刺激后10~12h 后排出卵子,每次排卵 18~20 个,卵子在子宫内一般可存活 8~10h,受精能力最强的时间在排卵后 2~3h。一般家兔的初配年龄:大型兔为 7~8 月龄,体重达 4~5kg;中型兔为 5~6 月龄,体重达 2.5~3kg;小型兔为 4~5 月龄,体重达 1.5~2kg。过早交配受孕,不但影响家兔本身发育,而且产下来的仔兔体形小,母兔泌乳量少,仔兔成活率低。所以要防止过早配种。在生产中可用体重来确定初配时间,即达到该品种成年体重的 80%左右时开始初配。

2. 家兔繁殖特点

（1）繁殖力强

家兔性成熟早、妊娠期短、世代间隔短、一年四季均可繁殖、窝产仔数多,这些特点优于其他哺乳动物。如中型兔,仔兔出生后 5~6 个月就可配种,妊娠期 1 个月（29~31d）,一年可繁殖两代。在集约化饲养条件下,每只繁殖母兔可年产 6~9 窝,每窝可产 6~9 只,多者可产 17 只,一年内可育成 45~60 只仔兔。

（2）刺激性排卵

家兔在达到性成熟后，虽然每隔一定时间出现发情症状，但不排卵，只有在经过公兔的交配爬跨或注射性激素的刺激后，才能发生排卵。排出的卵子保持受精能力的时间为 6～10h，而以排出后 2～3h 受精力最高。如果没有交配或激素刺激，家兔卵巢上的成熟卵泡经 10～16d 后闭锁，新的卵子又开始发育成熟。在生产中利用这个特性对母兔进行人工强制配种也可使其怀孕。

（3）发情周期规律性不明显

母兔发情周期规律性不明显。血液中雌激素水平变化周期为 4～6d，阴道黏膜角化细胞数量和比例变化周期为 15d，体温变化周期为 6～11d，性行为变化周期为 6～15d。家兔的这个特点与其刺激性排卵有关，没有诱导刺激，卵巢内成熟的卵子不能排出，当然也不能形成黄体，所以对新卵泡发育不会产生抑制作用。在正常情况下，母兔的卵巢内经常有许多处于不同发育阶段的卵泡，在前一发育阶段的卵泡尚未完全退化时，后一发育阶段的卵泡接着发育，而在前后两批卵泡的交替发育中，体内的雌激素水平有高有低，因此母兔的发情症状就不明显。所以母兔不表现发情症状时期，与自发排卵家畜的休情期完全不同，没有发情症状的母兔，其卵巢内仍有处于发育过程中的卵泡。此时若进行强制性配种，则母兔仍有受胎可能。

（4）胚胎在附植前后的损失率高

研究表明，胚胎在附植前后的损失率为 29.7%，其中附植前损失率为 11.4%，附植后损失率为 18.3%。对附植后胚胎损失率影响最大的因素是肥胖、高温、惊群应激、过度消瘦、疾病等。

（5）家兔假妊娠比例高

母兔排卵而未受精，形成黄体开始分泌孕酮，刺激生殖系统的其他部分，使乳腺激活、子宫增大，似妊娠但没有胎儿，此种现象被称为假妊娠。在此期间，母兔拒绝配种，到假妊娠末期，母兔表现出临产行为，衔草做窝，拉毛营巢，乳腺发育并分泌少量奶汁。产生假妊娠主要是公兔无效交配（不射精）或母兔相互爬跨而引起的。管理不好的兔群假妊娠比率高达 30%。假妊娠持续期为 16～18d，在生产中常用公兔复配的方法治疗母兔假妊娠。

（6）家兔是双子宫动物

家兔的两个子宫完全分离，共同开口于阴道。因此，不会发生像其他家畜那样，受精卵由一个子宫角向另一个子宫角移动的情况。

（7）家兔的卵子大

家兔卵子的直径为 160μm，是目前已知哺乳动物中最大的卵子。同时，发育最快，在卵裂阶段最容易在体内培养卵子，有利于卵移。因此，家兔是很好的实验材料，被广泛用于发育生物学、遗传学、繁殖学等学科的研究。

（8）家兔可"血配"

血配是家兔特有的特性，即在产后1～3d内配种，具有较高的受胎率。在商品兔生产中有时会采用血配。

（9）家兔有4对皮脂腺与生殖关系密切

家兔有白色鼠蹊腺、褐色鼠蹊腺、浅颌下腺和直肠腺4对皮脂腺，其分泌物都具有特殊的臭味。皮脂腺对家兔标记道路、兔间识别、母仔识别具有十分重要的意义，与繁殖密切相关。

（10）公兔夏季不育

公兔配种能力受环境因素影响很大，特别是夏季高温季节热应激严重，造成公兔性欲低、精液量少、精液品质差，从而不易配种。

**即问即答7-5：**给没有发情的母兔进行强制配种能受孕吗？

（四）家兔生理与生长发育特点

1. 家兔生理特点

（1）主要生理指标

家兔是恒温哺乳动物，正常体温为38.5～39.5℃；呼吸频率平均每分钟为46次；心率平均每分钟为205（123～304）次。

（2）呼吸和体温调节

家兔被毛浓密，缺乏汗腺，体温调节机能也不完善，所以，出汗散热和皮肤散热能力不如其他家畜。家兔散热主要通过呼吸和排泄。当外界温度升高时，家兔通过增加呼吸次数呼出气体蒸发水分，以达到散热的目的。家兔胸腔较小，肺不发达，依赖增加呼吸次数散热是有一定限度的。因此，长期高温环境对家兔有不良影响。环境温度超过32℃，可引起家兔食欲下降、消化不良、繁殖力降低。高温季节供给家兔充足的饮水，促进排泄，可加强体热的散发。家兔适宜环境温度因年龄而异，初生仔兔窝内温度为30～32℃，成年兔窝内温度为15～25℃。

2. 家兔生长发育特点

（1）出生至30日龄生长发育特点

仔兔出生时全身裸露，眼睛紧闭，耳闭塞无孔，趾间相互连接在一起，不能自由活动。3～4日龄开始长绒毛，15日龄毛被光亮；4～8日龄脚趾分开；6～8日龄耳朵根出现小孔与外界相通；10～12日龄眼睛睁开，出巢活动并随母兔试吃饲料；21日龄左右即可正常吃料；30日龄被毛基本形成。

（2）总体生长发育规律

家兔生长发育迅速，仔兔初生重为40～60g，1周龄体重可增加1倍左右，1月龄体重相当于初生重的10倍，初生至3月龄体重增加几乎呈直线上升，3月龄后增重相对缓慢。不同品种、不同性别的幼年兔，其生长速度有差异。8周龄前的公、母兔增重差异并不明显，但8周龄后增重差异明显。家兔性成熟较早，小型品种 3～4 月龄，中型品种 4～5 月龄，大型品种 5～6 月龄。体成熟比性成熟推迟 1 个月以上。

（五）家兔换毛特性

由于季节、年龄、营养和疾病等因素，兔毛会发生脱落，并在原处长出新毛，这个过程被称为换毛。换毛顺序一般先从颈部开始，接着是前躯和背部，再延伸到体侧、腹部及臀部。换毛可分为年龄性换毛、季节性换毛和病理性换毛 3 类。

1. 年龄性换毛

年龄性换毛是指幼兔生长发育到一定时期开始更换被毛。仔兔初生时裸体无毛，出生后 4d 开始长毛。正常发育的仔兔到 30 日龄左右毛全部长齐，长齐后开始退换。家兔一生中有两次年龄性换毛期，第一次为 60～100 日龄，第二次为 130～180 日龄。家兔的这种年龄性换毛对确定何时屠宰，对兔皮被毛品质和经济效益影响明显。要避免和禁止在换毛期屠宰取皮。

2. 季节性换毛

季节性换毛是指成年家兔在春、秋两季的换毛。每年 3～4 月，天气逐渐变暖，青绿饲料充足，毛囊代谢机能旺盛，机体产热机能旺盛，兔须脱去"冬装"换上"夏装"，以适应环境变化，即春季换毛。此次换毛生长较快，换毛时间较短，换上的被毛绒毛较少、枪毛较多、被毛密度较小。9～10 月，此时正处在饲料更换期，天气逐渐变冷，毛囊代谢机能相对减弱，机体产热机能下降，兔又须脱去"夏装"换上"冬装"，以适应环境变化，即秋季换毛。此次被毛生长缓慢，换毛时间较长，换上的被毛绒毛多、枪毛少、被毛密度大。

家兔换毛期长短还受品种、营养和疾病等因素影响。身体健壮、营养水平高，则换毛期短，反之则长。一般正常换毛期为 30～45d。

家兔换毛时先由头部的鼻端开始，躯体部则从脊背处以长条形开始，以后以长波纹层层向外扩展。家兔换毛是复杂的新陈代谢过程，换毛期间应增加营养，供应充足的全价日粮。换毛对繁殖也有负面影响，换毛时公兔的性欲下降、配种能力降低，母兔的受孕率降低等。因此，换毛期应加强饲养管理，提供充足的营养物质，尤其是丰富的蛋白质饲料和优质的青绿饲料，使家兔被毛在较短时间内换齐。

3. 病理性换毛

病理性换毛是指家兔患病，长期营养不良或螨虫、真菌引起的全身或局部脱毛现象。

同步测试 7-2

1. 下列特性属于家兔特有的是（　　　）。
   A. 草食性　　　B. 食粪性　　　C. 爱清洁　　　D. 反刍性
2. 家兔配种繁殖最差的季节是（　　　）。
   A. 春季　　　　B. 夏季　　　　C. 秋季　　　　D. 冬季
3. 下列饲料中，家兔最不喜欢采食的是（　　　）。
   A. 多叶类草料　　　　　　　　B. 颗粒饲料
   C. 动物性饲料　　　　　　　　D. 谷物饲料
4. 具有刺激性排卵特性的家畜是（　　　）。
   A. 牛　　　　　B. 羊　　　　　C. 马　　　　　D. 兔
5. 家兔散热的主要途径是（　　　）。
   A. 呼吸散热　　B. 排泄散热　　C. 出汗散热　　D. 皮肤散热

## 二、家兔饲养管理一般原则

### （一）饲养原则

#### 1. 以青、粗饲料为主，以精饲料为辅

家兔胃肠发达，小肠和大肠的总长度为体长的 10 倍。盲肠特别发达，相当于一个大的发酵袋，繁殖着大量的微生物，能有效地利用饲料中的营养物质。因此，家兔对粗纤维的消化能力极强。在家兔饲料中，青、粗饲料应占全部日粮的 60%～80%，粗纤维含量达 10%～14%，混合精饲料占日粮的 20%～30%。若粗纤维含量过低，精饲料过多，就会导致消化机能紊乱、生长缓慢、毛皮品质降低、产毛量下降，进而引起消化道疾病，甚至死亡。

#### 2. 合理搭配，忌喂单一饲料

为满足家兔对能量、蛋白质、脂肪、矿物质和各种维生素的需要，应特别强调饲料的合理搭配，忌喂单一饲料。饲料多样化，可相互取长补短，合理搭配，营养全面。例如，禾本科籽实及副产品中赖氨酸、色氨酸含量较低，豆科籽实及副产品中赖氨酸、色氨酸含量较高。采用多种饲料搭配使用，不但有助于营养物质互补余缺、平衡营养，而且可提高营养物质的吸收和利用率。

#### 3. 定时定量，先草后料

家兔喂料方法有 3 种：第一种为自由采食，即食槽中经常备有饲草和饲料，任其自由采食；第二种为分次饲喂，即每天定时定量分次喂给，使家兔习惯在短时间内采食投给的饲料，每天饲喂次数，一般成年兔为 2～4 次，青年兔为 4～5 次，仔、幼兔为 5～8 次；第三种为混合法，即基础饲料（青绿饲料、多汁饲料及粗饲料）采取自由采食方式，补充饲料（精

饲料或颗粒饲料）采用分次喂给。

饲喂时间及次数应随季节及家兔生理特点变化而调整。家兔发育较差、体质较弱时，应增加饲喂次数和数量；体质过肥时，应适当减少喂量或降低饲料质量，尤其是种兔。冬季应多喂或提高日粮能量水平；夏季适量少喂，但应保证蛋白质的质和量，多喂青绿多汁饲料，早晚增加饲喂量。

兔子采食青饲料数量为自身体重的 20%～30%。体重 4～4.5kg 的成年兔，每天应供给青饲料 500～750g、精饲料 100～200g。

### 4. 饲料调制，注意质量

为了提高饲料的适口性和消化率，各种饲料在饲喂前必须进行适当的加工调制，做到"四不喂"，即不喂露水草、不喂变质料、不喂霜冻料、不喂有毒料。青草和蔬菜类饲料应先剔除发黄变质、受污染的饲料，夹杂泥砂的饲料清洗、晾干后饲喂。不从污染水域取用水生饲料，不用霉烂、变质的水生饲料。水生饲料应洗净、晾干、降水后再喂。含水量高的青绿饲料应与干草搭配饲喂。块根饲料应经挑选、洗净、切碎，最好刨丝后与精饲料混合喂给。谷物饲料或油饼类饲料均须磨碎或压扁，最好与干草粉混合制成颗粒饲料喂给。粗饲料应先清除尘土和霉变部分，粉碎后与精饲料混合制成颗粒饲料饲喂。

### 5. 精心饲养，添喂夜草

家兔是夜行性动物，夜间采食量占总日粮的 70%左右。在自由采食情况下，家兔每昼夜采食 25～30 次，每次持续 5～10min。根据采食习性，一般在出现光照后 2h 食量降低到最低水平，在黑夜来临前 1h 采食量明显提高，整个夜间都保持着较高的水平。因此，晚上 9 时前后加喂 1 次草、料对家兔的健康和生长有好处。

### （二）管理原则

### 1. 注意饮水，保证健康

水是维持整个机体正常生理功能最重要的物质。兔子缺水，不仅会影响食物消化和正常的生长发育、生产性能，还会导致多种疾病。例如，夏季缺水易发生中暑；分娩时缺水会残食仔兔；泌乳期缺水会减少乳汁分泌，影响仔兔成活和生长。饮水量应根据季节、饲料及兔子的生理状态而定。夏季天热应多供水，除早晚各供 1 次外，中午还应加供 1 次。有条件者最好安装自动饮水器，让兔子自由饮水。饮用水必须无毒、清洁、卫生，以自来水或井水为好。

### 2. 保持安静，防止骚扰

兔子胆小怕惊，一旦受惊，就会引起精神不安、食欲减退，甚至死亡。

据试验，饲养在安静兔舍中的 3～4 月龄幼兔，每月增重均在 0.5kg 以上，而饲养在受到骚扰兔舍中的同龄幼兔，则增重很少，甚至没有增重。为保持安静，防止骚扰，兔场应尽可能建造在离交通干线 200m、离一般道路 100m 以外比较僻静的地方。非舍内管理人员严禁进入兔舍，谢绝参观。严防狗、猫、鼠、蛇等动物入舍骚扰。

### 3. 合理分群（笼），便于管理

为方便兔的生长发育和配种繁殖，便于管理，按兔的品种、年龄、性别、大小、强弱和健康状况等进行合理分群。在生产中可分成公兔群、母兔群、青年兔群、幼兔群等，每群以 15～20 只为宜。种公兔、妊娠母兔、哺乳母兔不宜群养，应单笼饲养。3 个月龄上的幼兔和留作种用的青年兔，应由群养转为笼养；一贯笼养的由每笼 2～4 只改为 1 只。合理的分群管理，是保证家兔健康生长发育的重要措施之一。

### 4. 防暑防潮，保持干燥

家兔喜欢干燥、通风的环境，忌怕潮湿。梅雨潮湿，是养兔生产的危险时期，发病率、死亡率高，尤其是仔兔和幼兔。为保证兔舍防潮、干燥，应选择地势高燥、通风良好、地下水位低、排水性能良好的地方建兔舍。阴雨季节应备足生石灰，每隔数天在舍内撒 1 次，以利防潮、杀菌消毒。兔子汗腺不发达，被毛厚密，散热困难，炎热季节容易中暑。因此，兔舍在做好防潮的同时，还必须做好兔舍防暑降温工作。

### 5. 适当运动，增强体质

适当运动能促进家兔新陈代谢、增进食欲、提高抗病能力，减少母兔空怀和死胎，提高产仔数和仔兔成活率，尤其是笼养兔因活动面积小，容易引起运动不足，更应加强运动。一般笼养兔可在兔舍周围设几个面积为 15～20m$^2$ 的砂质或水泥场地，四周围以 1m 高的围栏，每周定期放出运动 1～2 次，每次任其自由活动 3～4h。放出运动时，公、母兔必须分群，以免混交滥配，对于殴斗的兔子应及时捉出，以防致伤。运动结束后应按原号归笼，不要放错笼位。

### 6. 注意观察，及早发现疾病

家兔与其他家畜相比，抗病能力较弱，霉变饲料、各种应激（惊吓、追捕、转群、饲料、温度等）都可能引发疾病。因此，应加强对兔群的观察，每天早、晚各检查 1 次，观察兔子的食欲强弱、精神好坏、粪便形状等。以便及时发现问题，做到无病早防、有病早治。

健康兔的粪便为椭圆形，大小如花生粒，内含纤维，表面光滑。如果粪便湿烂，呈堆状或长条形，则多为伤食所致；如果粪便稀薄如糊，湿沾在肛门周围，则为腹泻所致；如果粪便稀烂成堆，带有透明胶冻状黏液，则可能患有大肠杆菌、沙门氏杆菌病；如果粪便稀烂如水，呈黑煤焦油状或混有血液，气味恶臭，则可能患有魏氏梭菌病；如果粪便呈三角形，互联成串，粪球内有兔毛，则可能患有毛球病；如果粪便稀烂，带有血液，则有可能患有球虫病；如果粪便干硬细小、大小不匀，多为缺水或患有某些热性病（巴氏杆菌病、高热、感冒等）。

即问即答 7-6：在家兔生产中，为什么每天晚上要添喂 1 次夜草？

### 三、不同生产类型兔饲养管理

视频 7-1　种公兔饲养管理

（一）种公兔饲养管理

饲养种公兔的目的是用于配种。对种公兔的要求是品种纯、生长发育良好、体质结实，常年保持中等偏上肥度；性欲旺盛，精液品质优良。规模兔场，一般每只公兔固定与 8~10 只母兔交配。若采用人工授精，则每只公兔负责的母兔数量更多。因此，公兔品质好坏及饲养管理水平高低对后代兔质量影响极大，俗话说："母兔好，好一窝；公兔好，好一坡。"加强种公兔饲养管理直接关系到兔场的生存和发展。

1. 严格选留公兔

断奶时进行第一次选择，选择体形外貌纯正、生长最快的个体。3 月龄时进行第二次选择，将发育良好、体质健壮、符合品种要求的个体留下，其余的公兔去势育肥。6~7 月龄达到性成熟后进行第三次选择，此时应比前两次选择更严格，除上述两次的要求外，着重选择性欲强、精液品质优良的公兔，数量要多留 15% 左右。淘汰不符合品种要求、交配能力差、精液量少质差、有残疾的个体。一般兔场青年、壮年、老年公兔的比例为 3：6：1。

2. 单笼饲养，防止早配

公兔好斗性强，群居性差，多只公兔混养时常出现咬斗。因此，后备公兔和种用公兔应单笼饲养。兔在 3~4 月龄达到性成熟，为了避免早配，3 月龄时就应将公、母兔分开，单笼饲养。

3. 加强饲养，保证良好的种用体况

为了保证精液品质优良，应供给公兔足够的蛋白质、能量、矿物质和维生素。配种期间，在饲料中增加大豆、豆饼、鱼粉、麸皮、胡萝卜等含蛋白质和维生素较高的饲料。

4. 加强运动，增强体质

为了保证种公兔有一个强健的体魄，有条件的兔场每周让公兔到运动场运动两次，一是可以接受阳光照射，起到消毒杀菌作用；二是促进钙、磷吸收和血液循环，保障骨骼和肌肉的正常发育，增强配种能力。

5. 建立合理的配种制度

合理使用种公兔，可延长使用年限，提高繁殖率。一般健康种公兔 7 月龄可参加配种，每天一般配种 1 次，连续配种 2d 后休息 1d。配种时应按选配计划进行，做好配种记录，防止近亲交配。

（二）种母兔饲养管理

种母兔是兔场的生产基础，饲养管理的好坏直接影响受胎率、产仔数、仔兔成活率。根据母兔生理状况，可分为空怀期、妊娠期和哺乳期。

1. 空怀期饲养管理

仔兔离乳至下次怀孕前这段时间内的母兔为空怀母兔，大多因哺乳期体力消耗而较瘦弱。此期的主要任务是促使母兔尽快恢复体力，保持中等肥度，尽早恢复发情。

空怀母兔所需营养较全面，尤其是维生素和微量元素供给量要充足，严格控制采食量，防止过肥或过瘦而影响发情配种，保持良好的种用体况。对于体质较差的母兔，应保证青绿多汁饲料的同时适当补充精饲料，日加精饲料 50～100g；对于体况较好的母兔，增加运动，增加青、粗饲料供给，使其保持中等肥度。对于长期不发情的母兔，除了改善饲养管理条件，还应实施人工催情。

空怀母兔可单笼饲养，也可群养，但应每日观察其发情情况，掌握好发情征候，做到适时配种。

即问即答 7-7：既然家兔没发情也可以配上种，为什么在养殖生产上还须尽量让母兔发情呢？

2. 妊娠期饲养管理

妊娠期是指配种怀胎至分娩这段时间。通常怀孕期为 29～32d，平均为 30d。饲养管理的好坏直接影响产仔数、胎儿大小和母兔分娩后的泌乳量。重点是加强营养，科学管理，防止流产和做好产前准备。

视频 7-2　妊娠母兔饲养管理

妊娠母兔除满足自身营养需要外，还要保证胎儿发育，并为产后哺乳做营养储备，故须加强营养。妊娠前期（15d）胎儿发育缓慢，对营养物质没有特殊要求，一般按空怀母兔营养标准即可，但要注意饲料质量和营养平衡。怀孕后期应逐渐增加营养，从妊娠 19d 到分娩这段时间，胎儿处于快速生长发育阶段，增重加快，需要营养增多，精饲料喂量应增加到空怀期的 1.5 倍，同时要特别注意蛋白质、矿物质的平衡供给。28d 后的母兔食欲不振，应喂以适口性好、易消化、营养价值高、青绿多汁的饲料，以避免绝食，防止酮血症发生。

妊娠期的管理重点是保胎，防止流产。母兔怀孕 15～20d 内最容易发生流产或死胎，主要原因是受惊、捕捉或不正确的摸胎挤压、突然改变饲料或误食饲料和发生疾病等。因此，妊娠期应将母兔单笼饲养，保持环境安静，避免其他兽害侵入，禁止在兔舍附近大声喧哗，不轻易捕捉母兔。摸胎时动作要轻柔，不可粗暴。保证营养全面平衡，搞好卫生消毒，防止疾病发生。兔笼舍要保持干燥；夏季饮清凉井水或自来水，搞好防暑降温；冬季最好饮温水，以防水温过低引起流产。

母兔怀孕 15～20d 后逐渐增喂精饲料，临产前 3～5d 应减少精饲料而多喂鲜嫩的青绿饲料，以防便秘和乳房炎的发生。产前 3d 应将消毒过的产仔箱放入母兔笼内，箱内放足柔软的稻草和旧棉絮、衣等垫料。母兔分娩多在黎明，一般产仔很顺利，每 2～3min 产 1 只，15～30min 产完。分娩时一定要保持兔舍安静，突然惊吓会使母兔残食仔兔或延长产仔时间。产后要及时供给温淡盐水或稀米汤，以利下奶和防止食仔。产后取出产仔箱，清点仔兔，称初生窝重，并做好记录。清除污湿的草、毛、死胎等，重新做窝。产后母兔体力大量消耗，应保持环境安静，闭光静养，促进其恢复体力。

### 3. 哺乳期饲养管理

视频 7-3　哺乳母兔饲养管理

哺乳期是指自母兔分娩到仔兔断奶的时间，一般为 28～42d。此阶段饲养管理的重点是确保母兔健康，提高泌乳量，保证仔兔正常生长发育、少发病、增重快、成活率高。

母兔为了维持自身的生命活动和分泌乳汁，每天都要消耗大量的营养物质。除应供给新鲜优质的青绿饲料外，还应增加全价精饲料喂量。母兔分娩后 1～3d，乳汁较少，消化机能尚未完全恢复，食欲不振，体质虚弱，这时饲喂量不宜太多，以青饲料为主，日喂易消化的精饲料 50～75g，3～5d 后过渡到自由采食，达到哺乳母兔的饲养标准。

21 日龄前仔兔哺乳最好早晚各 1 次，每天定时只喂 1 次奶也可。仔兔吃饱安睡，腹部可见一个如乒乓球大小的乳白色乳块，皮肤光亮红润。未吃足奶的仔兔腹部空瘪，腹部乳块很小或未见，乱爬乱抓或发出"吱吱"的叫声，这时就要检查母兔是否无奶。有的初产母兔有奶不会喂，就要人工辅助哺乳。如果发现乳房有硬块红肿，是乳房炎的症状，要及时治疗。无奶或少奶可用豆浆、米汤或红糖水、鲜蒲公英、催乳片等喂母兔催奶。

**即问即答 7-8**：母兔具有食仔行为，在生产上如何减少或避免食仔现象发生？

### （三）仔兔饲养管理

### 1. 仔兔生理特点

从出生到断奶这段时期的小兔称为仔兔，具有以下特点。

（1）体温调节能力差

仔兔出生时全身无毛，保温能力差，体温调节能力不健全，受外界温度变化影响大。一般 4d 长出绒毛，10d 后才能保持体温恒定，其最适环境温度为 30~32℃。

（2）视觉和听觉发育不完善

仔兔 7d 前封耳，不能听到外面的动静。12d 前闭眼，不能看到外面的世界，除了吃就是睡，缺乏防御能力。

（3）适应性差、抵抗力弱

仔兔适应性较差，抵抗各种不良环境和疾病的能力弱，一旦发病，难以控制，导致成活率降低。所以应特别注意仔兔饲养管理，防止仔兔感染各种疾病。

（4）生长发育快

仔兔初生重一般为 40~65g，在正常情况下，7 日龄可达 130~150g，30 日龄达 500~700g。仔兔增重快的原因，一是兔奶的营养平衡，干物质含量高，仔兔吃的奶全被消化吸收；二是因其消化道较长，乳汁在其中停留的时间较长，营养物质得到充分的消化吸收。研究表明，仔兔在不食任何饲料的情况下，每食 2g 兔奶可增重 1g，故母兔的泌乳量指标可用 21 日龄仔兔总活重乘以 2 来估测。

2. 不同阶段仔兔饲养管理

仔兔期的工作重点是提高成活率和断奶体重，这是家兔一生中最难养的阶段。仔兔期依其生长发育特点可分为睡眠期和开眼期两个阶段。

（1）睡眠期

仔兔出生后至开眼前这段时间称为睡眠期。这个时期饲养管理的重点如下。

1）早吃奶、吃足奶。初乳中有许多免疫抗体，能保护仔兔免受多种疾病的侵袭。睡眠期仔兔只要能早吃奶、吃足奶就能睡好，就能正常生长发育。

2）精心管理。初生仔兔全身无毛，产后 4~5d 才开始长出细毛，这个时期的仔兔对外界环境适应能力差、抵抗力弱，因此，冬季要防冻，夏秋炎热季节要降温防蚊，平时要防兽害。认真做好清洁卫生，稍一疏忽就会使仔兔感染疾病。

视频 7-4　仔兔饲养管理

（2）开眼期

仔兔出生后 12d 左右开眼，从开眼到离乳这一段时间称为开眼期。此期仔兔体重日渐增加，母兔的乳汁已不能满足仔兔需要，仔兔常紧追母兔吸吮乳汁，所以开眼期又称追乳期。这段时期的饲养重点应放在仔兔的补料和断奶上。

1）抓好仔兔的补料。肉用兔、皮用兔 16~18 日龄、毛用兔 18~20 日龄就开始出现吃料意向。这时可给少量易消化而富有营养的饲料、嫩青草或豆浆、乳粉等，后可适量饲喂仔兔饲料。在仔兔饲料中应添加健胃助消化、防腹泻和抗球虫的药物，防止仔兔发生疾病。在喂料时要少喂多餐，逐渐增加，一般每天喂给 5～8 次。这个阶段要特别注意缓慢转变的原则，使仔兔逐步适应，这样才能获得良好的效果。

2）抓好仔兔的断奶。断奶是仔兔饲养的又一关键步骤，一般以 28～45 日龄为宜，可根据具体情况进行调整。低水平条件下断奶时间为 35～45 日龄，良好条件下断奶时间为 28～35 日龄。研究表明，仔兔按体重标准断奶效果较好。皮用兔、肉用兔体重达 500～700g 以上、毛用兔体重达 600～800g 以上时断奶成活率较高。过早断奶，仔兔的肠胃等消化系统还没有充分发育成熟，对饲料的消化能力差，生长发育会受影响。断奶越早，仔兔死亡率越高。但断奶过迟，仔兔长时间依赖母乳营养，消化道中各种消化酶形成缓慢，也会引起仔兔生长缓慢，对母兔健康和下一周期的繁殖不利。

断奶方法有一次性断奶和分批断奶。若全窝仔兔健壮，发育均匀，则可一次性断奶，即一日内将仔兔与母兔分开饲养，被分开的母兔少喂青绿多汁饲料和水，以减少乳汁的生成，防止乳房炎的发生。若全窝仔兔强弱悬殊，发育不整齐，则可采用分批断奶法，即将体重大而强壮的仔兔先断奶，弱小的仔兔继续留下哺乳，过几天后再断奶。

**想一想 7-1：**仔兔饲养管理不当容易死亡，特别是睡眠期，那么在生产上最容易造成仔兔死亡的原因有哪些？

## （四）幼兔饲养管理

### 1. 幼兔生理特点

幼兔是指断奶后到 3 月龄的小兔。该时期的幼兔刚刚断奶，从哺乳过渡到完全采食饲料，处于第一次年龄性换毛和长肌肉、骨骼阶段。幼兔期是兔子一生中比较难养的时期，如果饲养管理不当，不仅会降低成活率和生长速度，还会影响兔群品质的提高和良种特性的体现。幼兔胃内存在抗生物质，消化道中不能形成正常的微生物区系，这是幼兔易引起消化机能紊乱和腹泻的主要原因。幼兔期是生长速度较快的时期，需要大量营养物质，只有采食大量饲料才能满足需要。但是，幼兔的消化器官还不适应消化大量饲料，尤其对粗纤维的消化率很低，容易出现营养缺乏。吃食过多又会引起伤食，出现消化机能障碍和疾病。

### 2. 幼兔饲养

幼兔应选择体积小、易消化、营养水平高的饲料。如果饲喂不当、营养缺乏或吃食过多、胃肠负担过重，则会引起消化不良、腹泻等疾病。一般以每天喂 3 次精饲料、3 次青饲料为宜。喂量应随年龄增长而增加，不宜突然增减或改变饲料。对体弱幼兔可补喂适量的牛奶、奶粉、豆浆、米汤、浸胀熟黄豆等。

### 3. 幼兔管理

幼兔必须饲养在温暖、清洁、干燥的地方。应按日龄大小、体质强弱将幼兔分成小群，每群 15～20 只，或者每笼养 2～4 只。幼兔应定期称重，一般 0.5 个月称重 1 次，及时掌握兔群发育情况。如果增重缓慢，则应单独饲喂，增加营养，加强管理。

**想一想 7-2**：为什么幼兔容易发生消化机能紊乱和腹泻？

### （五）青年兔饲养管理

青年兔是指 3 月龄到初次配种这一时期的兔，又称育成兔，留种用的青年兔又称后备兔。

#### 1. 青年兔生理特点

青年兔经过幼兔期的饲养和锻炼，体质较健壮，抗病力较强，消化系统和机能已发育完备，食量大，对粗纤维的消化利用率高，肌肉和骨骼生长、发育快，死亡率低。为青年兔创造良好的饲养管理环境，不仅可以提高产肉性能和产毛量，还可以培育出优良的后备种兔。

#### 2. 青年兔饲养

青年兔生长发育快，体内代谢旺盛，需要充分供给蛋白质、无机盐和维生素。饲料应以青、粗饲料为主，适当补给精饲料。5 月龄以后须控制精饲料用量，以防过肥，影响种用。

#### 3. 青年兔管理

为了防止青年兔的早配、乱配，从 3 月龄开始就必须将公、母兔分开饲养。对 4 月龄以上的青年兔进行 1 次选择，把生长发育优良、健康无病、符合种兔要求的留作种用，最好单笼饲养。不作种用的公兔要及时去势。搞好预防接种，注意清洁卫生，防止发生传染病。

### （六）育肥兔饲养管理

不作种用的兔，转为商品兔进行育肥，使其快速生长、早日达到商品兔标准、早日出售，生产出高质量的兔肉、兔皮、兔毛。家兔育肥饲养管理要把好五大关。

1）以精饲料为主，以青饲料为辅。家兔在骨架生长发育完成以后，在育肥过程中所增加的体重主要是肌肉和脂肪。育肥期应以全价精饲料为主，特别是应选择含糖类多的饲料，如红薯、马铃薯、山芋、萝卜等，同时要补给适量的青绿饲料，以降低饲料成本。

2）限制运动。家兔在育肥期应限制运动，减少体能消耗。在温暖黑暗的环境中饲养，增加采食量，加速体肉和脂肪的沉积。

3）公兔去势。育肥兔应对公兔进行去势，可增加肉的产量，降低饲料成本。去势后，体内代谢、氧化作用均降低，有利于公兔囤积脂肪。在相同的饲养条件下，去势的公兔比不去势的公兔增重要高10%～15%。

4）供足饮水。家兔在育肥期间，逐步由以青饲料为主过渡到以精饲料为主，这时一定要满足家兔水分的需要，每日要保证2～3次清洁的饮水，最好能自由饮水。

5）做好卫生。育肥兔饲养密度大，生长快，缺乏光照和运动，身体抵抗力比较差，一定要注意环境卫生和饮食卫生，防止疾病的发生。

（七）长毛兔高产特殊饲养管理

毛用兔饲养管理与一般家兔饲养管理的原则基本相同。但饲养毛用兔的主要目的是获得大量优质兔毛，所以与其他兔相比有其特殊性。

长毛兔周身覆盖着很厚的绒毛，较其他品种散热更困难、更怕热。性成熟时间较皮用兔、肉用兔晚，繁殖力和泌乳力较低，一般母兔的初配年龄为7～8月龄，年繁殖3～4胎，每胎哺育仔兔4～6只，仔兔40～50日龄断奶。

### 1. 增加营养

兔毛纤维由角质蛋白构成，绝大部分以胱氨酸的形式存在。高产长毛兔年产毛量为1500g以上，这就决定了对含硫氨基酸的需要量很高。因此，长毛兔日粮中粗蛋白质含量应为17%～20%，且要含有0.6%～0.7%含硫氨基酸，能量为10～11.3MJ/kg。钴、锌、铜、硫等元素对产毛量有明显的提高作用。

### 2. 合理调控饲喂量

毛用兔的采食量随着采毛周期和毛的生长情况而变化。采毛后的第1个月，兔的采食量最大，因为这时兔毛短，大量体热被散发，需要补充大量的能量；2个月后，兔毛已长到一定的长度，此时是兔毛长得最快的阶段，因此必须保证兔子吃饱、吃好；3个月后，长毛速度明显降低，采食量相应减少。所以在饲养毛用兔时，必须根据采毛后的不同阶段和采食量的变化规律，细心调节饲料。

### 3. 科学采毛

科学采毛能提高兔毛的产量和质量，也有利于兔的健康。采毛方法有剪毛、拔毛和药物脱毛3种。剪毛省工，但易伤兔毛，质量没有拔毛好；拔毛虽不伤兔皮，毛质量好，但太费工；药物脱毛省力，脱毛轻松，但喂药后兔子会出现厌食现象。一般而言，粗毛型兔宜拔毛，绒毛型兔宜剪毛。

长毛兔第一次采毛一般在出生后2～3个月进行，宜用剪毛方法，以免损伤皮肤。之后每隔60～90d采毛1次。母兔妊娠期应停止采毛。母兔产仔前应留胸腹毛，以便母兔产前拉毛做窝。

毛用兔采毛后兔体裸露，夏季要防止阳光直射，冬天要注意保暖，适当增加营养。平时要定期梳毛，及时清除草屑、粪便，防止兔食入兔毛而引起毛球病，发现疥癣病要及时隔离、治疗。

**4. 提高兔毛产量和质量的有效措施**

1）科学选种选配。产毛性能的遗传力较强，在选种时应选留产毛量多、毛质好、不缠结、毛料比高的个体留种。选配原则是高配高，不断提高产毛性能。

2）饲喂全价颗粒饲料。要想获得优质高产兔毛，营养是非常关键的因素，饲喂全价颗粒饲料是基础。毛用兔日粮中粗蛋白质含量应在 17% 以上，含硫氨基酸不低于 0.6%。还应根据品系类型、生理阶段、饲养方式、季节等调整日粮比例和喂量。

3）加强饲养管理。经常保持被毛清洁、干燥和蓬松。兔笼每天清扫，防止粪便堆积沾污兔毛。笼底板经常换洗、消毒，晒干后再用。投喂的青饲料要放在草架内，防止草屑、茎叶黏结被毛，影响兔毛质量和产量。采用自动饮水器饮水，要防止饮水器漏水、滴水，沾污被毛发生结块、毛色变黄现象。

4）保持兔体和环境卫生。饲养长毛兔要经常检查兔体的皮肤卫生，防止发生疥癣病。经常注意兔体脚爪部、鼻唇部、耳内壳有无异物。若发现疥螨，则应及时治疗。笼舍应保持清洁干燥、通风透光、定期消毒。

5）提高采毛技术。采毛技术直接影响兔毛品质。用剪毛方法采毛，应提前做好剪毛台，选择弯形的剪毛刀，防止剪伤皮肤。通常先剪背、后躯、两侧长毛部位，后剪腹部、四肢等短毛部位。根据特级、一级标准分别拔毛、存放，拔长留短，一般隔 30d 左右拔 1 次毛。

（八）皮用兔高产特殊饲养管理

目前所饲养的皮用兔品种主要是獭兔，因皮用兔特殊的生产目的，对饲养管理也有特殊的要求。

**1. 幼兔饲养**

刚断奶的幼獭兔应喂适口性好、质量高、易消化、营养成分全的饲料，可加入酶制剂、助消化剂，以防断奶后下痢。饲草料要干净、多样化，夏天防霉变，冬天防结冰。不喂霜露草，否则易导致幼兔患上肠胃炎。成年兔的皮张面积和幼兔时期的营养有很大关系，因为幼兔骨骼、肌肉、毛皮组织的发育决定了皮张的面积和被毛密度。提高幼兔期的饲养水平有利于增大皮张面积，促进毛囊发育，增加毛密度。在管理中，要防止幼兔相互斗咬，实行单笼饲养，严防皮肤病的发生，一旦发病应及时治疗。

**2. 合理选种、配种**

皮用兔要选择家谱清楚、遗传性能稳定、毛色纯正、体质健壮、外貌特征符合种用要求的留种。不能随便引种，须引种时要从一级种兔场引种。要选 3 月龄以上、体重 2kg 以上的优良种兔。在严格选种的基础上，采用同质选配，坚持优配优的选配原则。

### 3. 催肥

为取得好皮，可以通过短期（1 个月左右）催肥，迅速提高兔皮质量，增加兔肉产量，提高经济效益。催肥的措施有提高饲料品质或增加采食量、公兔去势、限制运动等。

### 4. 适时宰杀取皮

皮用兔毛皮的好坏与取皮季节关系密切。獭兔年龄性换毛第一次在 3 月龄，第 2 次在 160～190 日龄。商品兔宰杀取皮应在第二次换毛之前进行。季节性换毛（成年兔）发生在春、秋两季，春季换毛在 4 月前后，秋季在 10～11 月。若要淘汰老龄兔，则应选择在冬末春初，此时没有换毛，皮质优。为提高毛皮质量，在屠宰前 1 个月，可在日粮中添加适量蛋氨酸和油脂等，效果明显。屠宰的兔子，宰前应断食 12h。

## 四、不同季节家兔饲养管理

### （一）春季家兔饲养管理

春季阴雨多，湿度大，兔易患病。因此，在饲养管理上应注意防湿、防病。

1）抓好饲料供应。春季野草已逐渐萌芽生长，草质优，但因含水量高，兔不能一次性大量食用。雨后收割的青饲料要晾干后再喂，不能饲喂堆积发黄的青饲料，适当增喂干、粗饲料。因空气潮湿，饲料易发霉变质，应控量生产或采购饲料。饲料中最好拌入少量大蒜、洋葱、韭菜等杀菌、健胃饲料，以增强兔子的抗病能力。

2）搞好笼舍卫生。春季雨量多，湿度大，对病菌繁殖极为有利。所以，一定要搞好笼、舍的清洁卫生，做到勤打扫、勤清理、勤洗刷、勤消毒。清扫出来的粪便要堆积发酵，以杀灭球虫。每天都要检查幼兔的健康情况，发现问题及时处理。对食欲不好、腹部膨胀、腹泻的兔子及时隔离、治疗。

3）抓紧配种繁殖。春季是家兔配种繁殖的最佳时节，表现为配种受胎率高、产仔数多、仔兔发育快、体质健壮、成活率高。做好配种、繁殖工作，是兔场管理工作的重中之重。

### （二）夏季家兔饲养管理

夏季气候特点是高温，对家兔极为不利，是较难养的一个季节，重点工作是防暑降温。

1）防暑降温。夏季兔舍应做到通风，不能让太阳光直接照射到兔笼上。笼舍温度超过30℃时，可采用地面泼水降温、舍顶喷水降温、舍内安装风扇等措施。露天兔场要及时搭好凉棚，种植南瓜、葡萄等攀缘性植物。兔舍四周种植冬季落叶树等。对于长毛兔，在入伏前对大小兔都要剪毛1次，以利防暑降温。

2）精心饲养管理。夏季中午炎热，家兔食欲不振或废绝。因此，每天饲喂一定要做到早餐早喂，晚餐迟喂，中餐多喂青饲料。同时供给充足的饮水，在饮水中加入1%食盐，以补充家兔体内盐分，又有利于解渴防暑。

3）搞好清洁卫生。夏季因蚊蝇孳生，病菌容易繁殖，一定要搞好清洁卫生。笼舍要勤打扫，水食盆必须每天洗涤，地面应经常用消毒药液喷洒消毒，饲料要防止发霉变质。

（三）秋季家兔饲养管理

秋季天高气爽，气候干燥，饲料充足，营养丰富，是饲养家兔的好季节。在饲养管理上应抓好秋季繁殖和换毛期饲养。

1）抓好秋季繁殖。秋季是家兔繁殖的又一适宜季节，表现为配种受胎率高，产仔数多，仔兔发育良好，体质健壮，成活率高。一般可安排8月末配种，9月末产仔。如果安排合理，则秋季能产两窝仔兔。

2）加强饲养管理。成年兔正值换毛期，消耗营养较多，体质较为虚弱。必须加强饲养管理，多喂青绿多汁饲料，适当增喂蛋白质含量较高的精饲料，切忌饲喂露水草，以防引起肠炎、腹泻等疾病。

3）抓好防疫卫生。秋季早晚温差大，幼兔容易患上感冒、肺炎、肠炎等疾病，严重的会造成大批死亡。同时要做好兔瘟、巴氏杆菌病等传染病的防疫工作，加强对疥癣病的防治。

（四）冬季家兔饲养管理

冬季气温寒冷，日照短，缺乏新鲜青绿饲料，重点是做好保温工作。

1）做好防寒保温。冬季做好兔舍保温工作，四周挂好草帘或围布，防止寒风侵入。室内兔舍应关闭门窗，防止贼风侵袭。舍内温度要求相对稳定，切忌忽冷忽热，否则易引起家兔感冒、腹泻。新生仔兔哺乳后盖上旧棉絮等，严防受冻。

2）备足过冬饲料。冬季因气温低，热量消耗多，所以不论大小兔，每天供给的日粮都应比其他季节增加1/3左右，特别要增喂一些含能量高的精饲料。另外，冬季因缺乏青饲料，家兔易发生维生素缺乏症，饲料中应添加适量的多种维生素。每天饲喂黑麦草。

3）做好管理。对仔兔巢箱要加强管理，勤换垫草。寒潮来袭时长毛兔要停止剪毛，若须剪毛则选在中午进行。剪毛后在笼内铺垫稻草，周围用薄膜严封保温。冬季夜长，夜间增喂一餐饲料。

即问即答 7-9：对于皮用兔来说，夏季配种、冬季取皮是最理想的（质量好、价格高），但夏季受胎率很低。如何提高夏季配种的受胎率？

## 五、日常操作管理

### （一）捉兔方法

捉兔是管理上常用的手段，如果方法不当，就可能损伤家兔。正确的捉兔方法应是一手抓住兔颈后皮肤和耳朵，轻柔地将其拎起，另一手托住兔的臀部，这样既不伤害兔，又可避免兔爪伤人。在笼内捕捉时，应先将食盆取出，用手抚摸兔的头部，以免其受惊奔跑，然后捉起兔子，切勿强拉。抓耳朵、拉后肢的方法都是不正确的。

### （二）性别鉴定

性别鉴定主要依据阴部洞孔形状、距离肛门的远近和生殖器突起与否进行鉴定。

3 月龄以上的兔，只要看有无阴囊，就可区分雌雄，也可观察生殖器。方法是用右手抓住兔的耳颈，用左手中指和食指夹住兔的尾巴，以大拇指揿其阴部上方，张开生殖孔，雄兔可见中间有圆柱状突起（图 7.1），成年雄兔则有稍向下弯曲呈圆锥形的阴茎；雌兔可看到长形的朝向尾部的阴门（图 7.2）。

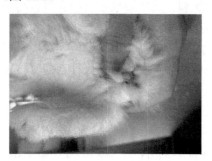 

图 7.1　性别鉴定（雄兔）　　　　图 7.2　性别鉴定（雌兔）

初生仔兔，可根据其阴部洞孔的形状与距肛门的远近进行性别鉴定。洞孔扁形而略大，与肛门相连，间隔距离较近的是雌兔；洞孔圆形而略小于肛门，洞向前方间隔距离较远的是雄兔。

开眼后的仔兔，可检查其生殖器。用食指和中指夹住兔的尾巴，大拇指轻轻向上推开其生殖器，局部呈 O 形，下为圆柱体的是雄兔；局部呈 V 形，下端裂缝近于肛门的是雌兔。

### （三）年龄鉴定

家兔门齿和爪随年龄增长而发生变化，可作为鉴定年龄的重要依据。青年兔门齿洁白、短小而整齐；老年兔门齿黄暗、厚而长，时有破损。青年兔趾爪较短而平直（图7.3），隐在脚毛中，随年龄增长，兔的趾爪会露在脚毛外；老年兔趾爪尖钩曲（图7.4），有一半露在脚毛外。白色家兔的趾爪基部呈粉红色，尖端为白色。1岁以下的兔，红色多于白色；1岁的兔，红色与白色部分长度相等；1岁以上的兔，白色多于红色。鉴定年龄的有效方法是在卡片上记录家兔的出生日期与耳号。

图7.3　青年兔　　　　　　　　图7.4　老年兔

（四）编刺耳号

在育种和科研工作中，为了控制血统，便于管理操作与记录，需要给兔编刺耳号。常用的方法如下。

1）针刺法。在兔耳血管少的地方用蘸有醋墨的针刺上字码，经过几天后即变成永不褪色的蓝字。醋墨是用醋研的墨汁或1/3醋与2/3墨汁混合调制而成的。

2）耳标法。用铝塑料或铝质耳标打上字码，在兔耳的边缘穿入耳标并扣紧（图7.5）。

3）耳标钳编刺法。用耳标钳刺的耳号整齐清楚（图7.6），是目前常用的方法。先将要编的号码装在针的槽沟上，用酒精消毒兔耳，然后采取公兔编单号、母兔编双号的方法，这样通过耳号便知性别。

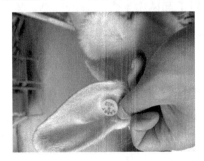

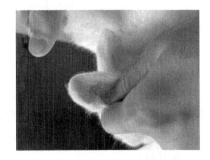

图7.5　耳标法　　　　　　　　图7.6　耳标钳编刺法

（五）采毛方法

饲养长毛兔的目的是取得兔毛，采毛方法与兔毛品质和经济价值有直接关系。兔毛品质的要求可概括为"长、松、白、净"4个字，即毛的纤维要长、毛松不缠结、洁白和洁净。目前常用的采毛方法有以下3种。

**1. 剪毛**

剪毛工具可采用家用剪刀或理发剪刀、兔毛专用剪刀。剪毛没有统一步骤，根据剪毛者自己的经验，选择最方便且速度最快的步骤即可。一般是先剪背部，再剪体侧，然后剪头、臀、腿部，最后剪腹下部。剪毛时间可根据季节及兔毛适销情况确定，春、秋、冬三季的养毛期可掌握在80～90d剪1次。夏季气候炎热，长毛兔散热困难，养毛期应适当缩短，一般可掌握在60～70d剪1次。剪毛时应绷紧皮肤，紧贴皮肤剪。要防止剪二刀毛。剪毛应在室内进行，光线要充足，刮风天要关好门窗，以防兔毛飞散。剪毛者要熟悉兔体各部位的位置，以防剪破乳头、睾丸、生殖器等部位的皮肤。如果剪破皮肤，要涂上碘酒消毒，以防细菌感染。剪下的毛要称重，记录产毛量。兔体各部位的毛有长短之分，一般可在剪毛时就进行分级堆放。冬季剪毛后要做好保暖工作。怀孕兔一般不应剪毛，以免流产。患有疥癣病和其他传染病的兔，剪毛时要单独进行，兔毛要另外存放，剪毛用具要彻底消毒，以防传染疾病。

**2. 拔毛**

拔毛一般采用拔长留短法，冬季和春、秋换毛季节最适宜采用此法。一般每隔30～40d拔1次。好处是能做到取长留短，有利于提高兔毛等级，冬季可防寒。每次以取一半或略少点为宜。拔毛时要一小撮一小撮地轻拔，不要成把拔，以免拔伤兔皮或拔断毛纤维。

拔毛也可采用全拔光法，即除兔头、尾和脚外，把周身的兔毛全部拔光。好处是可减少缠结现象，增加皮肤的血液循环，后期毛密整齐，可提高兔毛质量。在拔光后长出的新毛中，粗毛和两型毛含量有所提高。冬季和暑天中午不宜拔光毛。仔兔至青年兔阶段不宜采用拔毛法采毛。

**3. 药物脱毛**

目前常用的脱毛药物为环磷酰胺，现已有复方脱毛灵药剂上市，其主要成分也是环磷酰胺，用于毛兔脱毛，可按每千克体重50～60mg喂给，一般喂药后4～7d即可较轻松地拔下兔毛。注意喂药后兔可能出现短时间的厌食现象。

即问即答7-10：根据家兔趾爪颜色可以大致判断年龄大小，在发现有趾爪折断的情况下，该如何判断？

## 任务三　兔场保健技术

某兔场有兔笼位 12 800 个，常年存栏各种新西兰兔 1.5 万只。2019 年 6 月初，3 天死亡 150 多只。经专家现场诊断是兔瘟，养殖户认为疫苗打了 2 个多月，不应该发病。于是该养殖户立即采取加倍剂量紧急免疫，结合消毒、隔离措施，1 周后停止死亡。经统计，共死亡 400 多只兔。为什么打过疫苗还发病？为什么采取加倍剂量打疫苗还有死亡？本任务将介绍兔场保健技术相关知识。

课件 7-3　兔场保健技术

### 一、兔场消毒技术

定期对兔舍、场地、环境、兔笼、用具、兔群及出入兔场的人员、车辆进行严格消毒，可使兔子少发病、少死亡。对于不同消毒对象，应采取不同的消毒方法，所用药品及浓度也不完全相同。

（一）兔场入口消毒

规模兔场大门口设有消毒池和紫外线消毒室。凡来场人员、车辆，只有经消毒后，才能进入场内。进场人员只有换上经消毒后的工作服、鞋和帽子或经紫外线消毒，脚踩入消毒池消毒 1~2min 后才能进入生产区。饲养员只有洗手消毒后才能开始工作。出售家兔在场外进行，已出场的家兔严禁回场。严禁其他畜禽进入场内。工作人员出场时，应将工作服、鞋和帽子脱在更衣室，洗净备用。

消毒池长度为车轮周长的 2~3 倍，宽度是车轮外径的宽度。人出入池宽与门相同，不留便道。消毒池深度能贮留 10~15cm 的消毒溶液，内放 3%~5% 来苏尔（煤酚皂）或 0.3% 菌毒敌等消毒液。影响消毒效果的因素很多，主要有消毒液浓度、鞋在消毒池中的消毒时间、消毒液的新鲜度和鞋中是否带有粪便等。如果工作鞋中带有粪便，则任何消毒方式都是不彻底的。在实际操作中要达到较好的消毒效果须做好以下几点：一是消毒液要有一定的浓度；二是鞋在消毒液中浸泡时间至少达 1min；三是工作人员在通过消毒池之前应先把工作鞋上的粪便刷洗干净，否则不能彻底杀菌；四是消毒池要有足够深度，不少于 15cm，使鞋子全面接触消毒液；五是消毒液要保持新鲜，多人进出（45 人以上）每天更换 1 次，人少时至少 7d 更换 1 次。

（二）兔舍地面、墙壁、顶棚和道路消毒

对地面、墙壁和道路的消毒，必须在消毒前将粪便、污物等冲洗干净，因为这些污物中存在大量病原微生物，消毒药只能将表面的病原微生物杀死，不能杀死污物内部的病原微生物。干后消毒效果较好。一般用2%～3%氢氧化钠，0.1%百毒威或百毒杀，20%生石灰，30%热草木灰等溶液进行喷洒消毒。对于顶棚、空气等应先打扫，清除各种灰尘和蜘蛛网等，然后用熏蒸法进行消毒，但舍内应没有兔子。

（三）兔笼消毒

兔笼消毒分为带兔消毒和空笼消毒两种。一般用喷雾（洒）法进行消毒。

1. 带兔消毒

首先将承粪板上的粪便、笼上的兔毛、尘埃和杂物等清理干净，然后用消毒药进行喷雾消毒。选择高效低毒、杀菌力强、刺激小的消毒剂，如百菌灭、百毒杀、二氯异氰尿酸钠、抗毒威等。严格控制浓度，按产品说明书现配现用，不得久置。配制消毒液的水要清洁，喷至笼中挂小水珠为止。为了减少兔的应激反应，喷头要距兔80cm以上。

2. 空笼消毒

在兔出栏后，要先将空兔笼进行彻底消毒，再放入下批兔。先将笼中粪便、尿垢等用水彻底清洗、晾干，将笼中的兔毛等污物清除，然后用2%～3%氢氧化钠，0.1%百毒威或百毒杀，20%生石灰等溶液进行喷洒。但对患疥癣病的兔笼用喷灯或柴草把火焰消毒效果较好。

（四）踏脚（笼底）板、水料槽、工具消毒

首先抽出踏脚（笼底）板，将其浸泡在水中1～2d，容易清理、洗净表面污物。将其在阳光下曝晒5～6h或用3%～5%来苏尔溶液或0.2%～0.5%百毒威、百毒杀，0.5%高锰酸钾溶液浸泡5～10min，再在太阳下晒干，备用。为了增强消毒效果，可将溶液加温至40～50℃。

（五）产仔箱消毒

为防止仔兔皮炎、疥癣病、球虫病等疾病的传播，凡在仔兔分窝后，均须将产仔箱进行消毒处理。将箱内垫草等杂物清理干净，曝晒3～5h后，再对其进行喷雾或火焰消毒。

## 二、兔场免疫技术

### （一）制定免疫程序

免疫程序是指兔出生后各种疫苗的接种时间、数量、顺序等操作程序。首先应充分调研当地传染病学和流行病学动态，其次根据兔场疫病发病情况、流行特点、气候特点、资源特点、饲养特点和兔群母源抗体水平、疫苗质量及特性等制定兔场免疫程序（表 7.1）。在执行过程中，要定期进行免疫抗体测定，根据免疫效果调整免疫程序，以确保免疫效果。因此，各兔场免疫程序会不相同。

表 7.1　兔场免疫程序

| 类型 | 疫苗类型 | 免疫日龄 | 注射量/（mL/只） | 注射部位 |
|---|---|---|---|---|
| 幼仔兔 | 兔瘟-巴氏二联疫苗 | 30～35 日龄首兔 | 2 | 皮下注射 |
| | | 50～60 日龄二兔 | 1 | 皮下注射 |
| 种兔 | 兔瘟-巴氏二联疫苗 | 每年 5 月和 10 月各 1 次 | 2 | 皮下注射 |

### （二）应急免疫接种

在发生传染病时，为了迅速地控制疫病流行，对危险区未发病的家兔进行应急性免疫接种。不同疫苗紧急接种量不一样，如兔瘟-巴氏二联疫苗就要加倍剂量接种。

因为疫苗是生物制剂，对家兔来说是一种异物，接种疫苗实际上是一次轻度感染，可能会有局部和暂时的反应。但如果反应严重，甚至出现大批死亡，就应及时向疫苗生产单位反映，对疫苗进行检查。首先要检查疫苗质量、保存方法、有效期，其次要检查使用方法是否得当，如接种剂量是否足够。

疫苗应妥善保存，应按照疫苗使用说明书，在适宜条件下保存。各种疫苗保存的适宜温度以 4～10℃为佳。一般使用冰箱保存，条件差的地方可贮存于地窖、水井或避光的阴凉处。

### （三）注意事项

1）在使用疫苗前要对其进行详细检查。过期、失效、无瓶签或瓶签不清的疫苗不能用；疫苗质量与说明书不符的，如色泽、沉淀变化、瓶内有异物、发霉等不能用；未按要求保存、不密封的疫苗也不能用。

2）使用前应充分振荡，使沉淀混合均匀；开封的疫苗尽量当天用完，如果一次用不完，则要用蜡或干净的胶布封闭塞头针孔。

3）接种疫苗前，必须检查家兔健康状况，体温升高、怀胎后期的母兔及未断乳的仔兔均暂不注射，但病愈、产后、断乳后要及时补防。

即问即答 **7-11**：如案例导入所述，为什么有些兔场（养殖户）注射疫苗后兔仍然发病呢?

### 三、兔场驱虫技术

据报道，寄生于兔的寄生虫有近 70 种，常见的主要是球虫、螨、栓尾线虫及豆状囊尾蚴。球虫病和疥螨病是养兔最常见的寄生虫病，可以说绝大多数兔场有或曾经发生过。2～4 月龄内幼兔，球虫感染率可高达100%，患病后幼兔死亡率一般可达 40%～70%，若不防治则可达 100%。如果耐过的病兔长期不能康复，生长发育就会受到严重影响，一般体重会减轻 12%～27%。疥螨病是由疥螨和耳螨寄生而引起的一种慢性皮肤病，可致皮肤出现发炎、剧痒、脱毛等症状，影响增重甚至造成死亡。兔栓尾线虫普遍寄生于家兔体内，一只兔可达 3000～12 000 条，但不会引起十分严重的临床症状。豆状囊尾蚴对兔的致病作用不十分严重，大量感染时（数目达 100～200 个）出现肝炎症状。因此，制定科学合理的驱虫程序是提高养兔效益的重要内容之一。

制定兔场驱虫程序，应做到因地制宜，根据兔场和当地寄生虫病发生和流行情况进行（表 7.2）。兔场寄生虫病防治，首先应做好兔舍兔笼的设计、建造，做到兔子离地饲养，兔舍通风、干燥；其次必须搞好卫生和饲养管理，定期清除粪尿和消毒，提高兔的抵抗力、减少传染源和切断寄生虫传播途径，否则再好的驱虫程序也无济于事。

表 7.2　兔场不同日龄驱虫程序

| 日龄 | 常用药物 | 防病 | 用药量 | 使用方法 |
|---|---|---|---|---|
| 1 日龄 | 克霉唑酒精溶液 | 兔皮肤病 | 适量 | 全身喷洒擦涂 |
| 30～120 日龄 | 抗球虫药（如克球粉、地克珠利、妥曲珠利等） | 球虫病 | 按说明书用量 | 拌入饲料或混饮 3～5d/次，3 种抗球虫药交替使用 |
| 成年兔 | 梅雨季节用抗球虫药、广谱抗虫（如丙硫咪唑等） | 球虫病或线虫病等 | 按说明书用量和方法 | 均匀拌入饲料，连用 |
| 发病兔 | 依维菌素、皮肤康、灰黄霉素等 | 疥癣病、真菌病等 | 按说明书用量和方法 | 皮下或肌肉注射 |
| 新购入兔 | 抗球虫药、广谱抗虫（如丙硫咪唑等） | 预防性驱虫 | 按说明书用量和方法 | 内服，均匀拌入饲料，连服 3～5d |
| | 依维菌素、皮肤康、灰黄霉素等 | 疥癣病、真菌病等 | 按说明书用量和方法 | 皮下或肌肉注射 |

▌知识拓展

#### 宠物兔

宠物兔是一种伴侣动物，性情温驯。随着人们生活水平的提高，全国开启宠物兔饲养热潮，宠物兔已成为家庭中的一员。宠物兔品种很多，市场上最受欢迎的主要有以下 4 种。

1）荷兰垂耳兔（图 7.7）。该兔原产于荷兰，标准体重约 1.4kg，毛色有纯色、刺鼠色、杂色、铜铁色、橙色宽条纹等；天生性情温驯，是小型的、可爱的垂耳兔，身圆骨重、多毛。

2）侏儒兔（图 7.8）。该兔原产于荷兰，属于宠物兔中较小的品种之一，耳朵小而直立；成年体重为 1kg，体长 30cm 左右，有白色与黑色、蓝色、巧克力色、灰色、黄色、海龟绿和铜铁色等颜色混搭；脸部有 V 形的白色区块；体型小，耳朵较短，鼻子四周和脖子到前脚为白色，其他部分为其余颜色搭配；身上的短毛柔软有光泽。

图 7.7　荷兰垂耳兔　　　　　　图 7.8　侏儒兔

3）猫猫兔（图 7.9）。该兔包括安哥拉兔、道奇兔等；毛发略长，耳朵尖小而立，面部毛浓密，颜色有蓝色、灰色、褐色、灰白相间等。

图 7.9　猫猫兔

4）波兰兔（图 7.10）。该兔标准体重小于 1.57kg，是小型兔之一，是纯种兔中最娇小的品种；身圆头短，两只耳朵竖起并靠在一起，长度不超过 7.62cm，毛短及浓密。

图 7.10　波兰兔

## ▌实践操作

### 技能训练　家兔妊娠诊断

1. 技能训练目标

通过本次技能训练，学生应掌握家兔摸胎法妊娠诊断技术。

2. 技能训练材料

妊娠母兔及空怀母兔若干只，解剖刀、外科剪、镊子、止血钳等。

3. 技能训练方法与步骤

1）用空怀母兔反复练习抓兔、保定及摸胎方法，掌握摸胎妊娠诊断的要点。

2）将母兔捉放于桌面或平地，一只手抓住母兔的双耳和颈皮，使兔头朝向摸胎者，另一只手拇指与其余四指呈八字形，掌心向上，伸向腹部，由前向后或由后向前轻轻沿腹壁摸索。用手指肚感受腹腔内容物的状况及胎儿形状、大小、弹性及光滑度。若感腹部松软如棉花状，则未受孕；若摸到有像花生米样大小、有弹性感的肉球物滑来滑去，则是胎儿。

3）剖杀空怀母兔及妊娠母兔各 1～2 只，比较两者的异同。

4. 技能考核标准

家兔妊娠诊断技能考核标准如表 7.3 所示。

表 7.3　家兔妊娠诊断技能考核标准

| 考核内容 | 评分标准 | | 考核方法 | 掌握程度 | 时限 |
|---|---|---|---|---|---|
| | 分值 | 扣分依据 | | | |
| 口述摸胎妊娠诊断的要点 | 20 | 口述抓兔、保定、摸胎及结果判定要点，每个要点 5 分，共 20 分 | 单人操作考核 | 熟练掌握 | 1h |
| 摸胎法妊娠诊断操作 | 50 | 随机给 5 只家兔摸胎，每只 10 分，其中抓兔、保定各 2 分，摸胎操作 6 分 | | | |
| 妊娠诊断结果 | 30 | 妊娠诊断结果正确（每只 6 分，共 30 分） | | | |

──── 单元测验 ────────────────

## 一、单项选择题

1. 正确的剪毛顺序是（　　）。
   A. 腹部—背部中线—体侧—臀部—颈部—颌下—四肢—头部
   B. 体侧—臀部—腹部—背部中线—颈部—颌下—四肢—头部
   C. 背部中线—体侧—臀部—颈部—颌下—腹部—四肢—头部
   D. 颈部—颌下—腹部—四肢—头部—背部中线—体侧—臀部

2. 家兔的子宫是（　　）。
   A. 对分子宫　　B. 双子宫　　C. 单子宫　　D. 单角子宫

3. 家兔常用妊娠诊断方法是（　　）。
   A. 外部观察法　　　　　　B. 复配检查法
   C. 称重检查法　　　　　　D. 摸胎检查法

4. 具有食粪性的家畜是（　　）。
   A. 牛　　　　　B. 羊　　　　　C. 兔　　　　　D. 猪

5. 毛用兔和种用兔最适宜采用的饲养方式是（　　）。
   A. 笼养　　　　B. 栅养　　　　C. 放养　　　　D. 洞养

6. 在下列情况中，（　　）表明哺乳母兔饲养不合理。
   A. 仔兔无饥饿感　　　　　B. 仔兔呈粉红色的肤色
   C. 产仔箱潮湿　　　　　　D. 产仔箱干燥

7. 家兔配种繁殖最好的季节是（　　）。
   A. 春季　　　　B. 夏季　　　　C. 秋季　　　　D. 冬季

## 二、判断题

1. 家兔是自发性排卵的动物，发情后8～10h排卵。（　　）
2. 未发情的母兔也能配种妊娠。（　　）
3. 商品兔宰杀取皮应在第二次换毛之前进行。（　　）
4. 发情的母兔不一定排卵，而排卵的母兔也不一定发情。（　　）
5. 家兔具有昼伏夜行的特点，为了养好兔子，白天应保持兔舍环境安静，晚上喂足夜草和水。（　　）

## 三、问答题

1. 鉴定兔皮质量的指标有哪些？
2. 根据兔毛纤维形态学特点，兔毛可分为哪几种？兔毛品质指标有哪些？
3. 在鉴定性别时，生殖孔扁呈 V 形、距肛门较近的是什么兔？生殖孔圆而小、距肛门较远的是什么兔？
4. 仔兔分为哪两个阶段？仔兔有什么生理特点？
5. 怎样做好兔舍带兔消毒？

━━■项目小结■━━

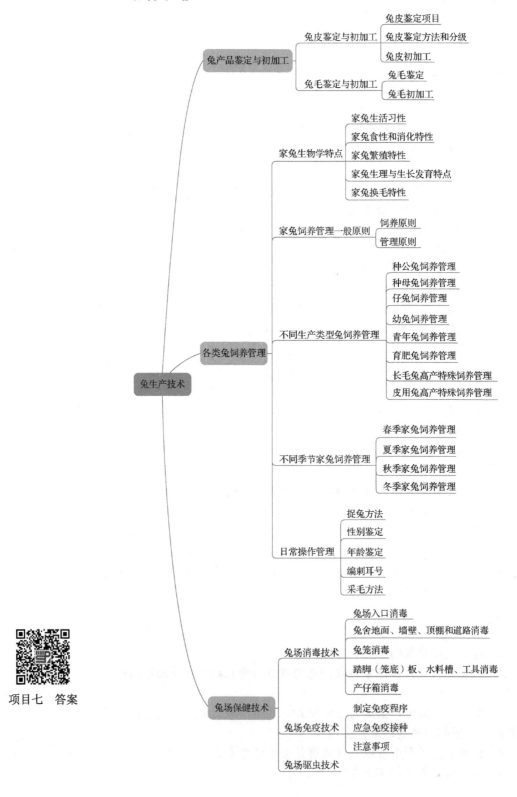

兔产品鉴定与初加工
- 兔皮鉴定与初加工
  - 兔皮鉴定项目
  - 兔皮鉴定方法和分级
  - 兔皮初加工
- 兔毛鉴定与初加工
  - 兔毛鉴定
  - 兔毛初加工

兔生产技术

各类兔饲养管理
- 家兔生物学特点
  - 家兔生活习性
  - 家兔食性和消化特性
  - 家兔繁殖特性
  - 家兔生理与生长发育特点
  - 家兔换毛特性
- 家兔饲养管理一般原则
  - 饲养原则
  - 管理原则
- 不同生产类型兔饲养管理
  - 种公兔饲养管理
  - 种母兔饲养管理
  - 仔兔饲养管理
  - 幼兔饲养管理
  - 青年兔饲养管理
  - 育肥兔饲养管理
  - 长毛兔高产特殊饲养管理
  - 皮用兔高产特殊饲养管理
- 不同季节家兔饲养管理
  - 春季家兔饲养管理
  - 夏季家兔饲养管理
  - 秋季家兔饲养管理
  - 冬季家兔饲养管理
- 日常操作管理
  - 捉兔方法
  - 性别鉴定
  - 年龄鉴定
  - 编刺耳号
  - 采毛方法

兔场保健技术
- 兔场消毒技术
  - 兔场入口消毒
  - 兔舍地面、墙壁、顶棚和道路消毒
  - 兔笼消毒
  - 踏脚（笼底）板、水料槽、工具消毒
  - 产仔箱消毒
- 兔场免疫技术
  - 制定免疫程序
  - 应急免疫接种
  - 注意事项
- 兔场驱虫技术

项目七　答案

## 项目 八

# 生态养殖与产业化经营

## 导入语

　　我国人多地少，粮食紧缺，占世界 7%的耕地须养活占世界 22%的人口，人畜争粮矛盾一直制约着我国畜牧业的发展。因此，饲料资源短缺的基本国情，决定了发展畜牧业必须走节粮型养殖的道路，充分发挥草食家畜生产潜力。同时，传统的草食家畜生产产销脱节，容易发生"买难卖难"的矛盾。本项目主要介绍生态养殖与产业化经营两大内容，旨在强化生态养殖与产业化经营理念，促进草食家畜生产持续、健康、高效地发展。

视频 8-0　导学

**教学目标** 👉

【知识目标】
- 了解草食家畜生态养殖、产业化经营的意义。
- 了解生态养殖模式。
- 了解产业化经营理念。
- 了解产业化经营模式。

【技能目标】
- 能根据特定条件设计草食家畜生态养殖场。
- 会设计草食家畜产业化经营模式。

【素养目标】
- 培养收集资料、获取信息能力。
- 提高分析问题和解决问题能力。
- 提高创新与团队协作能力。

学前测试

1. 你见过当地的生态养殖场吗？

2. 在日常生活中，你遇到过"买难卖难"现象吗？你认为主要原因是什么？

# 任务一 草食家畜生态养殖

课件 8-1 草食家畜生态养殖

杜某自 2010 年开始在 $2hm^2$ 的荒山上养殖肉羊 50 只，连续放养几年后，植被破坏严重，肉羊饲料不足，肉羊生长缓慢，常发病。自从 2014 年实行食用菌-肉羊-果园生态养殖以来，杜某以菌糠作为主要饲料喂羊，以羊粪肥田种果树，取得了较好的生态效益和经济效益，养羊规模达到 500 只，综合收益超过 50 余万元。杜某成功的案例说明了什么问题？本任务将介绍草食家畜生态养殖相关知识。

## 一、生态养殖的特点与意义

（一）生态养殖的特点

生态养殖是国内外大力推广的一种养殖模式，其核心就是遵循生态学规律，将生物安全、清洁生产、生态设计、物质循环、资源高效利用及可持续发展融为一体，发展健康养殖，维持生态平衡，降低环境污染，提供安全的畜产品。生态养殖是一种以低消耗、低排放、高效率为基本特征的可持续畜牧业发展模式。

（二）生态养殖的意义

发展生态养殖，是改善畜牧业生产条件和人类生活环境的重要内容，也是确保畜产品安全和人们身体健康的重要途径，对建设现代畜牧业、实现农村小康社会、增加农民收入具有重大意义。

我国生态养殖基础薄弱，起步较晚，但推广潜力很大，发展迅速。特别是近 10 年来，农业及畜牧业产业结构的调整推动了我国草食畜牧业的现代化、生态化发展。目前，我国人工饲草面积仅占饲草总面积的 5%，但我国具有丰富的可种植饲草的土地资源，如南方有大量的草山草坡、冬闲田等，北方有大量的荒漠地、干旱的夏闲田及果园隙地、"四边地"等；现有饲草产品加工技术落后，产量不高。因此，大力推动饲草基地建设及草粉、草块等饲草产品开发，发展节粮、高效、优质、环保、安全的草食家畜生态养殖，是畜牧业产业结构调整的重点，也是符合我国国情的畜牧业发展战略。

## 二、草食家畜生态养殖模式构建

草食家畜生态养殖的最大特点就是在有限的空间范围内，保持生态平衡，充分合理地利用资源，减少浪费，降低成本，从而实现资源循环利用、生态环境良好、养殖效益最高、产品生产安全的可持续发展。根据生态学原理，结合各地生态养殖的成功经验，构建了以"饲料"为纽带的草食家畜生态养殖基本模式。

**即问即答8-1**：草食家畜生态养殖的核心是什么？它的基本特征是什么？

### （一）以天然草场为纽带的生态养殖模式

#### 1. 模式构建

以天然草场为纽带的生态养殖模式（图8.1）是一种传统的生态养殖模式，它主要基于天然草场（如北方草原、南方草山草坡等），利用其丰富的天然野草资源、优美的生态环境特点，通过种植业与养殖业的结合，有效解决草食家畜养殖的饲草料需求及粪尿利用。这种模式的优点：一方面，减少了化肥农药用量，生产无公害优质的农、畜产品；另一方面，可以避免草食家畜养殖对环境的污染。

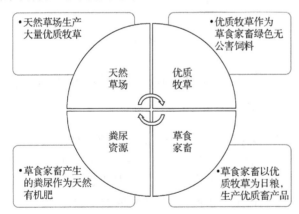

图8.1 以天然草场为纽带的生态养殖模式

#### 2. 主要特点

以天然草场为纽带的生态养殖模式具有以下四大特点。

1）草食家畜养殖以天然饲草为主，受自然环境和季节影响较大，靠天养畜，生产水平较低，特别是枯草期生长明显减慢。

2）需要良好的放牧场地，具有非常明显的局限性，在南方难以进行规模生产。

3）养殖成本低，风险小。

4）草食家畜养殖不用任何添加剂，粪尿就近消化，以草定畜，环境污染少，畜产品优质安全。

（二）以农作物秸秆为纽带的生态养殖模式

1. 模式构建

我国日益紧张的人畜争粮矛盾及不断上涨的饲料粮价格，给传统养殖业造成了很大压力，这一现状迫使我国草食家畜生产必须走节粮型道路。我国年产各类秸秆、糟渣等超过 $7 \times 10^8$t，目前除了一小部分用于造纸等，大部分直接燃烧在地里或还田，造成了环境污染。因此，根据各地实际情况，采用以农作物秸秆为纽带的生态养殖模式（图 8.2），充分利用种植业副产品特别是秸秆资源来发展草食家畜生产，不仅可以降低这些农副产品在焚烧、堆弃过程中对农村环境产生污染，保护生态环境；还可以使这些农副产品变废为宝，有效降低草食家畜养殖成本，从而实现这些资源的循环再生利用，促进草食家畜养殖的可持续发展。

图 8.2　以农作物秸秆为纽带的生态养殖模式

2. 关键问题

以农作物秸秆为纽带的生态养殖模式成功运作的关键：一是利用秸秆资源调制技术，通过微贮、氨化、青贮等措施，提高秸秆饲料的营养价值，在生产上一般采用舍饲或半舍饲方式；二是设计时规模不宜过大，以秸秆资源能满足草食家畜生产需要，以及产生的粪便通过种植业能就近消化为原则。只有这样，才能促进秸秆畜牧业的可持续发展。

（三）以人工草场为纽带的生态养殖模式

1. 模式构建

天然草场产草量低，利用率不高，通过种植优质饲草来发展草食家畜生产，有利于保持农业生态系统的良性循环，有效缓解我国饲料粮不足的问题。这种"种养结合、粪污还田"的生态循环养殖模式（图 8.3），可以实现种植业、养殖业、环境保护及经济发展的良性循环。结合我国各地自然和社会经济条件特点，总结多年来草食家畜生态养殖的成功经验，灵活构建种草养畜模式。

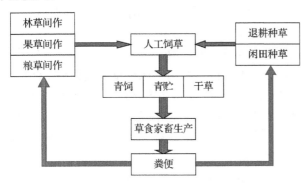

图 8.3　以人工草场为纽带的生态养殖模式

2. 主要措施

（1）退耕种草生态养殖

为了促进生态恢复与建设，我国实施了坡耕地退耕还林还草工作，在这些退耕地区种植优质高产的人工饲草，发展草食家畜业是增加当地农民收入的主要途径。例如，贵州、四川等退耕还林地种植牧草的实践表明，在水、肥保证情况下，退耕还林地林草结合种植牧草可亩产鲜草 4500～6000kg（折合饲料干物质 1000kg 左右、粗蛋白质 200kg 左右），是同期种植粮食作物的 3～5 倍。种植多花黑麦草，平均 24kg 鲜草可使兔增重 1kg；平均 20kg 鲜草可使鹅增重 1kg；平均 28kg 鲜草可使羊增重 1kg；平均 30kg 鲜草可使牛增重 1kg。

对于退耕地应种植适应性较强、耐旱、有利于水土保持的低水分牧草，不宜种多汁饲草。退耕地上混播种植牧草后，可以进行划区轮牧、半舍饲放牧或割草舍饲。在生产上要注意避免过度放牧，注意利用方式和利用时期，在养殖业增收的同时保护生态环境。

（2）闲田种草生态养殖

我国北方因为干旱存在大量的夏闲田，南方有大量的冬闲田（全国共有 $2.66 \times 10^6 hm^2$），主要分布在农区。另外，随着大量的农民工进城务工，我国很多地方存在大量抛荒的闲田。在生产上可充分利用这些闲田种植生长期短、产量高的一年生牧草，用于青饲或加工成青贮饲料、干草等舍饲养殖草食家畜。闲田种草养畜不仅可以克服饲料不足的矛盾，还可以充分发挥耕地的价值，提高自然资源利用率和转化率，提高单位面积产出，应当成为新形势下耕作制度改革的突破口和实现"粮食-经济作物-饲草饲料"三元结构的切入点，也是农业结构调整，推动养殖业持续发展的一个新的增长点和富民增收的一条重要途径。

（3）林下种草生态养殖

我国大量林地存在水肥不足、贫瘠、光照不足的特点，因此，林下宜种植耐热、耐贫瘠、覆盖性好、高产优质的多年生饲草，如多年生黑麦草、红三叶、白三叶、高羊茅、鸭茅、沙打旺等。林下种草后，可以适度放牧养殖草食家畜，也可以割草舍饲或半舍饲饲养，都能取得良好的经济效益与生态效益。

（4）耕地轮间作种草生态养殖

在水热条件较好的地区，利用耕地种草或实行粮草间作（轮作），既能改良土壤，提高粮食产量，又能生产优质高产的牧草，明显提高农业产值，促进农业可持续发展。实践证明，用耕地种草养畜，比用耕地种粮食后以籽实来养畜具有更大的经济效益。在生产上，这种生态养殖模式一般适合舍饲或半舍饲饲养。

（5）果园种草生态养殖

果园里宜种植耐阴、矮型牧草，如白三叶、红三叶、多花黑麦草、鸭茅等，特别是豆科牧草，利用其生物固氮作用以减少化肥使用量，在生产优质牧草的同时，提高了果品产量。果园种草生态养殖模式宜采用割草舍饲饲养，一般不宜放牧。

（四）以沼气工程为纽带的生态养殖模式

以沼气工程为纽带的生态养殖模式（图 8.4）是利用种植业副产物如玉米秸、麦秸和稻秸等农作物秸秆及其他农副产品、饲料作物、牧草等舍饲养殖草食家畜，利用养殖粪污生产沼气，沼气用于卫生户厕及牛舍照明和取暖；沼气发酵剩余物沼液、沼渣作为一种优质高效的有机肥料用于果园或农田施肥；果园或农田的主产品供人食用，副产品用于喂养草食家畜。这种生态循环养殖模式，不但具有良好的经济效益，而且社会效益和生态效益显著。

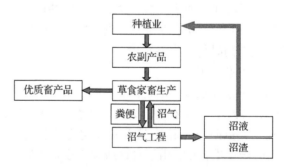

图 8.4　以沼气工程为纽带的生态养殖模式

即问即答 8-2：无论采用哪种生态养殖模式，可持续运行的条件是什么？

## 三、生态养殖的运行

不同地区实际情况不同，在生产上要因地制宜地采取切实可行的草食家畜生态养殖模式，进行科学规划与资源重组，保证生态养殖模式正常运行。不同模式的运行机制有所差异，但原理、运行机制及运行条件相似。下面以某农场食用菌-菌糠-发酵饲料-肉羊-羊粪-果园生态养殖模式（图 8.5）为例，探讨该生态养殖模式的具体运行及成效。

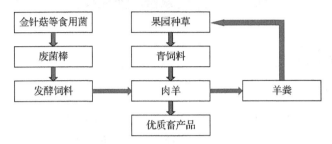

图 8.5　食用菌-菌糠-发酵饲料-肉羊-羊粪-果园生态养殖模式

（一）运行机制

对于缺乏放牧条件及其他粗饲料的食用菌产区，以金针菇、平菇等菌糠为主要原料，添加玉米粉、食盐、豆腐渣及发酵剂调制成发酵饲料，以此作为主要日粮饲养草食家畜（肉羊）；羊粪作为有机肥用于果园施肥；果园里种植豆科牧草，补充肉羊青饲料需要，改善土壤。多年的运行实践表明，这种模式大大降低了养羊成本，提高了养羊规模与效益，改善了果品品质，同时充分利用了种植食用菌后的废菌棒，大大减少了丢弃废菌棒及羊粪造成的污染。

（二）可持续运行条件

**1. 建场条件**

生态养殖场须建在果园附近，以利于羊粪施肥及果园种草养畜（肉羊）；同时，离食用菌生产基地也不要太远，以减少废菌棒的运输成本。注意养殖场规模必须与废菌棒等粗饲料供应量及果园面积相适应，以废菌棒能满足养殖需要及羊粪能在果园内消纳为宜。

**2. 饲养方式**

食用菌-菌糠-发酵饲料-肉羊-羊粪-果园生态养殖模式一般适合舍饲饲养，以菌糠发酵饲料为主要日粮，果园种草后割草喂羊，以补充青饲料营养。

**3. 饲料调制**

根据肉羊营养需要，调制营养全面的日粮。食用菌生产废菌棒营养价值低，特别是能量低、适口性差及可消化性差，直接用作肉羊饲料不合适。在生产上须对其进行适当处理，以提高其营养价值和可消化性。目前以微生物发酵处理最理想。注意打过蜡及发霉的废菌棒不宜用于发酵饲料生产，以防止中毒；饲喂发酵饲料的肉羊时须注意补充其他饲料营养（如青饲料、矿物质、维生素等），以保证营养平衡，促进肉羊健康及快速生长。

# 任务二　草食家畜产业化经营

课件 8-2　草食
家畜产业化经营

温州市永嘉县的岭上人家通过农家乐加工烤全羊，吸引了周边各地游客，名气越来越大，生意红火。岭上人家的经营模式不仅解决了养羊户的销路问题，还因羊价的稳定而保证了养殖效益，从而推动了永嘉县山羊养殖业的持续、健康发展，形成了产-加-销一条龙服务的产业化经营模式。这个案例对你有什么启发？你认为该如何解决畜产品"买难卖难"的矛盾？本任务将探讨草食家畜产业化经营相关问题。

## 一、草食家畜产业化经营的概念、背景与意义

### （一）产业化经营的概念

畜牧业产业化经营实质上是以市场为导向，以养殖场（户）承包经营为基础，依靠龙头企业及各种中介组织，将产前、产中和产后诸环节紧密地联系成产业链，实行多种形式的一体化经营，形成系统内部有机结合、相互促进和利益互补机制，实现资源优化配置的一种新型生产经营方式。

### （二）产业化经营的背景

我国草食畜牧业生产相对落后，产业化经营起步晚、产业化程度低，从而造成了草食畜牧业发展缓慢，竞争力不强。主要原因有以下几点。

1）小农户分散经营，缺乏规模效益。草食家畜生产条件性及放牧、饲草料等资源的分散性，决定了我国大部分草食家畜生产是小农户的分散经营，特别是南方山区、半山区。产业化经营的最大特点是规模小、生产方式落后、劳动生产率低、经济效益不高、产品缺乏竞争力。

2）产品供需不平衡，缺乏稳定的市场条件。目前，我国草食家畜生产市场主要存在两个方面的问题：一是缺乏规范的管理及种畜场，造成种源市场混乱，种畜质量参差不齐、以假乱真；二是缺乏信息管理与统筹理念，畜产品销售市场混乱，"买难卖难"的矛盾突出，从而影响了养殖场（户）的经济效益与正常运转。

3）畜产品附加值不高，缺乏竞争力。我国畜产品供需关系已发生了重大变化，逐渐由卖方市场向买方市场转变。如今的消费者追求产品高质量、卫生安全、食用方便、包装美观、货真价实，而传统的草食畜产品结构显然已无法适应消费者需求及日益激烈的国内外市场竞争。

（三）产业化经营的意义

针对各地现状，实行畜牧业产业化，将产前、产中和产后相衔接，生产与流通融为一体，把畜产品的生产、加工、销售紧密结合起来，形成一条龙经营，有利于保持最佳生产效益及消费市场的有效供给。实行畜牧业产业化在增强畜牧业经济效益的同时，增强了畜牧业的自我积累能力，使单一的畜牧业延伸到第二、第三产业，把畜产品的产-加-销连成一片，向生产、经营的深度和广度进军，有效地提高了畜产品的附加值和比较效益，从而形成风险共担、利益均沾、互惠互利的经济共同体。实践证明，通过种、养、加、供、技术服务，企业化、商品化、经营与管理一体化，提高了畜牧业生产的组织化程度，把小生产与大市场连接起来，大力发展"小产品、大产业"和"小规模、大群体"的模式，解决了农户分散经营与市场风险的矛盾，从而促进了草食家畜生产高效、安全地可持续发展。

**即问即答8-3：** 产业化经营方式比传统经营方式有什么优势？

## 二、草食家畜产业化经营基本模式

（一）龙头企业带动模式

龙头企业带动模式是指以公司或集团企业为主导，围绕产品的生产、销售与生产基地和农户实行有机联合，进行一体化经营，形成"风险共担，利益共享"的经济共同体。在实际运行中，龙头企业联基地，基地联农户，进行专业协作。

龙头企业带动模式（公司+基地+养殖户）降低了养殖户生产的盲目性，适应了市场需要，改变了小规模分散经营户参与市场竞争的被动局面。公司与农户相互合作，双方或多方在资金、劳动力、场地、技术、管理、销售等方面进行优化配置，发挥资源优势互补，实现标准化养殖、品牌化运作、一体化经营、最大化效益，以应对激烈的市场竞争。在生产实践中，由公司负责饲料供给、引种、技术培训、销售等，农户负责养殖管理。公司与农户的合作是一种生产行为的自愿组合，即与公司合作的农户实际上是公司的小型生产基地，要按公司的生产管理和技术标准生产，农户饲养的家畜产权归公司所有，公司保证农户的养殖收益，合作双方或多方形成利益共享、风险共担的利益共同体。

（二）合作经济组织带动模式

近年来，各地农民自办或在政府引导下兴办的各种专业（技术）协会、专业合作社等经济组织登上畜牧业产业化经营的前台。它们是农民为发展商品经济而自愿地或在政府引导下组织起来的，因而具有明显的群众性、专业性、互利性和自助性，实行"民办、民管、民受益"，效果较好。

以专业协会为依托，创办各类畜产品生产、加工、服务、运销企业，组织农民进入大市场，是一种受农民欢迎的形式。专业合作社专门为入社会员提供引种、饲草料供应、资金、信息、销售及养殖环节的技术服务，有些还成立了加工、运销企业，直接组织养殖场（户）走向市场。这些合作社在操作中一般实行经济共赢原则、自愿和开放原则、民主管理原则、服务原则、利益返还原则等。

在合作经济组织带动模式（专业合作社或专业协会+养殖户）下，企业与合作社签订供销合同，合作社与养殖场（户）签订产销合同，按合同运作。这种模式的作用：第一，可以使草食家畜实行标准化养殖、规范化管理，克服引种、日粮调配、防疫、用药安全等混乱状况，保证畜产品安全；第二，养殖场（户）往往缺乏信息渠道，只能靠一些滞后的信息和经验被动地调整生产，从而容易在市场波动中身受其害，通过合作组织可以准确获得市场信息，避免养殖生产的盲目性；第三，通过合作组织可以随时获得各项技术咨询与服务，消除了养殖户的后顾之忧；第四，克服了"买难卖难"的矛盾，避免了销售市场的恶性竞争，在稳定销售价格的同时可以分享合作组织的加工增值和销售返利，提高了养殖比较效益。

例如，浙江某农业专业合作社采取"合作社+基地+农户"的产业化经营服务体系，由合作社创建基地负责种畜养殖，承担配种繁殖及幼畜饲养工作，直到断奶；然后与农户签订合同，以低于市场的价格出售（出租）给空闲农户进行生态分散养殖，农户临时有事或农忙时可中断养殖，由合作社按市场价收回另给其他农户饲养；最后由合作社按市场价统一收购、加工、包装、注册商标及销售。同时，合作社还要负责养殖户的技术服务工作，保证家畜生产的安全与健康。这种模式的特点是灵活、高效，有效解决了基地不足及劳动力缺乏的问题。

（三）中介经济组织带动模式

中介经济组织带动模式（行业协会+企业+养殖户）又称依托行业协会型模式，即草食家畜养殖场（户）与专业合作经济组织、专业协会签订畜产品生产销售合约或松散型协议的协调型发展模式，以形成市场竞争力强，经营规模大，生产、加工、销售相联结的行业一体化企业集团。在实践中有"行业协会+农户""专业合作经济组织+农户"等形式。

行业协会的主要作用：一是通过沟通信息，为企业集团提供国内外饲料与畜产品市场、加工企业、养殖新技术、经营管理等动态信息，避免养殖生产、加工、销售的盲目性和无序竞争，避免新品种、新技术、新设备的重复引入；二是通过协调与上级主管部门的关系，争取有关部门的资金与政策支持，避免不正当竞争；三是有利于畜产品的合作开发。

中介经济组织带动模式中的中介经济组织以"为养殖户提供服务"为宗旨，由养殖户自愿组成。对内服务养殖户，协调行动，统一标准，不以营利为目的；对外统一经营，直接进入市场，追求利润最大化；每个成员既是利益的共享者又是风险的承担者；合作是前提，能者牵头，多种形式，共同发展。

（四）销售市场带动模式

销售市场带动模式是指以专业市场或专业交易中心为依托，拓宽畜产品流通渠道，带动区域专业化生产，实行产-加-销一体化经营，扩大养殖规模，形成产业优势，节省交易成本，提高运营效率和经济效益。销售市场带动模式（专业市场+养殖户）又称依托市场型模式，即由销售市场与养殖场（户）签订购销合同或提供交易平台，带动草食家畜产业发展。在实践中有"市场+农户""市场+专业合作组织+农户""市场+基地+农户"等模式。通过交易市场的平台将养殖场（户）饲养的草食家畜销售出去，减少养殖户的交易成本，并尽可能获得适度利润，推动草食畜牧业的发展。

（五）加工市场带动模式

在加工市场带动模式（加工市场+养殖户）下，以当地草食畜产品加工企业为依托，拉动草食畜产品的消费需求，带动周边养殖场（户）的专业化生产，提高养殖业的经济效益，有利于当地养殖业的可持续发展。这种模式的关键是通过特色加工促进消费，并提高畜产品的附加值。例如，很多地方出现的"特色餐饮业+养殖户"就是以餐饮促生产的方式，最终达到草食家畜的安全、高效的可持续发展。

（六）互联网+电商平台带动模式

畜牧业传统商业模式的主要问题是产品信息不透明：一方面，养殖者不知道畜产品的真正价格；另一方面，终端客户无法了解畜产品的品质及实价，形成了养殖者没钱赚而经销商暴利的局面。

"互联网+生态养殖"的理念是将互联网创新技术与传统养殖业相结合，通过"互联网+电子商务+生态养殖基地"相融合的新型生态养殖模式，解决传统养殖管理粗放、资金不足、供需失衡、产业链松散、食品安全等问题，实现畜产品生产源头与终端消费的直接对接。

互联网+电商平台带动模式的作用：一是利用电商平台实行订单销售，以销定产，避免与传统养殖销售的竞争；二是"互联网+"提供溯源系统，避免生态养殖遭受食品安全影响，使终端客户买得放心；三是利用互联网建立区域特色品牌，增加生态养殖产品的附加值。

即问即答8-4：近年来，不少养殖场利用直播、微信公众号及朋友圈发布产品信息，销售相关畜产品。这是产业化经营吗？

**三、草食家畜产业化经营案例分析**

（一）以种羊场为依托的"公司+基地+农户"型

浙江临安区自然资源丰富，具有得天独厚的养羊优势。1999年开始，以杭州正兴牧业有限公司为依托和龙头，建成拥有种羊300多头的波尔山羊繁育推广中心。在中心的引导和推广下，临安区目前建立了十多个养羊基地、几十个波尔山羊杂交改良科技示范户和几百个规模养羊大户，使全市羊年饲养量达到近 10 万只，促进了当地养羊业的持续健康发展，实现了农民增收，真正走出了一条"公司+基地+农户"型的产业化经营模式。总结其成功经验主要有以下几点。

1）以种羊场为依托，采取"借种还羊"的措施。临安区波尔山羊繁育推广中心具有明显的种羊繁育及改良优势，但受到场地、资源等因素限制，规模无法做大，常常造成种羊供不应求的局面，影响了公司效益及基地的发展。为此公司领导经过调研与策划，在全市山区建立多个养羊基地，由中心提供种羊和技术，农户负责养殖，中心回收小羊，这既保证了农户利益，又促进了中心快速地发展。基地农户的增收促进了一大批养羊专业户的兴起，中心又推出了"无偿换公羊配种"的措施，保证养羊户定期地进行血缘更新，防止了品种衰退现象。

2）通过不定期举办养羊技术培训，及时传输先进的养羊理念，提高了农民养殖技术，也推动了中心的发展。

3）建立以公司为龙头的经济合作组织，实现"产-加-销"一条龙服务。为了促进山羊产业的良性循环，总公司在全市建立了养羊专业合作组织，在提供种羊服务的同时，开展优质肉羊加工、流通等领域的服务，开发了天目山牌肉羊品牌，提高了肉羊产品的市场竞争力，在农户增收的同时大大提高了公司效益。

4）坚持生产与科研相结合的发展思路。自波尔山羊繁育推广中心建立以来，中心与国内外有关专家合作，开展了山羊人工授精、同期发情、胚胎移植等先进技术的研究与推广，因地制宜地开发了山羊"竹叶颗粒饲料"，并及时向农户推广服务，加速了山羊品种改良进程，提高了山羊增重与效益。

（二）以集团为核心的"集团+农户"型

内蒙古伊利实业集团股份有限公司（以下简称伊利公司）作为国内知名的乳品上市企业，是我国奶牛产业化发展的龙头企业，其业绩始终名列同行业前茅，企业高速发展。

在发展乳制品加工业中，伊利公司始终把稳定基地原料乳作为企业龙头闯市场的重要保证。1997 年，伊利公司采用"集团+农户"型的产业化经营模式，在呼和浩特市率先创建了"分散饲养、集中挤奶、优质优价、全面服务"的奶源基地建设模式，即集团为购奶牛的农民每头牛补贴 3000 元扶持他们养牛；在养牛集中的地区建立奶站，集中挤奶；牛奶不分淡旺季全部按合同价格收购；为奶牛养殖户提供资金、技术、医疗、信息服务等。这些措施彻底改变了企业与农牧民松散无序的生产关系，使集团有了稳定的奶源，为集团的发展奠定了基础，同时也使农牧民走上了致富之路。

内蒙古千千万万个奶牛养殖户依靠伊利公司这个龙头企业走上了富

裕文明之路。一般养牛户依托伊利公司投资建设奶牛养殖小区和现代化奶站，搞青贮、打疫苗、做冷配；非养牛户放弃小麦等粮食作物种植，专种饲料作物及高产牧草，促进了产业结构的调整。

伊利公司作为龙头企业，不仅重视处于龙尾的农户在物质上富起来，还注重引导他们在现代农业生产及技术上"富"起来。龙头企业依靠对信息的敏感，及时把最新的信息反馈给农户，使奶牛养殖户在奶牛养殖业上不断得到提升。目前，"干草凉水"的粗放饲养已经被科学配方饲料喂养取代；设施先进的牛舍取代了简陋的牛棚；自然杂交的繁殖方式转变为精液冷配、胚胎移植的科学方式等。虽然内蒙古奶牛养殖业的落后养殖方式还没有彻底改变，科学饲养方式还没有完全普及，但不容置疑的是，在龙头企业的带动下，农户的科学饲喂管理意识和实际水平已经明显提高。

（三）以大众消费为依托的"消费市场+农户"型

浙江余杭仓前镇素有吃羊肉的习俗，那些卖羊肉的长年用一口锅烧制羊肉，将整只羊放在锅里烧，也不换锅底，也就是"老汤"。羊肉卖了，但总有些羊杂碎遗落在锅里。把那些羊肚、羊脚、羊肠、羊杂碎掏起来吃，味道相当鲜美，因此食客称之为"掏羊锅"。这道民间美食"掏羊锅"至今已有上百年的历史。

"掏羊锅"的羊肉主要来自衢州龙游等肉羊养殖基地，那里的羊全部由农户分散放牧，吃的是新鲜青草、红豆杉叶，喝的是山涧溪水，纯天然养殖。这些完全生态养殖的肉羊只有经过检疫合格才能进入"羊锅村"，保证"掏羊锅"的肉品安全。

南方的羊肉消费具有明显的季节性，而"羊锅村"这个羊肉消费专业村，一方面，通过其传奇的历史与由来及特有的风味与氛围吸引八方宾客，促进了羊肉的消费，淡化了季节对羊肉消费量的影响；另一方面，通过"掏羊锅"的平台，提高了当地肉羊的销售价格，从而增加了养羊户的经济效益，提高了养羊户的养殖积极性，促进了养羊业的发展。据调查，"羊锅村"旺季日均消费肉羊达 500 只以上，价格也往往高于市场价，从而达到了互惠互利的目的。

浙江余杭仓前镇"羊锅村"产业化经营的成功主要体现在 3 个方面：一是以美食文化为平台，通过"掏羊锅"的美味和每年一届的"羊锅节"宣传"掏羊锅"文化及吸引消费者，做大做强美食专业村；二是通过与生态养殖基地签约，保证原生态养殖肉羊供应的稳定；三是体现"优质高价"，把消费收入的一部分返利给农户，保障养殖户有较高的经济效益。

需要注意的是消费者的口味在不断变化，因此，在保持"掏羊锅"美食风味的基础上，对羊肉加工须有所创新，不断推出新的产品，使消费者

"喜新不厌旧"，从而可以保持"羊锅美食"的红火；另外，必须强化食品卫生，绝对保证餐桌安全，让消费者吃得放心。只有这样才能保证"掏羊锅"消费市场的稳步发展，才能使"消费市场+农户"型产业化经营模式可持续发展。

（四）以"互联网+"为依托的"互联网+现代畜牧业"型

"全民养牛"是一家专业从事互联网畜牧业的企业，将消费者与牧场相联结。"全民养牛"在澳大利亚自有牧场饲养的黑安格斯牛可供用户一键认购，足不出户做一名真实的牧场主。自己养牛自己吃，安心健康看得见。

"全民养牛"主要建设"互联网+牛"物联网管理系统，包括养殖环境智能化监测与控制；建设信息化牛只谱系，生长、繁育等智能档案；养殖牛只个体体温监测与记录，实时监控病情；统一养殖标准，加强养殖管理，建设智能生产管理系统；保障牛产品质量，建设牛产品全程履历系统。具体开展了以下四大工作。

1）建设澳大利亚天然阳光牧场。每头牛可享受 6 亩草场天然阳光牧场；气候温和，阳光充沛，牧草肥沃，牛肉的质量有保证；以天然牧草为主食进行放养，保证牛只在安全舒适的环境中成长；全程严格监督，拒绝打针，拒绝人工饲料，拒绝激素。

2）清真屠宰。牛由澳大利亚专业屠宰公司进行屠宰，全程高效、专业、安全；全程严格执行"清真食品"操作流程；每块牛肉都经过 7 次严格检疫、30 多道工序。

3）澳大利亚鲜肉空运。澳大利亚牛肉仅需 11h 即可到达中国；从冷链护航配送到达方圆八百里的百姓餐桌上仅需 8h，这极大保证了牛肉的鲜度和嫩度；想要品尝澳大利亚正宗的鲜牛肉，无须远赴澳大利亚，足不出户就能享受到来自澳大利亚阳光牧场的味道。

4）网红牛排直送到家。"全民养牛"曾经引爆世博公园，每 15s 即可卖出 1 份牛排，速度快、效率高；"全民养牛"进行直播，数万人在线学习如何做美味的澳大利亚牛排；"全民养牛"曾经点燃上海外滩，3 天内7500 份牛排抢购一空。

该案例运用物联网、互联网、移动互联网、大数据等信息化手段，帮助养殖企业应用现代信息技术构建精细化、网络化和智能化管理的现代畜牧养殖模式。在养殖舍环境监控、精细饲养、病害防治、质量溯源等环节实现科学管理，有效增加产量、扩大生产规模、提高品质、减少养殖风险、降低资源消耗和人力成本，推动现代畜牧业发展。

## ▌知识拓展

### 智慧牛场

随着人们生活水平的不断提高，消费者对牛肉产品的需求已由量变转为质变，对牛肉产品质量安全提出了更高的要求。与发达国家相比，中国肉牛业实际上还处于初级阶段，特别是在生产水平、疫病控制、肉产品安全及高效牧场管理方面还存在很大差距，成为中国肉牛业发展及打入国际市场的瓶颈。我国可通过全面引入物联网技术，构建全产业链溯源体系，解决食品安全问题。

智慧牛场就是运用物联网技术发展智慧农业而打造的食品安全可追溯牛场。智慧牛场里的牛从出生开始就会被全程记录，形成一个档案，实现食品安全的跟踪与追溯。一方面，可以从养殖开始，跟踪屠宰、加工、销售等各环节的食品安全情况，保证产品质量；另一方面，如果消费者在购买时发现质量问题，就可以通过记录进行追溯，确定问题所在。

智慧牛场首先涉及的是产业链上游的养殖环节，目的是实现"智慧牛场"。利用农户一卡通子系统，对农户信息及肉牛信息进行采集，并通过手持机 GPRS（general packet radio service，通用分组无线服务）技术上传数据到牧业公司数据库建立档案，把肉牛、农户、签约员、牧业公司整合到一个有机系统，实现对签约肉牛管理的可视化、信息化。同时，通过养殖管理子系统，建立肉牛养殖电子档案，通过 RFID（radio frequency identification，射频识别技术）识读器为牛只佩戴 RFID 电子耳标，建立肉牛养殖电子档案，提高养殖效率。

智慧牛场其次涉及的是产业链中下游的屠宰加工环节、仓储物流环节、销售管理环节，目的是实现"智慧产业链"。从屠宰加工、仓储物流再到销售管理，全产业链都可以做到规范化、精细化和信息化的管理，全程监控食品安全的各环节。最终目的是整合全产业链各子系统，为全产业链提供强大的"云"服务和更高层面的"农牧物联网云计算平台"，实现肉品来源可追溯、去向可查证、责任可追究，强化企业安全服务、行业自律和消费者监督相结合的长效机制，提升食品安全保障能力。赋予个体牛只完整的自上而下的信息追踪记录，反向自下而上的追溯依据。

## ▌实践操作

### 技能训练　生态养殖项目方案制定

1. 技能训练目标

通过本次技能训练，学生应掌握生态养殖项目方案制定的内容和方法，为具体实施生态养殖项目提供依据。

2. 技能训练材料

计算机、模拟养殖场地。

### 3. 技能训练方法与步骤

1）项目建设区位分析。根据给定的模拟养殖场地，查阅资料对该地区政策、地理位置、气候条件、基础设施状况等进行调研分析，评估生态养殖项目建设的可行性。

2）项目建设目标与思路确定。在可行性分析的基础上，确定项目建设目标与思路。

3）生态养殖模式构建。根据当地政策、场地及资源条件，以及第一、第二、第三产业配套情况等，构建适宜的生态养殖模式，并对可持续运行机制进行分析。

4）运行成效分析。从经济效益、社会效益、生态效益等方面进行运行成效分析。

5）完成生态养殖项目方案。

### 4. 技能考核标准

生态养殖项目方案制定技能考核标准如表 8.1 所示。

表 8.1　生态养殖项目方案制定技能考核标准

| 考核内容 | 评分标准 | | 考核方法 | 掌握程度 | 时限 |
|---|---|---|---|---|---|
| | 分值 | 扣分依据 | | | |
| 项目建设区位分析 | 20 | 根据分析的全面性和完整性给分，每项 10 分 | 小组操作考核 | 熟练掌握 | 1 周 |
| 项目建设目标与思路的确定 | 10 | 根据目标与思路的完整性和精准性给分，每项 5 分 | | | |
| 生态养殖模式的构建 | 20 | 根据生态养殖模式的合理性及可行性给分，每项 10 分 | | | |
| 运行成效分析 | 30 | 根据经济效益、社会效益、生态效益情况给分，每项 10 分 | | | |
| 生态养殖项目方案的制定 | 20 | 根据生态养殖项目方案的完整性和质量给分，每项 10 分 | | | |

## 单元测验

### 一、判断题

1. 生态养殖的最大特点就是实现资源循环利用、生态环境良好、养殖效益最高、产品生产安全的可持续发展。　　　　　　　（　　）

2. 以草定畜是保证天然草场为纽带的生态养殖模式可持续发展的关键。　　　　　　　　　　　　　　　　　　　　　　（　　）

3. 利用退耕地种草生态养殖，应种植适应性较强、耐旱、有利于水土保持的高水分牧草。　　　　　　　　　　　　　　（　　）

4. 畜牧业产业化经营应以畜产品为导向，以生态养殖为基础，依靠龙头企业及各种中介组织，将产前、产中和产后诸环节紧密地联系成产业链，实行多种形式的一体化经营模式。（　　）

5. 龙头企业带动模式是以公司或集团企业为主导，围绕产品的生产、销售与生产基地和农户实行有机联合，进行一体化经营，形成"风险共担，利益共享"的经济共同体。（　　）

6. 销售市场带动模式以"为养殖户提供服务"为宗旨，所有成员由养殖户自愿组成，每个成员既是利益共享者又是风险承担者。（　　）

7. 互联网+电商平台带动模式是将互联网创新技术与传统养殖业相结合的产业化经营模式。（　　）

## 二、问答题

1. 说明伊利公司产业化经营的主要途径与关键。
2. 草食家畜产业化经营有哪些模式？对一个现代家庭农场来说，你认为哪种模式较理想？

## ━━项目小结━━

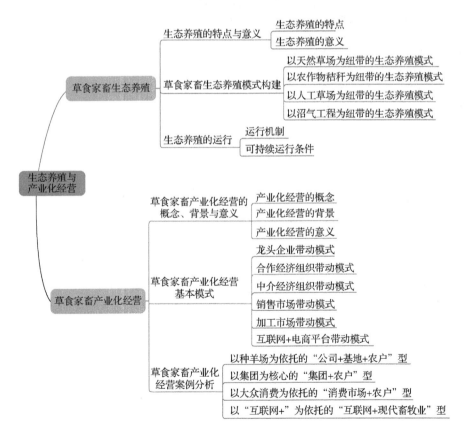

项目八　答案

# 参 考 文 献

陈凤英，依夏·孟根花儿，王敬东，2019．肉牛规模化生态养殖技术[M]．北京：中国农业科学技术出版社．

程支中，游启雄，2016．中国畜牧产业化经营理论与实践[M]．成都：西南财经大学出版社．

谷子林，秦应和，任克良，2013．中国养兔学[M]．北京：中国农业出版社．

何英俊，李润元，2012．草食家畜生产[M]．北京：科学出版社．

姜金庆，王学静，魏刚才，2020．肉牛生态养殖实用新技术[M]．郑州：河南科学技术出版社．

郎侠，吴建平，王彩莲，2017．绵羊生产[M]．北京：中国农业科学技术出版社．

李凤玲．2011．动物繁殖技术[M]．北京：北京师范大学出版社．

刘丑生，李丽丽，张胜利，等，2016．奶牛生产性能测定及应用[M]．北京：中国农业出版社．

刘海霞，陈晓华，2018．牛羊生产与疾病防治[M]．北京：中国农业出版社．

刘洪杰，2021．牛羊生产与疾病防治[M]．北京：中国农业大学出版社．

刘永，李莲英，周磊，2019．肉羊规模化生态养殖技术[M]．北京：中国农业科学技术出版社．

马毅，付旭彬，2021．疫情下奶牛健康生产技术指南[M]．北京：机械工业出版社．

孙振钧，2018．生态循环养殖模式暨畜禽养殖废弃物资源化利用技术[M]．北京：中国农业大学出版社．

王金荣，李振田，2019．生态健康养殖[M]．北京：中国农业出版社．

王梦芝，等，2020．南方农区肉羊生态健康养殖技术[M]．北京：中国农业科学技术出版社．

王永康，2019．规模化肉兔养殖场生产经营全程关键技术[M]．北京：中国农业出版社．

轩玉峰，王林枫，张勇，等，2015．奶牛生产与保健技术[M]．郑州：河南科学技术出版社．

易宗容，阳刚，郭蓉，2016．牛羊生产与疾病防治[M]．北京：中国轻工业出版社．

昝林森，2017．牛生产学[M]．3版．北京：中国农业出版社．

张凡建，2020．奶牛生产应激与调控[M]．北京：中国农业大学出版社．

张英杰，2019．羊生产学[M]．4版．北京：中国农业出版社．

赵珺，余金灵，白生贵，2018．肉牛规模生产与牛场经营[M]．北京：中国农业科学技术出版社．

赵玮，2021．牛羊生产[M]．北京：北京师范大学山版社．